www.gbbook.co.kr

확 바뀐 PASS

자동차 보수도장 필기 기능사

GoldenBell
www.gbbook.co.kr

FOREWORD

2006년, 한국산업인력공단에서 "자동차보수도장기능사" 자격증을 처음으로 신설한 해다. 당시 행자부의 자동차등록대수는 1,500만대였지만 10년이 지난 2016년 말까지 2,200만대, 2022년 1분기 2,500만대가 넘을 것으로 예상한다.

소비자의 눈높이는 자동차의 기계적 결함이 감소함에 따라 외장관리로 눈을 돌리는 것은 자연스러운 변화이다. 이것은 선진국으로 진입하는 과정에서 나타나는 현상들이다.

한국산업인력공단에서는 모든 기능사 자격 필기시험 방법을 OMR(optical mark reader)방식으로 치르다 2016년 가을부터 국가기술자격 기능사 필기시험을 CBT(Computer Based Test) 방식으로 변경 적용하고 있다.

이에 발맞춰 본서에서는 자동차보수도장기능사 10년간의 과년도 기출문제를 수집하고 분석하여 한눈에 볼 수 있는 집약적인 요약서를 발간한 것이다.

그리고 과년도기출문제는 단원별로 정리하고 문제별로 해설을 추가하였으며 자동차보수도장기능사 자격증을 취득하고자 하는 수험생 및 관심 있는 모든 분들께 길라잡이가 되는 충실한 수험서가 될 것을 확신한다.

"첫술에 배부르랴?"라는 말이 있다. 이 뜻은 독자 여러분들도 익히 알고 있을 것이다. 모든 기술인은 전문가로 도달하기까지 뼈를 깎는 노력과 시간이 요구된다.

이 책을 통해 자동차보수도장 이론을 시작으로 자격증을 취득하여 훗날 자동차보수도장 전문가 반열에 오를 수 있기를 간절히 소원한다.

끝으로 출간하기까지 도와주신 (주)골든벨 김길현 대표님과 이상호 간사님, 조경미 국장님을 비롯한 직원 여러분께 심심한 감사를 표한다.

출제기준 (필기)

- **직무 분야** 기계
- **중직무분야** 자동차
- **자격 종목** 자동차보수도장기능사
- **적용 기간** 2025.1.1.~2027.12.31.
- **직무내용** 자동차 차체의 손상된 표면을 원상회복하기 위해 소재종류와 도장특성에 따라 보수도장 전반에 대한 응용작업과 관련설비 및 장비의 점검 및 유지보수를 하는 직무이다.
- **필기검정방법** 객관식 　 **문제수** 60 　 **시험시간** 1시간

주요항목	세부항목	세세항목	
1. 구도막 제거 작업	1. 도막제거방법 결정	1. 구도막 특성	2. 도막 결함상태
	2. 구도막 제거	1. 구도막 제거 방법 3. 구도막 제거 공구	2. 구도막 제거 재료
	3. 단 낮추기	1. 단 낮추기 범위 3. 단 낮추기 공구	2. 단 낮추기 방법 4. 단 낮추기 재료
2. 프라이머 작업	1. 프라이머 선택	1. 프라이머 종류	2. 프라이머 특성
	2. 프라이머 혼합	1. 프라이머 혼합방법	
	3. 프라이머 도장	1. 프라이머 도장 목적 3. 프라이머 건조	2. 프라이머 도장방법
3. 퍼티작업	1. 퍼티 선택	1. 퍼티 종류	2. 퍼티 특성
	2. 퍼티 작업	1. 퍼티 도포 목적 3. 퍼티 도포 방법	2. 퍼티 작업공구 4. 퍼티 건조
	3. 퍼티 연마	1. 퍼티 연마 공구 3. 퍼티 연마 방법	2. 퍼티 연마 재료
4. 서페이서 작업	1. 서페이서 선택	1. 서페이서 종류	2. 서페이서 특성
	2. 서페이서 도장	1. 서페이서 도장 목적 3. 서페이서 건조	2. 서페이서 도장 방법
	3. 서페이서 연마	1. 서페이서 연마 공구 2. 서페이서 연마 재료 3. 서페이서 연마 방법	
5. 마스킹 작업	1. 마스킹 종류와 재료	1. 마스킹 종류	2. 마스킹 재료 특성
	2. 마스킹	1. 마스킹 목적 3. 마스킹 점검	2. 마스킹 방법
	3. 마스킹 제거	1. 마스킹 제거 방법	
6. 일반 조색작업	1. 색상 확인	1. 배합표 확인 방법	2. 색상의 변색현상
	2. 색상 조색	1. 조색 장비 3. 메탈릭 조색	2. 솔리드 조색 4. 펄 조색
	3. 색상 비교	1. 색상 비교 방법	
	4. 색채 이론	1. 색의 기본원리 3. 색의 표시 5. 색채응용	2. 색의 혼합 4. 색의 효과

주요항목	세부항목	세세항목	
7. 우레탄 도장작업	1. 우레탄도료 선택	1. 우레탄도료 종류	2. 우레탄도료 특성
	2. 우레탄도료 혼합	1. 우레탄도료 혼합방법	
	3. 우레탄도료 도장	1. 우레탄도료 도장 목적 3. 우레탄도료 건조	2. 우레탄도료 도장 방법
8. 베이스·클리어 도장작업	1. 베이스·클리어 선택	1. 베이스·클리어 종류	2. 베이스·클리어 특성
	2. 베이스 도장	1. 베이스 도장 목적 3. 베이스 건조	2. 베이스 도장 방법
	3. 클리어 도장	1. 클리어 도장 목적 3. 클리어 건조	2. 클리어 도장 방법
9. 도장 장비 유지보수	1. 장비 점검	1. 도장장비 취급방법 3. 측정장비 점검	2. 도장장비 점검
	2. 장비 보수	1. 에어 구동장비 보수	2. 동력 구동장비 보수
	3. 장비 관리	1. 도장관련 장비 종류	2. 도장관련 장비 관리
	4. 안전관리	1. 도장 안전기준 3. 화재예방 5. 도장 작업공구 안전 7. 위험물 취급 9. 안전보호구	2. 산업안전표지 4. 도장장비·설비 안전 6. 유해물질 중독 8. 폐기물 처리
10. 블렌딩 도장 작업	1. 블렌딩 방법 선택	1. 블렌딩 특성	2. 블렌딩 작업절차
	2. 블렌딩 전처리 작업	1. 탈지 종류	2. 탈지 방법
	3. 블렌딩 작업	1. 블렌딩 목적	2. 블렌딩 기법
11. 플라스틱 부품도장 작업	1. 플라스틱 재질 확인	1. 플라스틱 종류	2. 플라스틱 특성
	2. 플라스틱 부품 보수	1. 수지퍼티 특성 2. 플라스틱 프라이머 특성 3. 플라스틱 수리기법	
	3. 플라스틱 부품 도장	1. 플라스틱 프라이머 도장 2. 플라스틱 부품 도장 방법 3. 플라스틱 부품 도장 건조	
12. 도장 검사작업	1. 도장결함 검사	1. 도장 상태 확인	2. 도장 결함 종류
	2. 결함원인 파악	1. 도장작업 전 결함 3. 도장작업 후 결함	2. 도장작업 중 결함
	3. 결함대책 수립	1. 도장작업 전 결함대책 3. 도장작업 후 결함대책	2. 도장작업 중 결함대책
13. 도장 후 마무리 작업	1. 도장상태 확인	1. 광택 필요성 판단	2. 부품 탈착 및 마스킹
	2. 광택작업	1. 광택 재료 및 작업공구	2. 광택 공정
	3. 품질검사	1. 광택 품질 검사	2. 광택 결함 보정

출제기준 (실기)

• **수행준거**
1. 손상된 도막을 수리 복원하기 위하여 작업 범위와 방법을 선택하여 알맞은 공구로 손상된 도막을 제거하고 단낮추기 작업을 할 수 있는 능력이다.
2. 소재의 부식방지와 도료의 부착력 향상을 위해 적용하는 도장공정으로 소재에 맞는 프라이머를 선택, 혼합하여 규정에 맞게 도장하고 건조하는 능력이다.
3. 구도막 제거 작업이 끝난 패널에 알맞은 퍼티를 선택하여 배합하고 도포하여 평활성을 갖도록 연마하는 능력이다.
4. 프라이머 작업후에 표면 조정 작업과 상도 도료의 침투 방지, 부착성 향상을 위한 도장 공정으로 도료를 선택하여 도장하고 연마하는 능력이다.
5. 종이, 비닐, 테이프 등을 이용하여 도장할 부위 이외의 패널을 보호하는 작업을 수행하는 능력이다.
6. 현장에서 조색제, 배합표, 교반기, 전자저울 등을 이용해서 도료를 배합하고 차량과 색상을 일치시키는 작업을 수행하는 능력이다.
7. 조색 및 배합이 완료된 도료를 차량에 상도 도장 작업을 하여 도장을 완성하는 능력이다.

• **실기검정방법** 작업형   • **시험시간** 5시간 30분 정도

주요항목	세부항목
1. 구도막 제거 작업	1. 도막제거방법 결정하기
	2. 구도막 제거하기
	3. 단 낮추기
2. 프라이머 작업	1. 프라이머 선택하기
	2. 프라이머 혼합하기
	3. 프라이머 도장하기
3. 퍼티작업	1. 퍼티 혼합하기
	2. 퍼티 작업하기
	3. 퍼티 연마하기
4. 서페이서 작업	1. 서페이서 혼합하기
	2. 서페이서 도장하기
	3. 서페이서 연마하기
5. 마스킹 작업	1. 마스킹 부위 선택하기
	2. 마스킹하기
	3. 마스킹 제거하기
6. 일반 조색작업	1. 색상 확인하기
	2. 색상 조색하기
	3. 색상 비교하기
7. 베이스·클리어 도장작업	1. 베이스·클리어 혼합하기
	2. 베이스 도장하기
	3. 클리어 도장하기

CONTENTS

PART 01 ▶ 자동차 보수도장 및 안전관리

PART 02 ▶ CBT 모의고사 [자동차보수도장기능사]

자동차 보수도장 및 안전관리

CHAPTER 01 구도막 제거 작업

1 🔍 도막제거방법 결정

1 구도막 특성

손상부위 확인법

① **육안 확인법**

손상 부위가 형광등이나 주변의 물체가 차체에 비춰 반사되는 상을 확인

② **촉감 확인법**

손상 부위를 손으로 만져서 손상정도를 확인

③ **눈금자 확인법**

패널에 직선자를 맞추고 비교하여 확인

④ **용제 판별법**

도장면에 래커신너를 묻힌 흰 걸레로 문질러 걸레에 녹아 묻는 상태를 확인

2 도막 결함상태

외부적인 요인으로 다양한 결함이 발생된다. 대부분은 결함은 도장 후 결함으로 물자국 현상, 황변 현상, 백화, 백아화, 크랙, 칩핑 등

2 🔍 구도막 제거

1 구도막 제거 방법

1) 물리적 제거

① 연마기를 사용한 제거

② 구도막 박리제를 이용한 제거

③ 블라스터를 사용한 제거

2) 화학적 제거

① 구도막 박리제를 사용한 제거
② 용제를 사용한 제거

2 구도막 제거 재료

1) 연마지 구성

① **연마입자 종류** : 산화알루미늄, 실리콘카바이트, 세라믹, 큐비트론 등
② **백킹(backing)** : 종이, 직물, 스펀지, 필름 등
③ **부착방식** : 벨크로, 합성수지 등

2) 구도막 박리제

① 철재 및 비금속면과 같이 다공성이 아닌 소재에 사용하여 건조도막을 제거
② 도막 내부에 침투력이 강함
③ 염화메틸렌, 아세톤 등의 용제로 구성되어 있으며, 용제의 휘발을 막기 위해 왁스 등이 포함되어 있다.
④ **도장조건** : 5℃이하, 25℃이상의 온도와 직사광선, 강풍을 피해서 작업
⑤ **도장방법**
　– 붓, 롤러 등으로 두껍게 칠하고 5~10분간 방치 후 스크레이퍼로 제거
　– 도막에 상태에 따라 이론 도포량이 변화며, 3~5m³/ℓ 정도의 도료율로 도장
⑥ **사용 후 처리**
　– 목재, 철재는 묽은 암모니아수로 완전히 닦아낸 후 깨끗한 물로 세척
　– 붓, 롤러는 깨끗한 물로 헹구어 보관
⑦ **사용시 주의사항**
　– 타 도료와 혼합하여 사용금지
　– 환기를 충분히 하고 밀폐된 공간에서 작업금지
　– 작업 중 피부나 눈에 접촉되지 않도록 보호장구를 착용 후 작업하고 눈에 들어 갔을 경우에는 맑은 물로 장시간 씻은 후 의사의 지시를 따름
　– 의류에 묻을 시 즉시 비누나 세제로 세척
　– 작업 완료 후 노출된 피부는 깨끗이 씻음
　– 한 번에 두껍게 도포하는 것보다 엷게 여러 번에 나누어 도포하는 것이 효과적임
　– 도막을 제거하지 않는 부분은 마스킹테이프로 마스킹

⑧ 취급시 주의사항
- 화기 및 직사광선을 피함
- 도막이 제거되면 물로 충분히 씻음
- 제품 도포 후 제거 하지 않은 상태에서 30분~1시간 방치하면 긁어내기 어려움
- 모서리나 흠이진 부분은 다시 한번 작업하여 제거
- 세척 시 물의 사용이 용이하지 못할 경우 알코올계 용제나 에나멜 신나로 세척
- 항상 보호장구를 착용하고 작업 전·후에는 환기를 충분히 시킴
- 사용 제품의 물질안전보건자료(MSDS)를 숙지하고 사용

3 구도막 제거 공구

1) 연마기

(1) 싱글 액션 샌더

구도막의 박리와 녹제거용으로 사용하며 저속에서 연마력이 강함
- **패드형상** : 원형
- 딱딱한 패드 사용
- **운동방식** : 모터의 회전이 패드에 그대로 전달
- **5~15°** 정도 기울여서 패드의 바깥부분으로 연마
- 스월마크가 일정하게 나옴

싱글액션 샌더

(2) 더블 액션 샌더

이중회전(편심)샌더로 편심의 크기가 3mm, 5mm, 7mm 등이 있고, 편심되어 있는 크기가 클수록 연마력이 좋아지지만 표면은 거칠게 됨
- **패드형상** : 원형
- **퍼티연마 용** : 딱딱한 패드, **중도 및 컬러 샌딩용** : 부드러운 패드

- **운동방식** : 모터의 축과 패드의 축이 어긋나 있음(편심)
- 패드의 중심으로 연마
- 편심의 크기에 따라 연마마크의 크기가 결정

구동원리에 따른 분류

에어식

전기식

(3) 기어 액션 샌더

더블 액션 샌더의 패드방향으로 하중이 클 때 회전력
이 감소하는 취약점을 보안한 샌더로 패드방향으로
힘을 주어도 회전력 감소가 적음

그림 4 기어액션 샌더

(4) 오비탈 샌더

평편한 면을 연마하기 좋지만 연마력이 약함
- **패드형상** : 사각
- **퍼티연마 용** : 딱딱한 패드, **중도 및 컬러 샌딩용** : 부드러운 패드
- 패드 중심으로 연마

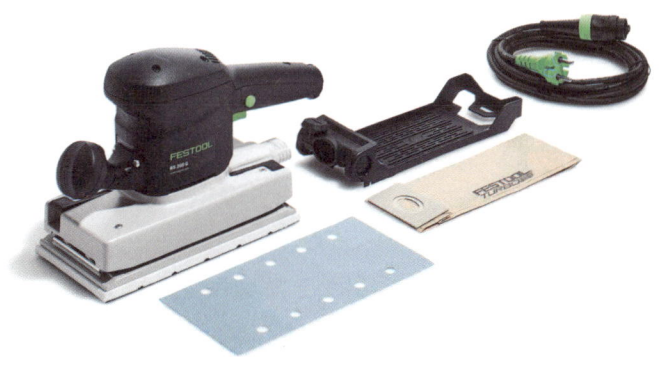

오비탈 샌더

(5) 스트레이트 샌더

전후 직선으로 움직이는 샌더로 연마하고자 하는 형태에 따라 여러 가지 패드가 있으며, 굴곡이 일정하게 흐르는 면 등에 연마하기 좋음

스트레이트 샌더

(6) 벨트 샌더

벨트 모양의 연마지를 공구에 걸어 사용, 두 개의 축에 고속으로 벨트가 돌아가면서 면을 빠르고 강하게 연마

벨트 샌더   벨트 샌더2

2) 연마지

표면을 물리적으로 곱게나 거칠게 만들어 주는 재료로 연마입자를 백킹재에 부착한 형태의 재료로 손 연마용과 파워툴용으로 나뉨

(1) 연마재

① 산화알루미늄

목재, 플라스틱, 금속, 벽체에 사용하며 연마 중에 입자가 끊어짐으로써 끊임없이 새롭고 날카로운 모서리가 형성됨

② **실리콘카바이트**

산화알루미늄보다 소재를 연마가 빠르지만 오랫동안 지속되지 않음

거친 연마, 페인트, 녹 제거 및 마감 시 사용하며 물을 사용한 습식 연마는 작업 표면을 윤활하여 긁힘을 최소화하면서 먼지 발생이 없게 함

③ **지르코니아 알루미나**

목재, 유리섬유, 금속 및 도장된 표면에 적합하고 소재를 빠르게 연마할 수 있으며 산화알루미늄보다 오랫동안 지속 됨

④ **세라믹 알루미나**

파워툴용 벨트나 디스크용으로 목재연마에 적합하며 산화알루미늄보다 내구성이 좋음

(2) 공정별 추천연마지

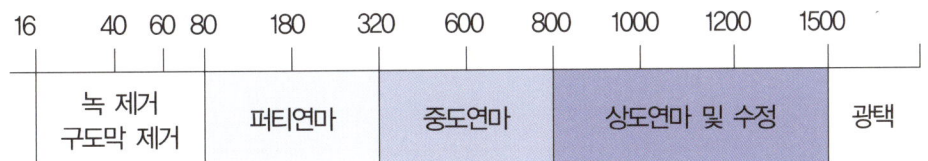

※ 연마지의 규격

가로×세로 각각 1인치의 면적에 격자를 두어 그 구멍에 연마가루가 통과하면 연마지의 grade로 표시

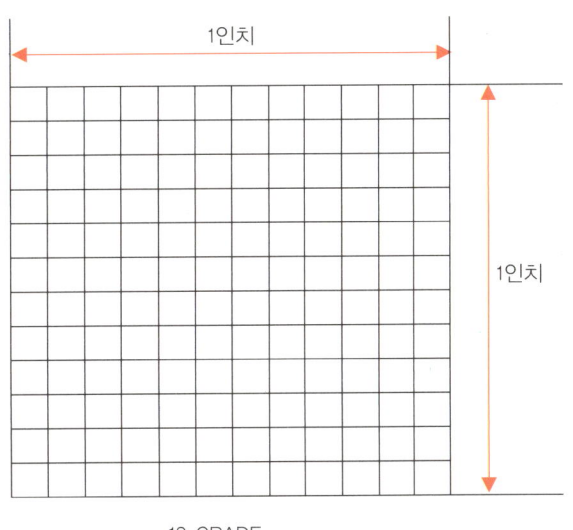

12 GRADE

(3) 연마입자 도포율

① **오픈 코트** : 입자간격이 넓어 연마시 발생되는 분진이 연마지에 잘 끼지 않고 흘러내려 연마력이 우수하며 퍼티 연마에 적합

② **클로스 코트** : 입자간격이 좁아 퍼티 연마시 발생되는 다량의 분진이 흘러내리지 않고 연마입자 사이사이에 끼기 때문에 금속면연마나 최종 도장면 수정 등이 적합

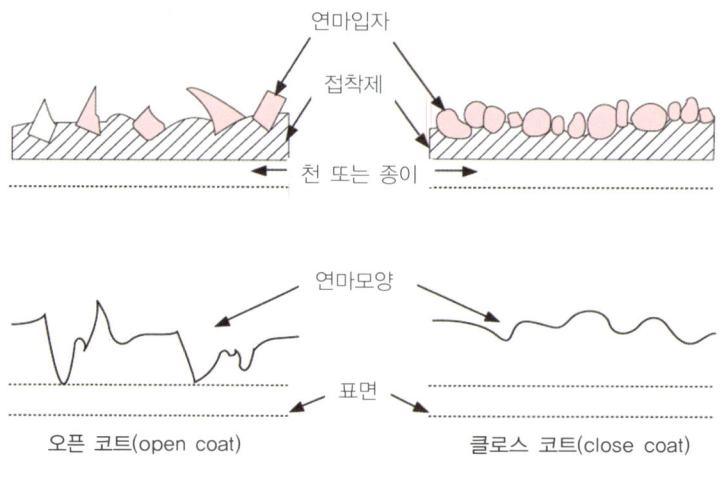

연마입자

접착제

천 또는 종이

연마모양

표면

오픈 코트(open coat)   클로스 코트(close coat)

연마입자 도포율

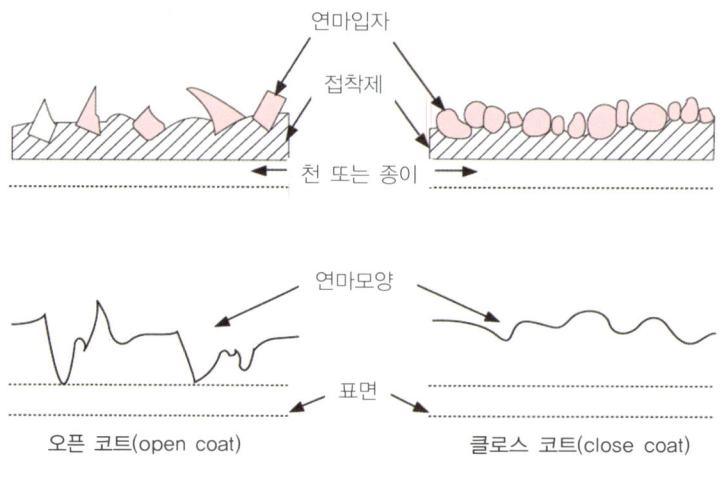

3 단 낮추기

1 단 낮추기 범위

신차도막의 경우 2~3cm 이상, 보수도막의 경우 3~5cm 이상의 폭으로 넓고 완만하게 이루어지도록 연마 도장을 여러 번 하였을 경우 단 낮추기의 범위는 도막 두께가 두꺼울 수록 넓게 작업함

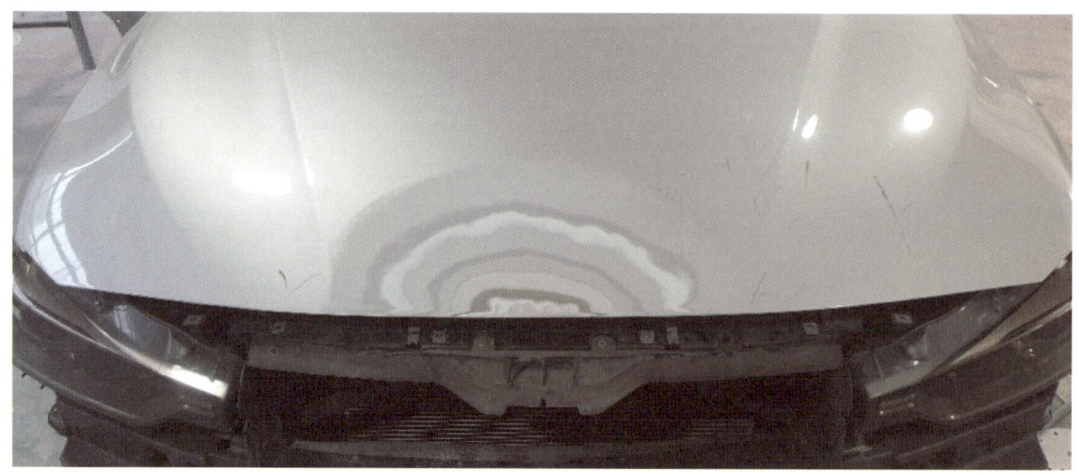

단 낮추기

2 단 낮추기 방법

손상부분에서부터 나이테가 형성되도록 연마해야하고 단 낮추기가 불충분할 경우 구도막과의 경계부분에 턱이 생기고 스크래치 자국 등이 도장 결함 발생 원인이 됨

① 가장 거친 연마지(P60~P120)에서 시작하여 고운 연마지(P180~P320)로 연마하며 손상부위와 경계부분을 완만하고 부드럽게 연마하여 도막 턱이 발생하지 않도록 함
② 연마시에는 손상 부위에서 시작하여 외부 방향으로 연마하고 단 낮추기의 모양이 형성되었을 경우 퍼티를 도포되는 부분을 생각하여 연마자국이 나도록 함
③ 단 낮추기 후 도장면에 묻어 있는 먼지를 에어블로잉하여 제거
④ 도장면에 묻어 있는 이물질, 유분 등을 탈지제로 제거

3 단 낮추기 공구 및 설비

1) 더블 액션 샌더, 기어 액션 샌더

본체의 중심 축과 패드의 중심축이 어긋나 이중회전을 하는 샌더
– 편심 크기: 3~7mm(편심이 크면 클수록 연마력이 좋지만 거친연마자국이 생김)

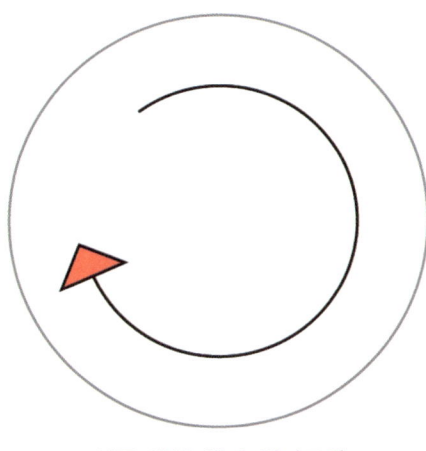

싱글 액션 샌더 연마모양

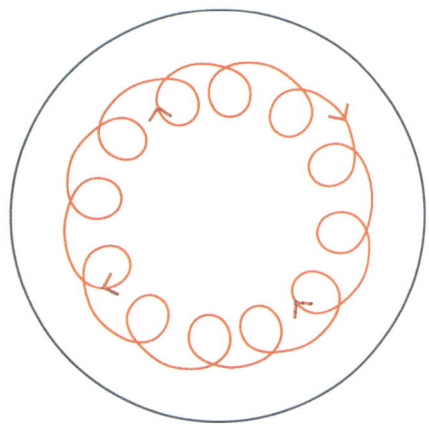

더블액션, 기어액션 샌더로
연마한 연마자국

2) 오비탈 샌더

평편한 면을 연마 할 경우 사용하며 자동차 보수도장 공정 중 사용 빈도가 적음

3) 집진기

연마 중 연마기에서 발생하는 분진을 흡입하여 분진이 비산되는 것을 방지하여 작업자의 안전과 작업장을 청결하게 함

집진기

4) 연마 작업 중 발생되는 연마 분진을 필터를 통해 포집하고 깨끗한 공기를 배출

샌딩 룸

01 **기출** 2007.09.16

손상부의 구도막 제거를 하고 단낮추기 작업
할 때 사용하는 연마지로 가장 적합한 것은?

① #80　　　　　　② #180

③ #320　　　　　　④ #400

+👤 구도막 제거시에는 #60 ~ #80 연마지를 이용하여
연마한다.

02 **기출** 2008.03.30

구도막의 판별시 용제에 녹고 면 타월에 색상
이 묻어 나오는 도료는?

① 아크릴 래커

② 아크릴 우레탄

③ 속건성 우레탄

④ 고온 건조형 아미노알키드

+👤 구도막을 판별할 때 용제 검사 방법인 경우 래커 시너
를 걸레에 묻혀 천천히 문질러 보았을 때 용해(녹아
서)되어 색이 묻어나는 도료는 래커계 도료이다. 주의
사항으로 우레탄 도막에서도 경화제 부족, 경화 불량
인 경우와 소부 도막이라도 건조가 덜 된 경우에도
색이 묻어나올 때가 있다.

03 **기출** 2008.03.30

구도막 제거를 위해 싱글 액션 샌더를 사용하
고자 한다. 이때 가장 중요 안전 용구는?

① 소화기　　　　　② 보호안경

③ 손전등　　　　　④ 고무장갑

04 **기출** 2008.07.13

다음 중 디스크 샌더 작업 후 가장 좋은 연마
자국은?

① 　　　②

③ 　　　④

+👤 ①는 정상적인 스프레이 패턴이고 ②는 디스크 샌더
의 나쁜 연마자국의 모양이며, ③는 도료의 토출량
부족으로 생긴 스프레이건의 패턴 모양이다.

05 **기출** 2009.09.27

자동차 바디 부품에 샌드 브라스트 연마를 하
고자 한다. 이에 관한 설명으로 적절하지 않
는 것은?

① 샌드 브라스트는 소재인 철판의 형태에 구
해를 받지 않는다.

② 샌드 브라스트는 이동 설치가 용이하다.

③ 샌드 브라스트는 제청 정도를 임의로 할
수 있다.

④ 샌드 브라스트는 퍼티 적청의 연마에 적합
하다.

+👤 퍼티 연마는 평활성을 확보해야 하기 때문에 핸드블
록을 이용하여 손바닥으로 감지하고 구도막과의 평
활성을 확보해야한다.

06 **기출** 2010.03.28

자동차 보수용 에어 원형 샌더의 일반적인 회
전수에 해당하는 것은?

① 4000~8000rpm

② 9000~12000rpm

③ 13000~15000rpm

④ 16000~20000rpm

07 기출 2010.03.28

박리제(리무버)에 의한 구 도막 제거작업에 대한 설명으로 틀린 것은?

① 박리제가 묻지 않아야 할 부위는 마스킹 작업으로 스며들지 않도록 한다.

② 박리제를 스프레이건에 담아 조심스럽게 도포한다.

③ 박리제를 도포하기 전에 P80 연마지로 구 도막을 샌딩하여 박리제가 도막 내부로 잘 스며들도록 돕는다.

④ 박리제 도포 후 약 10~15 분 정도 공기 중에 방치하여 구 도막이 부풀어 오를 때 스크레이퍼로 제거한다.

+👤 구도막 박리제인 리무버는 붓을 사용하여 작업하며 피부나 눈에 묻지 않도록 주의해서 작업해야한다.

08 기출 2010.03.28

보수 도장 중 구도막 제거시 안전상 가장 주의해야 할 것은?

① 보안경과 방진 마스크를 꼭 사용한다.

② 안전은 위해서 습식 연마를 시행한다.

③ 분진이 손에 묻는 것을 방지하기 위해 내용제성 장갑을 착용한다.

④ 보안경 착용은 필수적이지 않다.

09 기출 2010.10.03

싱글액션 샌더의 용도에 적합하게 사용되는 연마지는?

① #40, #60   ② #180, #240

③ #320, #400   ④ #600, #800

+👤 싱글액션 샌더는 구도막을 박리시킬 때 사용하므로 연마지는 #40~#60 정도의 연마지를 사용한다.

10 기출 2010.10.03

세정작업에 대한 설명으로 틀린 것은?

① 몰딩 및 도어 손잡이 부분의 틈새, 구멍 등에 낀 왁스성분을 깨끗이 제거한다.

② 탈지제를 이용할 때는 마르기 전에 깨끗한 마른 타월로 닦아내야 유분 및 왁스 성분 등을 깨끗하게 제거 할 수 있다.

③ 세정작업은 연마 전·후에 하는 것이 바람직하다.

④ 타르 및 광택용 왁스는 좀처럼 제거하기 어려우므로 강용제를 사용하여 제거한다.

+👤 세정작업을 할 때에는 세정액이 묻어 있는 타월로 오염물을 제거하고 즉시 깨끗한 타월을 이용하여 세정액이 마르기 전 남아있는 오염물을 제거한다. 또한 세정작업은 공정 시작 전과 후에 해야 하며 전용 세정제를 사용한다.

11 기출 2010.10.03

싱글액션샌더 연마작업 중 가장 주의해야 할 신체 부위는?

① 머리   ② 발   ③ 손   ④ 팔목

12 기출 2010.10.03

도장 작업시 안전에 필요한 사항 중 관련이 적은 것은?

① 그라인더   ② 고무장갑

③ 방독 마스크   ④ 보안경

13 기출 2011.04.17

다음 중 리무버에 대한 설명으로 맞는 것은?

① 건조를 촉진시키는 것이다.

② 도면을 평활하게 하는데 사용하는 것.

③ 광택을 내는데 사용하는 것.

④ 오래된 구도막 박리에 사용한다.

+👤 구도막의 박리제인 리무버는 붓을 사용하여 작업하며 피부나 눈에 묻지 않도록 주의해서 작업해야 한다.

14 기출 2012.04.08

자동차 소지철판에 도장하기 전 행하는 전처리로 적당한 것은?

① 쇼트 블라스팅
② 크로메이트 처리
③ 인산아연 피막처리
④ 프라즈마 화염 처리

15 기출 2012.04.08

보수도장에서 전처리 작업에 대한 목적으로 틀린 것은?

① 피도물에 대한 산화물 제거로 소지면을 안정화하여 금속의 내식성 증대에 그 목적이 있다.
② 피도면에 부착되어 있는 유분이나 이물질 등의 불순물을 제거함으로써 도료와의 밀착력을 좋게 한다.
③ 피도물의 요철을 제거하여 도장면의 평활성을 향상시킨다.
④ 도막내부에 포함된 수분으로 인해 도료와의 내수성을 향상시킨다.

16 기출 2012.10.21

다음 중 구도막의 제거작업 순서로 맞는 것은?

① 탈지작업 – 세차작업 – 손상부위 점검 및 표시작업 – 손상부위 구도막 제거작업 – 단낮추기(표면조정작업) – 탈지작업 – 화성피막작업
② 세차작업 – 탈지작업 – 손상부위 점검 및 표시작업 – 손상부위 구도막 제거작업 – 단낮추기(표면조정작업) – 탈지작업 – 화성피막작업
③ 손상부위 구도막 제거작업 – 세차작업 – 탈지작업 – 손상부위 점검 및 표시작업 – 단낮추기(표면조정작업) – 탈지작업 – 화성피막작업
④ 단낮추기(표면조정작업) – 탈지작업 – 화성피막작업 – 손상부위 구도막 제거작업 – 세차작업 – 탈지작업 – 손상부위 점검 및 표시작업

17 기출 2014.04.06

다음 중 도막제거의 방법이 아닌 것은?

① 샌더에 의한 제거
② 리무버에 의한 제거
③ 샌드 블라스터에 의한 제거
④ 에어 블로잉에 의한 제거

18 기출 2014.04.06

그라인더 작업 시 안전 및 주의사항으로 틀린 것은?

① 숫돌의 교체 및 시험운전은 담당자만 하여야 한다.
② 그라인더 작업에는 반드시 보호안경을 착용하여야 한다.
③ 숫돌의 받침대가 3mm 이상 열렸을 때에는 사용하지 않는다.
④ 숫돌 작업은 정면에서 작업하여야 한다.

+👤 숫돌작업은 안전을 위하여 정면을 피한 위치에서 한다.

19 기출 2014.10.11

구도막 제거 시 샌더와 도막 표면의 일반적인 유지 각도는?

① 15° ~ 20°
② 25° ~ 30°
③ 30° ~ 35°
④ 35° ~ 45°

정답   14. ③   15. ④   16. ②   17. ④   18. ④   19. ①

20 기출 2014.10.11

박리제(romover) 사용 중 유의사항으로 틀린 것은?

① 표면이 넓은 면적의 구도막 제거 시 사용한다.
② 가능한 밀폐된 공간에서 작업한다.
③ 보호 장갑과 보호안경을 착용한다.
④ 구도막 제거 시 제거하지 않는 부분은 마스킹 용지로 보호한다.

21 기출 2015.04.04

표면 조정의 목적과 가장 거리가 먼 것은?

① 도막에 부풀음을 방지하기 위해서이다.
② 피도면의 오염물질 제거 및 조도를 형성시켜 줌으로써 후속도장 도막의 부착성을 향상시키기 위해서이다.
③ 용제를 절약할 수 있기 때문이다.
④ 도장의 기초가 되기 때문이다.

22 기출 2016 기출복원문제

자동차 바디 부품에 샌드 브라스트 연마를 하고자 한다. 이에 관한 설명으로 적절하지 않는 것은?

① 샌드 브라스트는 소재인 철판의 형태에 구해를 받지 않는다.
② 샌드 브라스트는 이동 설치가 용이하다.
③ 샌드 브라스트는 제청 정도를 임의로 할 수 있다.
④ 샌드 브라스트는 퍼티 적청의 연마에 적합하다.

+👤 퍼티 연마는 평활성을 확보해야 하기 때문에 핸드 블록을 이용하여 손바닥으로 감지하고 구도막과의 평활성을 확보해야 한다.

23 기출 2017 기출복원문제

그라인더 작업 시 안전 및 주의사항으로 틀린 것은?

① 숫돌의 교체 및 시험운전은 담당자만 하여야 한다.
② 그라인더 작업에는 반드시 보호안경을 착용하여야 한다.
③ 숫돌의 받침대가 3mm 이상 열렸을 때에는 사용하지 않는다.
④ 숫돌 작업은 정면에서 작업하여야한다.

+👤 숫돌작업은 안전을 위하여 정면을 피한 위치에서 한다.
① 연마 후 세정 작업은 면장갑과 방독 마스크를 사용한다.
② 박리제를 이용하여 구도막을 제거할 경우에는 방독 마스크와 내화학성 고무장갑을 착용한다.
③ 작업 범위가 아닌 경우에는 마스킹을 하여 손상을 방지한다.
④ 연마 작업은 알맞은 연마지를 선택하고 샌딩 마크가 발생하지 않도록 주의한다.

정답 20. ② 21. ③ 22. ④ 23. ④

CHAPTER 02 프라이머 작업

1 프라이머 선택

1 프라이머

- 소재에 처음으로 도장되는 도료
- 부착과 녹방지 효과를 위해 적용되는 워시프라이머나 에폭시 프라이머
- 방청성은 없지만 플라스틱 소재의 부착성을 위해 적용되는 플라스틱 프라이머

2 프라이머 종류 및 특성

1) 오일 프라이머

- 유성바니시에 안료(산화철, 아연화 등)를 분산시켜 만듦
- 내후성, 부착성은 우수하지만 건조성이 떨어지고 주름 등이 발생
- 건조시간 12~20시간 정도
- 두껍게 도장할 경우 표면만 건조되고 내부는 건조되지 않는 경우가 발생

2) 래커 프라이머

- 래커수지에 안료(산화철, 산화티탄 등)를 분산시켜 만듦
- 내후성, 부착성이 떨어지나 건조가 빠르고 도장하기 쉬움
- 건조시간 1~2시간 정도
- 1회 도장시 도막이 적게 올라가므로 2회 도장

3) 징크 크로메이트 프라이머

- 각종 도료에 징크 크로메이트를 혼합하여 방청기능을 부여한 프라이머
- 자연건조형, 강제건조형이 있음
- 솔칠, 스프레이에 적합

4) 광명단 프라이머

- 광명단을 방청안료로 하여 알키드 수지 등을 주성분으로 한 자연건조형 도료
- 건조가 빠르고 접착성, 방청력, 내충격성이 좋음
- 건조시간 20℃에서 1시간 정도

5) 징크더스트 프라이머

- 보일유에 아연분말, 크롬산아연 등을 분산시켜 만듦
- 아연이 금속표면을 덮고 그 전기 화학적 반응에 의해 녹 방지 효과

6) 우레탄 프라이머

- 2액형 타입으로 주제인 알키드 수지와 이소시아네이트가 포함된 경화제
- 부착력, 녹 방지 우수
- 건조시간 60℃에서 20분 강제건조

7) 에폭시 프라이머

- 2액형 타입으로 주제인 에폭시 수지와 아민계열의 경화제
- 부착력, 녹방지 효과가 아주 좋음
- 건조시간 보수용 60℃에서 20분, OEM도료 150℃에서 30분 건조

8) 워시 프라이머

- 폴리비닐부티랄, 크롬산아연, 인산이 주성분이며, 금속의 표면처리와 녹 방지를 동시 함
- 1액형, 2액형 타입이 있음
- 소재와의 부착력, 접합성이 우수하고 주름, 연마자국 방지 기능
- 가급적 얇은 도막이 좋으며 건조도막 두께는 5~10㎛로 두껍게 도장하면 부착성 저하
- 습도에 민감하므로 습도가 높은 날은 주의해서 작업

9) 플라스틱 프라이머

- 방청효과는 없으며 플라스틱 재질 도장 시 부착력을 향상시키기 위해 적용
- 일반도료와 도장 시 부착이 어려운 ABS, 폴리프로필렌(PP) 등의 소지와 후속도장 되는 도료와의 부착력 증가
- 가급적 얇은 도막이 좋으며 건조도막 두께는 10㎛정도
- 건조시간 20℃ 자연건조 상태에서 10분정도

2 프라이머 혼합

1 프라이머 혼합 방법

- 혼합하기 전 도장 범위를 파악하고 범위에 따라 정확하게 사용량을 산출
- 혼합 시 부피비, 무게비 선택
- 2액형 도료는 혼합 후 가사시간 내에 사용하지 못하면 폐기처분해야함

2 가사시간

- 주제와 경화제를 혼합하는 2액형 도료의 경우 혼합 후 정상적으로 사용할 수 있는 시간
- 사용가능시간이 경과하면 겔화 상태로 변하므로 정상적인 사용이 불가능
- 사용가능시간은 외부온도, 작업장 온도에 따라 변함

3 플래시 오프 타임

- 도장 중 소재를 도장 한 후 다시 도장하기 전 사이에 용제가 자연 상태에서 증발하는 시간
- 도막 외부만 살짝 건조 된 지촉건조 상태
- 플래시 오프 타임을 주지 않으면 용제 휘발이 원활치 않아 건조 완료 후 핀홀, 흐름, 광택감소 등이 발생
- 유성 도료의 경우 5분정도, 수용성의 경우 플래시 오프 타임 미적용(정확한 시간은 제품별 기술자료집 참고)

4 세팅 타임

- 도장 완료 후 가열건조 전 용제가 증발할 수 있는 시간
- 평균적으로 10분정도(도막이 두꺼워지면 세팅타임을 길게 줘야함)
- 20℃ 정도일 때 도장 직후 10분 후 80~90% 용제 증발
- 도장 후 바로 건조하면 표면이 먼저 건조되면서 핀홀 발생 증가
- 도막이 두꺼워질수록 세팅타임은 더 길게 줘야함(도막 두께가 2배 증가하면 용제 증발 시간은 4배로 길어짐)

3 프라이머 도장

1 워시 프라이머

1) 도장 목적

- 금속(아연도금강판, 철판, 알루미늄 등) 소재에 내부식성 향상
- 후속 도장 시 부착력 향상
- 작업 중 소재 노출 시 반드시 도장
- 도장이 되어 있는 부분은 도장 불필요

2) 워시 프라이머 역할

- 내식성 향상
- 부착성 향상
- 블리스터링, 리프팅 등의 결함 예방
- 비철금속류 부착력 향상

3) 워시 프라이머 적용

- 맨철판
- 알루미늄 패널
- 아연도금 패널
- 작업 중 소재가 들어난 부위(샌딩 중 소재 노출 범위)

4) 워시 프라이머 도장 시 주의사항

- 래커계 구도막에는 적용 불가
- 워시 프라이머 도장 된 부위 퍼티 적용 불가
- 혼합 시 철로 된 제품 사용 불가
- 제품 사용 시 제품사용설명서 참고하여 작업(작업방법, 작업조건, 건조도막 두께 등)
- 습기가 많은 날은 습도조절이 가능한 곳에서 도장

2 플라스틱 프라이머

1) 도장 목적

- 소재 특성 상 부착이 어려운 ABS, 폴리프로필렌(P.P) 등의 소지와 후속도장 되는 도료와의 부착력 증가

2) 도장방법

- 작업 전 제품별 사용설명서를 참고하여 도장한다.
- 제품 별 추천도막 두께(5~10㎛)보다 두껍게 도장 할 경우 부착불량이 발생할 수 있다.
- 점도 : 9 ~ 12 초 (Ford Cup #4, 20 ℃)
- 도장환경 : 9 ~ 12 초 (Ford Cup #4, 20 ℃)
- 도장횟수 : 2회

3) 프라이머 건조

- 플래시 오프 타임 3~4분
- 건조시간 : 상온 10~15분

01 기출 2006.10.01

다음은 워시 프라이머의 특징을 설명한 것이다. 틀린 것은?

① 수분이나 오염물 등에서 철판을 보호하기 위한 부식방지 기능을 가지고 있는 하도용 도료이다.

② 습도에 민감하므로 습도가 높은 날에는 도장을 하지 않는 것이 좋다.

③ 경화제 및 시너는 전용제품을 사용해야 한다.

④ 물과 희석하여 사용할 때에는 PP(폴리프로필렌)컵을 사용하여야 한다.

+👤 워시 프라이머의 특징

① 1액형 type, 2액형 type가 있다.

② 거의 모든 금속에 적용가능하다.

③ 후속 도장에 부착력과 방청력이 우수하다.

④ 1회 도장으로 최적의 도막을 얻을 수 있고 너무 두껍게 도장하면 부착력이 저하된다.

⑤ 습도가 높을 때에는 사용을 하지 않는다.(습도에 민감하다.)

⑥ 제품에 따라서 스프레이건의 노즐을 부식 시키므로 사용 후 즉시 세척한다.

02 기출 2006.10.01

하도도장의 워시 프라이머 도장 후 점검사항으로 옳지 않은 것은?

① 구도막에 도장되어 있지 않는가?

② 균일하게 분무하였는가?

③ 두껍게 도장하지 않았는가?

④ 거친 연마자국이 있는가?

03 기출 2007.09.16

다음 중 워시 프라이머에 대한 설명이 틀린 것은?

① 경화제 및 시너는 워시 프라이머 전용제품을 사용한다.

② 주제, 경화제 혼합시 경화제는 규정량만 혼합한다.

③ 건조 도막은 내후성 및 내수성이 약하므로 가능한 빨리 후속도장을 한다.

④ 주제 경화제 혼합 후 일정 가사시간이 경과한 경우에는 희석제를 혼합한 후 작업한다.

+👤 2액형 우레탄 도료의 경우 가사시간이 지난 경과한 경우에는 도료가 경화를 일으켜 희석제를 혼합하여도 점도가 떨어지지 않는다.

04 기출 2008.03.30

워시 프라이머에 대한 설명으로 틀린 것은?

① 아연 도금한 패널이나 알루미늄 그리고 철판 면에 적용 하는 하도용 도료이다.

② 일반적으로 폴리비닐 합성수지와 방청안료가 함유된 하도용 도료이다

③ 추천 건조도막 두께(dft : 8~10 μm)를 준수하도록 해야 한다. 너무 두껍게 도장되면 부착력이 저하 된다.

④ 습도에는 전혀 반응을 받지 않기 때문에 장마철과 같이 다습한 날씨에도 도장이 쉽다.

+👤 워시 프라이머 사용법

① 맨 철판에 도장되어 녹의 발생을 방지하고 부착력을 향상시키기 위한 하도용 도료이다.

② 금속 용기의 사용을 금하며, 경화제 및 시너는 전용제품을 사용한다.

③ 일반적으로 폴리비닐 합성수지와 방청안료가 함유된 하도용 도료이다.

④ 혼합된 도료는 가사시간이 지나면 점도가 높아지고 부착력이 저하되어 사용할 수 없다.

⑤ 건조 도막은 내후성 및 내수성이 약하므로 도장 후 8시간 이내에 상도를 도장한다.

정답   1.④   2.④   3.④   4.④

⑥ 추천 건조도막의 두께는 약 8~10μm를 유지하여야 한다.

⑦ 습도에 약하므로 습도가 높은 날에는 도장을 금한다.

05 `기출` 2008.07.13

다음 중 맨 철판에 대한 방청기능을 위해 도장하는 도료는?

① 워시 프라이머　　　② 실러 및 서페이서

③ 베이스 코트　　　　④ 클리어 코트

+🧑 **워시 프라이머의 특징**

① 1액형 타입과 2액형 타입이 있다.

② 거의 모든 금속에 적용이 가능하다.

③ 후속 도장에 부착력과 방청력이 우수하다.

④ 1회 도장으로 최적의 도막을 얻을 수 있고 너무 두껍게 도장하면 부착력이 저하된다.

⑤ 습도가 높을 때는 사용을 하지 않는다.

⑥ 제품에 따라서 스프레이건의 노즐을 부식 시키므로 사용 후 즉시 세척한다.

06 `기출` 2009.03.29

워시 프라이머의 특징을 설명한 것으로 틀린 것은?

① 수분이나 오염물 등에서 철판을 보호하기 위한 부식방지 기능을 가지고 있는 하도용 도료이다.

② 습도에 민감하므로 습도가 높은 날에는 도장을 하지 않는 것이 좋다.

③ 경화제 및 시너는 전용제품을 사용해야 한다.

④ 물과 희석하여 사용할 때는 PP(폴리프로필렌)컵을 사용하여야 한다.

07 `기출` 2009.03.29

플라스틱 도장시 프라이머 도장 공정의 목적은?

① 기름 및 먼지 등의 부착물을 제거한다.

② 변형 및 주름 등의 표면 결함을 제거한다.

③ 소재와 후속 도장의 부착성을 강화한다.

④ 적외선 및 자외선을 차단하고 내광성을 향상시킨다.

+🧑 ①는 탈지 공정, ②는 중도 공정, ④는 상도 공정이다.

08 `기출` 2009.03.29

도료의 부착성과 차체 패널의 내식성 향상을 위해 도장면의 표면처리에 사용하는 화학약품은?

① 인산아연　　　　② 황산

③ 산화티타늄　　　④ 질산

+🧑 **인산아연계 피막처리** : 내식성이 우수한 인산 아연계 피막 입자인 Phosphophyllite 피막[$Zn_2Fe(PO_2)_4$]을 얻고저 아연 이외 조 금속으로 MG, Ni등을 첨가함으로서 Phosphophyllite 계 피막입자의 형성을 극대화함으로서 내식성과 내수성, 도막과의 부착성을 향상시킨다. 하지만 화성피막이 과도한 피막중량이 형성되는 경우 기계적인 물성의 약화를 일으킨다. 일반적으로 냉연압연 강판의 경우 1.5g/㎡ ~ 2.5g/㎡를 추천하고 있다. 도금 강판의 경우 차적으로 아연성분이 소재에 도포 되어 있어 피막입자의 형성이 다소 어렵다. 아연도금 강판의 사용 목적은 관통부식 방지 및 적녹(red rust) 발생방지를 위하여 자동차용 강판으로 많이 적용되고 있다.

09 `기출` 2009.09.27

자동차 보수용 하도용 도료의 사용방법에 대한 내용이다 가장 적합한 것은?

① 하도 도료는 베이스코트보다 용제(시너)를 많이 사용하는 편이다.

② 포오드컵 NO#4 (20℃) 기준으로 20 초 이상의 점도로 사용 된다.

③ 포오드컵 NO#4 (20℃) 기준으로 10 초 이하의 점도로 사용 된다.

④ 점도와 무관하게 사용해도 살오름성이 좋다.

10 `기출` 2010.03.28

작업성이 뛰어나고 휘발건조에 의해 도막을 형성하는 수지타입의 도료는?

① 우레탄 도료　　　② 1 액형 도료

③ 가교형 도료　　　④ 2 액형 도료

`정답`　5. ①　6. ④　7. ③　8. ①　9. ②　10. ①

11 기출 2010.10.03

다음 도료 중 하도도료에 해당하지 않은 것은?

① 워시 프라이머   ② 에칭 프라이머

③ 래커 프라이머   ④ 프라이머-서페이서

+🧑 프라이머-서페이서는 중도용 도료로서 건조 후 연마 공정을 할 경우에는 서페이서의 기능을 강조한 것이며 웨트 온 웨트(WET ON WET)방식으로 도장할 경우 프라이머의 기능을 강조한 것이다.

12 기출 2011.04.17

보수 도장 시 탈지가 불량하여 발생하는 도막의 결함은?

① 오렌지 필(orange feel)

② 크레터링(cratering)

③ 메탈릭(metallic) 얼룩

④ 흐름(sagging and running)

+🧑 **오렌지 필(orange peel)의 발생원인**
① 도료의 점도가 높을 경우
② 시너의 증발이 빠를 경우
③ 도장실의 온도나 도료의 온도가 너무 높을 때
④ 스프레이건의 이동속도가 빠를 때
⑤ 스프레이건의 사용압력이 높을 때
⑥ 피도체와의 거리가 멀 때
⑦ 패턴 조절이 불량일 때

메탈릭 얼룩의 발생원인
① 도료의 점도가 너무 묽거나 높을 때
② 작업자의 스프레이건 사용이 부적절 할 때
③ 도막의 두께가 불균일 할 때
④ 지건 시너를 사용하였을 때
⑤ 도장 간 플래시 오프 타임을 적게 주었을 때
⑥ 클리어 코트 1차 도장 시 과다하게 분무하였을 때

흐름(sagging)의 발생원인
① 한 번에 너무 두껍게 도장하였을 때
② 도료의 점도가 너무 낮을 때
③ 증발속도가 늦은 지건 시너를 과다하게 사용하였을 때
④ 저온도장 후 즉시 고온에서 건조시킬 때
⑤ 스프레이건의 운행 속도가 불량일 때
⑥ 스프레이건의 패턴 겹침을 잘못하였을 때

13 기출 2011.04.17

다음 중 워시 프라이머의 도장 작업에 대한 설명으로 적합하지 않은 것은?

① 추천 건조도막 두께로 도장하기 위해 4~6회 도장

② 2 액형 도료인 경우 주제와 경화제의 혼합 비율을 정확하게 지켜 혼합

③ 혼합된 도료인 경우 가사시간이 지나면 점도가 상승하고 부착력이 떨어지기 때문에 재사용은 불가능

④ 도막을 너무 두껍게도 얇게도 도장하지 않도록 한다.

+🧑 **워시 프라이머 사용법**
① 맨 철판에 도장되어 녹의 발생을 방지하고 부착력을 향상시키기 위한 하도용 도료이다.
② 금속 용기의 사용을 금하며, 경화제 및 시너는 전용 제품을 사용한다.
③ 일반적으로 폴리비닐 합성수지와 방청안료가 함유된 하도용 도료이다.
④ 혼합된 도료는 가사시간이 지나면 점도가 높아지고 부착력이 저하되어 사용할 수 없다.
⑤ 건조 도막은 내후성 및 내수성이 약하므로 도장 후 8 시간이내에 상도를 도장한다.
⑥ 추천 건조도막의 두께는 약 8~10μm를 유지하여야 한다.
⑦ 습도에 약하므로 습도가 높은 날에는 도장을 금한다.

14 기출 2012.04.08

워시프라이머 사용에 대한 설명으로 맞는 것은?

① 워시 프라이머 건조 시 수분이 침투되면 부착력이 급속히 상승하기 때문에 바닥에 물을 뿌려 양호한 상태로 만든 다음 도장한다.

② 건조도막은 내후성 및 내수성이 약하므로 도장 후 8 시간 이내에 후속도장을 해야 한다.

③ 2 액형 도료의 경우 혼합된 도료는 가사 시간이 지나면 점도가 낮아져 부착력이 향상된다.

④ 경화제와 시너는 프라이머-서페이서 도료의 경화제와 혼용하여 사용해도 무방하다.

15 기출 2013.04.14

다음 중 도장할 장소에 의한 분류에 해당되지 않는 것은?

① 내부용 도료　　② 하도용 도료

③ 바닥용 도료　　④ 지붕용 도료

+🔒 하도용 도료는 도장 공정별 분류로 하도용 도료, 중도용 도료, 상도용 도료 등으로 나뉜다.

16 기출 2013.04.14

워시 프라이머 도장 후 점검사항으로 옳지 않은 것은?

① 구도막에 도장되어 있지 않은가?

② 균일하게 분무하였는가?

③ 두껍게 도장하지 않았는가?

④ 거친 연마 자국이 있는가?

+🔒 워시 프라이머는 철판위에 최초로 작업되는 도료로 녹을 방지하는 역할을 한다. 후속 작업으로 퍼티나 프라이머 서페이서 도장을 하기 때문에 도장 부분의 스크래치는 무시하여도 된다.

17 기출 2013.10.12

신차용 자동차 도료에 사용되며 에폭시 수지를 원료로 하여 방청 및 부착성 향상을 위해 사용하는 도료는?

① 전착 도료

② 중도 도료

③ 상도 베이스

④ 상도 투명

+🔒 **도료의 역할**

① 중도 도료 : 하도로 상도 도료가 흡습되는 것을 방지한다.

② 상도 베이스 : 미려한 색상을 만드는 도료

③ 상도 투명 : 외부의 오염물이나 자외선 등을 차단하고 광택이 나도록 한다.

18 기출 2013.10.12

다음 중 워시 프라이머의 도장작업에 대한 설명으로 적합하지 않는 것은?

① 추천 건조 도막 두께로 도장하기 위해 4~6회 도장

② 2액형 도료인 경우, 주제와 경화제의 혼합 비율을 정확하게 지켜 혼합

③ 혼합된 도료인 경우, 가사시간이 지나면 점도가 상승하고 부착력이 떨어지기 때문에 재사용은 불가능

④ 도막을 너무 두껍게도 얇게도 도장하지 않도록 한다.

+🔒 **워시 프라이머**

① 녹 방지와 부착성을 위해서 작업한다.

② 도료에 따라 도막 두께는 다르지만 1액형의 경우 30um, 2액형은 10um정도 도장한다.

19 기출 2014.04.06

다음 도료 중 하도 도료에 해당하지 않는 것은?

① 워시 프라이머　　② 에칭 프라이머

③ 래커 프라이머　　④ 프라이머-서페이서

+🔒 프라이머 서페이서는 중도 도료이며, 기능으로는 차단성, 평활성 등이 있다.

20 기출 2014.10.11

자동차 도료와 관련된 설명 중 틀린 것은?

① 전착도료에 사용되는 수지는 에폭시 수지이다.

② 최근에 신차용 투명에 사용되는 수지는 아크릴 멜라민 수지이다.

③ 최근에 자동차 보수용 투명에 사용되는 수지는 아크릴 우레탄 수지이다.

④ 자동차 보수용 수지는 모두 천연수지를 사용한다.

+🔒 자동차 보수용 수지는 대부분 합성수지를 사용한다.

정답 15. ②　16. ④　17. ①　18. ①　19. ④　20. ④

21 기출 2014.10.11

상도 작업에서 컴파운드, 왁스 등이 묻거나 손의 화장품, 소금기 등으로 인하여 발생하기 쉬운 결함을 제거하기 위한 목적으로 실시하는 작업은?

① 에어 블로잉　　② 탈지 작업
③ 송진포 작업　　④ 수세 작업

+👤 작업의 용도
① 에어 블로잉 : 압축공기로 먼지나 수분 등을 제거
② 탈지 작업 : 도장 표면에 있는 유분이나 이형제 등을 제거
③ 송진포 작업 : 도장 표면에 있는 먼지를 제거

22 기출 2015.10.10

도료가 완전 건조된 후에도 용제의 영향을 받는 것은?

① NC 래커　　② 아미노 알키드
③ 아크릭　　④ 표준형 우레탄

23 기출 2016.04.02

워시 프라이머에 대한 설명으로 틀린 것은?

① 아연 도금한 패널이나 알루미늄 및 철판 면에 적용하는 하도용 도료이다.
② 일반적으로 폴리비닐 합성수지와 방청안료가 함유된 하도용 도료이다.
③ 추천 건조도막 보다 두껍게 도장되면 부착력이 저하된다.
④ 습도에는 전혀 영향을 받지 않기 때문에 장마철과 같이 다습한 날씨에도 도장이 쉽다.

+👤 워시 프라이머 사용법
① 맨 철판에 도장되어 녹의 발생을 방지하고 부착력을 향상시키기 위한 하도용 도료이다.
② 금속 용기의 사용을 금하며, 경화제 및 시너는 전용 제품을 사용한다.
③ 일반적으로 폴리비닐 합성수지와 방청안료가 함유된 하도용 도료이다.
④ 혼합된 도료는 가사시간이 지나면 점도가 높이지고 부착력이 저하되어 사용할 수 없다.
⑤ 건조 도막은 내후성 및 내수성이 약하므로 도장

후 8시간 이내에 상도를 도장한다.
⑥ 추천 건조도막의 두께는 약 8~10μ m를 유지하여야 한다.
⑦ 습도에 약하므로 습도가 높은 날에는 도장을 금한다.
⑧ 1회 도장으로 최적의 도막을 얻을 수 있고 너무 두껍게 도장하면 부착력이 저하된다.

24 기출 2016 기출복원문제

완전한 도막 형성을 위해 여러 단계로 나누어서 도장을 하게 되고 그 때마다 용제가 증발할 수 있는 시간을 주는데 이를 무엇이라 하는가?

① 플래시 타임(Flash Time)
② 세팅 타임(Setting Time)
③ 사이클 타임(Cycle Time)
④ 드라이 타임(Dry Time)

+👤 플래시 오프 타임과 세팅 타임
① 플래시 오프 타임(Flash off Time) : 동일한 도료를 여러 번 겹쳐 도장할 때 아래의 도막에서 용제가 증발되어 지촉 건조 상태가 되기까지의 시간을 말하며, 약 3~5분 정도의 시간이 필요하다.
② 세팅 타임(Setting Time) : 도장을 완료한 후부터 가열 건조의 열을 가할 때까지 일정한 시간 동안 방치하는 시간. 일반적으로 약 5~10분 정도의 시간이 필요하다. 세팅 타임 없이 바로 본 가열에 들어가면 도장이 끓게 되어 핀 홀(pin hole) 현상 발생한다.

25 기출 2016 기출복원문제

도료의 부착성과 차체 패널의 내식성 향상을 위해 도장면의 표면처리에 사용하는 화학약품은?

① 인산아연　　② 황산
③ 산화티타늄　　④ 질산

+👤 인산아연계 피막처리 : 내식성이 우수한 인산아연계 피막 입자인 Phosphophyllite 피막[$Zn_2Fe(PO_2)_4$]을 얻고자 아연 이외 금속으로 MG, Ni 등을 첨가함으로서 Phosphophyllite계 피막입자의 형성을 극대화함으로서 내식성과 내수성 도막과의 부착성을 향상시킨다. 하지만 화성 피막이 과도한 피막중량이 형성되는 경우 기계적인 물성의 약화를 일으킨다.

26 `기출` 2016 기출복원문제

도장 용제에 대한 설명 중 틀린 것은?

① 수지를 용해시켜 유동성을 부여한다.

② 점도 조절 기능을 가지고 있다.

③ 도료의 특정 기능을 부여한다.

④ 희석제, 시너 등이 사용된다.

+● 도료의 특정 기능을 부여하는 요소는 첨가제이다.

27 `기출` 2017 기출복원문제

다음 중 워시 프라이머의 도장 작업에 대한 설명으로 적합하지 않은 것은?

① 추천 건조 도막 두께로 도장하기 위해 4~6 회 도장

② 2 액형 도료인 경우 주제와 경화제의 혼합 비율을 정확하게 지켜 혼합

③ 혼합된 도료인 경우 가사시간이 지나면 점 도가 상승하고 부착력이 떨어지기 때문에 재사용은 불가능

④ 도막을 너무 두껍게도 얇게도 도장하지 않 도록 한다.

+● **워시 프라이머 사용법**
① 맨 철판에 도장되어 녹의 발생을 방지하고 부착력 을 향상시키기 위한 하도용 도료이다.
② 금속 용기의 사용을 금하며, 경화제 및 시너는 전용 제품을 사용한다.
③ 일반적으로 폴리비닐 합성수지와 방청안료가 함 유된 하도용 도료이다.
④ 혼합된 도료는 가사시간이 지나면 점도가 높아지 고 부착력이 저하되어 사용할 수 없다.
⑤ 건조 도막은 내후성 및 내수성이 약하므로 도장 후 8 시간 이내에 상도를 도장한다.
⑥ 추천 건조 도막의 두께는 약 8~10μm를 유지하여 야 한다.
⑦ 습도에 약하므로 습도가 높은 날에는 도장을 금한다.
④ 1회 도장으로 최적의 도막을 얻을 수 있고 너무 두껍게 도장하면 부착력이 저하된다.

28 `기출` 2017 기출복원문제

상도 작업에서 컴파운드, 왁스 등이 묻거나 손의 화장품, 소금기 등으로 인하여 발생하 기 쉬운 결함을 제거하기 위한 목적으로 실시 하는 작업은?

① 에어 블로잉　　　② 탈지 작업

③ 송진포 작업　　　④ 수세 작업

+● **작업의 용도**
① 에어 블로잉 : 압축공기로 먼지나 수분 등을 제거
② 탈지 작업 : 도장 표면에 있는 유분이나 이형제 등을 제거
③ 송진포 작업 : 도장 표면에 있는 먼지를 제거

CHAPTER 03 퍼티 작업

1 퍼티 선택

- 도장하는 소재를 확인하고 재질에 맞는 퍼티를 선택
- 요철을 메우는 기능을 하는 도료로 후속도장에 우수한 방청성과 부착성을 갖는 도료

1 퍼티 종류 및 특성

1) 폴리에스테르 퍼티

자동차 보수도장 작업 시 가장 많이 사용

(1) 조성
- **수지** : 불포화 폴리에스테르
- **안료** : 체질안료
- **용제** : 스틸렌
- **경화제** : 모노머, 유기과산화물

(2) 특징
- 용제 휘발이 없어 100% 도막 형성하나 건조 화학 반응 시 5~7% 정도 수축하면서 건조
- 일반적인 경화제 혼합비율은 100 : 1~3 정도
- 판금퍼티 사용 후 작은 굴곡이나 거친 연마자국 제거에 사용

(3) 사용시 주의사항

– 주제와 경화제가 혼합되면 가사시간이 있기 때문에 적정량을 혼합하여 사용
– 구도막이 침식되면 도포부위에 주름이나 균열 등이 발생
– 아연도금 강판에 사용할 경우 경화제 성분이 아연처리 된 피막을 말려 버리게 되므로 아연도금 강판용 퍼티를 사용

2) 판금 퍼티

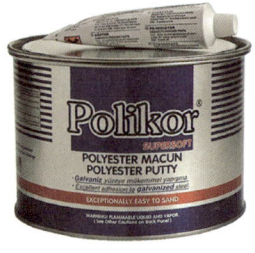 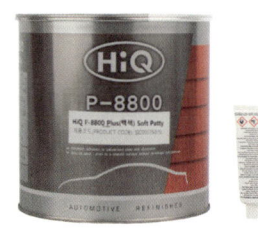

– 큰 요철의 1차 퍼티로 사용
– 건조 후 연질(soft)로 연마성이 좋지 않음
– 접합부위, 큰 굴곡이나 넓은 부위에 적용
– 두껍게 도포하여도 철판과의 부착성이 좋고 갈라지거나 깨짐이 적음
– 연마성이 좋지 않기 때문에 거친 연마지로 연마

3) 아연도강판용 퍼티

아연도금 된 소재에 적용하는 퍼티로 알루미늄 소재에도 우수한 부착력을 가짐

4) 플라스틱 퍼티

플라스틱 소재 요철 수정에 사용

5) 래커퍼티

(1) 조성

– 래커 수지에 아연화, 카올린(고령토), 변성 말레인산 혼합

(2) 특징

- 내후성, 부착성이 좋지 않음
- 건조가 빠르지만 두껍게 도장하면 건조시간이 길어짐
- 건조 후 용제에 용해 됨
- 유연성이 적고, 수축이 있음
- 연마 시 수(水)연마 하여야 함

(3) 사용시 주의사항

- 중도 도장 전 0.1mm 이하의 작은 흠집 수정에 사용
- 두껍게 도장하면 건조시간이 오래 걸림
- 2액형 후속 도장시 가급적 1액형으로 사용자제

2   퍼티 작업

1 퍼티 도포 목적

소재에 직접 도포하여 요철을 메우고, 후속도장에 우수한 방청성과 부착성을 가짐

2 퍼티 작업공구

1) 주걱

(1) 플라스틱 주걱

- 경화제의 혼합과 도포에 사용
- 유연성이 좋아 굴곡진 부분 사용

(2) 고무 주걱

- 도어 안쪽같이 굴곡이 심한 부위
- 마무리 도포용

(3) 쇠 주걱

- 평편하고 넓은 부분에 사용

플라스틱 주걱   고무 주걱

쇠 주걱

(4) 스프레터

– 플라스틱으로 된 퍼티도포 용구로 사용한 퍼티가 건조된 다음 쉽게 제거가 가능한
  제품

2) 퍼티 혼합판(이김판)

금속, 코팅된 종이 재질로 퍼티를 혼합할 때 사용

3) 스크레이퍼

퍼티 혼합판 정리, 주걱에 붙어 있는 퍼티 잔여물 제거

4) 믹싱바

작업 전 퍼티 주제를 균일하게 혼합할 때 사용

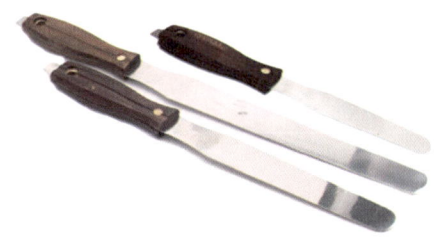

3 퍼티 도포 방법

1) 퍼티 혼합

① 퍼티 이김판에 잘 혼합 된 퍼티 주제를 적당량 믹싱바로 덜어낸다.

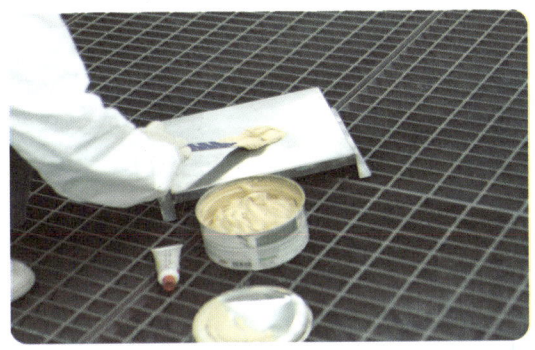

② 경화제를 덜어낸 주제 옆에 100 : 1~3 비율로 첨가한다.

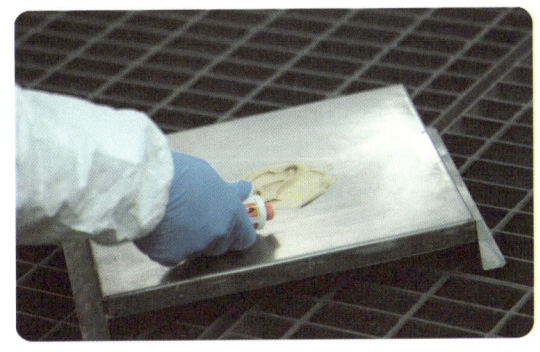

③ 플라스틱 주걱이나 쇠주걱으로 주제와 경화제를 혼합한다.

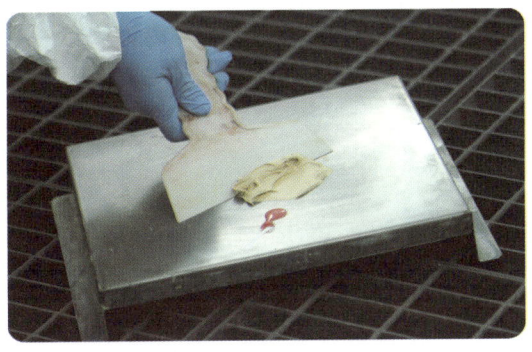

④ 주제와 경화제가 완전히 섞여 균일한 색상이 나타날 때까지 혼합한다.

⑤ 혼합 된 퍼티를 이김판의 중앙에 잘 모아둔다.

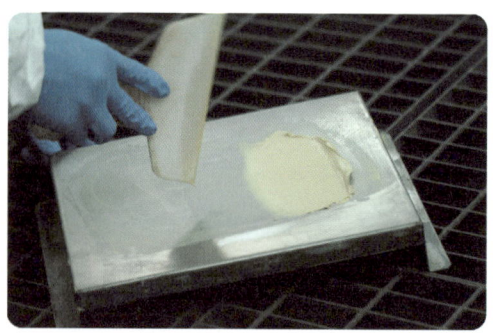

2) 퍼티 바르기

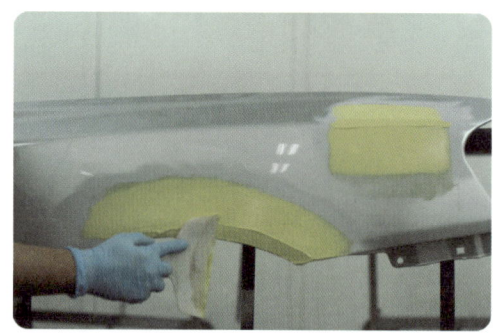 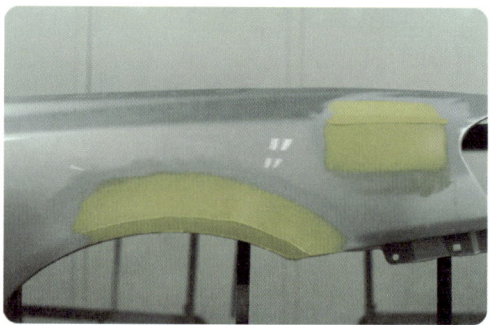

(1) 붙이기

① 퍼티가 도포되어야 하는 부분에 퍼티를 골고루 도포한다.

② 퍼티 도포면에 주걱을 60~70° 정도로 세워 연마자국, 기공 등에 퍼티가 들어가도록 힘을 주어 얇게 도포한다.

③ 도포면에 기공이나 턱이 생기지 않도록 얇게 도포한다.

(2) 살채우기

① 퍼티가 도포되어야 하는 부분에 퍼티를 2~3회에 걸쳐서 살을 올린다.

② 퍼티 도포면에 주걱을 60°에서 시작하여 15° 정도로 도포한다.

(3) 면만들기

① 요철의 주변보다 두툼하게 채워진 퍼티를 평 평하게 도포한다.

② 주걱의 각도가 낮으면 두툼하게 남게 되고 주걱의 각도가 크면 퍼티는 깎이게 된다.

③ 퍼티와 주변의 경계부분은 얇고, 턱은 최소 가 되도록 도포한다.

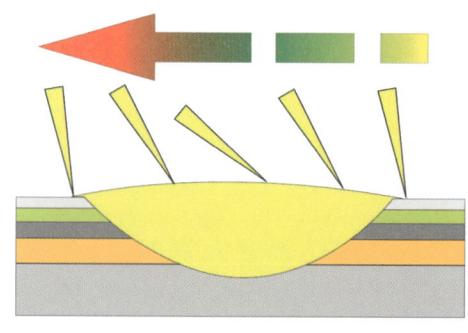

퍼티 도포 각도

3) 작업시 주의사항

① **표준 작업 조건에서 작업**
- 도포면의 온도는 20℃ 정도, 습도는 75% 이하에서 도포한다.

② **기공이 없도록 도포**
- 두껍게 도포할 경우 퍼티내의 기공이 발생하기 때문에 얇게 여러 번 도포한다.

③ **이물질 추가 금지**
- 주제, 경화제 이외 점도조정을 위해 시너, 연마가 잘 되도록 안료 등을 넣지 않는다.

④ **경화제를 과량 혼입하지 않는다.**
- 경화제는 규정량을 초과하면 반응하지 못한 경화제 성분이 상도작업 시 시너 성분에 용해되어 변색될 수 있다.

⑤ **교반 철저**
- 주제와 경화제 교반이 불충분할 경우 건조 불량, 갈라짐 등이 발생한다.

⑥ **수(水)연마 금지**
- 건조된 퍼티에 수분이 묻으면 소재의 표면에 녹이 생기므로 건식연마를 한다.

⑦ **연마 안된 곳 도포금지**
- 연마가 안된 부분에 퍼티를 도포하고 건조 후 연마하면 경계면의 단낮추기가 되질 않고 벗겨지기 때문에 연마된 부분만 퍼티를 도포한다.

⑧ **중도도장 필수**
- 하도도료 위에 상도를 도장하면 흡습되어 색상이 변화고 광택이 소실된다.

⑨ **이종도료 사용금지**
- 주제에 맞는 경화제를 사용한다.

4 퍼티 건조

1) 건조방법

(1) 자연건조
20℃정도의 상온에서 30분 정도 후 건조된다.

(2) 램프 건조
적외선 건조기를 사용하여 60℃ 정도에서 10분 강제 건조시킨다.

(3) 열풍건 건조
휴대가 용이한 열 풍건을 사용하여 건조한다.

(4) 박스 건조
작업 패널이나 차량을 건조가 가능한 박스에 입고 후 건조시킨다.

램프 건조   열 풍건

2) 건조시 주의사항

① 퍼티는 주제와 경화제가 혼합되면 반응하면서 건조가 시작된다.

② 두꺼운 부분은 열이 많이 발생하여 건조가 빨라지지만 얇은 부분은 열 발생이 약하여 건조가 늦어지고 부착력이 떨어진다.

③ KCC 프라임퍼티의 경우 25℃ 조건하에서

주제/경화제 비율	100/1	100/2	100/3
연마가능시간	30분	25분	15분
가사시간	5분	4분	3분

④ 퍼티의 주제는 계절에 따라 나뉘며 온도를 고려하여 주제를 선정하고 도포부위의 작업 시간을 고려하여 경화제를 첨가한다. 하절기는 주변온도가 높아 빨리 건조되며 동절기는 주변온도가 낮아 건조가 늦어진다.

⑤ 경화제를 많이 첨가하면 빨리 건조되지만 반응하지 못한 경화제 성분이 색 번짐 결함을 발생시킨다.

⑥ 80℃이상의 고온에서 건조할 경우 들뜸이 발생되고 층간 부착력이 떨어지게 된다.

3. 퍼티 연마

1 퍼티 연마 공구

1) 연마기

(1) 더블 액션 샌더

이중회전(편심)샌더로 편심의 크기가 3mm, 5mm, 7mm 등이 있고, 편심되어 있는 크기가 클수록 연마력이 좋아지지만 표면은 거칠게 됨

- **패드 형상** : 원형

– **퍼티연마용** : 딱딱한 패드, **중도 및 컬러 샌딩용** : 부드러운 패드
– **운동 방식** : 모터의 축과 패드의 축이 어긋나 있음(편심)
– 패드의 중심으로 연마
– 편심의 크기에 따라 연마마크의 크기가 결정

에어식   전기식

(2) 기어 액션 샌더

더블 액션 샌더의 패드방향으로 하중이 클 때 회전력이 감소하는 취약점을 보안한 샌더로
패드방향으로 힘을 주어도 회전력 감소가 적음

기어 액션 샌더   오비탈 샌더

(3) 오비탈 샌더

평편한 면을 연마하기 좋지만 연마력이 약함
– **패드 형상** : 사각
– **퍼티연마용** : 딱딱한 패드,
  중도 및 컬러 샌딩용 : 부드러운 패드
– 패드 중심으로 연마

(4) 가이드 샌더

– 약간 굴곡진 자동차 패널을 연마할 때 사용

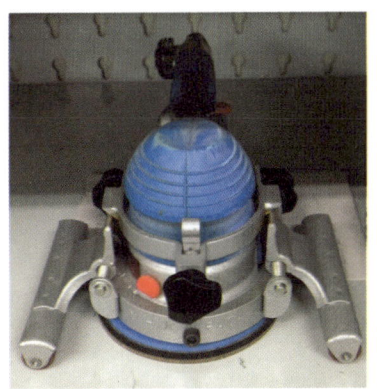

가이드 샌더

2) 집진기

연마 작업 시 비산되는 연마 가루를 진공 흡입하여 포집하는 장비로 샌더 동력 공급과 연동하여 구동된다.

2 퍼티 연마 재료

1) 연마지

(1) 연마지 구조

천이나 특수종이에 연마사를 접착제로 붙임

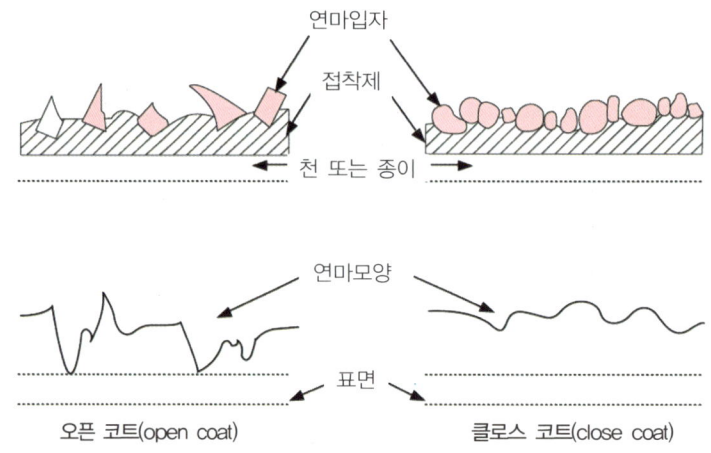

① **오픈 코트**
　　– 연마력이 뛰어남
　　– 입자 간격이 넓어 발생 분진이 끼는 것을 방지
　　– 도포율은 50~70% 정도
　　– 퍼티 연마에 적합
② **클로즈드 코트**
　　– 금속면 수정 작업에 적합
　　– 도포율은 100% 정도

③ **세미 오픈 코트**
- 오픈코트와 클로즈드 코트의 중간정도 도포율
- 샌더기용 연마지에 많이 사용

(2) 연마 입자

① **실리콘 카바이드**
- 탄화규소를 주성분으로 검정색을 띄고, 날카로운 쐐기 모양이다.
- 경도가 높으며 절삭성이 우수하고 파쇄성이 좋다.
- 최종 마무리 작업에 적합

② **알루미늄 옥사이드**
- 산화알루미늄이 주성분으로 갈색을 띈다.
- 입자가 잘 무뎌지지 않고 경도가 커서 오래 사용 가능하다.
- 기계 사포용으로 많이 사용한다.

③ **큐비트론**
- 금속과 플라스틱 화이버글라스를 합성하여 제조
- 금속절단이나 그라인딩에 사용

④ **알루미나 지르코니아**
- 최근 자동차 보수용 구도막 박리에 많이 사용

(3) 연마지 종류

① **샌더부착형**
- 샌더의 패드에 붙여서 연마할 때 사용

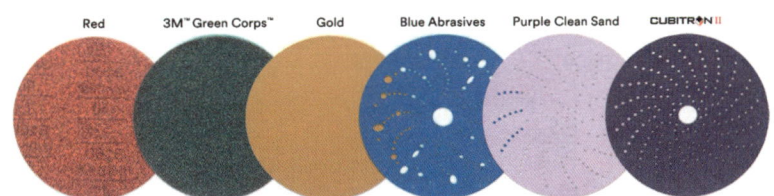

② **스펀지형**

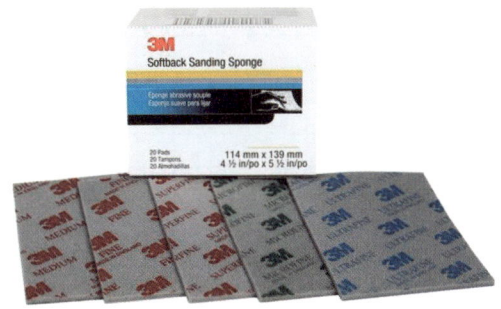

③ 부직포형

(4) 백킹(paper-backed) 종류

연마 알갱이를 붙이는 재질:

종이재질, 천재질, 화이버그라스재질, 종이와 천을 혼합한 재질, 폴리에스터 필름 재질

(5) 연마용 패드 부착방식

- 백킹과 연마재를 붙일 때 연마 입자끼리 접착 강도를 높이기 위해 둘 다 아교를 사용, 연마지를 유연하게 만들 수 있지만 열과 습기에 약해짐
- 아교를 연마재 입착와 접착할 경우 레진(resin)을 사용하는 방법으로 열과 습기에 강함

(6) 연마 입자 규격

가로, 세로 각각1인치 사각형에 수직, 수평으로 12개의 구멍을 12mesh라 한다.

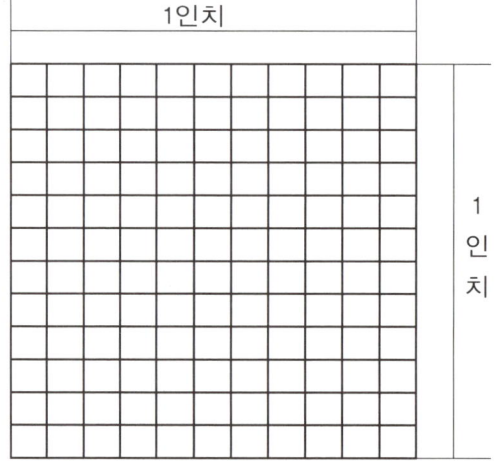

12 GRADE

※ 연마재 입자 등급 비교

U.S. CAMI(Coated Abrasive Manufacturers Institute)

European P(Federation of European Produces of Abrasives)

European P	P12	P40	P80	P120	P180	P220	P320	P360	P400	P600	P800	P1000		P1200
U.S. CAMI	#12	#40	#80	#120	#180	#220		#280	#320		#400			#500 #600

※ 연마재 입자크기

평균입자 크기(nm)	U.S. CAMI grade	FEPA P grade		평균입자 크기(nm)	U.S. CAMI grade	FEPA P grade
1815		P12		25.8±1.0		P600
1324		P16		23.6	400	
1320	16			16.0	600	
1000		P20		15.3±1.0		P1200
201		P80		12.6±1.0		P1500
192	80			12.2	800	
82		P180		10.3±0.8		P2000
78	180			9.2	1000	
46.2±1.5		P320		8.4±0.5		P2500
36	320			6.5	1200	
35.0±1.5		P400		3	1500	

(7) 연마지 부착방식

① 매직식(Velcro Tape)

- 일명 깔깔이 타입이라고 하며 샌드페이퍼 뒷면에 루프형태의 접착털이 있고 샌더의 백킹 플레이트 면에 버섯모양이나 갈고리 모양의 후크가 있다.

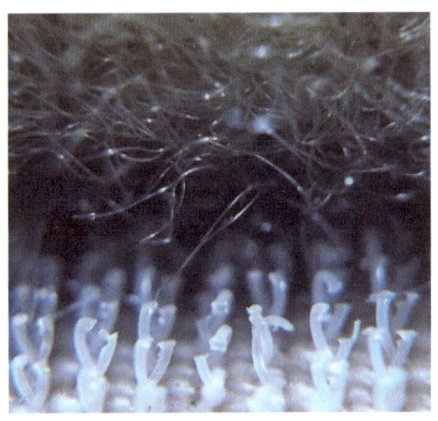

일반적인 베크로 루프와 후크

샌더 플레이트 후크

② 풀 접착식
　– 샌드페이퍼 뒷면에 접착제를 발라 샌더 백킹 플레이트와 붙도록 부착하는 방식으로
샌더 백킹 플레이트는 폴리에스테르, PVC 등이 코팅

코팅 백킹 패드

풀 접착식 연마지

(7) 작업별 추천 연마지

	방 식	적용 작업
연마지 접착방식	오픈 코트	퍼티 연마
	클로즈 코트	금속면 수정
연마 입자	실리콘 카바이드	금속면 연마
	알루미늄옥사이드	퍼티 연마
패드 부착방식	풀접착식	정밀연마, 연마지 교환이 없는 작업
	매직식	습식연마, 연마지 교환이 빈번한 작업
작업방법	건식연마	퍼티작업
	습식연마	상도연마(컬러샌딩)

2) 핸드블럭

– 연마지 형태에 따라 선택하여 사용
– 연마지의 쉬운 교체
– 연마지를 붙여서 연마 시 사용

PART NO.
051131-05526　3M
NO. 20 WETORDRY™
SPONGE PAD
Made in U.S.A.

– 작업에 따라 프레스라인, 과연마 방지를 위해 중간패드(Interpace Pad)를 붙여서 사용 가능

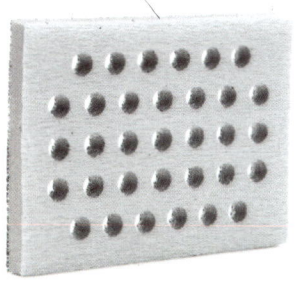

인터페이스패드(중간패드)

3) 대패

– 초벌 퍼티 작업 후 대략적인 평활성을 확보하고 퍼티도포 산을 제거할 때 효과적
– 완전히 건조되지 않았을 때 작업해야 쉽게 연마가능

3 퍼티 연마 방법

1) 샌더 연마

샌더를 사용하여 연마한다.

(1) 1차 연마

– P80~120 연마지를 부착하여 연마한다.
– 퍼티 도포 시 발생하는 퍼티산을 제거한다.

(2) 2차 연마

– P180~220 연마지를 부착하여 연마한다.
– 패널의 형상에 맞추어 평활성을 맞춘다.
– 평활성을 확보 후 남아 있는 기공이나 거친 연마자국이 남아 있을 경우에는 재차 퍼티를 도포한다.

(3) 3차 연마

– P320~400 연마지를 부착하여 연마한다.
– 2차 퍼티 연마 자국이나 중도가 도장되는 부분까지 부착력을 가지도록 연마한다.

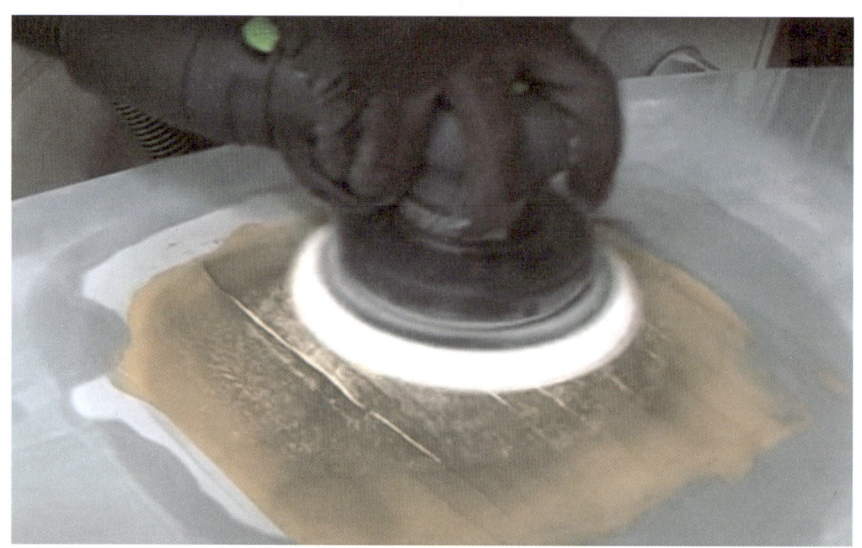

2) 손 연마

핸드블럭에 연마지를 붙여서 손(手)으로 연마한다.

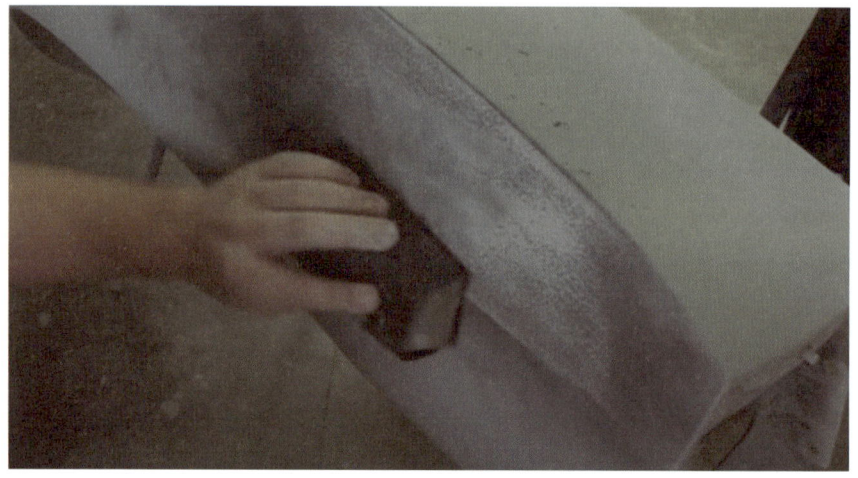

3) 수(水)연마

- 물을 사용하여 하는 연마
- 먼지 발생을 줄이기 위해 물을 흘리면서 연마하므로 연마가루가 비산되지 않음

01 기출 2006.10.01

자동차 보수 도장에 가장 일반적으로 많이 사용하는 퍼티는?

① 오일퍼티
② 폴리에스테르 퍼티
③ 에나멜 퍼티
④ 래커퍼티(레드 퍼티)

02 기출 2006.10.01

퍼티를 한번에 두껍게 도포를 하면 발생 할 수 있는 문제점으로 틀린 것은?

① 부풀음이 발생할 수 있다.
② 핀홀, 균열 등이 생기기 쉽다.
③ 연마 및 작업성이 좋아진다.
④ 부착력이 떨어진다.

+👤 **퍼티 도포 방법** : 얇게 여러 번에 나누어서 도포하며 두껍게 도포할 경우 퍼티 내부에 기공이 생겨 기공에 잔존해 있던 공기 중의 수분이나 이물질 등이 금속면에 침투하여 부풀음이 발생할 수 있으며 두껍게 도장된 퍼티는 갈라지거나 깨지는 현상이 발생 할 수 있다.

03 기출 2007.09.16

주걱(헤라)과 피도면의 각도로 가장 적합한 것은?

① 15° ② 30° ③ 45° ④ 60°

+👤 시작은 약 60°에서 시작하여 45° 정도에서 면을 만들고 60° 정도에서 도포면의 끝을 만든다.

04 기출 2008.03.30

래커퍼티(레드퍼티)의 용도로 가장 적합한 것은?

① 중도 연마 후 적은 수의 핀 홀 등이 있을 때 도포한다.
② 하도 도장 후 깊은 굴곡현상이 있을 때 도포한다.
③ 가이드 코트 도장하기 전에 먼지 및 티끌 등이 심할 때 도포한다.
④ 클리어(투명) 도장 후 핀 홀이 발생 했을 때 도포한다.

+👤 래커 퍼티는 퍼티 면이나 프라이머 서페이서 면의 작은 구멍, 작은 상처를 수정하기 위해 도포한다. 0.1 ~0.5mm 이하 정도로 패인 부분에 사용하며, 보정 부위만 사용이 되기 때문에 스폿 퍼티 또는 마찰시켜 메우므로 그레이징 퍼티라고도 한다.

05 기출 2008.03.30

도장용 주걱(스푼)으로 부적합 한 것은?

① 나무주걱 ② 고무주걱
③ 플라스틱 주걱 ④ 함석주걱

06 기출 2008.07.13

불포화폴리에스테르 퍼티 연마시 평활성 작업에 가장 적합한 연마지는?

① #80~#320 ② #400~#600
③ #800~#1000 ④ #1200~#1500

+👤

	작업 공정	사용연마지
하도	1차 퍼티	P80
	2차 퍼티	P180
	중도 도장면 연마	P320
중도	솔리드(블랙제외)	P400
	메탈릭 컬러	P600
	펄 컬러(블랙컬러)	P800
상도	크리어도장	P1000~1200
	광택연마	1200~

정답 01.② 02.③ 03.③ 04.① 05.④ 06.①

07 기출 2009.03.29
연마에 사용하는 샌더기 중 중심축을 회전하면서 중심축의 안쪽과 바깥쪽을 넘나드는 형태로 한 번 더 스트로크(stroke) 하여 연마하는 샌더기는?
① 더블 액션 샌더 (Double Action Sander)
② 싱글 액션 샌더 (Single Action Sander)
③ 오비탈 샌터(Obital Sander)
④ 스트레이트 샌더 (Straight Sander)

08 기출 2009.03.29
수연작업에서 작업 방법이 부적합한 것은?
① 손에 힘을 너무 많이 주면 균일한 속도와 힘을 유지할 수 없다.
② 힘을 균일하게 주지 않을 경우 도막 연마 상태에 영향을 주게 된다.
③ 힘과 속도는 일정해야 할 필요가 없다.
④ 연마지를 잡은 손의 힘은 균일하여야 한다.
➕🔹 힘과 속도는 일정해야 한다.

09 기출 2009.09.27
조착연마에 대한 설명으로 맞는 것은?
① 조착연마는 후속도장의 도료와 피도면의 부착력을 증대시키기 위해 연마하는 작업을 말한다.
② 부착이 쉽게 되는 것을 막기 위해 약간의 여유시간을 마련하기 위한 연마작업을 말한다.
③ 도료의 표면장력을 낮춰 피도물과의 부착이 어렵도록 하기 위해 하는 연마작업을 말한다.
④ 퍼티의 조착 연마는 #240 부터 한다.

10 기출 2009.09.27
다음 중 도막표면에 연마자국이나 퍼티자국이 생기는 원인은?

① 플래쉬 타임을 적게 주었을 때
② 페더 에지(Feather edge) 작업 불량일 때
③ 용제의 양이 너무 많을 때
④ 서페이서를 과다하게 분사했을 때
➕🔹 플래쉬 타임을 적게 주면 도막의 용제가 많아지게 되어 흐름이 발생하게 된다.

11 기출 2009.09.27
전동식 샌더기의 설명이 잘못된 것은?
① 회전력과 파워가 일정하고 힘이 좋다.
② 도장용으로는 사용하지 않는다.
③ 요철 굴곡 제거가 쉬우며 연삭력이 좋다.
④ 에어 샌더에 비해 다소 무거운 편이다.
➕🔹 도장용, 목공용으로 사용한다.

12 기출 2010.03.28
자동차 보수 도장에서 동력공구를 사용한 폴리에스테르 퍼티 연마에 적합한 연마지는?
① p24~p60 ② p80~p320
③ p400~p500 ④ p600~p1200
➕🔹
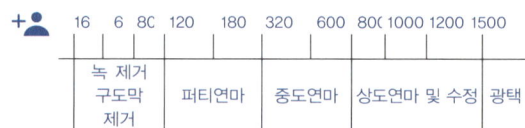

13 기출 2010.10.03
불포화 폴리에스터 초벌 퍼티 연마지 선택으로 가장 적합한 것은?
① #80 ② #320 ③ #400 ④ #600
➕🔹 **공정별 사용 연마지**

	작업 공정	사용연마지
하도	1차 퍼티	P80
	2차 퍼티	P180
	중도 도장면 연마	P320
중도	솔리드(블랙제외)	P400
	메탈릭 컬러	P600
	펄 컬러(블랙컬러)	P800

14 `기출` 2010.10.03

퍼티 자국의 원인이 아닌 것은?

① 퍼티작업 후 불충분한 건조

② 단 낮추기 및 평활성이 불충분할 때

③ 도료의 점도가 높을 때

④ 지건성 시너 혼합량의 과다로 용제증발이 늦을 때

+👤 도료의 점도가 낮을 때 발생한다.

15 `기출` 2010.10.03

퍼티 샌딩작업 시 분진의 위험을 차단하는 인체의 방어기전으로 틀린 것은?

① 섬모   ② 콧털

③ 호흡   ④ 점액층

16 `기출` 2011.04.17

다음 중 더블 액션 샌더 운동방향은?

①   ②

③   ④

17 `기출` 2011.10.09

최근 자동차 보수용에 사용되는 퍼티로 거리가 가장 먼 것은?

① 오일 퍼티

② 폴리에스테르 퍼티

③ 스무스(판금) 퍼티

④ 래커(레드) 퍼티

+👤 자동차 보수도장에서 사용하는 퍼티는 판금퍼티, 폴리퍼티, 래커퍼티, 스프레이퍼티가 있다. 이중 사용빈도로 보면 폴리퍼티〉래커퍼티〉판금퍼티〉스프레이퍼티 순이다.

18 `기출` 2011.10.09

에어식 샌더기의 설명으로 적합하지 않은 것은?

① 가볍고 사용이 간편하다.

② 로터를 회전시킨다.

③ 회전력과 파워가 일정하고 힘이 좋다

④ 종류가 다양하여 작업 내용에 따라 선별해서 사용할 수 있다.

+👤 에어식 샌더의 경우 연마면 쪽으로 힘을 주면 회전력이 저하되는 단점이 있다. 이러한 단점을 보완한 제품이 전기식의 기어액션 샌더가 있다.

19 `기출` 2011.10.09

단낮추기(페더에지) 중요성의 이유로서 적합하지 않은 것은?

① 오염물 제거

② 도장마무리 후 도막의 결함방지

③ 퍼티나 프라이머−서페이서와의 부착성 향상

④ 손상부위와 구도막 부위 단차제거

+👤 도장면의 유분이나 이물질 등을 제거하는 공정은 탈지공정으로 간과하기 쉽지만 공정마다 반드시 시행되어야 하는 공정이다.

20 `기출` 2011.10.09

퍼티 및 프라이머 서페이서의 연마작업등에서 반드시 사용하는 안전보호구는?

① 내용제성 장갑

② 방진 마스크

③ 도장 부스복

④ 핸드 클리너 보호 크림

21 `기출` 2012.04.08

퍼티도포작업에서 제 2단계 나누기 작업(살붙이기 작업)시 주걱과 피도면의 일반적인 각도로 가장 적합한 것은?

① 10°   ② 15°

③ 45°   ④ 60°

정답   14. ③   15. ③   16. ①   17. ①   18. ③   19. ①   20. ②   21. ③

22 기출 2012.04.08

갈색이며 연마제가 단단하며 날카롭고 연마력이 강해서 금속면의 수정 녹제거, 구도막 제거용에 주로 적합한 연마입자는?

① 실리콘 카바이드　② 산화알루미늄

③ 산화티탄　　　　④ 규조토

23 기출 2012.10.21

자동차 보수 도장에 일반적으로 가장 많이 사용하는 퍼티는?

① 오일 퍼티　　　② 폴리에스테르 퍼티

③ 에나멜 퍼티　　④ 래커 퍼티

24 기출 2012.10.21

습식연마 작업용 공구로서 적절하지 않는 것은?

① 받침목　　　　　② 구멍 뚫린 패드

③ 스펀지 패드　　④ 디스크 샌더

+🧑 디스크 샌더는 건식 연마할 때 사용하는 공구이다.

25 기출 2013.04.14

퍼티 도포용 주걱(스푼)으로 부적합한 것은?

① 나무 주걱　　　② 고무 주걱

③ 플라스틱 주걱　④ 함석 주걱

26 기출 2013.04.14

다음 설명 중 옳은 것은?

① P400 연마지로 금속 면과의 경계부를 경사지게 샌딩한다.

② 연마지 방수는 고운 것에서 거친 것 순서로 작업한다.

③ 단 낮추기의 폭은 1(cm) 정도가 적당하다.

④ 샌딩 작업에 의해 노출된 철판면은 인산아연 피막 처리제로 방청처리 한다.

+🧑 ① 단낮추기의 경우 P80~P120 정도의 연마지로 샌딩한다.

② 샌딩 작업 중 연마지는 거친 것에서 고운 순서로 한다.

③ 신차도막의 경우 2~3cm정도, 보수도막의 경우에는 3~5cm 정도로 넓게 한다.

27 기출 2013.04.14

습식 연마의 장점이 아닌 것은?

① 건식 연마에 비하면 페이퍼의 사용량이 절약된다.

② 연마 중 분진 발생이 없다.

③ 수 연마용 샌더를 사용하면 손 연마에 비하여 작업이 빠르다.

④ 거칠기가 같은 페이퍼를 사용 할 때 건식 연마보다 연마 면이 탁월하다.

+🧑 동일한 그레이드의 연마지를 사용할 경우 건식연마가 습식 연마보다 곱다.

28 기출 2013.10.12

퍼티를 한 번에 두껍게 도포를 하면 발생할 수 있는 문제점으로 틀린 것은?

① 부풀음이 발생할 수 있다.

② 핀홀, 균열 등이 생기기 쉽다.

③ 연마 및 작업성이 좋아진다.

④ 부착력이 떨어진다.

29 기출 2013.10.12

다음 중 편심원(이중 회전) 운동하는 방식의 샌더는?

① 기어 액션 샌더　② 오비탈 샌더

③ 싱글액션 샌더　④ 더블 액션 샌더

+🧑 **샌더의 종류와 용도**

① 디스크 샌더 : 도막 제거용으로 싱글 회전의 샌더로서 파이버 디스크를 사용하는 일반적인 그라인더이다.

② 벨트 샌더 : 도막 제거용 샌더로 판금에서도 사용되지만 좁은 면적, 오목한 부위의 연마에 편리하다.

정답 22. ②　23. ②　24. ④　25. ④　26. ④　27. ④　28. ③　29. ④

③ 오비털 샌더 : 거친 연마용으로 사용하기 쉽기 때문에 퍼티 연마에 가장 많이 사용되며, 더블 액션 샌더에 비하여 연삭력은 떨어지나 힘이 평균적으로 가해져 균일한 연마를 할 수 있다.

④ 더블 액션 샌더 : 이중 회전의 샌더로 용도가 넓기 때문에 많이 사용되며, 오빗 다이어의 큰 타입은 패더 에지 만들기, 거친 연마 등의 연마에 적합하고 오빗 다이어의 수치가 작은 타입은 작은 면적의 퍼티 연마, 프라이머 서페이서의 연마, 표면 만들기에 적합하다.

⑤ 기어 액션 샌더 : 거친 연마용으로 오비털 샌더나 더블 액션 샌더에 비해 연삭력이 우수하며, 면 만들기에 효율이 높고 작업 능률도 높다.

⑥ 스트레이트 라인 샌더 : 면 만들기 용으로 퍼티면에 작은 요철이나 변형을 연마하는데 적합하다. 특히 라인 만들기에 가장 적합하다.

---

30 기출 2013.10.12
싱글 액션 샌더 연마작업 중 가장 주위 해야 할 신체부위는?
① 머리　　　　　② 발
③ 손　　　　　　④ 팔목

---

31 기출 2014.04.06
자동차 표면의 굴곡 및 요철에 도포하여 평활성을 주는데 가장 적합한 퍼티는?
① 폴리에스테르 퍼티
② 아미노알키드 퍼티
③ 오일 퍼티
④ 래커 퍼티

---

32 기출 2014.04.06
보수도장 후 상도에서 생길 수 있는 결함이 아닌 것은?
① 오렌지 필　　　② 퍼티 단차
③ 티 결함　　　　④ 흐름

＋● 퍼티 단차의 경우에는 하도 공정에서 단낮추기가 잘 되지 않았을 때 발생하는 결함이다.

---

33 기출 2014.04.06
연마재의 구조에서 연마입자의 접착강도를 높이는 것은?
① 메이크 코트　　② 오픈 코트
③ 크로즈 코트　　④ 코트사이즈 코트

---

34 기출 2014.10.11
샌더 연마작업을 할 때 주의사항으로 틀린 것은?
① 샌더 연마작업의 경우 회전력에 의한 연마이므로 수작업보다 연마력이 우수하다.
② 면적이 작거나 둥근 형태의 경우에는 더블 액션 샌더 또는 기어액션 샌더가 적합하다.
③ 연마지는 고운 연마지에서 점차 거친 연마지로 전환하여 작업한다.
④ 오비탈 샌더는 사각 패드를 사용하며 패드가 넓기 때문에 연마 면적이 넓은 경우와 굴곡을 제거하는데 적합하다.

＋● 연마 작업시에는 거친 연마에서 시작하여 고운 연마지로 마무리한다.

---

35 기출 2014.10.11
싱글액션샌더를 이용한 물리적인 녹 제거 작업 시 필히 착용해야 될 보호구는?
① 안전헬멧　　　② 귀마개
③ 방진마스크　　④ 고무장갑

---

36 기출 2015.04.04
연마에 사용하는 샌더기 중 타원형의 일정한 방향으로 궤도를 그리며 퍼티면의 거친 연마나 프라이머 서페이서 연마에 사용되며, 사각모양이 많은 샌더기는?
① 더블 액션 샌더(Double Action Sander)
② 싱글 액션 샌더(Single Action Sander)
③ 오비탈 샌더(Obital Sander)
④ 스트레이트 샌더(Straight Sander)

---

37 `기출` 2015.04.04

폴리에스테르 퍼티 초벌 도포 후 초기 연마 시 연마지 선택으로 가장 적합한 것은?

① #80 　　　　　② #320

③ #400 　　　　　④ #600

38 `기출` 2015.04.04

자동차 보수도장에서 표면 조정 작업의 안전 및 유의사항으로 틀린 것은?

① 연마 후 세정 작업은 면장갑과 방독마스크를 사용한다.

② 박리제를 이용하여 구도막을 제거할 경우에는 방독마스크와 내화학성 고무장갑을 착용한다.

③ 작업범위가 아닌 경우에는 마스킹을 하여 손상을 방지한다.

④ 연마 작업은 알맞은 연마지를 선택하고 샌딩마크가 발생하지 않도록 주의한다.

39 `기출` 2015.10.10

다음 연마지 중 가장 고운 연마지는?

① P80 　　　　　② P180

③ P400 　　　　　④ P1000

+🔲 연마지의 숫자가 크면 클수록 고운 연마지이다.

40 `기출` 2015.10.10

판금 퍼티의 경화제 성분은?

① 과산화물 　　　　② 폴리스티렌

③ 우레탄 　　　　　④ 휘발성 타르

41 `기출` 2015.10.10

도막을 연마하기 위한 공구로 가장 거리가 먼 것은?

① 싱글액션 샌더(single action sander)

② 핸드 파일(hand file)

③ 벨트식 샌더(belt sander)

④ 스크레이퍼(seraper)

42 `기출` 2015.10.10

자동차 보수도장 공정에 사용되는 퍼티가 아닌 것은?

① 에나멜 퍼티 　　　② 아연 퍼티

③ 폴리에스테르 퍼티 　④ 래커 퍼티

43 `기출` 2015.10.10

연마작업 시 사용되는 에어샌더의 취급상의 주의사항 중 틀린 것은?

① 샌더를 떨어뜨리면 패드가 변형되므로 조심한다.

② 모터부분에는 엔진오일을 주유한다.

③ 이물질이 포함된 압축공기를 사용하면 고장의 원인이 된다.

④ 샌더의 사양에 맞는 공기압력을 조절하여 사용한다.

정답 　37.① 　38.① 　39.④ 　40.① 　41.④ 　42.① 　43.②

44 기출 2016.04.02

샌딩 작업 방법에 대한 설명으로 옳은 것은?

① P400 연마지로 금속 면과의 경계부를 경사지게 샌딩한다.

② 연마지는 고운 것에서 거친 것 순서로 작업한다.

③ 단 낮추기의 폭은 1cm 정도가 적당하다.

④ 샌딩 작업에 의해 노출된 철판 면은 인산아연피막처리제로 방청처리 한다.

45 기출 2016.04.02

다음 중 더블 액션 샌더 운동방향은?

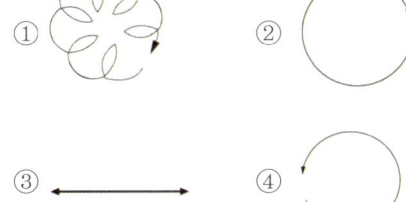

46 기출 2016.04.02

자동차 보수도장에서 동력공구를 사용한 폴리에스테르 퍼티 연마에 적합한 연마지는?

① P24~P60   ② P80~P320

③ P400~P500   ④ P600~P1200

➕👤 **연마지 번호에 따른 용도**
　① P24~P60 → 구도막 제거
　② P400~P500 → 중도 연마(후속도장 솔리드색상 계열)
　③ P600~P1200 → 상도 연마 및 광택작업

47 기출 2016.04.02

습식 연마의 장점이 아닌 것은?

① 연마 흔적이 미세하다.

② 건식연마에 비하면 페이퍼의 사용량이 절약된다.

③ 차량 표면의 오염 물질의 세척이 동시에 이루어진다.

④ 건식 연마에 비해 작업시간을 단축시킬 수 있다.

➕👤

	건식 연마	습식 연마
장점	•작업이 빠르다. •하자 발생률이 줄어든다.(퍼티완전건조 후 연마시작) •힘이 적게 든다.(연마기 사용)	•분진이 날리지 않는다. •연마한 표면이 매끄럽다. •별도의 기공구가 필요 없다.
단점	•분진을 발생시킨다. •연마기 사용 숙달 시간이 필요하다. •연마 면이 날카롭다.	•수분에 의한 도장결함이 발생할 수 있다. •연마 후에 물기를 완전히 건조시켜야 한다.

48 기출 2016.04.02

도막표면에 연마자국이나 퍼티자국이 생기는 원인은?

① 플래시 타임을 적게 주었을 때

② 페더 에지 및 연마 작업 불량일 때

③ 용제의 양이 너무 많을 때

④ 서페이서를 과다하게 분사했을 때

➕👤 플래시 타임을 적게 주면 도막의 용제가 많아지게 되어 흐름이 발생하게 된다.

49 기출 2016.04.02

연삭작업 시 안전사항으로 틀린 것은?

① 보안경을 반드시 착용해야 한다.

② 숫돌 차의 회전은 규정 이상을 넘어서는 안된다.

③ 숫돌과 받침대 간격은 가급적 멀리 유지한다.

④ 스위치를 넣고, 연삭하기 전에 공전상태를 확인 후 작업해야 한다.

➕👤 **연삭기 사용시 유의사항**
　① 숫돌 커버를 벗겨 놓고 사용하지 않는다.
　② 연삭 작업 중에는 반드시 보안경을 착용하여야 한다.
　③ 날이 있는 공구를 다룰 때에는 다치지 않도록 주의한다.
　④ 숫돌 바퀴에 공작물을 적당한 압력으로 접촉시켜 연삭한다.

정답 44.④ 45.① 46.② 47.④ 48.② 49.③

⑤ 숫돌 바퀴의 측면을 이용하여 공작물을 연삭해서는 안된다.

⑥ 숫돌 바퀴와 받침대의 간격은 3mm 이하로 유지시켜야 한다.

⑦ 숫돌 바퀴의 설치가 완료되면 3분 이상 시험 운전을 하여야 한다.

⑧ 숫돌 바퀴를 설치할 경우에는 균열이 있는지 확인한 후 설치하여야 한다.

⑨ 연삭기의 스위치를 ON 시키기 전에 보안판과 숫돌 커버의 이상 유무를 점검한다.

⑩ 숫돌 바퀴의 정면에 서지 말고 정면에서 약간 벗어난 곳에 서서 연삭 작업을 하여야 한다.

50 기출 2016 기출복원문제

연삭작업에서 안전관리 상 틀린 것은?

① 숫돌 차의 회전은 규정 이상을 초월해서는 안된다.

② 보안경을 반드시 작용해야 한다.

③ 스위치를 넣고 연삭하기 전에 공전상태를 확인 후 작업해야 한다.

④ 숫돌 차의 정면에 위치하고 파괴시 파편에 의한 위험 때문에 거리를 두어 연삭하는 것이 안전하다.

+● 연삭 작업은 숫돌이 파괴될 경우 파편에 의한 위험 때문에 숫돌 차의 정면을 피하여 측면에서 연삭하는 것이 안전하다.

51 기출 2016 기출복원문제

싱글액션 샌더 연마작업 중 가장 주의해야 할 신체 부위는?

① 머리   ② 발

③ 손   ④ 팔목

52 기출 2017 기출복원문제

싱글 액션 샌더의 용도에 적합하게 사용되는 연마지는?

① #40, #60   ② #180, #240

③ #320, #400   ④ #600, #800

+● 싱글 액션 샌더는 구도막을 박리시킬 때 사용하므로 연마지는 #40~#60 정도의 연마지를 사용한다.

53 기출 2017 기출복원문제

최근 자동차 보수용에 사용되는 퍼티로 거리가 가장 먼 것은?

① 오일 퍼티

② 폴리에스테르 퍼티

③ 스무스(판금) 퍼티

④ 래커(레드) 퍼티

+● 자동차 보수도장에서 사용하는 퍼티는 판금퍼티, 폴리퍼티, 래커퍼티, 스프레이퍼티가 있다. 이중 사용 빈도로 보면 폴리퍼티〉래커퍼티〉판금퍼티〉스프레이퍼티 순이다.

CHAPTER 04 서페이서 작업

1 서페이서 선택

서페이서 종류

1) 1액형

(1) 래커계

① **적용범위** : 작은 부분 보수 및 신차도막 보수용

② **장점**
- 건조가 빠르다.
- 연마성이 좋다.
- 교반 후 장시간동안 사용할 수 있다.

③ **단점**
- 2액형과 비교하여 도막이 약하다.
- 건조 후에도 용제에 의한 침식이 발생한다.
- 연마기를 활용한 연마가 어렵다.

2) 2액형

(1) 우레탄계

① **적용범위** : 신차도막, 보수도막 등

② **장점**
- 내용제성이 좋다.
- 방청성이 좋다.
- 내구성이 좋다.
- 도막 살오름성이 좋다.

③ **단점**
- 가사시간이 있다.
- 건조가 느리다.
- 사용 후 세척해야한다.

(2) 예폭시계

① **적용 범위** : 신차도막, 보수도막 등

　　– 내용제성이 좋다.

　　– 방청성이 좋다.

　　– 내구성이 좋다.

　　– 도막 살오름성이 좋다.

　　– 내화학성이 좋다.

　　– 내약품성이 좋다.

② **단점**

　　– 가사시간이 있다.

　　– 건조가 느리다.

　　– 사용 후 세척해야 한다.

2 서페이서 특성

1) 서페이서의 구비 요건

상도 외관의 품질을 좌우하고 도막의 내구성을 증대시킴

(1) 작업적인 구비 요건

① 살오름성이 좋아야 한다.

② 건조성이 좋아야 한다.

③ 요철의 메꿈성이 좋아야 한다.

④ 연마성이 좋아야 한다.

⑤ 퍼짐성이 좋아서 표면이 매끈해야 한다.

(2) 물리적인 구비 요건

① 차단성이 좋아야 한다.

② 층간 부착성이 좋아야 한다.

③ 내부식성이 좋아야 한다.

④ 은폐력이 좋아야 한다.

(3) 도막상태 구비 요건

① 연마하기 쉬워야 한다.

② 기계적 강도가 커야한다.

③ 내광성을 가져야 한다.

④ 팽윤성이 적어야 한다.

⑤ 프라이머에 잘 부착되어야 하고 상도도막도 중도에 잘 부착되도록 한다.

2) 서페이서의 기능

① **차단성** : 상도도료가 하도도료로 침투되는 것을 차단한다.
② **부착성** : 하도, 상도간의 부착력을 증진시킨다.
③ **평활성, 살오름성** : 작은 연마자국이나 작은 굴곡을 제거하여 평편한 면을 확보한다.
④ **내충격성** : 소재나 하도로 충격이 직접전달 되지 않도록 한다.
⑤ **방청성** : 부식방지 효과가 있다.
⑥ **광택증가** : 상도 도장 후의 광택을 향상 시킨다.
⑦ **자외선 차단** : 상도를 통과하여 하도로 들어오는 자외선을 차단하여 보호한다.

2 서페이서 도장

1 서페이서 도장 목적

① 상도 도장을 위한 기준 도막 형성
② 상도 도막의 평활성을 확보
③ 상도 도료가 하도로 침투되는 것을 방지
④ 하도와 상도사이에서의 부착성 증진
⑤ 두꺼운 도막 형성으로 완충작용
⑥ 내부식성 향상
⑦ 메꿈성 향상

2 서페이서 도장 방법

1) 작업 형태별 도장 방법

(1) 맨 철판 위
- 구도막을 제거하거나 연마 과정 중에 철판이 노출된 곳에 도장

(2) 퍼티 도막 위
- 요철을 수정하고 평활성이 확보 된 퍼티 도막에 도장

(3) 래커 도막 위
- 상도도료가 래커 도막을 침식시켜 녹게 되는 것을 방지하기 위해 도장

(4) 교환 패널 위
- 교환 되는 패널은 하도도장만 완료 된 상태에서 출고되기 때문에 상도도막이 잘 떨

어지지 않고 녹이 발생되지 않도록 도장

2) 명도별 색상별 은폐 도장

색상에 따라 은폐가 잘 되지 않거나 어려운 색상을 은폐가 쉽게 될 수 있도록 명도나 색상을 도장하는 중도 도장 법

(1) 중도 색상 적용

① **신차 중도 색상**
   - **단일 중도** : 다양한 상도 색상에 한가지의 중도를 적용
   - **그룹 중도** : 상도 색상을 3~4가지 그룹으로 만들어 도장하는 방법으로 흰색, 진한 회색, 적색, 청색 중도를 도장
   - **유색 중도** : 상도 베이스코트가 완전히 은폐가 되지 않더라도 은폐가 쉽도록 상도색 상과 유사한 색상으로 도장

② **보수 도장 중도 색상**
   - **그레이 컬러 중도** : 다양한 상도 색상에 그레이 컬러의 중도를 도장하여 적용
   - **유색 중도**
     - 흰색, 검정색, 적색, 황색, 청색을 조합하여 상도 컬러와 유사한 색상으로 도장
     - 상도 도장 횟수가 감소되어 상도도료를 적게 사용
     - 치핑에 의한 상도도막이 떨어져도 유사한 색상의 중도 적용으로 쉽게 눈에 띄지 않음
     - 조색 작업 시 정면, 측면 색상 변화가 적음

컬러 서페이서

3) 서페이서 스프레이 방법

사용하는 도료의 기술자료집을 참고하여 스프레이건의 조작, 도료의 점도 등을 맞춤

① **1차는 얇게 도장(Dry Spray)** : 한번에 습도장 했을 때 중력방향의 처짐이던지 크레터링 등이 생기지 않고 도료의 부착성을 올림

② **2차는 습도장(Wet Spray)** : 도료가 도장하는 곳 이외 부분으로 비산되지 않도록 습도 장하여 도막이 두꺼워지도록 도장

③ 플래시 오프 타임
- 도장과 도장 사이에 3~5분 정도의 시간을 주며 도막이 두꺼우면 두꺼울수록 플래시 오프 타임을 길게 설정
- 육안으로는 도막의 광택이 사라지고 손으로 가볍게 만졌을 때 손에 묻지 않는 정도가 되면 후속 도장 진행

3 서페이서 건조

1) 건조 형태별 분류

(1) 자연 건조형
- 1액형 래커계로 상온(20℃)에서 용제가 증발하여 건조되는 자연건조형

(2) 강제 건조형 추천형
- 2액형 우레탄, 에폭시계로 상온(20℃)에서 24시간 정도가 지나면 건조
- 자연 상태에서 건조시간이 오래 걸려 60℃에서 30분 정도 가열건조하여 건조시간 단축시킴

2) 강제 건조시 고려사항

(1) 세팅 타임
- 강제 건조형의 경우 도장을 마친 후 바로 열을 가하면 도막의 표면이 먼저 건조되고 내부에는 휘발되지 않은 용제가 많이 남게 됨
- 이 용제는 건조가 진행되면서 먼저 건조 된 도막의 표면을 뚫고 나와 표면에 바늘구멍으로 찌른 것과 같은 형태로 나타나는 핀홀 결함이 발생
- 결함 예방을 위해 기술 자료집에서 요구하는 도막 두께와 세팅타임을 고려하여 설정

3 서페이서 연마

1 서페이서 연마 공구

1) 더블액션 샌더
이중회전(편심)샌더로 편심의 크기가 3mm를 사용
- **패드형상** : 원형
- **패드 경도** : 부드러운 패드
- 패드의 중심으로 연마

- 패드의 중심으로 연마
- 과연마나 프레스라인 연마 방지를 위해 중간패드(Interface Pad) 사용
- **사용연마 그레이드** : P400~P600

구동원리에 따른 분류

에어식   전기식

인터페이스 패드

2) 핸드블럭

블록 없이 연마할 경우 손가락 자국이 생기기 때문에 손으로 중도도막을 연마할 때 연마
지를 붙여서 사용

블록없이 연마하여 손가락 표시가 나는 예

2 서페이서 연마 재료

1) 연마지

- **샌더용 연마지** : P400, P600, P800, P1000 사용
- **스펀지 연마지** : P500, P600, 3M슈퍼 파인(Super Fine), 3M울트라 파인(Ultra Fine)

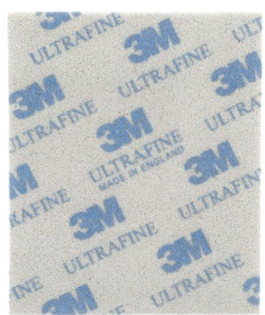

2) 가이드 코트

- 오렌지 필, 스크래치, 굴곡 부위나 수평상태를 눈으로 확인 가능
- 분말, 스프레이 타입
- 건식, 습식 연마 모두 사용 가능

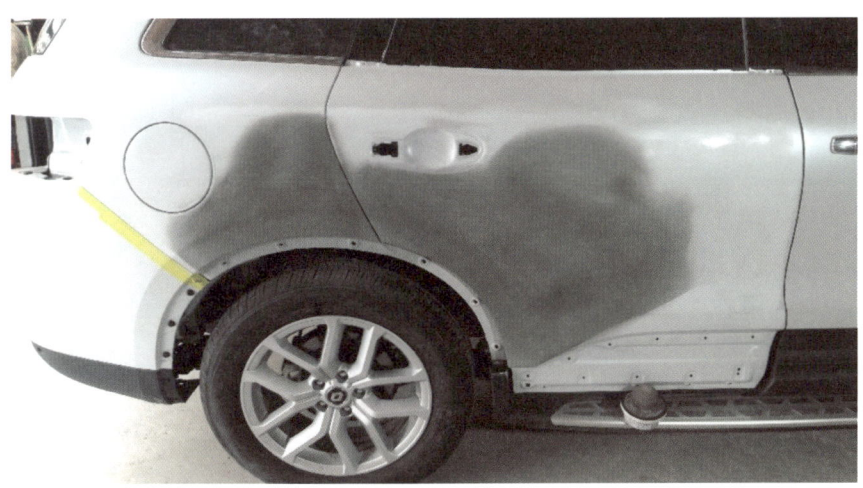

(1) 드라이 타입

– 흑연 분말의 연마 보조재

(2) 스프레이 타입

– 검정색 안료가

– 연마면이 커버 될 때까지 2~3회 날림(Dry)도장

드라이 타입

스프레이 타입

3 서페이서 연마 방법

1) 연마시 주의사항

① 안전보호구는 규정에 맞게 착용

② 공기압축기를 점검하고 압축 공기 탱크와 작업장의 에어 트랜스포머의 수분과 유분을 제거

③ 연마기를 사용할 경우 집진기와 완벽하게 연결하여 분진이 비산되지 않도록 함

④ 골고루 균일하게 연마

⑤ 연마 후 압축공기로 사용 공구를 정리

⑥ 공기식 연마기는 주기별로 에어주입구에 전용오일을 주입

⑦ 수연마시에는 연마즙을 충분히 흘릴 정도의 충분한 물을 사용하여 연마

⑧ 수연마 후에는 건조기로 수분을 완전히 제거

⑩ 제품별 기술자료집과 물질안전보건자료를 확인

⑪ 연마작업은 환기가 잘되는 곳에서 작업

⑫ 과연마가 되지 않도록 주의

2) 연마순서

(1) 건식 연마

① 안전보호구 착용

② 작업부위를 탈지제로 탈지

③ 드라이 또는 스프레이 타입의 가이드코트를 도포

④ 집진기가 연결된 더블액션 샌더에 중간패드를 붙이고 상도색상에 적합한 연마지로 연마

⑤ 부직포 연마지(P500~P600) 연마지로 자장자리와 프레스라인을 연마

(2) 습식 연마

① 안전보호구 착용

② 작업부위를 탈지제로 탈지

③ 드라이 또는 스프레이 타입의 가이드코트를 도포

④ 내수연마지를 핸드블럭에 붙여서 연마

⑤ 한손에는 물에 적신 스펀지, 한손에는 핸드블럭을 잡고 연마

⑥ 물을 충분히 사용하여 연마즙을 패널에서 흘려버리면서 연마

⑦ 연마가 완료되면 물로 패널을 깨끗이 세척

⑧ 걸레로 물기를 제거

⑨ 압축공기로 물기를 완전히 제거

⑩ 건조기로 수분을 건조시킴

(3) 탈지 작업

① 안전보호구 착용

② 한손에는 탈지제가 묻은 걸레를 다른 한손은 깨끗한 타월 준비

③ 탈지제가 묻은 걸레로 먼저 닦고 증발하기 전에 깨끗한 타월로 표면을 닦음

④ 수용성 도료를 도장 할 경우 수용성 탈지제로 다시 탈지

⑤ 압축 공기로 먼지 이물질 제거

⑥ 송진포로 먼지 제거

⑦ 주변 정리 정돈

01 기출 2006.10.01

프라이머-서페이서를 분무하기 전에 피 도장면을 점검해야 하는 부분이 아닌 것은?

① 퍼티 면의 요철, 면 만들기 상태는 양호한가?
② 기공이나 깊은 연마자국은 남아있지 않는가?
③ 퍼티의 두께가 적절한가?
④ 퍼티의 단차나 에지(edge)면이 정확하게 연마되어 있는가?

02 기출 2007.09.16

프라이머 서페이서를 스프레이 할 때 주의 할 사항에 해당하지 않은 것은?

① 퍼티면의 상태에 따라서 도장하는 횟수를 결정한다.
② 도막은 균일하게 도장한다.
③ 프라이머-서페이서는 두껍고 거친 도장을 할수록 좋다.
④ 도료가 비산되지 않도록 한다.

+🧑 프라이머서페이서를 도장시 적정 도막 두께만 도장하고 매끈한 도장을 하면 연마가 편리하다.

03 기출 2007.09.16

강제 건조의 장점이 아닌 것은?

① 건조 경화가 빠르다.
② 세팅타임이 필요 없다.
③ 도막성능이 향상 된다.
④ 작업 효율이 좋다.

+🧑 ① 플래시 오프 타임(flash-off time) : 도장과 도장사이에 용제가 증발할 시간을 주는 것
② 셋팅 타임(setting time) : 도장완료 후 가열건조 전에 주는 시간

04 기출 2008.03.30

완전한 도막 형성을 위해 여러 단계로 나누어서 도장을 하게 되고, 그 때마다 용제가 증발할 수 있는 시간을 주는데 이를 무엇이라 하는가?

① 플래시 타임(Flash Time)
② 세팅 타임(Setting Time)
③ 사이클 타임(Cycle Time)
④ 드라이 타임(Dry Time)

+🧑 **도장 관련 시간 용어의 정의**

① 플래시 타임(Flash Time) : 동일한 도료(塗料)를 여러 번 겹쳐 도장(塗裝)할 때 아래의 도막(塗膜)에서 용제(溶劑)가 증발되어 지촉 건조(指觸乾燥) 상태가 되기까지의 시간을 말하며, 약 3∼5분 정도의 시간이 필요하다.
② 세팅 타임(Setting Time) : 도장을 완료한 후부터 가열 건조의 열을 가할 때까지 일정한 시간 동안 방치하는 시간. 일반적으로 약 5∼10분 정도의 시간이 필요하다. 세팅 타임 없이 바로 본 가열에 들어가면 도장이 끓게 되어 핀 홀(pin hole) 현상 발생한다.

05 기출 2008.03.30

프라이머-서페이서 도장 작업시 유의사항으로 틀린 것은?

① 작업 중 반드시 방독 마스크, 내화학성 고무장갑과 보안경을 착용한다.
② 차체에 불필요한 부위에는 사전에 마스킹을 한 후 작업 한다.
③ 도장작업에 적합한 스프레이건을 선택하고 노즐구경은 1.0mm 이하로 한다.
④ 점도계로 적정 점도를 측정하여 도장한다.

정답 **01.③ 02.③ 03.② 04.① 05.③**

06 기출 2008.07.13

다음 중 중도용 도료로 사용되는 수지로서 요구되는 성질이 아닌 것은?

① 광택성　　　　② 방청성
③ 부착성　　　　④ 내치핑성

+👤 중도용 도료는 연마한 후 후속도장이 이루어지기 때문에 광택성은 필요 없다.

07 기출 2008.07.13

자동차 보수 도장시 프라이머-서페이서를 도장해야 하는 경우가 아닌 것은?

① 래커퍼티 위
② 폴리에스테르퍼티 위
③ 교환부품 위
④ 베이스코트 위

+👤 베이스 코트 위에는 클리어가 도장되어 작업이 완료된다.

08 기출 2008.07.13

프라이머 서페이서의 작업과 건조 불량으로 발생하는 결함이 아닌 것은?

① 연마 자국이 있다.
② 퍼티 자국이 있다.
③ 상도의 광택이 부족하다.
④ 물자국 현상(water spot) 현상이 발생한다.

09 기출 2009.03.29

프라이머 서페이서의 성능으로 잘못 설명한 것은?

① 퍼티 면이나 부품 패널의 프라이머 면에 분무하여 일정한 도막의 두께를 유지한다.
② 도막 내에 침투하는 수분을 차단한다.
③ 상도와의 부착성을 향상 시킨다.
④ 상도 도장에는 큰 영향을 미치지 않는다.

+👤 중도 도장은 상도 도장에 가장 큰 영향을 준다.

10 기출 2009.09.27

프라이머 서페이서의 면을 습식 연마할 때 연마에 적절한 연마지는?

① P80~P120　　② P120P~P220
③ P220~P320　　④ P320~P800

+👤 **공정별 사용 연마지**

	작업 공정	사용연마지
하도	1차퍼티	P80
	2차퍼티	P180
	중도도장면 연마	P320
중도	솔리드(블랙제외)	P400
	메탈릭컬러	P600
	펄컬러(블랙컬러)	P800

11 기출 2010.03.28

프라이머 서페이서 건조가 불충분 했을 때 발생하는 현상이 아닌 것은?

① 샌딩을 하면 연마지에 묻어나서 상처가 생긴다.
② 상도의 광택부족
③ 우수한 부착성
④ 퍼티자국이나 연마자국

12 기출 2010.10.03

도장용어 중 세팅 타임이란?

① 건조가 되기를 기다리는 시간
② 열을 주지 않고 용제가 자연 휘발하는 시간
③ 열처리 하는 시간
④ 열처리 하고 난후 식히는 시간

+👤 **플래시 오프 타임과 세팅 타임**
① 플래시 오프 타임(flash-off time) : 도장과 도장사이에 용제가 증발할 수 있는 시간을 말한다.
② 세팅타임(setting time) : 도장 완료 후 가열 건조를 하기 전에 주는 시간을 말한다.

정답 06. ①　07. ④　08. ④　09. ④　10. ④　11. ③　12. ②

13 기출 2010.10.03
건조가 불충분한 프라미머-서페이서를 연마할 때 발생되는 문제점이 아닌 것은?
① 연삭성이 나쁘고 상처가 생길 수 있다.
② 연마 입자가 페이퍼에 끼어 페이퍼의 사용량이 증가한다.
③ 물 연마를 해도 별 문제가 발생하지 않는다.
④ 우레탄 프라이머 서페이서를 물 연마하면 경화제의 성분이 물과 반응하여 결함이 발생 할 경우가 많다.

14 기출 2010.10.03
프라이머 서페이서에 관한 설명으로 맞는 것은?
① 프라이머 서페이서는 세팅 타임을 주지 않아도 된다.
② 도막이 두꺼워지면 핀 홀이 생길 수 있다.
③ 프라이머 서페이서는 플래시 타임을 주지 않아 도 된다.
④ 프라이머 서페이서는 구도막 상태가 나쁘면 두껍게 도장해도 된다.

15 기출 2011.04.17
자동차 주행 중 작은 돌이나 모래알 등에 의한 도막의 벗겨짐을 방지하기 위한 도료는?
① 방청 도료　　② 내스크래치 도료
③ 내칩핑 도료　　④ 바디실러 도료

16 기출 2011.04.17
프라이머 서페이서 연마의 목적과 이유가 아닌 것은?
① 도막의 두께를 조절하기 위해서다.
② 상도 도료의 밀착성을 향상시키기 위해서다.
③ 프라이머 서페이서 면을 연마함으로써 면의 평활성을 얻을 수 있다.
④ 상도 도장의 표면을 균일하게 하여 미관상 마무리를 좋게 한다.

＋👤 프라이머 서페이서의 연마 목적
① 상도 도료와 하도도료와의 밀착성
② 상도의 미려한 외관을 위한 평활성
프라이머 서페이서의 도장 목적
① 거친 연마자국이나 작은 요철을 제거하는 충진성
② 상도도료가 하도로 흡습되는 것을 방지하는 차단성
③ 녹 발생을 억제하는 방청성

17 기출 2011.04.17
상도 도장 전 수연마(water sanding)의 단점으로 가장 적합한 것은?
① 먼지 제거　　② 부식 효과
③ 연마지 절약　　④ 평활성

＋👤

구 분	습식 연마	건식 연마
작업성	보통	양호.
연마 상태	마무리가 거칠다	마무리가 곱다
연마 속도	늦다	빠르다
연마지 사용량	적다	많다
먼지 발생	없다	있다
결점	수분 완전제거 해야 한다.	집진장치 필요
현재 작업 추세	건식 연마에 밀리고 있다	많이 사용하고 있다.

18 기출 2011.10.09
프라이머-서페이서 연마시 샌더 연마용으로 적절한 것은?
① P40~80　　② P80~120
③ P80~320　　④ P400~600

＋👤 후속도장에 따라 프라이머-서페이서의 연마지 선택

	작업 공정	사용연마지
중도	솔리드(블랙제외)	P400
	메탈릭컬러	P600
	펄컬러(블랙컬러)	P800

정답　13. ③　14. ②　15. ③　16. ①　17. ②　18. ④

19 기출 2011.10.09

도장작업 중 프라이머-서페이서의 건조방법은?

① 모든 프라이머 서페이서는 강제건조를 해야 한다.

② 2 액형 프라이머 서페이서는 강제건조를 해야만 샌딩이 가능하다.

③ 프라이머 서페이서는 자연건조와 강제건조 두 가지를 할 수 있다.

④ 자연건조형은 열처리를 하면 경도가 매우 강해진다.

+● 1액형 프라이머-서페이서의 경우에는 자연건조를 하며, 주제와 경화제가 혼합되어야만 건조되는 2액형의 경우에는 오랜 시간동안 방치해도 건조되는 자연건조도 가능하지만 작업의 속도를 향상시키기 위해 강제건조를 한다.

20 기출 2012.04.08

래커계 프라이머서페이서의 특성을 설명하였다. 틀린 것은?

① 건조가 빠르고 연마 작업성이 좋다.

② 우레탄 프라이머-서페이서에 비하면 내수성과 실(Seal) 효과가 떨어진다.

③ 우레탄 프라이머-서페이서보다 가격이 비싸다.

④ 작업성이 좋으므로 작은 면적의 보수 등에 적합하다.

+● 래커계 1액형 프라이머-서페이서는 2액형과 비교하여 가격이 저렴하다.

21 기출 2012.10.21

프라이머-서페이서 도장의 목적에 해당하지 않는 것은?

① 일정한 기준 도막 형성 및 층간 부착성을 향상시킨다.

② 중간층에 있어서 치밀한 도막의 두께를 형성한다.

③ 상도 도막의 두께를 최대한 두껍게 형성한다.

④ 연마에 있어서 노출된 강판에 대한 방청 효과가 있다.

+● 프라이머-서페이서의 도장 목적으로는 차단성, 평활성, 부착성, 하도보호, 녹 방지 등이 있다.

22 기출 2013.04.14

프라이머 – 서페이서를 분무하기 전에 퍼티의 단차, 에지(edge) 면의 불량부분이 발견되었을 경우 적용할 가장 적절한 연마지는?

① P16~P40   ② P60~P80

③ P80~P320   ④ P400~P600

+● **공정별 추천 연마지**

16	6	8C	120	180	320	600	800	1000	1200	1500
녹 제거 구도막 제거			퍼티연마		중도연마		상도연마 및 수정			광택

23 기출 2013.10.12

건조가 불충분한 프라이머 서페이서를 연마할 때 발생되는 문제점이 아닌 것은?

① 연삭성이 나쁘고 상처가 생길 수 있다.

② 연마 입자가 페이퍼에 끼어 페이퍼의 사용량이 증가한다.

③ 물 연마를 해도 별 문제가 발생하지 않는다.

④ 우레탄 프라이머 서페이서를 물 연마하면 경화제의 성분이 물과 반응하여 결함이 발생할 경우가 많다.

24 기출 2013.10.12

프라이머 서페이서의 건조가 불충분했을 때 발생하는 현상이 아닌 것은?

① 샌딩을 하면 연마지에 묻어나서 상처가 생긴다.

② 상도의 광택 부족

③ 우수한 부착성

④ 퍼티 자국이나 연마 자국

25 기출 2014.04.06

메탈릭(은분) 색상으로 도장하기 위한 서페이서(중도) 동력공구 연마 시 마무리 연마지로 가장 적합한 것은?

① p220~p300 ② p400~p600
③ p800~p1000 ④ p1000~p1200

	작업 공정	사용연마지
중도	솔리드(블랙제외)	P400
	메탈릭컬러	P600
	펄컬러(블랙컬러)	P800

26 기출 2014.10.11

우레탄계 프라이머 서페이서의 특성에 대한 설명으로 틀린 것은?

① 내수성이나 실(seal) 효과는 래커계 보다 떨어진다.
② 수지에 따라 폴리에스테르계와 아크릴계가 있다.
③ 이소시아네이트(isocyanate)와 분자가 결합하여 3차원 구조의 강력한 도막을 만든다.
④ 래커계 프라이머 서페이서 보다 도막성능이 우수하며 1회의 분무로 양호한 도막의 두께가 얻어진다.

+ 우레탄계 프라이머 서페이서는 거의 모든 시험에서 래커계 프라이머 서페이서에 비해 우수하다.

27 기출 2015.04.04

안티(앤티) 칩 프라이머(chip primer)와 거리가 가장 먼 것은?

① 소프트 칩 프라이머(soft chip primer)
② 해비 칩 프라이머(heavy chip primer)
③ 서페이서 프라이머(surfacer primer)
④ 하드 칩 프라이머(hard chip primer)

28 기출 2015.04.04

프라이머 서페이서를 스프레이 할 때 주의할 사항에 해당하지 않는 것은?

① 퍼티 면의 상태에 따라서 도장하는 횟수를 결정한다.
② 도막은 균일하게 도장한다.
③ 프라이머-서페이서는 두껍고 거친 도장을 할수록 좋다.
④ 도료가 비산되지 않도록 한다.

+ 프라이머-서페이서는 매끈하고 적정한 두께의 도막이 형성되도록 도장하여야 중도 작업 전에 시행하는 연마 작업이 편리하다.

29 기출 2015.04.04

중도용 도료로 사용되는 수지에 요구되는 성질이 아닌 것은?

① 광택성 ② 방청성
③ 부착성 ④ 내치핑성

+ 광택성은 상도도료에 요구되는 성질이다.

30 기출 2015.10.10

프라이머 서페이서의 건조 불량으로 발생하는 결함이 아닌 것은?

① 연마 자국이 있다.
② 퍼티 자국이 있다.
③ 상도의 광택이 부족하다.
④ 물자국(water spot) 현상이 발생한다.

+ **물 자국 현상** : 도막 표면에 물방울 크기의 자국 혹은 반점이나 도막의 패임이 있는 상태
(1) 발생 원인
① 불완전 건조 상태에서 습기가 많은 장소에 노출하였을 경우
② 베이스 코트에 수분이 있는 상태에서 클리어 도장을 하였을 경우
③ 오염된 시너를 사용 하였을 경우
(2) 예방 대책
① 도막을 충분히 건조 시키고 외부 노출시킨다.
② 베이스코트에 수분을 제거하고 후속 도장을 한다.
(3) 조치 사항
① 가열 건조하여 잔존해 있는 수분을 제거하고 광택 작업을 한다.
② 심할 경우 재도장

정답 25. ② 26. ① 27. ③ 28. ③ 29. ① 30. ④

31 [기출] 2015.10.10
다음 중 중도작업 공정에 해당되지 않는 것은?
① 프라이머 서페이서 연마
② 탈지작업
③ 투명(클리어)도료 도장
④ 프라이머 서페이서 건조
+👤 투명(클리어)도료의 도장은 상도 도장의 공정이다.

32 [기출] 2015.10.10
보수도장 작업에 사용되는 도료의 가사시간
(Pot Life)이란?
① 온도가 너무 낮아서 사용을 할 수 없는 시간
② 주제와 경화제를 혼합 후 사용 가능한 시간
③ 주제 단독으로 사용을 해도 되는 시간
④ 경화제가 수분과 반응을 하는 시간
+👤 가사 시간이란 2액형의 도료에서 주제와 경화제를 혼합한 후 정상적인 도장에 사용하는 시간을 말한다. 가사 시간을 초과하면 젤리 상태가 되어 분사 도장을 할 수 없으며, 희석제를 혼합하여도 점도가 떨어지지 않는다.

33 [기출] 2016.04.02
도장작업 중 프라이버 서페이서의 건조 방법은?
① 모든 프라이머 서페이서는 강제 건조를 해야 한다.
② 2 액형 프라이머 서페이서는 강제건조를 해야만 샌딩이 가능하다.
③ 프라이머 서페이서는 자연건조와 강제건조 두 가지를 할 수 있다.
④ 자연 건조형은 열처리를 하면 정도가 매우 강해진다.
+👤 1액형 프라이머 서페이서의 경우에는 자연건조를 하며, 주제와 경화제가 혼합되어야만 건조되는 2액형의 경우에는 오랜 시간동안 방치해도 건조되는 자연건조도 가능하지만 작업의 속도를 향상시키기 위해 강제건조를 한다.

34 [기출] 2016 기출복원문제
자동차 보수 도장시 프라이머-서페이서를 도장해야 하는 경우가 아닌 것은?
① 래커퍼티 위
② 폴리에스테르퍼티 위
③ 교환부품 위
④ 베이스코트 위
+👤 베이스 코트 위에는 클리어가 도장되어 작업이 완료된다.

35 [기출] 2017 기출복원문제
도장 용어 중 세팅 타임이란?
① 건조가 되기를 기다리는 시간
② 열을 주지 않고 용제가 자연 휘발하는 시간
③ 열처리 하는 시간
④ 열처리 하고 난후 식히는 시간
+👤 **플래시 오프 타임과 세팅 타임**
① 플래시 오프 타임(flash-off time) : 도장과 도장사이에 용제가 증발할 수 있는 시간
② 세팅 타임(setting time) : 도장 완료 후 가열 건조를 하기 전에 주는 시간

36 [기출] 2017 기출복원문제
프라이머-서페이서 도장의 목적에 해당하지 않는 것은?
① 일정한 기준 도막 형성 및 층간 부착성을 향상시킨다.
② 중간층에 있어서 치밀한 도막의 두께를 형성한다.
③ 상도 도막의 두께를 최대한 두껍게 형성한다.
④ 연마에 있어서 노출된 강판에 대한 방청 효과가 있다.
+👤 프라이머-서페이서의 도장 목적으로는 차단성, 평활성, 부착성, 하도보호, 녹 방지 등이 있다.

정답 ▷ 31. ③ 32. ② 33. ③ 34. ④ 35. ② 36. ③

CHAPTER 05 마스킹 작업

1 ᵒ 마스킹 종류와 재료

1 마스킹 종류

1) 일반 마스킹 작업

도장하고자 하는 부분을 제외한 나머지 부분을 마스킹 테이프, 마스킹 페이퍼, 커버링 마스킹

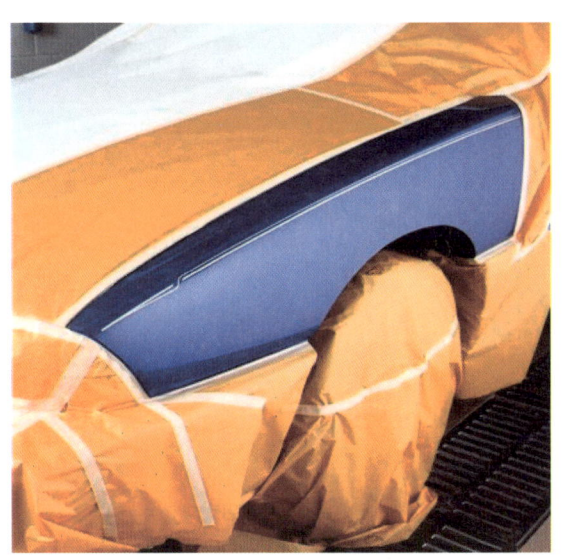

2) 특수 마스킹 작업

(1) 역 마스킹(Revers Masking)

- 보수 도장 작업 시 구도막과의 경계면에서 경계면을 비스듬하게 만들기 위해 작업
- 대부분 연마 공정시 보수 도장 작업 한 부분과의 단차를 줄이기 위해 작업
- 도장 상황에 따라 마스킹 테이프를 뒤집는 경우와 마스킹 페이퍼를 뒤집는 경우가 있음
- 보수 도장 중 중도도장을 일부분만 할 경우 많이 사용

 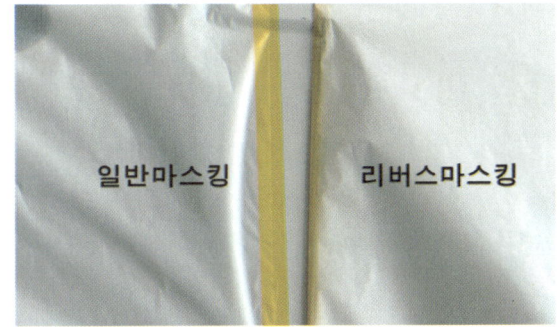

일반마스킹   리버스마스킹

(2) 리버스 마스킹 테이프 제작기

– 마스킹 테이프의 30% 정도를 접어 마스킹 페이퍼에 붙였을 때 마스킹 경계면이 매끄럽게 마무리가 되도록 돕는 편기기

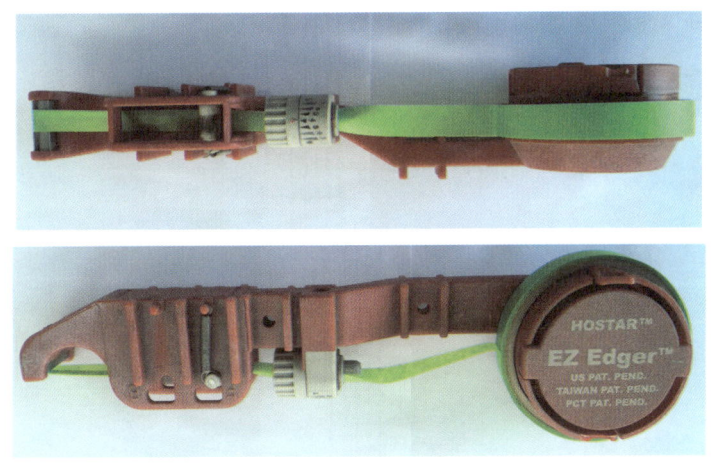

\# 편리기가 없이도 숙달되면 쉽게 접을 수 있음

  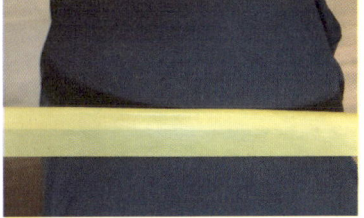

– 테이프 폭의 30%정도를 접는다. – 접힌 부분을 무릎에 살짝 올린다. – 필요한 만큼 접힌 부분을 당기면서 만든다.

(3) 터널 마스킹 작업

- 마스킹 페이퍼를 패널에 완전히 붙이지 않고 들떠 있는 마스킹 페이퍼와 패널 사이로 자연스럽게 도료가 날리도록 마스킹 하는 방법
- 대부분 C필러에서 많이 적용

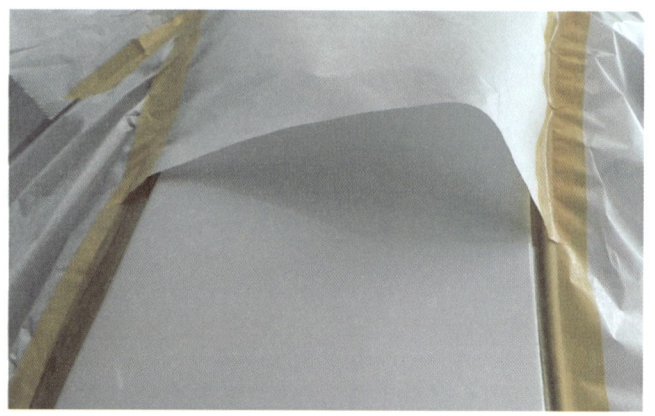

(4) 스펀지 마스킹 작업

- 경계 부분 마스킹 테이프를 대신하여 폼(foam) 형태에 접착제가 묻어 있음
- 부드러운 폴리우레탄 폼 재질
- 경계선을 부드럽게 만들 수 있음
- 원하는 길이만큼 자르고 재사용이 가능
- 도장부스 열처리 온도에도 잔사가 남지 않고 제거가 가능
- 틈새 크기에 따라 폼 선정 후 사용
- 폼 크기는 12mm, 21mm
- 접착제 종류는 탄성고무

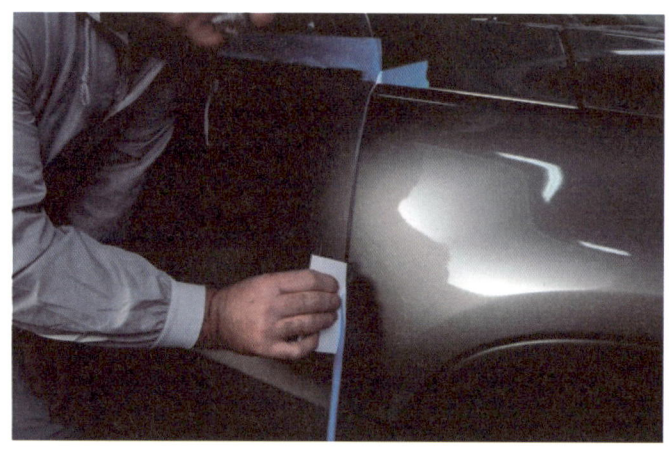

(5) 트림 마스킹 테이프 작업

- 루프나 A필러 도장 시 자동차 전면 유리 경계면 도장 부분에 적용
- 루프나 C필러 도장 시 자동차 후면 유리 경계면 도장 부분에 적용
- 유리 탈착 비용 절감, 작업시간 단축
- 유리를 탈착하고 작업 한 것과 같은 도장면 형성
- 하드부분의 크기에 따라 5mm, 7mm, 10mm, 15mm가 있음
- 테이프 전체 폭은 50.8mm
- 접착제 종류는 핫멜트
- 테이프에 절취선이 미리 커팅되어 있음

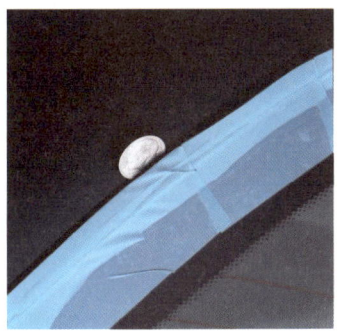
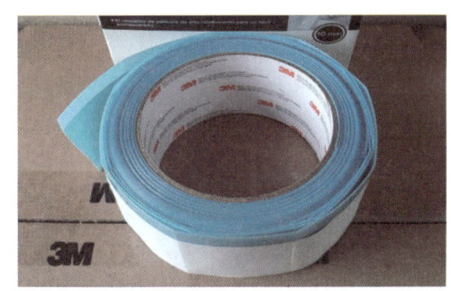

(6) 블렌딩용 테이프(Smooth Transition Tape) 작업

- 블렌딩 작업시 페인트 경계선을 매끄럽게 만들어줌
- 테이프 중앙에만 원호 형태의 접착제가 묻어 있음
- 접착제 잔사가 남지 않음

 # 자동차 하단부 스톤칩 라인 작업에 적합

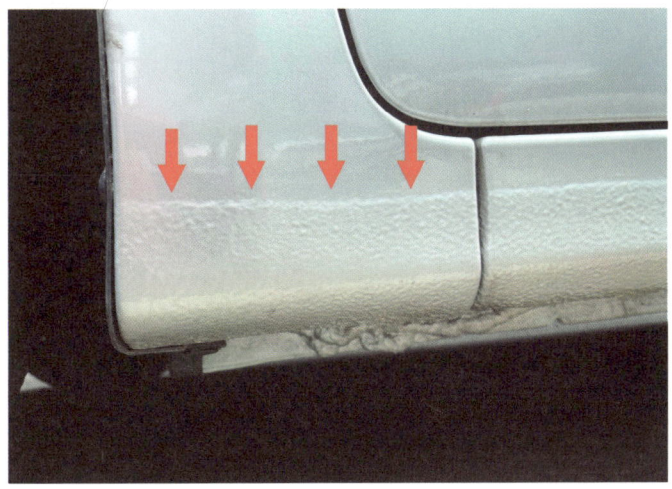

\# 차량 내부 마스킹 기존 스펀지 마스킹테이프와 비교하여 더 자연스러운 마감

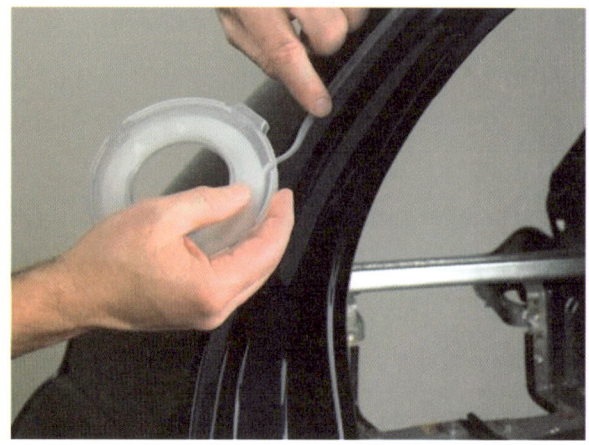

(7) 커버링 테이프 작업

- 자동차를 덮을 때 작업시간 단축
- 천으로 사용했던 것을 대체
- 방진, 방수
- 도료 완전 건조 후 제거 시 테이프 비닐부분에서 도료가 박리될 경우가 있으므로 주의
- 도장부분과 경계 부분에도 적용하지만 경계부분은 종이 마스킹 페이퍼로 작업하는 것을 추천

(8) 전차 마스킹 작업

- 오버스프레이 방지를 위해 작업
- 자동차 전체를 한 번에 붙일 수 있음
- 자동차와 접촉이 일어나는 부분은 정전기가 있어 필름이 쉽게 흘러내리지 않음
- 자동차 전체를 덮은 후 도장부분만 칼로 오려내서 마무리 함
- 커버링 테이프보다 도료 부착력이 좋음

2 마스킹 재료 특성

1) 마스킹 테이프

(1) 마스킹 테이프 용도에 따른 분류

① 일반 마스킹 테이프

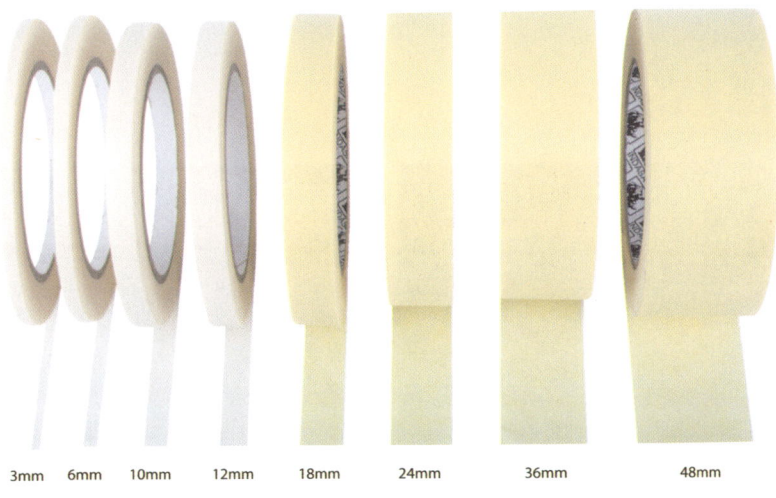

3mm   6mm   10mm   12mm   18mm   24mm   36mm   48mm

일반 마스킹 테이프의 폭

② 마스킹 페이퍼
- 뒷면에 용제가 침투되지 않도록 폴리에스테르 코팅
- 물에 잘 녹지 않는 재질
- 보푸라기가 나지 않는 구조
- 내열성이 좋아 200℃에서 30분정도 견딤
- 크기는 152mm, 300mm, 457mm

마스킹 편리기

③ 라인 테이프
- 일반 마스킹 테이프와 비교하여 얇고 선명한 라인 작업 가능
- 굴곡진 표면에 잘 붙음
- 최대 150℃에서 30분 정도 견딤
- 접착력과 유연성이 좋아 모서리, 굴곡진 면에서도 들뜸 현상이 적음

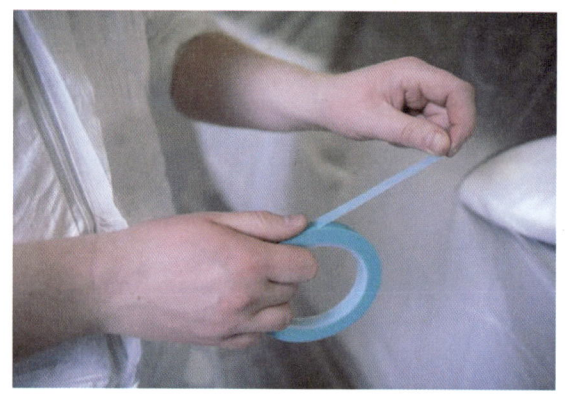 

④ 특수 마스킹 테이프
- **플라스틱 테이프** : 자동차 도어 내부의 굴곡이 심한 부분에 적합하고 유연성이 좋아 곡선이나 라인 작업에 많이 사용됨

⑤ 스펀지 마스킹 테이프
- 개폐되는 자동차 패널의 틈새 마스킹
- 일반 마스킹보다 작업시간 단축
- 경계면이 부드럽게 형성

⑥ 트림 마스킹 테이프
- 자동차 전·후면 유리 가장자리의 고무 몰딩에 적합

⑦ 블렌딩 마스킹 테이프
- 자동차 내부 굴곡이 많은 부분, 스톤칩 도장이 필요한 부분에 자연스러운 도막 경계 형성

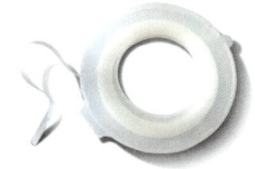

⑦ 커버링 테이프
- 자동차를 덮을 때 작업시간 단축
- 펼쳤을 때 크기는 400mm, 650mm, 900mm, 1500mm, 1800mm, 2000mm
- 정전기가 있어 작업이 편리
- 솔리드계열이나 펄계열의 유성 베이스코트 작업 시 부착력이 잘 나오지 않음

⑧ 전차 마스킹 필름
- 혼자서 전체를 쉽게 커버할 수 있음

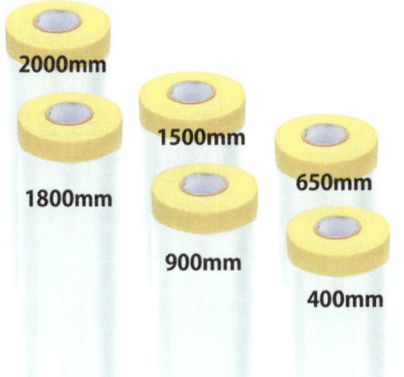

(2) 마스킹 테이프 구비 조건

① 이미 도장된 표면의 피막이 뜯겨져 나가지 않도록 접착력이 낮아야 한다.

② 제거 시에 접착제가 표면에 남지 않아야 한다.

③ 직선 곡선 마스킹을 해야 하므로 신축성이 있어야 한다.

④ 도료가 투과될 수 없는 재질로서 내용제성이 강해야 한다.

⑤ 가열 건조를 하므로 내열성이 있어야 한다.

⑥ 손끝으로 쉽게 잘라지는 구조이여야 한다.

(3) 마스킹 페이퍼 구비 조건

① 작업 시 페이퍼에서 먼지 발생이 없어야 한다.

② 종이 위에 도료나 용제가 침투하지 않아야 한다.(내용제성)

③ 쉽게 찢어지지 않는 구조여야 한다.

④ 가열 건조 시 고온에 강해야 한다.(내열성)

2 마스킹

1 마스킹 목적

도장 시 도장이 안 되어야 하는 부분을 가려주는 것
- 먼지, 이물질 부착 방지
- 도장 시 오버스프레이 된 도료 부착 방지
- 작업 차의 오염 방지

2 마스킹 방법

1) 일반적인 마스킹 방법

가. 작업에 필요한 개인 안전 보호구를 착용한다.

나. 자동차의 어느 부분까지 커버를 해야 하는지를 결정한다.

다. 작업에 맞는 테이프와 페이퍼가 편리기에 잘 장착되어 있는지 점검한다.

라. 테이프가 붙어야 하는 부분의 오염물이나 유분을 제거하기 위해 탈지를 한다.

마. 마스킹 페이퍼에 테이프를 50%정도 붙이며, 마스킹 페이퍼는 폴리에스테르 코팅된 부분이 외부가 되도록 한다.

바. 마스킹 시 자동차의 내부에서 시작하여 외부로 마무리하며, 아래에서 시작하여 위에서 마감한다.

사. 오염이 심한 휠 하우스나 범퍼 하단은 가장 마지막에 마스킹 한다.

아. 도장 주변부에 마스킹 페이퍼로 마감이 되면 오버스프레이가 되어 오염될 부분은 커버링 테이프로 마스킹 한다.

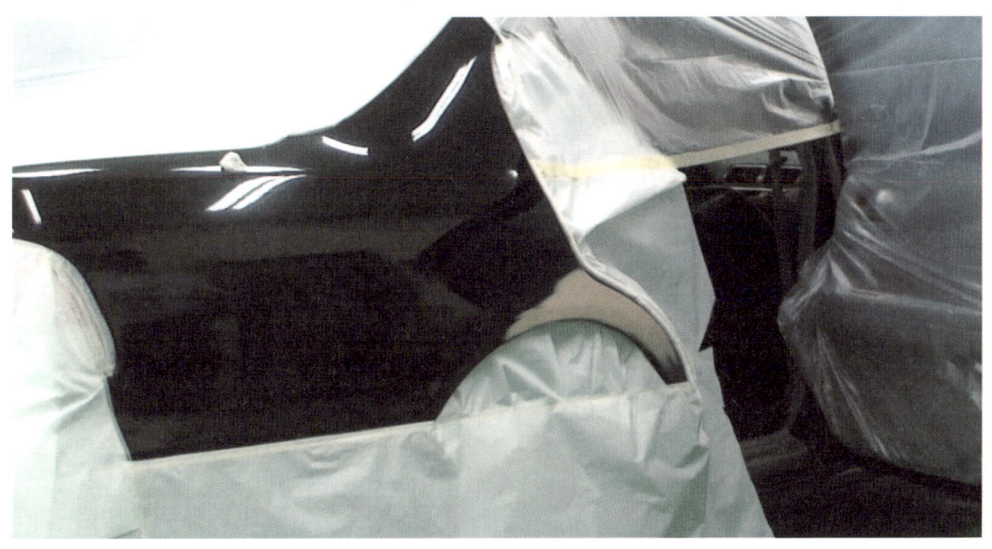

3 마스킹 점검

가. 도장이 되지 않아야 하는 부분에 마스킹이 잘 되었는지, 마스킹 테이프가 들뜨지 않았는지를 꼼꼼하게 점검한다.

나. 가열 건조, 중간 건조 시 열에 의해 들뜨지 않는지를 점검한다.

다. 스펀지 마스킹 테이프가 잘 밀착되어 있는지를 점검한다.

라. 트림 마스킹 테이프의 겹치는 부분에 도료가 침투되지 않는지 점검한다.

마. 타이어의 경우 도장 시 압축공기의 압력으로 잘 떨어지므로 다시 한번 점검한다.

바. 굴곡진 부분은 한 번 더 확인하고 점검한다.

1 마스킹 제거 방법

1) 마스킹 제거 시기

– 특수 마스킹, 일반 마스킹 모두 도장 후 끝난 직후 제거하는 것이 가장 좋다.
  (일반 마스킹 작업은 파이널 라인 테이프 적용으로 경계부분 테이프만 제거)
– 열처리 끝나 완전히 건조 된 도막은 제거 시 도막이 벗겨질 수 있다.

2) 마스킹 제거 방법

– 마스킹 테이프 제거 시 경계면의 도막이 벗겨지지 않도록 한다.
– 마스킹 페이퍼나 커버링 테이프 등에 붙어 있는 먼지가 도장 된 패널에 떨어지지 않도록 한다.
– 전차 마스킹 필름이나 커버링 테이프의 경우 제거 중 바람에 날려 도장 면에 붙을 수 있으므로 도장실의 문을 닫고 제거한다.
– 마스킹 테이프는 일반적으로 부착면에서 $90°{\sim}130°$ 정도로 제거한다.
– 저렴한 마스킹 테이프나 사용 계절에 맞지 않는 마스킹 테이프는 잔사가 남는 경우가 발생하는데 이럴 때는 부착면에서 $45°$ 정도로 당겨서 제거하면 잔사가 남지 않는다.

01 기출 2006.10.01

마스킹 테이프의 구조에 해당하지 않는 것은?

① 배면처리제   ② 펄재료

③ 접착제   ④ 기초재료

+👤 마스킹 테이프의 구조

처리제	사용 전 테이프끼리 달라붙는 것을 방지
기초재료	종이, 플라스틱
프라이머	접착물이 잔류하는 것을 방지
접착제	접착제

02 기출 2007.09.16

마스킹 페이퍼와 마스킹 테이프를 한 곳에 모아둔 장치로 마스킹 작업시에 효율적으로 사용하기 위한 장치는?

① 틈새용 마스킹재

② 마스킹용 플라스틱 스푼

③ 마스킹 커터 나이프

④ 마스킹 페이퍼 편리기

03 기출 2008.03.30

차량의 앞, 뒷면 유리의 고무 몰딩에 적합한 마스킹 테이프는?

① 라인 마스킹 테이프

② 트림 마스킹 테이프

③ 평면 마스킹 테이프

④ 플라스틱 마스킹 테이프

+👤 차량의 앞, 뒷면 유리의 고무 몰딩을 트림 피니싱 몰딩 (trim finishing molding)이라 한다. 따라서 도장을 하기 위해 마스킹을 하는 경우 트림 마스킹 테이프를 이용하여야 한다.

① 라인 마스킹 테이프 : 플라스틱 마스킹 테이프와 같은 용도로 사용되며 종이타입에 비하여 플라스틱 타입의 경우 유연성이 좋기 때문에 심한 굴곡이나 요철 작업부분 마스킹하기가 용이하다.

② 평면 마스킹 테이프 : 정확한 직선을 얻기가 용이하며 테이프의 두께가 얇아 페인트의 선이 깨끗하다.

04 기출 2008.07.13

피도체에 도장 작업시 필요 없는 곳에 도료가 부착하지 않도록 하는 작업은?

① 마스킹 작업   ② 조색 작업

③ 블렌딩 작업   ④ 클리어 도장

05 기출 2009.03.29

마스킹 작업의 주 목적이 아닌 것은?

① 스프레이 작업으로 인한 도료나 분말의 날림부착 방지

② 프라이머–서페이서 도막두께 조정

③ 도장부위의 오염이나 이물질 부착 방지

④ 작업하는 피도체의 오염방지

06 기출 2010.03.28

블렌딩 작업을 하기 전 손상부위에 프라이머 서페이서를 도장할 때 적합한 마스킹 방법은?

① 일반 마스킹

② 터널 마스킹

③ 리버스 마스킹

④ 이중 마스킹

+👤 터널 마스킹은 블렌딩 도장 상도작업을 할 때에 하는 마스킹방법이다.

정답   01. ②   02. ④   03. ②   04. ①   05. ②   06. ③

07 기출 2011.04.17

마스킹 작업의 목적이 아닌 것은?

① 도료의 부착을 좋게 하기 위해서 한다.

② 도장부위 이외의 도료나 도료 분말의 부착을 방지한다.

③ 작업할 부위 이외의 부분에 대한 오염을 방지한다.

④ 패널과 패널 틈새 등으로부터 나오는 먼지나 이물질을 방지한다.

+👤 도료의 부착을 좋게 하기 위해서는 연마를 하고 표면의 유분을 제거하기 위해서 탈지를 한다.

08 기출 2012.04.08

마스킹 페이퍼 디스펜서의 설명이 아닌 것은?

① 마스킹 테이프에 롤 페이퍼가 부착될 수 있게 세트화 되었다.

② 고정식과 이동식이 있다.

③ 너비가 다른 롤 페이퍼를 여러 종류 세트시킬 수 있다.

④ 10cm 이하 및 100cm 이상은 사용이 불가능하다.

09 기출 2012.10.21

마스킹 페이퍼와 마스킹 테이프를 한곳에 모아둔 장치로 마스킹 작업 시에 효율적으로 사용하기 위한 장치는?

① 틈새용 마스킹재

② 마스킹용 플라스틱 스푼

③ 마스킹 커터 나이프

④ 마스킹 페이퍼 편리기

+👤 **틈새용 마스킹** : 스펀지 마스킹이라고도 하며 도장시 도어, 후드나 트렁크 내부에 페인트가 들어가는 것을 방지하며 도막 경계면이 완만하여 작업의 품질이 상승되는 효과가 있다.

10 기출 2013.10.12

피도체에 도장 작업시 필요 없는 곳에 도료가 부착하지 않도록 하는 작업은?

① 마스킹 작업   ② 조색 작업

③ 블렌딩 작업   ④ 클리어 도장

+👤 **마스킹 작업의 주목적**

① 스프레이 작업으로 인한 도료나 분말의 날림부착 방지

② 도장부위의 오염이나 이물질 부착 방지

③ 작업하는 피도체의 오염방지

11 기출 2015.04.04

마스킹 종이(Masking paper)가 갖추어야 할 조건으로 틀린 것은?

① 마스킹 작업이 쉬워야 한다.

② 도료나 용제의 침투가 쉬워야 한다.

③ 열에 강해야 한다.

④ 먼지나 보푸라기가 나지 않아야 한다.

마스킹 종이가 갖추어야 할 조건

① 도료나 용제 침투가 되지 않아야 한다.

② 도구를 이용하여 재단 할 경우 자르기가 용이해야 하고 작업 중 잘 찢어지지 않아야 한다.

③ 높은 온도에 견디는 재질이여야 한다.

④ 먼지가 발생하지 않는 재질이여야 한다.

⑤ 마스킹 작업이 편리해야한다.

12 기출 2016.04.02

마스킹 페이퍼와 마스킹 테이프를 한곳에 모아둔 장치로 마스킹 작업 시에 효율적으로 사용하기 위한 장치는?

① 틈새용 마스킹제

② 마스킹용 플라스틱 스푼

③ 마스킹 커터 나이프

④ 마스킹 페이퍼 편리기

CHAPTER 06 일반 조색작업

1 색상 확인

1 배합표 확인 방법

1) 색상명 확인 방법

가. 자동차에서 색상 코드를 확인

나. 제조사, 자동차명을 확인

다. 도료 제조사에서 제공하는 색상 코드 브로슈어, 색상 견본북, 도료사 인터넷 홈페이지에서 확인

2) 배합비 확인 방법

가. 도료사에서 제공하는 조색 견본, 인터넷 홈페이지의 색상 배합비를 확인

나. 조색 견본이 있는 경우 자동차와 비교

다. 조색 견본이 없는 경우 인터넷 홈페이지 색상배합비로 평량, 도장 후 비교

라. 자동차 색상과 조색 견본과 불일치 할 경우 미조색

2 색상의 변색 현상

– 자외선, 비, 눈, 먼지, 스크래치 등 다양

– 색상을 비교하기 위해서는 자동차의 색상비교 부분을 폴리싱하여 오염되지 않은 상태에서 비교

2 색상 조색

1 조색 장비

1) 도료 교반기(Mixing Machine)

– 많은 종류의 조색제를 모터의 힘으로 회전시켜 교반

– 조색제는 도료 교반기 장착용 뚜껑을 장착하여 아주 적은 량도 평량 가능
– 교반시간, 보관 조건 등은 제작사 기술자료집을 참고

도료 교반기

조색제 장착용 뚜껑(Lid)

2) 전자저울

– 다양한 조색제를 배합비에 맞게 도료 계량
– 최소 무게 단위 : 0.1g 0.01g 사용
– 최대 계량 무게 : 5kg

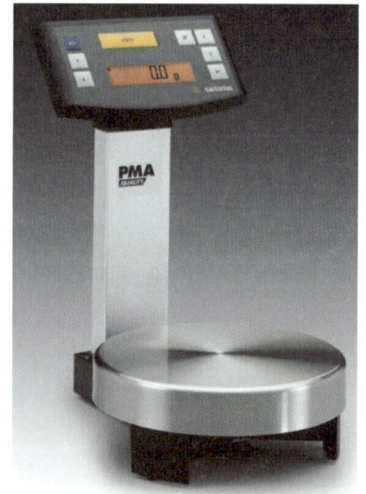

3) 컬러 측색기

– 도료사별 전용 측색기로 자동차와 조색시편을 측정하고 유사컬러를 찾아주거나 색의
차이를 값으로 표시 비색계와 분광기 2가지 종류가 있다.

(1) 색차계(Colorimeter)
- 물체를 통과한 빛을 R,G,B 필터를 거쳐 3자극치(X,Y,Z)값을 구하며, 색차측정만 가능

(2) 분광광도계(Spectrometer)
- 400~700nm의 파장에서 반사율 값을 측정하여 3자극치(X,Y,Z)값을 구하며, 색차 측정과 배합 작성이 가능

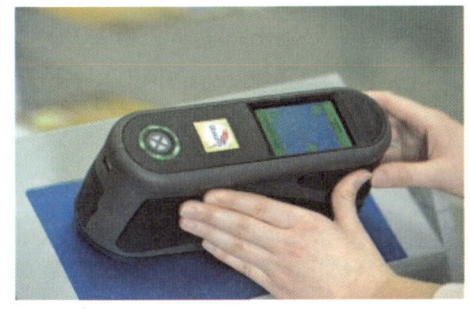 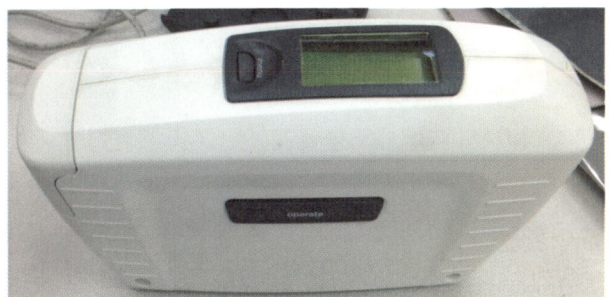

4) 색상 확인 조명
- 자연광에서 색상을 확인하지 못할 때 사용

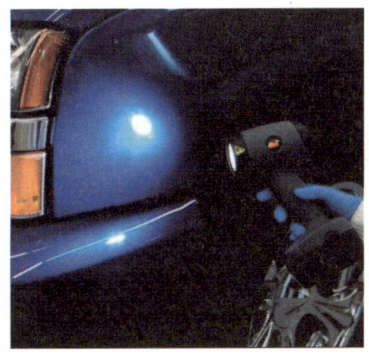  

5) 시편 도장 부스
- 조색된 도료를 분무

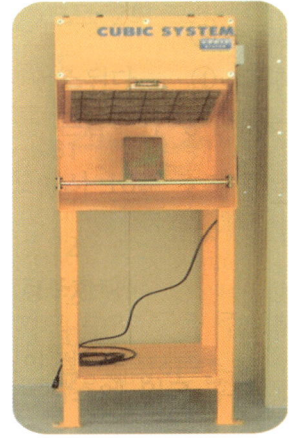

6) 시편 건조기

시편에 도장 한 시편을 건조하기 위한 건조기

2 솔리드 컬러 조색 방법

수지에 유색안료만 첨가되어 있는 도료

1) 색상 파악

원색을 파악하고 조건 등색을 피하면서 클리어가 도장된 컬러인지 판별한다.(색상을 도장한 후 클리어를 도장하면 선명해지고 건조 후에는 진해진다.)

2) 색상 조절

인접 색을 첨가한다(기준 색상에 비해서 조색 색상이 색상환의 어느 영역에 있는지 인지가 필요).

3) 명도 조절

① **색상을 희게 만들고자 할 때** : 백색을 첨가한다(적색 계통은 제외한다. 이유는 분홍색이 된다.).
② **색상을 어둡게 만들고자 할 때** : 검정색을 첨가한다. 컬러가 선명하면 주된 어두운 색상을 첨가한다.

4) 채도 조정

색상, 명도를 맞추기 위해 여러 가지 조색제를 사용하면 채도가 떨어진 색(죽은 색)이 됨.
① **색상을 선명하게 만들고자 할 때** : 처음부터 다시 시작해서 만든다.
② **색상을 탁하게 만들고자 할 때** : 흑색을 첨가한다.

2 메탈릭 컬러 조색 방법

1코트 도장 방식은 없는 2코트 도장 방식으로 도료에 메탈릭이나 펄이 함유되어 있는 도료

1) 메탈릭 도료 (metallic paint)

① 메탈릭 색상 도료는 도료 중에 은분(알루미늄)이 함유된 것
② 사용시 은분(알루미늄)의 입자가 도료 중에 골고루 분산되도록 하기 위해서 교반을 확실히 해야 한다.
③ 메탈릭 입자는 색상의 명도를 조정한다.
④ 메탈릭 안료는 일반형과 달러형이 있다.
 - **일반형** : 입자 크기가 적을 경우 정면은 어둡고 측면은 밝으며 은폐력은 좋다. 입자 크기가 클 경우 정면은 밝지만 측면은 어두워지며 은폐력이 떨어진다.
 - **달러형** : 일반형과 비교하여 정면, 측면의 반짝임이 많다.
⑤ **플립 플롭성** : 메탈릭 입자의 방향으로 보면 플립 톤(Flip tone)과 플롭 톤(Flop tone)이 있다.
 - **립 톤(Flip tone)** : 정면에서 관찰 시 색상으로 가장 밝게 보임
 - **플롭 톤(Flop tone)** : 측면에서 관찰 시 색상으로 가장 어둡게 보임

2) 메탈릭 도료의 도장 방법에 의한 색상 차이

미조색 후 색상의 밝고 어두움을 스프레이로 조금은 조정할 수 있다.

(1) 드라이 스프레이(dry spray)

① 표준 도장에 비해서 색상이 밝아진다.
② 도료 중에 은분(알루미늄)의 입자는 도장된 도막의 표면층에 분포한다.
③ 오렌지 필 현상이 발생 될 수 있다.

(2) 웻 도장(Wet spray)

① 표준 도장에 비해서 색상이 어두워진다.
② 도료 중 은분(알루미늄)의 입자는 도장된 도막의 하부층에 분포한다.

3) 조색 포인트

① 조색시 기준 시편의 메탈릭 입자의 크기 및 모양을 선정한 후 조색한다.
② 메탈릭 도료는 화이트 계열의 색을 첨가하면 메탈릭 감이 약해지는 단점이 있다.
③ 기준 시편의 메탈릭 입자의 배열을 파악하고 스프레이 도장하는 작업자의 기술력이 기본이 되어야 한다.

4) 메탈릭 도료의 특수 효과

① 도장 후 관찰하는 관찰자의 위치에 따라 색상과 밝기가 틀려진다.
② **정면에서 관찰** : 색상이 밝게 보임(플립 효과)
③ **측면에서 관찰** : 색상이 어둡게 보임(플롭 효과)

5) 작업 조건에 따른 메탈릭 도료의 색상 차이

기본 조색과 같지만 메탈릭 도료는 정면이 밝아지면 측면이 어둡게 보인다.

	밝 게	어 둡 게
시너 증발 속도	빠른 시너 사용	늦은 시너 사용
시너 희석률	많이 사용	적게 사용
피도체와 건과의 거리	멀리 한다	가깝게 한다.
건의 이동속도	빠르게 한다.	늦게 한다.
도장 간격	플래시 타임을 늘린다.	플래시 타임을 줄인다.
사용 공기압	높인다.	줄인다.
패턴 폭	넓게 한다.	좁게 한다.
도료량	적게 한다.	적게 한다.
건의 노즐	적은 구경 사용	넓은 구경 사용
도장실 조건	유속이나 온도를 높인다.	유속이나 온도를 낮춘다.

3 펄 컬러(3코트)조색 방법

① **펄(pearl) 도료**
  - 진주(pearl) 빛의 반사를 이용한 도료이다.
  - 자동차 보수 도료에서는 운모를 코팅하여 만든 마이카(mica)를 사용한다.
  - 2코트 펄 도장과 3코트 펄 도장이 있다.

② **마이카(mica)**
  - 운모의 표면을 이산화티타늄(TiO_2), 산화티탄이나 산화철로 코팅한 것
  - 메탈릭은 불투명하지만 펄 안료는 반투명하여 일부는 반사, 흡수한다.

③ 작업자의 숙련도에 따라서 조색의 시간과 유사성의 연관이 많다.

④ 3코트 펄 조색시에는 펄 베이스 코트 도장하고 건조 후 펄 베이스를 도장함에 있어 조색 시편을 여러 개 두고 1~4회까지 도장한 것을 두고 기준 시편과 비교한다.

⑤ 조색이 완료된 도료를 실차에 도장할 때는 조색시 분무했던 패턴과 공기압 도료량 등을 동일하게 작업한다.

⑥ **펄(pearl) 도료의 조색**
  펄 도료는 도장하는 회수에 따라 색상이 변하게 되는데 컬러 베이스 도장 후 펄 베이

스의 도장 횟수에 따른 색상 차이를 확인하기 위해 1차, 2차, 3차, 4차 도장하는 것을 렛 다운(Let-Down) 도장이라 한다.

⑦ **마이카 종류**

   ㉠ 화이트 마이카

     – 반투명, 은폐력 약함

     – 입자가 큰 형태는 메탈릭 안료와 비슷하게 반짝이며 작은 것은 매끈하고 부드럽
       게 보임

   ㉡ 간석마이카

     – 마이카에 코팅 된 이산화티탄의 두께에 따라 색이 변함

     – 컬러베이스가 보이도록 투과성이 높은 것도 있으며 색은 가지고 있지 않지만 각
       도를 바꾸어 관찰하면 다른 색이 보이는 것도 있다.

   ㉢ 착색마이카

     – 이산화티탄에 유색 무기화합물인 산화철을 착색

     – 은폐력이 있다.

   ㉣ 은색마이카

     – 이산화티탄에 은을 도금

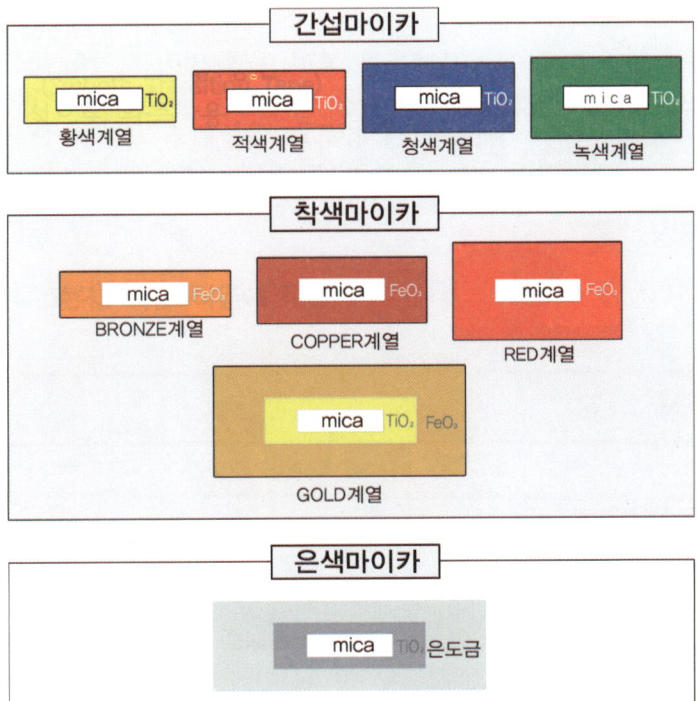

5 조색시 유의사항

1) 솔리드컬러 1액형 타입 건조 후 색상 변화

- 베이스 상태에서는 진하게 보였다가 건조가 되면서 밝아진다.
- 베이스 건조 후 클리어가 도장되고 건조되면 색이 선명해지고 약간 어두워진다.

2) 솔리드컬러 2액형 타입 건조 후 색상 변화

- 경화제를 첨가하면 옅어진다.
- 도료 건조 후 비교하면 색이 선명해지고 약간 어두워진다.

3) 메탈릭, 펄 컬러 건조 후 색상 변화

- 메탈릭 베이스 코드 도장 후 건조되면서 밝아지기 때문에 색상 비교는 클리어 도장 후 색을 비교해야한다.
- 원색의 색상, 방향성을 확실하게 파악해야 한다.
- 도장 조건을 일정하게 한다.
- 컬러의 정·측면, 완전 측면 3각도에서 확인한다.

4) 이전 도막의 은폐

- 색상에 따라 은폐가 잘 되지 않는 도료가 이전 도장 된 도료가 비춰 색이 달라보이게 됨
- 은폐지를 부착하여 도장하며 은폐지를 붙인 곳만 많이 도장하지 말 것

5) 충분한 조색제 교반

- 조색제 사용 전 도료교반기에서 충분히 조색제를 교반하여 사용

6) 정확한 계량

- 컬러브레이션이 완료된 전자저울과 내진시스템, 바람의 이동이 없는 곳에서 계량

3 색상 비교

1 색상 비교 방법

1) 색상 비교 방법에 다른 분류

(1) 육안 비교

① 사람의 눈으로 확인
② 솔리드 컬러
　　 - 측면(45°) 확인

③ 메탈릭 컬러
- 정면(5°~15°) : 메탈릭 안료 확인
- 측면(45°) : 메탈릭 + 유색 확인
- 완전측면(105°~110°) : 명도 확인
④ 3코트 펄 컬러
- 정면(5°~15°) : 펄 안료 확인
- 측면(45°) : 펄 안료 확인
- 완전측면(105°~110°) : 언더 컬러베이스 확인

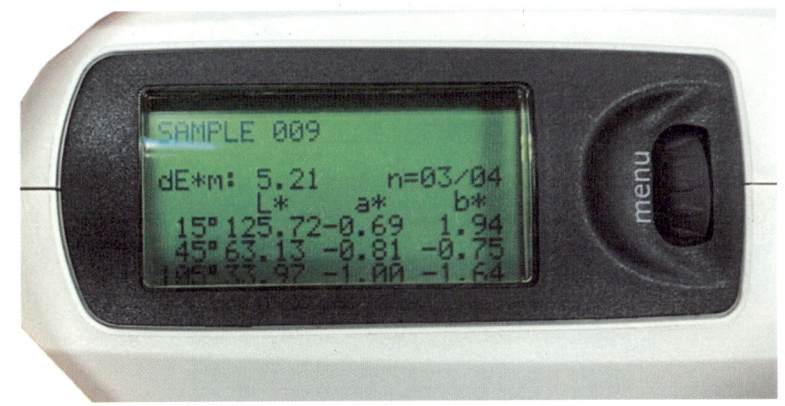

(2) 측색기 비교
① 숙련이 낮은 작업자에게 컬러 매칭 배합이나 방향성 제공
② 컴퓨터에서 각각의 조색제의 량을 증가시키거나 감소시켜 차량 색상과 예측 비교 가능
③ 도료 회사별 응용프로그램과 측색기의 사용법이 다르므로 해당 제품의 사용 매뉴얼을 참고

2 조색의 기본 원칙

- 색상을 비교하는 공간은 회색 계통으로 하고 비교하는 색에 간섭되지 않도록 유색이나 밝은 색의 제품은 가린다.
- 솔리드 컬러는 색상, 명도, 채도 순으로 조색하고 메탈릭 컬러는 메탈릭 입자, 명도, 색상, 채도 순으로 맞춰간다.
- 자동차와 색을 비교할 때는 실차와 같은 조건으로 도장하고 건조 후의 색을 비교한다.
- 조건등색이 생기지 않도록 태양광에서 비교하고 태양광 아래에서 비교하지 못할 경우에는 인공태양등에서 비교한다.
- 가급적 조색 배합비 내의 조색제로 첨가하여 색의 채도가 떨어지지 않도록 한다.

4 색채이론

1 색을 지각하는 기본원리에 관한 일반 지식

1) 색을 지각하는 기본원리

(1) 색

빛이 물체에 비추었을 때 생겨나는 반사, 흡수, 투과, 굴절, 분해 등의 과정을 통해 인간의 시신경에 자극됨으로써 감각된 현상으로 그 파장에 따라 서로 다른 느낌을 얻게 되는데 그 신호를 인식하게 되는 것을 색이라고 한다. 즉, 색이란 빛이 눈을 자극함으로써 생기는 시감각이다.

(2) 빛

빛은 우리 인간이 물체를 지각하는 근본이 되며, 물체의 형태, 색채, 질감 등을 우리 눈에 보이도록 전달해 주는 역할을 한다. 사람의 눈에 보이는 전자파를 빛(가시광선)이라고 한다.

전자파의 파장은 수천 m에서 10억 분의 1m까지 광범위한 파장의 영역을 가지고 있다. 가시광선의 파장 단위는 nm(나노미터)이며, 이것은 10억 분의 1m, 즉 10^{-9}m가 된다.

> **Hint**
>
> ● 빛의 종류
> ① **가시광선** : 380~780nm, 사람이 볼 수 있는 광선
> ② **적외선** : 780~400,000nm, 빨간색보다 긴 광선
> ③ **자외선** : 400~10nm, 보라색보다 짧은 광선
> ④ **γ(감마)선 X(엑스)선** : 아주 짧은 파장으로 의료용으로 사용
> ⑤ **마이크로파(전자파)** : 300MHz~30GHz 마이크로파(전자파)

(3) 빛의 분광에 의한 스펙트럼

스펙트럼(spectrum)은 1666년 뉴턴(Newton)이 발견한 것으로 태양 광선을 프리즘에 통과시키면 380~780nm 범위의 가시광선들이 파장의 길이에 따라 다른 굴절률로 분광되어 무지개 색과 같이 연속된 색의 띠로 나타나게 된다. 태양광이 프리즘을 통과하면 각 파장별로 분광되는 것을 알 수 있는데, 이것은 백색광이 혼색광이기 때문이며, 이를 복합광이라 한다.

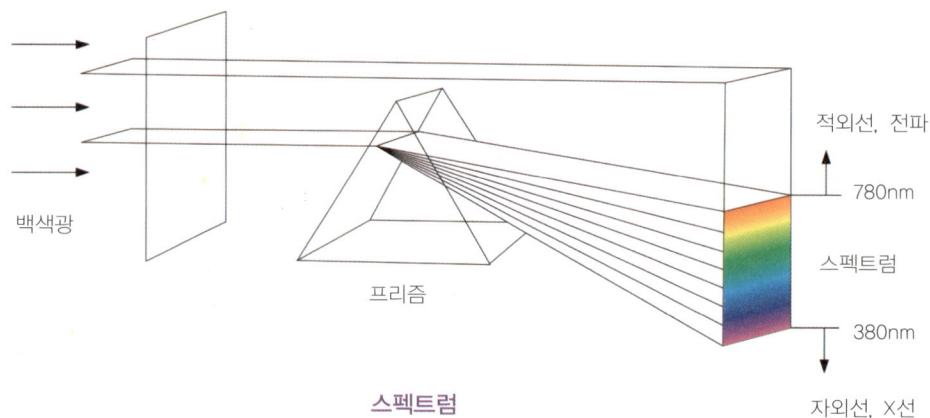

스펙트럼

2) 물체의 색(색채)

색채란 색과는 달리 물체 자체가 발광하지 않고, 빛을 받아 반사에 의하여 직접 눈으로 보이는 색을 말한다. 빛을 받아서 반사, 흡수 또는 투과하는가에 따라 그 물체의 색채가 결정된다. 빛을 모두 반사하면 백색으로 보이고, 모두 흡수하면 검정색으로 보인다.

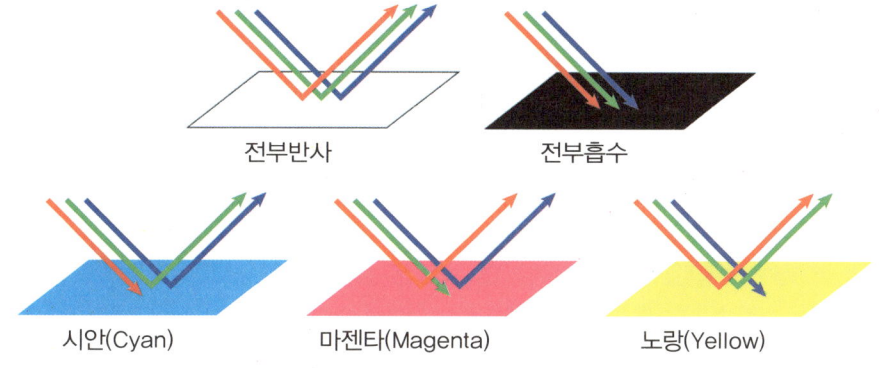

물체의 색(빛의 흡수와 반사에 의한 색)

3) 눈의 구조와 특성

(1) 빛과 시각의 관계

빛에 의해 반사된 물체의 색은 눈에 들어와 수정체에서 빛을 모아 망막에 전달되면 시신경을 통하여 뇌에서 색을 판단하게 된다.

빛 ➡ 각막 ➡ 홍채 ➡ 수정체 ➡ 망막 ➡ 시신경

(2) 눈의 구조

① **각막(cornea)** : 안구를 보호하는 방어 막의 역할과 광선을 굴절시켜 망막으로 도달시키는 창의 역할을 한다.

② **동공(pupil)** : 홍채의 중앙에 구멍이 나 있는 부위로 빛이 여기를 통과한다. 동공은 안구 안으로 들어가는 광선량을 조절한다.

③ **수정체(lens)** : 양면이 볼록한 돋보기 모양의 무색투명한 구조, 각막과 함께 눈의 주된 굴절 기관으로 눈으로 들어오는 빛을 모아 망막에 초점을 맞춘다.

④ **홍채(iris)** : 각막과 수정체 사이에 위치하며 인종별, 개인적으로 색의 차이가 있으며, 눈에 들어오는 빛의 양을 조절해준다.

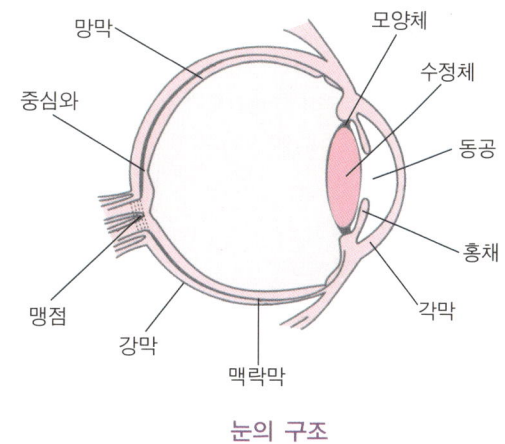

눈의 구조

⑤ **망막(retina)** : 안구의 뒤쪽 2/3를 덮고 있는 투명한 신경 조직으로 카메라의 필름에 해당되는 부분으로 망막의 세포들이 시신경을 통해 뇌로 신호를 보내는 기능을 한다.

⑥ **황반부(macula)** : 망막 중 빛이 들어와서 초점을 맺는 부위를 말한다. 이 부분은 망막이 얇고 색을 감지하는 세포인 추상체가 많이 분포되어 있으며. 시신경을 통해 뇌로 영상 신호를 전달한다.

> **Hint**
> ● 시세포
> ① 간상체 : 어두운 곳에서 물체를 볼 수 있게 하는 시세포
> ② 추상체 : 색을 느끼게 하는 시세포로서 색각과 시력에 관련
> ③ 한상체 : 약한 빛에도 작용하며, 어두운 곳에서도 물체가 보이도록 하는 역할

(3) 눈의 기능과 카메라의 비교

눈	카메라	기 능
수정체	렌즈	초점 맺힘(굴곡률 조정)
홍채	조리개	빛의 양 조절
망막	필름	상이 맺힘

4) 색채 자극과 인간의 반응

(1) 순응(adaptation)

순응이란 적응과 비슷한 의미로 수용하는 개체가 환경 조건에 잘 적합한 현상.

① **명순응과 암순응**

㉮ **명순응** : 어두운 곳에 있다가 갑자기 밝은 곳으로 나왔을 때 처음에는 잘 보이지 않지만 시간이 지나면서 밝은 빛에 순응하는 상태로 돌아가 정상적으로 보이는 현상.

㉯ **암순응** : 밝은 곳에 있다가 갑자기 어두운 곳에 들어가면 갑자기 아무 것도 보이지 않지만 시간이 지나면서 차차 정상으로 보이는 현상.

㉰ **명소시** : 명순응 아래서의 시각을 말하거나 밝기가 좋은 상태. 색에 대한 판별은 명소시에서 이루어짐

㉱ **시감도** : 빛의 강도를 느끼는 능력

㉲ **박명시 현상** : 밝은 곳에 있다가 갑자기 어두운 곳에 들어가면 갑자기 아무것도 안 보이는 현상. 추상체와 간상체가 함께 활동하는 시기. 밝은 곳에서는 노랑, 어두운 곳에서는 청록색을 가장 밝게 느낌

㉳ **푸르킨예 현상** : 어두운 곳에서는 간상체가 작용하므로 빨간색 계통은 어두워 보이고, 파란색 계통의 색은 밝아 보이는 현상이다. 비상구 표시를 파란색 계통으로 표시하는 이유도 푸르킨예 현상을 응용한 것이다.

② **색 순응**

색광에 대하여 순응하는 것으로 색광이 물체의 색에 영향을 주어 순간적으로 물체의

색이 다르게 느껴지지만 나중에는 물체의 원래 색으로 보이게 되는 현상

(2) 연색성과 조건 등색

① **연색성** : 조명의 빛에 의하여 물체의 색이 달라 보이는 현상(정육점의 고기)

② **조건 등색** : 특정 광원 하에서 동일하게 보였던 컬러가 광원이 변경되면 다른 색상으로 보이는 현상으로 육안 상에는 같은 색상이지만 스펙트럼 반사율 그래프에서는 다른 반사율을 보이는 안료나 염료이기 때문에 발생한다.

(3) 색각 이상

① **색각** : 빛의 파장 차이에 의해서 색을 분별하는 감각을 말한다.

② **색맹**

  ㉮ **전색맹** : 추상체의 기능은 없고, 밝고 어두움을 구별하는 간상체의 기능만이 존재한다.

  ㉯ **부분색맹** : 적록 색맹이 가장 많고, 일상생활에는 별 지장이 없지만 색을 판별해야 하는 전문직에는 적절하지 못하다.

③ **색약** : 색조(명도와 채도를 함께 부르는 용어)는 느낄 수 있지만 그 감수 능력이 낮아서 비슷하거나 무리지어 있는 색조의 구별이 어려운 상태를 말한다.

2 색의 분류 및 색의 3속성

1) 색의 분류

(1) 무채색

  ① 백색과 검정색을 포함하여 그 사이에 나타나는 회색 단계

  ② 색상과 채도가 없는 색으로 명도만 가지고 있다.

  ③ 무채색을 "Neutral Colors"이라 하며 머리글자를 따서 N으로 표시한다.

(2) 유채색

  ① 무채색을 제외한 모든 색

  ② 색상, 명도, 채도를 모두 가지고 있다.

2) 색의 3속성

(1) 색상 (Hue)

색 자체의 명칭으로 명도와 채도에 관계없이 빨강, 노랑, 파랑과 같이 각 색에 붙인 명칭 또는 기호를 그 색의 색상이라고 한다.

(2) 명도 (Value)

물체색의 밝고 어두운 정도. 색을 모두 흡수하면 완전한 검정으로 N0로 하고, 모든 빛을 반사하면 순수한 백색으로 N10으로 표시한다. 그리고 그 사이를 정수로 표시한다. 명도는 백색에서 검정색까지 11단계로 구분된다.

(3) 채도 (Chroma)

색의 선명하고 탁한 정도를 말하며, 색의 맑기, 색의
순도(색의 강하고 약한 정도)라고도 한다. 색의 선명
도에 따라 순색, 청색(clear color), 탁색(dull color)
으로 구분한다.

3) 색 입체

색의 3속성인 색상, 명도, 채도를 3차원의 공간에서 입체로 만들어 놓은 것으로서 색상은
원, 명도는 수직축, 채도는 중심에서 방사선으로 표시한다.

① 가로로 절단하면 등명도면이 된다.

② 무채색 축을 따라 올라갈수록 명도가 올라가고 내려가면 명도가 내려간다.

③ 무채색 축에서 멀리 나올수록 고채도가 된다.

3 색의 혼합

1) 가산 혼합

빛의 3원색 빨강(Red), 녹색(Green), 파랑(Blue)을 모두 혼합하면 백색광을 얻을 수 있
는데 이는 혼합 이전의 상태보다 색의 명도가 높아지므로 가법 혼합이라고도 하며, 이 3
색을 가산 혼합의 3원색이라 한다.

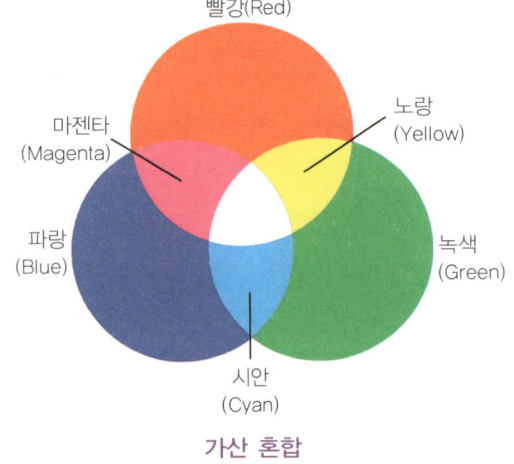

G + B = C
R + B = M
R + G = Y
R + G + B = W

가산 혼합

2) 감산 혼합

자주(Magenta), 노랑(Yellow), 시안(Cyan)을 모두 혼합하면 혼합할수록 혼합전의 상태
보다 색의 명도가 낮아지므로 감법 혼합이라고도 한다.

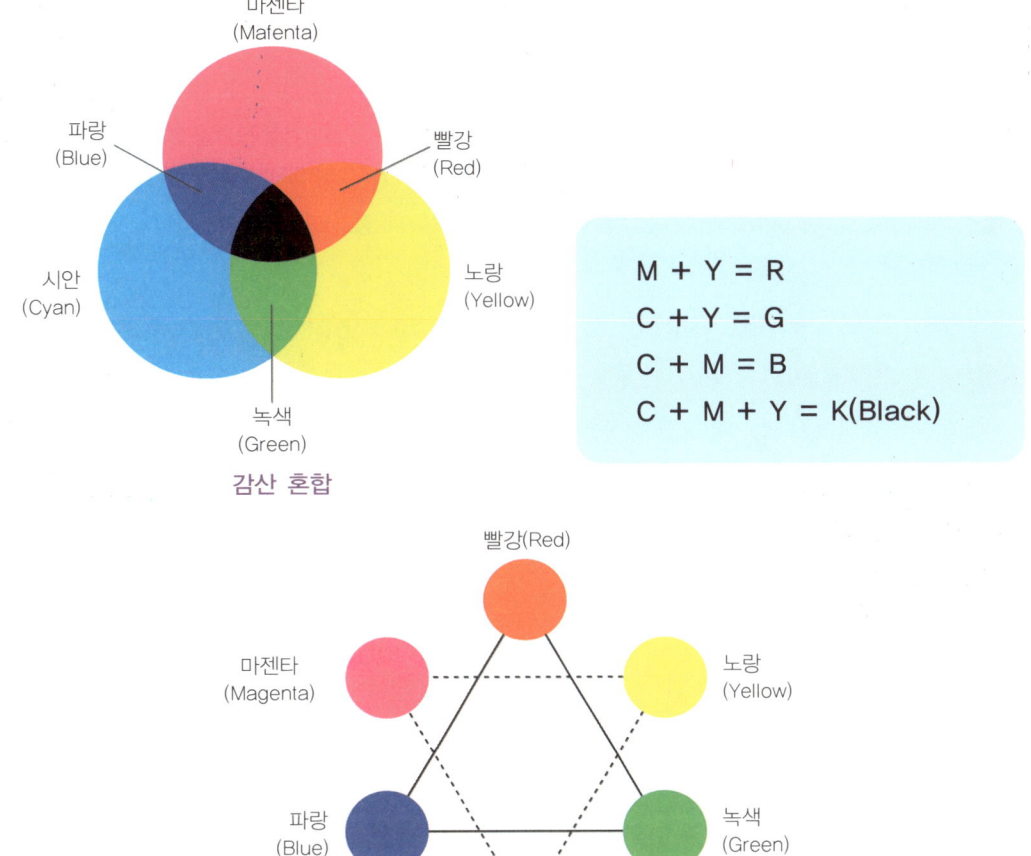

$$M + Y = R$$
$$C + Y = G$$
$$C + M = B$$
$$C + M + Y = K(Black)$$

감산 혼합

가산 혼합과 감산 혼합의 관계

3) 중간 혼합

(1) 회전 혼합

색광이나 반사광이 1초에 40~50회 이상의 속도로 회전할 때 색의 자극은 혼합된 상태로 보이며, 그 지점은 혼합색이 된다.

(2) 병치 혼합

선이나 점이 서로 조밀하게 병치되어 있어 시각적으로 혼합되어 보이는 현상을 말한다. 병치 혼합은 모자이크나 직물, TV의 영상, 신인상파의 점묘화, 옵아트 등에서 예를 찾아 볼 수 있다.

4 관용 색명, 일반 색명

1) 관용 색명

옛날부터 전해오는 습관적인 색의 이름이나 고유한 이름을 붙여놓은 색을 말한다. 지명, 장소, 식물, 동물 등의 고유한 이름을 붙여 놓은 색을 말하지만 색을 정확히 구별하기가 힘들기 때문에 보다 체계화 시킨 방법으로 계통의 색명을 만들었다.

(1) 기본 색에 의한 색명

적(赤), 황(黃), 녹(綠), 청(靑), 청록(靑綠), 자(紫), 자주(紫朱) 등으로 표현되어 왔다.

(2) 동물의 이름에 따른 색명

쥐색, 낙타색, 갈색, 베이지색 등 동물의 이름이나 가죽 등에서 색명이 유래되었다.

(3) 식물의 이름에 따른 색명

녹두색, 홍매화색, 가지색, 밤색, 살구색, 딸기색, 복숭아색, 팥색, 계피색 등 식물의 이름이나 열매 등에서 유래되었다.

(4) 광물과 원료에 따른 색명

황토색, 금색, 은색, 에메랄드그린, 세피아(오징어 먹물), 호박색, 고동색 등 광물이나 원료에 따라서도 색의 이름이 유래되었다.

(5) 인명이나 지명에 따른 색명

프러시안 블루, 하바나, 보르도, 마젠타 등 지역적인 특성이나 특산물, 자연조건 등에서 유래되었다.

(6) 자연 현상에 따른 색명

하늘색, 물색, 풀색, 눈 색, 무지개색, 땅 색 등 기후나 환경적인 요소에서 유래되었다.

① **네이비블루(navy blue)** : 영국 해군 수병의 제복에서 생긴 색 이름(감색). 어두운 청색 (dark blue 6.0PB 2.5/4.0)

② **라벤더(lavender)** : 라벤더 꽃의 색으로 연한 보라(light violet 5.5P 6.0/5.0)

③ **마젠타(magenta)** : 이탈리아 북부 도시의 이름. 새뜻한 자주(vivid red purple 9.5RP 3.0/9.0)

④ **세피아(sepia)** : 오징어의 먹(sepia)으로 만든 물감. 회색 기미의 짙은 갈색(dark grayish brown 10YR 2.5/2.0)

⑤ **시안(블루)(cyan(blue))** : 그리어그어의 kyanos(어둠, 검정)에서 유래된 말. 시안은 시아닌(cyanine) 계통으로 약간의 녹색 기미를 띤 청색. 원색판 인쇄의 3원색의 하나로 쓰인다. 감법 혼색의 원색. 녹색 기미의 새뜻한 파랑(vivid greenish blue 5.5B 4.0/8.5)

2) 일반 색명

계통 색명이라고도 하며, 색채를 부를 때 색의 3속성인 색상(H), 명도(V), 채도(C)를 나타내는 수식어를 특별히 정하여 표시하는 색명으로 빨강 기미의 노랑, 검파랑, 연보라 등으로 부르는 것을 말한다. 관용 색명의 애매한 표현에 비해 정확한 색의 표시가 가능하다.

5 먼셀의 표색계

1) 먼셀 색체계의 속성

1905년 미국화가 먼셀에 의하여 창안되고 발전시킨 표색계이다. 한국공업규격(KS)에서 색의 3속성에 의한 표기 방법으로 제정되었다.

(1) 색상(H ; Hue)

기본 5색인 빨강, 노랑, 녹색, 파랑, 보라를 나누고 다시 중간색 주황, 연두, 청록, 남색, 자주색을 기본으로 한다. 등간격으로 10개의 색 단계를 가지고 있어 100색상을 만들 수 있다.

(2) 명도(V ; Value)

빛에 의한 색의 밝고 어두움을 나타내는 것으로 무채색의 명도는 백색을 N10으로 검정을 N0으로 규정하여 11단계로 구분하고, 유채색의 명도는 2에서 9까지 8단계로 구분되어 있다(실제로 N0, N10은 존재하지 않음)

(3) 채도(C ; Chroma)

색의 순도나 포화도를 의미하고, 무채색 축을 0으로 하고, 수평 방향으로 번호가 커질수록 채도가 높게 구성되어 있다. 가장 높은 채도를 14로 규정하고 있다.

※ 표시 기호 : HV/C(색상, 명도/채도)

2) 색상환, 색 입체

(1) 색상환

① 색상이 유사한 것끼리 둥글게 배열하여 만든 것
② 가까운 색들을 유사색, 인접색이라고 하며, 거리가 먼 색을 반대색이라 한다.
③ 색상환에서 정반대의 색을 보색이라고 한다(보색을 혼합하면 어두운 무채색이 된다).

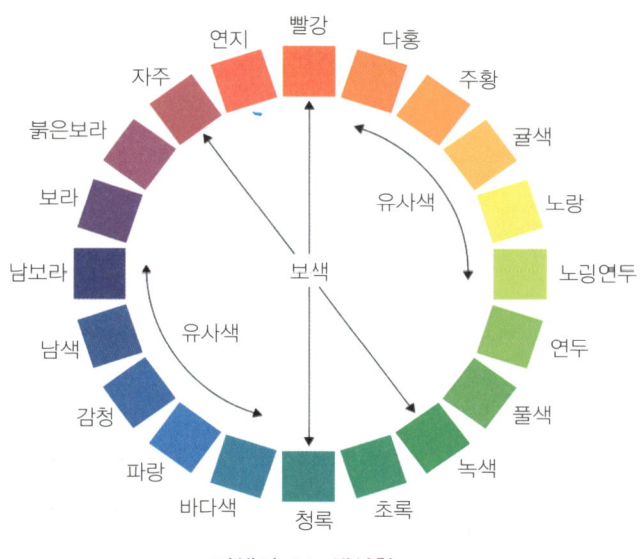

먼셀의 20 색상환

2) 색 입체

① 색의 3속성인 색상(H), 명도(V), 채도(C)를 3차원 공간속에 표현

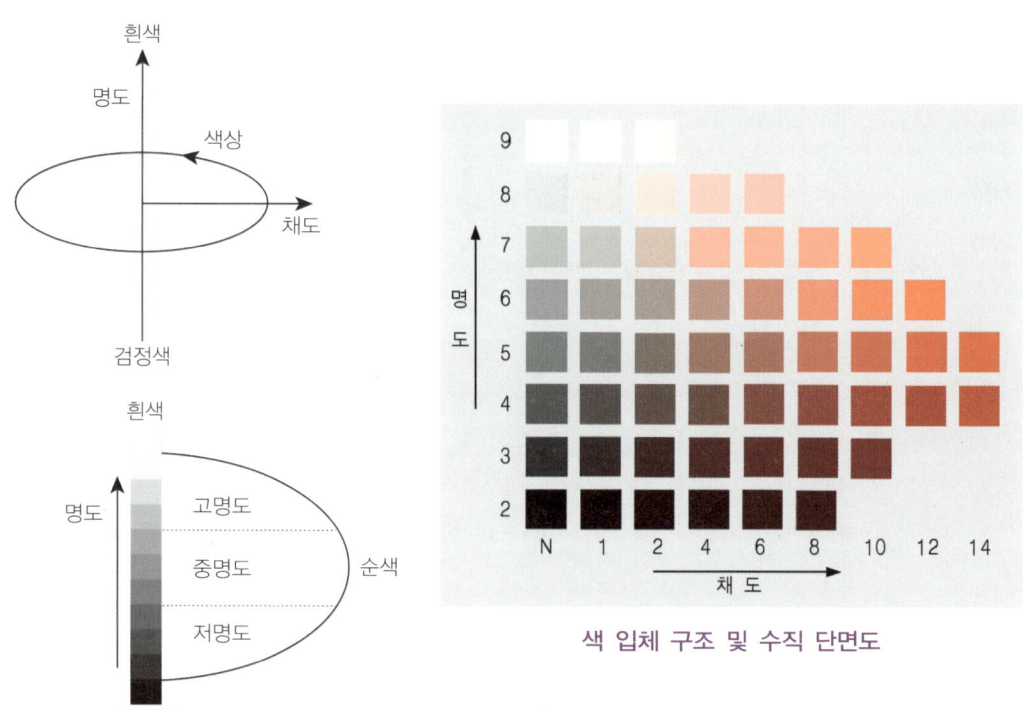

색 입체 구조 및 수직 단면도

② 색상은 원, 명도는 수직 중심축으로 위로 갈수록 고명도, 아래쪽으로 갈수록 저명도가 되도록 구성하였다.

③ **등명도면** : 색 입체를 수평으로 절단하면 같은 명도를 가진 모든 색상이 나타난다.

④ 색의 계통적 분류가 가능하며, 색을 조직적으로 사용하는데 도움이 된다.

(3) 먼셀의 색 표기법

① **기본 10색** : 빨강, 주황, 노랑, 연두, 녹색, 청록, 파랑, 남색, 보라, 자주

	기본 색명	영문 이름	기호	먼셀 색상 기호
1	빨강	Red	R	5R4/14
2	주황	Orange, Yellow Red	YR	5YR6/12
3	노랑	Yellow	Y	5Y9/14
4	연두	Green Yellow, Yellow Green	GY	5GY7/10
5	녹색	Green	G	5G5/8
6	청록	Blue Green, Cyan	BG	5BG5/6
7	파랑	Blue	B	5B4/8
8	남색	Purple Blue, Violet	PB	5PB3/12
9	보라	Purple	P	5P4/12
10	자주	Red Purple, Magenta	RP	5RP4/12

10색 상환

② **기본 20색** : 기본 10색에 중간색 10색 포함

	기본색명	영문이름	기 호	먼셀 색상 기호
1	빨강	Red	R	5R4/14
2	다홍	Pale Yellow Red	yR	10R6/10
3	주황	Orange, Yellow Red	YR	5YR6/12
4	귤색	Pale Red Yellow	rY	10YR7/10
5	노랑	Yellow	Y	5Y9/14
6	노랑연두	Pale Green Yellow	gy	10Y7/8
7	연두	Green Yellow, Yellow Green	GY	5Y9/14
8	풀색	Pale Yellow Green	yG	10Y6/10
9	녹색	Green	G	5G5/8
10	초록	Pale Blue Green	bG	10G5/6
11	청록	Blue Green, Cyan	BG	5BG5/6
12	바다색	Pale Green Blue	gB	10B5/6
13	파랑	Blue	B	5B4/8
14	감청	Pale PurPle Blue	pB	10B/4/8
15	남색	Purple Blue, Violet	PB	5PB3/12
16	남보라	Pale Blue Purple	bP	10PB3/10
17	보라	Purple	P	5P4/12
18	붉은보라	Pale Red Purple	rP	10P4/10
19	자주	Red Purple, Magenta	RP	5RP4/12
20	연지	Pale Purple Red	pR	10RP5/10

3) 오스트발트 표색계

1916년 독일의 오스트발트가 창안하였으며, 색의 3속성과 다르게 백색, 검은색, 순색을 기본 색채로 한다. 물체 표면색의 표본을 체계화한 혼색 계통의 표색계이다.

기본 가정은 모든 파장의 빛을 완전하게 흡수하는 3가지 기본색의 색량의 혼합비로 모든 색을 나타낸다.

① **검정(B, Black)** : 모든 파장의 빛을 완전하게 흡수한다.
② **백색(W, White)** : 모든 파장의 빛을 완전하게 반사한다.
③ **순색(C, Full color)** : 특정 파장 영역의 빛은 완전하게 반사하고 다른 파장 영역의 빛은 완전하게 흡수한다.

(1) 순색의 색상환

노랑(Yellow), 파랑(Ultramarine), 빨강(Red), 초록(Sea-green)의 4원색 사이의 색상인 주황(Orange), 청록(Turquoise), 보라(Purple), 연두(Lear -green)를 더해 8가지 색상을 3등분한 24색상을 기본으로 한다.

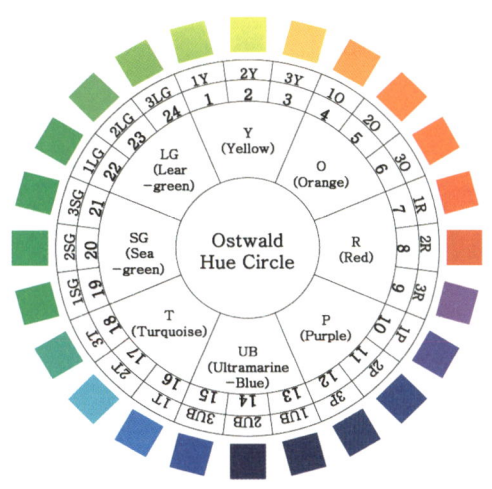

오스트발트 색상환

	색상 기호	색상명		색상 기호	색상명
1	1Y	Lemon yellow	13	1UB	Ultra Marine blue
2	2Y	Butter cup	14	2UB	Cobalt blue
3	3Y	Mari gold	15	3UB	Cerulean blue
4	1O	Orange	16	1TB	Peacock blue
5	2O	Tangerine	17	2TB	Turquoise blue
6	3O	Vermilion	18	3TB	Turquoise
7	1R	Searlet	19	1SG	Turquoise green
8	2R	Rose	20	2SG	Turquoise green
9	3R	Margenta	21	3SG	Emerald green
10	1P	Fuschina	22	1LG	Kelly green
11	2P	Purple	23	2LG	Paris green
12	3P	Violet	24	3LG	Lime green

(2) 순색과 톤

① 명도와 채도를 따로 분리하여 표시하지 않는다.

② 모든 색은 순색 + 백색 + 검정 = 100%

③ 백색의 량과 검정색의 량을 기호로 표시하고 8단계로 나눈다.

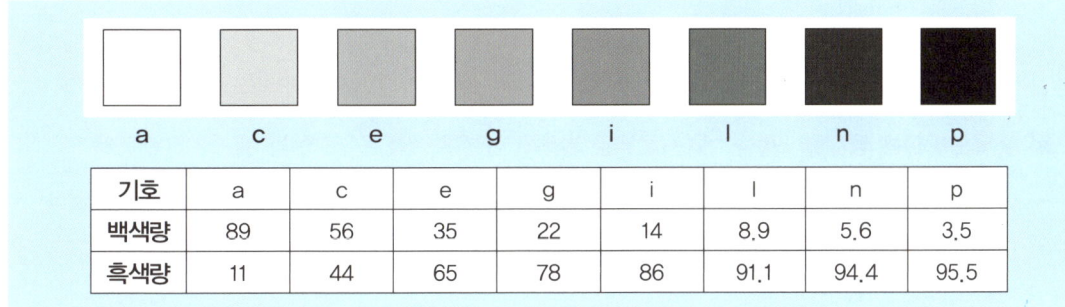

기호	a	c	e	g	i	l	n	p
백색량	89	56	35	22	14	8.9	5.6	3.5
흑색량	11	44	65	78	86	91.1	94.4	95.5

(3) 색의 표기

① **혼합비** : 순색량(유채색의 색상번호 C) + 백색량(W) + 흑색량(B) = 100이라는 공식에 의거하여 표기한다.

　　예 ▶ 8lc라 표시된 것은 **8**(색상 번호), **l**(백색량), **c**(흑색량)

② 순색량(x) + l(8.9%) + c(44%) = 100으로
　　순색량은 100 − 8.9 − 44 = 47.1(빨강 순색의 함량)

(4) 색 입체의 활용

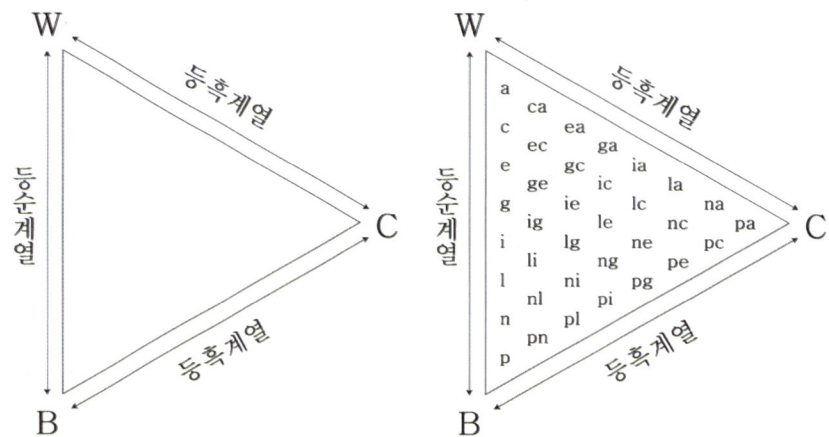

4) NCS 표색계

① 1922년 스웨덴의 색채 연구소가 발표하였으며, 사람 눈의 특성을 심리적 · 물리적 원리에 대입하여 현실적으로 사용할 수 있는 현 색의 체계이다.

② **기본색** : 빨강, 노랑, 파랑, 녹색(헤링의 4원색)과 백색, 검정

③ 색상환은 유채색 4가지 색상 사이에 10단계로 구분하고 40개 색으로 구성한다.

※ 현색계 (Color Appearance System)

　색료의 원색인 Cyan, Magenta, Yellow, Black 기반으로 인간이 물체색을 지각

① **장점** : 사용 및 이해가 용이,
　시각적 확인이 가능,
　용도에 맞게 배열과 개수 조절

② **단점** : 정확한 색의 구현이 안됨(측색기 사용 안함),
　기준편 변색 가능, 빛 표시 불가

※ 한국산업규격((KS), 멘셀, 오스트발트(이론), NCS, PCSS, DIN 등

① **혼색계(Color Mixing System)** : 빛의 삼원색인 Red, Green, Blue의 가산 혼합을 기반

② **장점** : 장소에 구애받지 않고 정확한 측정이 가능,
　색표계로 변환이 가능

③ **단점** : 감각적으로 색의 지각이 안됨,

고가의 측색기 필요

CIE XYZ System, CIE LAB System, CIE LCH System, CMC System,

CIE 94 System, 오스트발트(색 배열), FMC Ⅱ System 등

6 색의 대비

서로 견주어 비교하여 어떤 색이 다른 색의 영향으로 말미암아 실제와는 다른 색으로 보이는 현상

1) 동시 대비

가까이 있는 두 가지 이상의 색을 동시에 볼 때 일어나는 현상

(1) 색상 대비

① 서로 다른 두 가지 색을 서로 대비했을 때 각 색상의 차이가 더욱 크게 느끼는 현상이다.
② 색상이 서로 다른 색끼리 배색 되었을 때 각 색상은 그 보색 방향으로 변한다.

색상 대비

(2) 명도 대비

① 명도가 다른 두 색이 서로의 영향에 의해서 더욱 명도의 차이가 크게 일어나는 현상이다.
② 명도의 차이가 클수록 대비가 강해지며, 밝은 배경의 어두운 색은 어두운 배경의 어두운 색 보다 좀 더 어둡게 보인다.

명도 대비

③ 밝은 색은 더욱 밝게, 어두운 색은 더욱 어둡게 보인다.
④ 동시 대비 중 가장 예민하게 눈에 지각된다.

(3) 채도 대비

① 채도가 높은 색은 더 선명하게, 낮은 색은 더 탁하게 보이는 대비 현상이다.
② 동일한 색이라도 주위의 색 조건에 따라서 채도가 더욱 높아 보이거나 낮아 보이는 것
③ 색상 대비가 일어나지 않는 무채색에서는 채도 대비가 일어나지 않는다.

채도 대비

(4) 보색 대비

① 색상환의 반대색으로 보색끼리 대비 되었을 때 서로의 색이 더욱 뚜렷해 보이는 현상이다.
② 보색의 잔상이 일치하기 때문에 3속성의 차이가 크게 나타나서 더욱 뚜렷하게 보인다.
③ 색의 대비 중 가장 강한 대비이다.

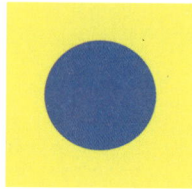

보색 대비

2) 계시 대비

① 시간적 차이를 두고 일어나는 대비
② 어떤 색을 보고 난 후에 시간차를 두고 다른 색을 보았을 때 먼저 본 색의 영향으로 뒤에 본 색이 다르게 보이는 현상.

계시 대비

3) 기타 대비

(1) 면적 대비

① 색이 차지하고 있는 면적의 크고 작음에 의해서 색이 다르게 보이는 대비 현상이다.
② 면적이 큰 색은 명도와 채도가 높아져 실제보다 좀 더 밝고 맑게 보이며, 반대로 면적이 적어지면 실제보다 어둡고 탁하게 보인다.

(2) 한난 대비

색의 차고 따뜻함에 변화가 오는 대비 현상으로 중성색 옆의 한색은 더욱 차게 보이고 중성색 옆의 난색은 더욱 따뜻하게 느껴진다.

(3) 연변 대비

색과 색이 접하는 경계부분에서 강한 색채 대비가 일어나는 현상으로 두색의 차이가 본래의 상태보다 강조된 상태로 색상, 명도, 채도 대비 현상이 더욱 강하게 나타나는 현상이다.

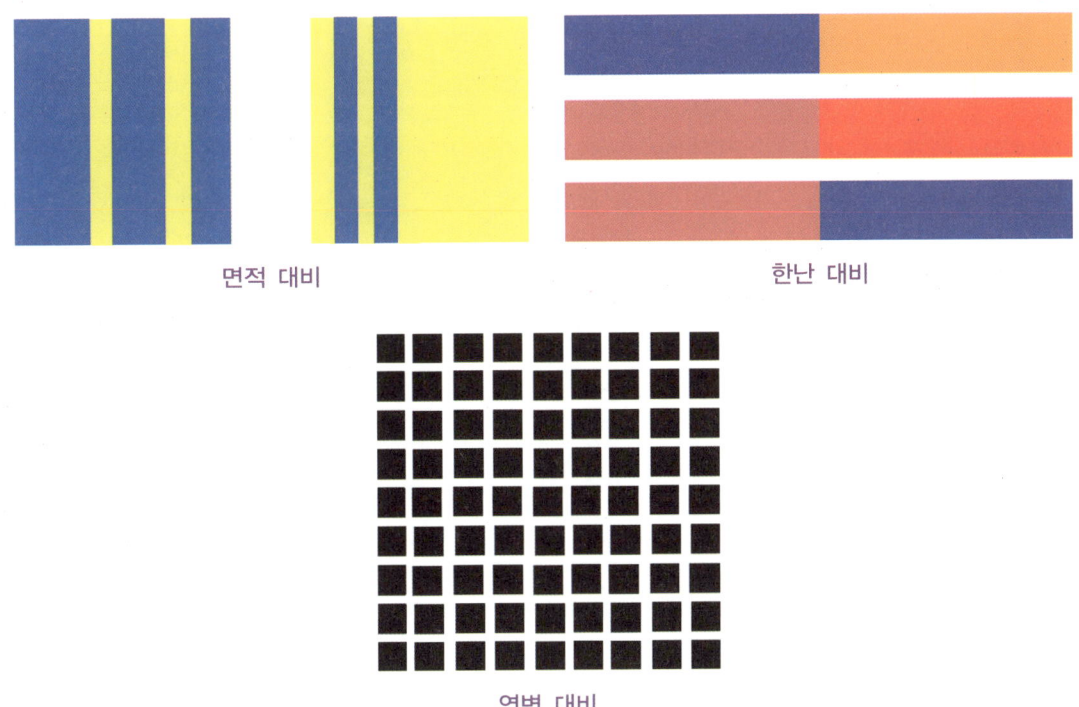

면적 대비   한난 대비

연변 대비

7 색의 동화, 잔상, 명시도와 주목성, 진출, 후퇴, 수축, 팽창 등

1) 색의 동화

① 특정 색이 인접되는 색의 영향을 받아 인접 색에 가까운 색이 되어 보이는 현상이다.
② 인접색이 유사색일 경우, 명도 차이가 적을 경우, 변화되는 색의 면적이 아주 작을 경우에 일어난다.
③ 자극이 오래 지속되는 색의 긍정적 잔상에 의해서 생겨나고 색상, 명도, 채도 동화가 동시에 일어난다.

※ 베졸트 효과

① 면적이 작거나 무늬가 가늘 경우에 생기는 효과이다.
② 배경과 줄무늬의 색이 비슷할수록 그 효과가 커진다.

2) 색의 잔상

① 망막에 주어진 색의 자극이 생긴 후 자극을 제거하여도 시각 기관에 흥분 상태가 계속되어 시각 작용의 잠시 남아 있는 현상을 말한다.

② 망막의 피로 현상으로 인해 어떤 자극을 받았을 경우 원자극을 제거하여도 상이 그대로 남아 있거나 반대상이 남아 있는 현상을 말한다.

(1) 정의 잔상

① 자극이 사라진 뒤에도 망막의 흥분상태가 계속적으로 남아있어 본래의 자극광과 동일한 밝기와 색을 그대로 느끼는 현상이다.

② 형광등을 응시한 후 천정을 보았을 경우 나타나는 그림자

(2) 부의 잔상

① 자극이 사라진 뒤에 색상, 명도, 채도가 정반대로 느껴지는 현상이다.

② 수술실의 수술복

3) 명시도와 주목성

1) 명시도(시인성)

같은 거리에 같은 크기의 색이 있을 때 잘 보이거나, 잘 보이지 않는 정도에 따라 그 색의 '명시도가 높다 또는 명시도가 낮다'라고 한다. 일반적으로 흑색의 배경에는 노랑, 주황 등의 난색이 시인성이 높고, 백색의 배경에는 초록색, 파랑 등의 한색이 시인성이 높다.

① **흰색이 바탕색일 경우** : 검정, 보라, 파랑, 청록, 빨강, 노랑 순

② **검정색이 바탕색일 경우** : 노랑, 주황, 빨강, 녹색, 파랑 순

③ **명시도가 높은 배색** : 검정과 노랑의 배색으로 노랑은 유채색 중에서 명도와 채도가 가장 높은 색이기 때문에 백색보다 명시도가 높아진다. 표지판, 중앙선, 전신주 등 주의를 요하는 부분에 많이 활용한다.

	글자색	배경색
1	검정색	노랑색
2	노랑색	검정색
3	초록색	백색
4	빨강색	백색

2) 주목성(유목성)

① 색이 사람의 눈을 이끄는 힘

② 고명도, 고채도의 색과 따뜻한 색이 저명도, 저채도, 차가운 색보다 주목성이 높다.

③ 시인성이 높은 색은 주목성도 높아진다.

4) 진출, 후퇴, 팽창, 수축

(1) 진출색

① 가까이 있는 것처럼 앞으로 튀어나와 보이는 색이다.

② 고명도의 색과 난색은 진출 성향이 높고, 유채색이 무채색에 비해 진출되어 보인다.

(2) 후퇴색

① 뒤로 물러나 보이거나 멀리 있어 보이는 색이다.

② 저명도, 저채도, 한색 등이 후퇴되어 보인다.

(3) 팽창색

① 실제보다 더 크게 보이는 색이다.

② 진출 색과 비슷하여 난색이나 고명도 고채도의 색은 실제보다 확산되어 보인다.

(4) 수축색

① 실제보다 축소되어 보이는 색이다.

② 후퇴색과 비슷하다.

진출, 팽창	난색, 고명도, 고채도, 유채색
후퇴, 수축	한색, 저명도, 저채도, 무채색

8 온도감, 중량감, 흥분과 침정, 색의 경연감 등 색의 수반 감정에 관한 사항

1) 온도감

색을 보고 느낄 수 있는 따뜻함과 시원함 등의 느낌

(1) 난색

① 색 중에서 따뜻하게 느껴지는 색으로서 빨강색, 노란색 등이 있다.

② 유채색에서는 빨강색 계통의 고명도, 고채도의 색일수록 더욱 더 따뜻하게 느껴지지만, 무채색에서는 저명도의 색이 더 따뜻하게 느껴진다.

(2) 한색

① 색 중에서 차갑게 느껴지는 색으로 청록색, 파랑색, 남색 등이 있다.

② 유채색에서는 파랑색 계통의 저명도 저채도의 색이 차갑게 느껴지지만, 무채색에서는 고명도인 백색이 더 차갑게 느껴진다.

(3) 중성색

① 색 중에서 난색과 한색에 포함되지 않은 색으로 연두색, 녹색, 보라색, 자주색 등이 있다.

② 중성색 주위에 난색이 있으면 따뜻하게 느껴지고, 한색 옆에 있으면 차갑게 느껴진다.

난 색	빨강색, 주황색, 노란색	따뜻함
한 색	파랑색, 청록색	차가움
중성색	연두색, 자주색, 보라색	중간적

2) 중량감

① 색의 3속성 중 명도에 의해서 좌우된다.

② 가장 무겁게 느껴지는 색은 검정색, 가장 가볍게 느껴지는 색은 백색이다.

③ 검정색, 파랑색, 빨강색, 보라색, 주황색, 초록색, 노란색, 백색 순으로 중량감이 느껴진다.

명도에 의해 좌우	
고명도	가볍게 느껴짐
저명도	무겁게 느껴짐

3) 경연감

딱딱하게 느껴지거나 부드럽게 느껴지는 효과로서 명도와 채도에 영향을 받게 되며, 명도가 높고 채도가 낮은 난색의 색들은 부드러운 느낌을 느끼게 하고, 중명도 이하가 되는 명도가 낮고 채도가 높은 한색의 색들은 딱딱한 느낌을 준다.

경감	고채도, 저명도, 한색
연감	저채도, 고명도, 난색

4) 강약감

① 색의 강하고 약함을 나타내는 말로서 대부분 순도를 나타내는 채도에 의해서 좌우된다.

② 빨강색, 파랑색 등과 같은 원색은 강한 느낌을 주며, 회색이나 중성색은 약한 느낌을 주게 된다.

채도에 의해 좌우	
고채도	강한 느낌
저채도	약한 느낌

5) 흥분색과 진정색

① **흥분색** : 난색 계통의 색으로 명도와 채도를 높게 하면 흥분감을 느끼게 된다.

② **진정색** : 흥분 상태를 가라앉혀 진정시키는 색으로 한색 계통의 명도가 낮은 색이다.

6) 시간의 장단

① 장파장 계통의 빨강색, 주황색, 노란색 등의 난색은 시간이 길게 느껴지고, 단파장 계통의 파랑색, 청록색 등의 한색은 시간이 짧게 느껴진다.

② 버스 대기실은 한색을 주로 사용한다.

시간이 길게 느껴짐	빨강색, 주황색, 노란색
시간이 짧게 느껴짐	초록색, 청록색, 파랑색

9 색의 연상과 상징에 관한 사항

1) 색채의 연상과 상징 및 효과

① 색채의 연상은 생활양식, 문화, 지역, 환경, 계절, 성별, 연령 등에 따라 차이가 있다.
② 상징은 하나의 색을 보았을 때 특정한 형상이나 뜻이 상징되어 느껴지는 것

	연상, 상징	치료, 효과
마젠타	코스모스, 복숭아, 애정, 연	우울증, 저혈압, 월경불순
빨 강	자극적, 열정, 능동적, 화려함	빈혈, 황달, 발정, 정지, 적혈구 강화
주 황	만족, 기쁨, 즐거움	무기력, 공장 위험 표시, 소화계에 영향
노 랑	명랑, 환희, 희망, 광명, 초여름	염증, 신경제, 완화제, 신경계 강화
연 두	위안, 친애, 청순, 젊음	위안, 피로회복, 방부, 골절
녹 색	평화, 고요함, 나뭇잎	안전색, 해독, 피로회복, 신체적 균형유지
청 록	청결, 냉정, 이성, 질투	기술 상담실의 벽, 면역 성분 증강
파 랑	차가움, 바다, 추위, 무서움	염증, 눈의 피로 회복, 침정제, 호흡계
남 색	천사, 숭고함, 영원, 신비	살균, 정화, 출산, 마취성
보 라	창조, 우아, 고독, 외로움	종교, 방사선 물질, 예술, 신경 진정
백 색	청결, 소박, 순수, 순결	고독, 비상구
회 색	겸손, 우울, 무기력, 점잖음	우울한 분위기
검 정	밤, 부정, 절망, 정지, 침묵	예복, 상복

10 색채의 조화와 배색에 관한 일반지식

1) 색채의 조화

(1) 유사 조화

비슷한 성격을 가진 색들끼리 잘 어우러져 조화를 이룸
① **명도의 조화** : 같은 색상의 색에 단계적으로 명도에 변화를 주었을 때
② **색상의 조화** : 비슷한 명도의 색상끼리 배색 하였을 때
③ **주조색의 조화** : 일출이나 일몰처럼 여러 색 중에서 한 가지 색이 주조를 이룰 때

(2) 대비 조화

반대되는 성격을 가진 색들끼리 배색되었을 때
① **명도 대비의 조화** : 같은 색상을 명도차이를 주었을 때
② **색상 대비의 조화** : 색상환에서 등간격 3색끼리 배색 하였을 때
③ **보색 대비의 조화** : 색상환에서 가장 먼 거리에 있는 보색들끼리 배색 하였을 때
④ **근접 보색 대비의 조화** : 한 색과 그 보색의 근접색을 같이 배색했을 때

(3) 색채 조화의 공통 원리

미국의 색채학자 저드(Judd)가 주장한 4가지 원칙을 기준으로 삼아 가장 보편적이며, 공통적으로 적용할 수 있는 색채 조화의 원리를 말한다.

① **질서의 원리** : 시각적으로 같은 색 체계 위에서 고려된 것으로 규칙적으로 선택된 색은 질서 있는 조화가 이루어지며, 이에 따라 효과적인 반응을 일으킬 수 있다.

② **동류성의 원리(유사성의 원리)** : 일반적으로 2가지 색이 조화되지 않았을 경우에 서로의 색을 적당하게 섞어 배합하면 두 색의 차이가 적어져 공통성이 인식되는데, 이러한 원리를 이용하여 색의 공통된 상태와 성질이 내포되어 있을 때 색채 군이 조화될 수 있다는 원리

③ **친근성의 원리** : 사람들에게 익숙한 배색이 서로 잘 조화할 수 있다는 원리로, 그 근본은 자연 환경이며, 이러한 익숙한 자연의 색감에서 친근한 조화감을 느낄 수 있다.

④ **명료성의 원리(비모호성의 원리)** : 색의 조합이나 면적의 배분 등에서 애매함이 없고 명료하게 선택된 배색이 성공한다는 원리로, 색상 차이나 명도 차이, 채도 차이, 면적 차이를 두어 대비 효과를 주려는 원리이다.

⑤ **대비의 원리** : 동일 색상이나 유사 색상의 조화의 경우가 무난하지만 변화가 적기 때문에 명도 차이, 채도 차이를 두어 대비 효과를 주려는 원리이다.

4) 조화 이론

① **셔브뢸**

㉮ 색의 3속성에 근거한 독자적 색채의 체계를 만들어 유사성과 대비성의 관계에서 조화를 규명하였다.

㉯ 색채의 조화는 유사성의 조화와 대조에서 이루어진다.

② **오스트발트**

㉮ 대표 색상을 24색으로 분할하고 명도를 8등분 함

㉯ 조화는 질서와 동일하다고 주장

㉰ 채도가 높을수록 면적을 좁게 해야 한다고 주장

③ **저드** : 질서의 원리, 친근성의 원리, 공통성의 원리, 명백성의 원리 주장

④ **문과 스펜서** : 색 공간에 있어서 기하학적 관계, 면적 관계, 배색의 아름다움의 척도 등에서 조화

⑤ **베졸드, 브뤼케** : 유사 색상의 배색과 보색의 배색이 조화를 이룸

⑥ **비렌** : 창조적 조화론이라 하며, 미는 인간의 환경에 있는 것이 아니라 우리 인간의 머리 속에 있다고 주장

2) 색채의 배색

두 가지 이상의 색이 서로 어울려서 한 가지 색으로 얻을 수 없는 효과를 만들어 내는 것

(1) 배색의 심리

① **동일 색상의 배색**
 ㉮ 색상에 의해 부드러움이나 딱딱함 또는 따뜻함이나 차가움 등의 통일된 느낌이 형성된다.
 ㉯ 같은 색상의 명도나 채도의 차이를 둔 배색에서 느낀다.

② **유사 색상의 배색**
 ㉮ 동일 색상의 배색과 비슷하며 색상의 차이가 적은 배색이다.
 ㉯ 온화함, 친근감, 즐거움 등의 감정을 느낀다.

③ **반대 색상의 배색**
 ㉮ 보색 관계에 있는 색들의 배색이다.
 ㉯ 화려하고 강하며 생생한 느낌을 받게 된다.

④ **고채도의 배색** : 동적이고 자극적이며, 산만한 느낌을 준다.

⑤ **저채도의 배색** : 부드럽고, 온화한 느낌을 준다.

⑥ **고명도의 배색** : 순수하고, 맑은 느낌을 준다.

⑦ **저명도의 배색** : 무겁고, 침울한 느낌을 준다.

(2) 배색의 명도 효과

① **명도와 면적** : 명도가 낮은 색은 넓은 면적에, 명도가 높은 색은 좁은 면적에 배색하면 명시도가 높아진다.

② **채도와 면적** : 채도가 낮은 색은 넓은 면적에, 채도가 높은 색은 좁은 면적에 배색하면 명시도, 주목성이 높아져 화려한 느낌을 주며, 저채도의 색을 많이 사용하면 수수한 느낌을 준다.

③ **온도감과 면적** : 난색 계통의 색은 넓은 면적에, 한색 계통의 색은 좁은 면적에 배색하면 자극적이고 강렬한 느낌을 주며, 반대로 배색하면 차분한 느낌을 준다.

(3) 색채 계획

디자인의 용도나 재료를 바탕으로 기능적, 심미적으로 아름다운 배색의 효과를 얻을 수 있도록 미리 설계하는 것

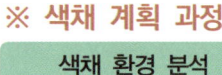

※ 색채 계획 과정

색채 환경 분석	어떤 색이 있는가?
⬇	
색채 심리 분석	어떤 이미지를 가지고 있는가?
⬇	
색채 전달 계획	어떤 식으로 전달할 것인가?
⬇	
디자인 적용	색채 규격과 색채 시방 및 컬러 매뉴얼 작성

11 조색 방법에 관한 사항

1) 조색

여러 가지 색료(물감, 페인트, 잉크 등)를 혼합하여 자신이 원하는 색을 만드는 작업을 말한다.

(1) CCM (Computer Color Matching)

컴퓨터 자동 배색으로 사용되는 색료의 양을 정확히 지정할 수 있다.

(2) 육안 조색

계량 조색과 미조색의 2단계 작업으로 이루어진다.

2) 조색의 기본 원칙

① 광원을 일정히 한다.
② 사용량이 많은 원색부터 혼합한다.
③ 가능한 보색은 혼합하지 않는다.
④ 많은 종류의 색을 혼합하면 명도와 채도가 낮아진다.
⑤ 견본색과 근접한 색상을 혼합하는 것이 채도가 높다.
⑥ 견본 색상과 동일하게 조색을 하였더라도 작업조건에 따라 색상의 차이가 생길 수 있다.

3) 조색 작업 순서

① 색상 배합표를 검색한다.
② 견본색과 결과색을 대조한다.
③ 계량 조색을 한다.
④ 테스트 칠을 통한 확인 및 색상을 비교한다.
⑤ 미조색을 확인한다.
⑥ 조색 작업 완료

01 **기출** 2006.10.01
다음 중 색료의 3원색이 아닌 것은?
① 마젠타(Magenta) ② 노랑(Yellow)
③ 시안(Cyan)   ④ 녹색(Green)

+👤 ① **색광의 3원색(가산혼합)** : 빨강(red), 녹색(green), 파랑(blue)
② **색료의 3원색(감산혼합)** : 마젠타(magenta), 노랑(yellow), 파랑(blue)

02 **기출** 2006.10.01
조색시 옳지 않는 것은?
① 계통이 다른 도료의 혼합을 가급적 피한다.
② 색상비교는 가능한 여러 각도로 비교한다.
③ 채도−명도−색상 순으로 조색한다.
④ 스프레이로 도장하여 색상을 비교한다.

+👤 **조색의 규칙**
① 색상환에서 조색 할 색상의 인접한 색들을 혼합하여 색조를 변화 시킨다.(선명한 색을 유출 시킬 수 있다.)
② 대비색의 사용은 하지 않는다.(아주 탁한 색을 얻고 광원에 따라 색상이 틀려 보이는 이색현상이 발생한다.)
③ 색의 색상, 명도, 채도를 한꺼번에 맞추려고 하지 않는다.(색상, 명도, 채도 순으로 조색한다.)
④ 혼용색 사용 금지(순수 원색만 사용한다.)
⑤ 조색시 조색된 도료의 배합비를 정확히 작성해 둘 것(도장시 부족할시 다시 조색하면 시간이 많이 소요되므로)
⑥ 건조된 도막과 건조되지 않은 도막은 색상이 틀리므로 건조 후 색상을 비교한다.(투명 도장 실시 여부에 따라 색상이 틀려 보인다.)
⑦ 성분이 틀린 도료 사용을 하지 않는다.
⑧ 한꺼번에 많은 양의 도료를 조색하지 말고, 조금씩 혼합하면서 맞추어 나간다.
⑨ 조색 시편에 도장을 할 때 표준 도장 방법과 유사한 조건으로 도장한다.

⑩ 혼합되는 색의 종류가 많을수록 명도, 채도가 낮아진다.
⑪ 솔리드컬러는 건조 후 진해지며, 메탈릭 컬러는 건조 후 밝아진다.

03 **기출** 2006.10.01
다음 중 색을 밝게 만드는 조건은 어느 것인가?
① 도료의 점도가 높다.
② 분무되는 에어 압력이 낮다.
③ 기온이 낮다.
④ 도료의 토출량이 적다.

+👤 조건에 따른 색상변화

	밝 게	어 둡 게
시너 증발속도	빠른 시너 사용	늦은 시너 사용
시너 희석률	많이 사용	적게 사용
피도체와 건과의 거리	멀게 한다	가깝게 한다
건의 이동속도	빠르게 한다	늦게 한다
도장 간격	플래시 타임을 늘린다	플래시 타임을 줄인다
사용 공기압	높인다	줄인다
패턴폭	넓게 한다.	좁게 한다.
도료량	적게한다	많게 한다
건의 노즐	적은 구경 사용	넓은 구경 사용
도장실 조건	유속이나 온도를 올린다	유속이나 온도를 줄인다

04 **기출** 2006.10.01
메탈릭 색상의 조색작업에서 색상의 비교시기로 가장 적합한 때는?
① 투명 건조 전   ② 투명 건조 후
③ 투명 도장 전   ④ 투명 도장 직후

정답 01. ④ 02. ③ 03. ④ 04. ②

+👤 메탈릭 색상의 색상 비교 시기는 건조 후에 확인한다(건조 후 색상이 밝아진다.). 하지만 솔리드 컬러의 경우에는 반대로 어둡게 변하므로 유의한다.

05 `기출` 2006.10.01
다음 보기는 자동차도장 색상 차이의 원인 중 어떤 경우를 설명한 것인가?

> **보기**
> ㉠ 교반이 충분하지 않을 때
> ㉡ 색상 혼합을 잘못 했을 때
> ㉢ 바르지 못한 조색제를 사용한 경우

① 도료 업체의 원인
② 자동차도장 기술자에 의한 원인
③ 자동차 생산업체의 원인
④ 현장 조색시스템관리 도료대리점의 원인

+👤 **색상의 이색원인**
① 자동차 차체의 원인
　㉠ 자동차 메이커의 공장별 도료타입 및 공장설비에 의한 색상차이
　㉡ 자동차 생산 LOT별 색상차이
　㉢ 자동차관리 상태에 의한 색상차이
② 작업의 원인
　㉠ 도료 생산시 도료 조색 작업자의 능력 차이
　㉡ 도료 통의 교반 불량(안료가 수지에 비해 무거우므로 가라앉아 있다.)
　㉢ 계량시 조색 배합비 정량 첨가불량(전자저울 불안정 등)
　㉣ 작업자의 도장 방법 차이(웻 코트, 드라이 코트, 에어량, 도료량 등)
③ 제품의 원인
　㉠ 오래된 도료 사용(안료가 엉겨져 있다.)
　㉡ 클리어 코트 차이(보통 투명하지만 황색 기미가 있는 도료도 있다)
④ 광원에 따른 원인
　㉠ 빛의 파장에 따라 색상이 틀려 보인다.
　㉡ 형광등에서 비교시 색상이 푸른빛이 강해진다.
　㉢ 흐린 날 조색시에는 태양 빛과 유사한 데일라이트(daylight)를 사용

06 `기출` 2006.10.01
다음은 솔리드(Solid)색상의 조색에 관한 설명이다. 잘못 된 것은?

① 도료를 도장하고, 클리어를 도장하면 일반적으로 색상이 선명하고 진해진다.
② 자동차 도막의 색상은 시간이 갈수록 변색되며 자동차의 관리 상태에 따라 정도의 차이가 있다.
③ 2 액형 우레탄의 경우 주제로 색상 조색을 완료한 후 경화제를 혼합하여 도장하면 색상이 진해진다.
④ 건조 전, 건조 후의 색상이 다르기 때문에 색상비교는 반드시 건조 후에 해야 한다.

+👤 **솔리드(solid)색상 조색**
① 원색을 파악하고 조건등색을 피하면서 클리어가 도장되어 있는지를 판별한다.(색상을 도장한 후 클리어를 도장하면 선명해지고 건조 후에는 진해진다.)
② 색상을 희게 만들려고 하면 백색을 소량첨가하고 어둡게 만들고자 하면 검정색을 첨가한다. 하지만 적색계통은 분홍색으로 바뀌므로 첨가하지 않고 조색원색의 인접한 밝은 계통의 적색을 첨가하여 조색한다.)
③ 많은 종류의 조색제를 첨가하면 채도가 떨어지므로 많은 종류의 조색제를 첨가하지 않도록 주의한다.

07 `기출` 2006.10.01
3코트 펄 조색시 컬러베이스의 건조가 불충분할 때 나타나는 현상은?

① 정면 톤과 측면 톤의 변화가 심해진다.
② 광택성이 저하되며 도료가 흘러내린다.
③ 연마자국이 나타난다.
④ 펄 입자의 배열이 균일하다.

+👤 컬러베이스의 건조가 불충분 할 경우에는 광택성이 저하되며 펄 베이스의 도장시 펄 베이스가 컬러 베이스에 침투하여 펄 입자의 배열이 불규칙적으로 되어 정면 톤과 측면 톤의 변화가 심해진다.

08 기출 2006.10.01

응급 치료센터 안전표시 등에 사용되는 색으로 가장 알맞은 것은?

① 흑색과 백색　　② 적색

③ 황색과 흑색　　④ 녹색

+👤 안전 색채

① 적색(Red) : 위험, 방화, 방향을 나타낼 때 사용한다.
② 황색(Yellow) : 주의표시(충돌, 추락, 전도 등)
③ 녹색(Green) : 안전, 구급, 응급
④ 청색(Blue) : 조심, 금지, 수리, 조절 등
⑤ 자색(Purple) : 방사능
⑥ 오렌지(Orange) : 기계의 위험 경고
⑦ 흑색 및 백색(Black & White) : 건물 내부 관리, 통로표시, 방향지시 및 안내표시

09 기출 2006.10.01

다음 배색 중 색상 차가 가장 큰 것은?

① 녹색과 청록　　② 파랑과 남색

③ 빨강과 주황　　④ 주황과 파랑

+👤 색상차이가 가장 큰 배색은 색상환에서 보색인 관계의 색이 가장 크다.
10 색상환에서 살펴보면 : 빨강 – 청록, 주황 – 파랑, 노랑 – 남색, 연두 – 보라, 녹색 – 자주

10 기출 2006.10.01

유리컵에 담겨져 있는 포도주나 얼음덩어리를 보듯이 일정한 공간에 부피감이 있는 것 같이 보이는 색은?

① 공간색(Bulky color)

② 경영색(Mirrored color)

③ 투영면색(Transparent color)

④ 표면색(Surface color)

+👤 ① **공간색** : 공간색 유리병처럼 투명한 3차원의 공간에 덩어리가 꽉 차 보이는 색을 말한다.
② **경영색** : 거울과 같은 불투명한 광택 면에 나타나는 색(좌우가 바뀌어 보인다.)
③ **투영면색** : 투과하여 빛이 나타나는 색

11 기출 2006.10.01

빨강과 노랑색이 서로의 영향으로 빨강은 연두색 기미가 많은 빨강으로, 노랑색은 연두색 기미가 많은 노랑으로 변해 보이는 현상은?

① 계시대비　　② 색상대비

③ 보색대비　　④ 채도대비

+👤 ① **계시대비** : 어떠한 색을 잠시 본 후 시간차를 두고 다른 색을 보았을 때 먼저 본 색의 잔상의 영향으로 뒤에 본 색이 다르게 보이는 현상으로 계속해서 다음 색을 보았을 때는 원래의 색으로 보이게 된다.
② **보색대비** : 색상차이가 많이 나는 보색끼리 대비하였을 경우 대비하는 서로의 색이 더욱 더 뚜렷해 보이는 현상이다.
③ **채도대비** : 채도가 서로 다른 두 색이 서로의 영향에 의해서 채도가 높은 색은 더 선명하게 낮은 색은 더 탁하게 보이는 현상이다.

12 기출 2006.10.01

우리 눈에 어떤 자극을 주어 색각이 생긴 뒤에 자극을 제거한 후에도 그 흥분이 남아서 원자극과 같은 성질의 감각 경험을 일으키는 현상은?

① 정의 잔상　　② 부의 잔상

③ 조건등색　　④ 색의 연상 작용

+👤 ① **부의 잔상** : 자극이 사라진 후에 색상, 명도, 채도가 정반대로 느껴지는 현상.
② **조건등색** : 서로 다른 두 가지의 색이 특정한 광원 아래에서 같은 색으로 보이는 현상으로 분광반사율이 서로 다른 두 물체의 색이 관측자나 조명에 의해 달라 보일 수 있기 때문이다.(※ 연색성 : 조명이 물체의 색감에 영향을 미치는 현상으로 동일한 물체색이라도 광원에 따라 달리 보이는 현상)
③ **색의 연상 작용** : 어떤 색을 보면 연상되어 느껴지는 현상(검정, 흰색은 상복을 떠올린다.)
④ **표면색** : 물체색 중에서도 물체의 표면에서 반사하는 빛이 나타내는 색

---

13 `기출` 2006.10.01
가산혼합에서 빨강(Red)과 초록(Green)색을 혼합하면 무슨 색이 되는가?

① 파랑(Blue) ② 청록(Cyan)
③ 자주(Magenta) ④ 노랑(Yellow)

+🧑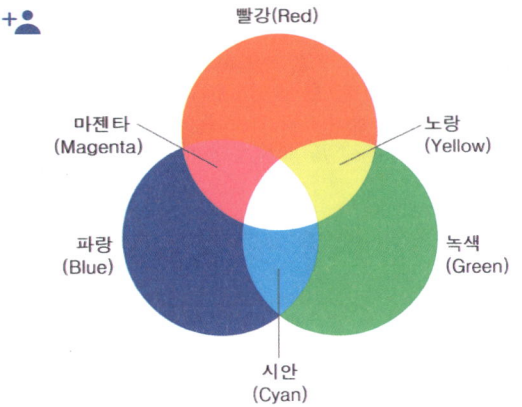

마젠타
(Magenta)

빨강(Red)

노랑
(Yellow)

파랑
(Blue)

녹색
(Green)

시안
(Cyan)

14 `기출` 2006.10.01
다음 중 일반적으로 가장 무거운 느낌의 색은?

① 녹색 ② 보라
③ 검정 ④ 노랑

15 `기출` 2006.10.01
색채의 중량감은 색의 3속성 중에서 주로 어느 것에 의하여 좌우되는가?

① 명도 ② 색상
③ 채도 ④ 순도

+🧑 **중량감**
① 명도에 의해서 좌우
② 가장 무겁게 느껴지는 색은 검정, 가장 가볍게 느껴지는 색은 흰색이다.
③ 검정, 파랑, 빨강, 보라, 주황, 초록, 노랑, 하양 순으로 중량감이 느껴진다.

16 `기출` 2006.10.01
하나의 색상에서 무채색의 포함량이 가장 적은 색은?

① 파랑색 ② 순색
③ 탁색 ④ 중성색

+🧑 **무채색** : 색상과 채도가 없고 명도만 가지고 있는 색으로 흰색과 검정색의 양만 가지고 있다.

17 `기출` 2006.10.01
다음 배색 중 가장 눈에 잘 띄는 색은?

① 녹색 – 파랑 ② 주황 – 노랑
③ 보라 – 파랑 ④ 빨강 – 청록

18 `기출` 2006.10.01
동일 색상의 배색에서 받는 느낌을 가장 옳게 설명한 것은?

① 호려하고 자극적인 느낌
② 활동적이고 발랄한 느낌
③ 부드럽고 통일성 있는 느낌
④ 강한 대칭의 느낌

+🧑 ① 동일 색상의 배색 : 부드럽고 통일된 느낌
② 유사 색상의 배색 : 완화함, 친근감, 즐거움
③ 반대 색상의 배색 : 화려하고 강하고 생생한 느낌
④ 고채도의 배색 : 동적이고 자극적, 산만한 느낌
⑤ 저채도의 배색 : 부드럽고 온화한 느낌
⑥ 고명도의 배색 : 순수하고 맑은 느낌
⑦ 저명도의 배색 : 무겁고, 침울한 느낌

19 `기출` 2006.10.01
색광의 3원색에 해당되는 것은?

① 빨강(R) – 파랑(B) – 노랑(Y)
② 빨강(R) – 초록(G) – 자주(M)
③ 빨강(R) – 파랑(B) – 초록(G)
③ 빨강(R) – 파랑(B) – 자주(M)

+🧑 ① 색광의 3원색(가산혼합) : 빨강(Red), 녹색(Green), 파랑(Blue)
② 색료의 3원색(감산혼합) : 마젠타(Magenta), 노랑(Yellow), 시안(Cyan)

20 기출 2007.09.16

흰색에 대하여 추상적으로 연상되는 감정이 아닌 것은?

① 청결　　　　　　② 순수

③ 침묵　　　　　　④ 소박

+👤 ① 회색 : 겸손, 우울, 무기력, 점잖음 등
　　② 검정 : 밤, 부정, 절망, 정지, 침묵 등
　　③ 흰색 : 청결, 소박, 순수, 순결 등
　　④ 빨강 : 자극적, 열정, 능동적, 화려함 등
　　⑤ 노랑 : 명랑, 환희, 희망, 광명 등
　　⑥ 녹색 : 평화, 고요함, 나뭇잎 등
　　⑦ 파랑 : 차가움, 바다, 추위, 무서움 등
　　⑧ 보라 : 창조, 우아, 고독, 외로움 등

21 기출 2007.09.16

다음 색중 명도가 가장 낮은 것은?

① 주황　　　　　　② 보라

③ 노랑　　　　　　④ 연두

+👤 ① 주황 : 5YR6/12
　　② 보라 : 5P4/12
　　③ 노랑 : 5Y9/14
　　④ 연두 : 5GY7/10

22 기출 2007.09.16

다음 중 가산 혼합에 대한 설명으로 바른 것은?

① 색료를 혼합할 때 색 수가 많을수록 혼합결과의 명도는 낮아진다.

② 컬러영화필름, 색채사진 등이 가산혼합의 예이다.

③ 가산혼합의 3 원색은 마젠타 노랑 시안이다.

④ 2 가지 이상의 색광을 혼합할 때 혼합결과의 명도가 높아진다.

+👤 ① **감산혼합** : 자주(magenta), 노랑(yellow), 시안(cyan)을 모두 혼합하면 혼합할수록 혼합 전의 상태보다 색의 명도가 낮아진다.
　　② **가산혼합** : 빨강(red), 녹색(green), 파랑(blue)을 모두 혼합하면 백색광을 얻을 수 있는데 이는 혼합 전의 상태보다 색의 명도가 높아진다.

23 기출 2007.09.16

다음 배색 중 가장 따뜻한 느낌의 배색은?

① 파랑과 녹색　　　② 노랑과 녹색

③ 주황과 노랑　　　④ 빨강과 파랑

+👤 ① 난색 : 빨강, 노랑 등이 있으며 빨강 계통의 고명도, 고채도의 색일수록 더욱 더 따뜻하게 느껴진다.
　　② 한색 : 청록, 파랑, 남색 등이 있으며 파랑 계통의 저명도 저채도의 색이 차갑게 느껴진다.
　　③ 중성색 : 연두, 녹색 보라, 자주 등이 있으며 중성색 주위에 난색이 있으면 따뜻하게 느껴지고 한색 옆에 있으면 차갑게 느껴진다.

24 기출 2007.09.16

먼셀의 주요 5원 색은?

① 빨강 노랑 녹색 파랑 보라

② 빨강 주황 녹색 남색 보라

③ 빨강 노랑 청록 남색 자주

④ 빨강 주황 녹색 파랑 자주

25 기출 2007.09.16

다음 그림은 색의 3속성을 나타낸 것이다 여기서 A에 해당되는 요소는?

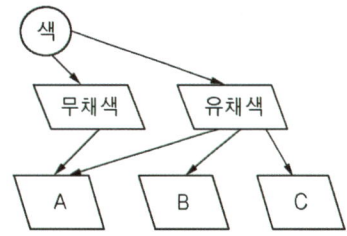

① 색상　　　　　　② 명도

③ 채도　　　　　　④ 명시도

26 기출 2007.09.16

색채 조화가 잘 되도록 하기 위한 계획으로 틀린 것은 ?

① 동화된 분위기를 얻기 위하여 동색상의 조화를 실시한다.

정답　20. ③　21. ②　22. ④　23. ③　24. ①　25. ②　26. ④

② 주제와 배경과의 대비를 생각한다.

③ 색의 차고 따뜻한 느낌을 이용한다.

④ 무채색의 사용은 되도록 피하는 것이 좋다.

27 기출 2007.09.16

다음 중 동시 대비와 가장 거리가 먼 것은 ?

① 색상 대비 ② 명도 대비

③ 보색 대비 ④ 면적 대비

+● 동시 대비는 가까이 있는 두 가지 이상의 색을 동시에 볼 때 일어나는 현상으로 색상대비, 명도대비, 채도대비, 보색대비가 있다.

28 기출 2007.09.16

회색을 흰색 바탕 위에 놓으면 회색인 더욱 어둡게 보이는 현상은?

① 색상대비 ② 명도대비

③ 채도대비 ④ 보색대비

29 기출 2007.09.16

저명도와 저채도의 설명 중 옳은 것은 ?

① 저명도는 어둡고 저채도는 맑다.

② 저명도는 어둡고 저채도는 탁하다.

③ 저명도는 밝고 저채도는 맑다.

④ 저명도는 밝고 저채도는 탁하다.

30 기출 2007.09.16

조색 작업시 명암 조정에 대한 설명 중 틀린 것은?

① 솔리드 색상을 밝게 하려면 백색을 첨가한다.

② 메탈릭 색상을 밝게 하려면 알루미늄 조각(실버)을 첨가한다.

③ 솔리드, 메탈릭 색상의 명암을 어둡게 하려면 배합비 내의 흑색을 첨가한다.

④ 솔리드, 메탈릭 색상의 명암을 어둡게 하려면 보색을 사용한다.

+● 색상 조색에서 보색은 사용하지 않으며, 빨강색의 경우 명도를 조정하기 위하여 백색을 첨가하면 분홍색이 되므로 첨가하지 않는다.

31 기출 2007.09.16

조색 작업시 메탈릭 입자를 첨가하면 도막에 어떠한 영향을 주는가?

① 혼합시 채도가 낮아진다.

② 혼합시 빛을 반사시키는 역할을 한다.

③ 혼합시 명도나 채도에 영향을 주지 않는다.

④ 혼합시 색상의 명도를 어둡게 한다.

32 기출 2007.09.16

조색 작업시 보색관계에 있는 색을 혼합하면 어떤 색으로 변화하는가?

① 중성색 ② 유채색

③ 순색 ④ 무채색

+● 색상환에서 반대에 있는 색이 보색으로 보색을 첨가하면 무채색으로 변화한다.

33 기출 2007.09.16

자동차 도장 기술자에 의한 색상 차이의 원인을 잘 못 설명한 것은 무엇인가?

① 도막이 너무 얇거나 두껍게 도장 되었을 경우 – 도막 두께에 따라 색상차이 발생

② 현장 조색기의 충분한 교반을 하지 않고 도장 하는 경우 – 사용 전 충분한 도료의 교반

③ 도장 표준색과 상이한 도료의 출고 – 기술의 부족과 설비가 미비한 경우

④ 색상코트/색상명 오인으로 인한 제품 사용시 – 주문 잘못으로 틀린 제품으로 작업한 경우

34 기출 2007.09.16

조색시편의 정밀한 비교를 위한 크기로 가장 적당한 것은?

① 5 × 5cm
② 10 × 20cm
③ 30 × 40cm
④ 50 × 60cm

35 기출 2007.09.16

색료 혼합의 결과로 옳은 것은?

① 파랑(B) + 빨강(R) = 자주(M)
② 노랑(Y) + 청록(C) = 파랑(B)
③ 자주(M) + 노랑(Y) = 빨강(R)
④ 자주(M) + 청록(C) = 검정(BL)

36 기출 2008.03.30

색상 비교용 시편 상태에 관한 설명으로 옳은 것은?

① 동일한 광택을 가져야 한다.
② 오염되고 표면상태가 좋아야 한다.
③ 표면에 스크래치가 많아야 한다.
④ 표면상태에 따른 영향을 받지 않는다.

+🧑 정확성을 위해 색상 비교용 시편은 동일한 광택을 가져야 하고 오염물이 없어야 하는 것이 중요하다.

37 기출 2008.03.30

메탈릭 색상의 조색시 주의사항이 아닌 것은?

① 조색시 먼저 많이 소요되는 색과 밝은 색부터 혼합하도록 한다.
② 원색의 첨가량을 최소화하여 선명한 색상을 만든다.
③ 서로 다른 타입의 도료를 혼합 사용하도록 된다.
④ 도료제조시 도장할 양의 80% 정도만 만들고 색을 비교하여 추가적으로 미조색 하면서 도료의 양을 맞춘다.

+🧑 **조색의 규칙**
① 색상환에서 조색할 색상의 인접한 색들을 혼합하여 색조를 변화시킨다.(선명한 색을 유출시킬 수

있다.
② 대비색의 사용하지 않는다.(아주 탁한 색을 얻게 되며, 광원에 따라 색상이 다르게 보이는 이색 현상이 발생한다)
③ 색의 색상, 명도, 채도를 한꺼번에 맞추려고 하지 않는다.(색상, 명도, 채도 순으로 조색한다)
④ 순수 원색만을 사용한다(혼용색은 금한다)
⑤ 조색시 조색된 배합 비를 정확히 기록해 둘 것
⑥ 건조된 도막과 건조되지 않은 도막은 색상이 다르므로 건조 후 색상을 비교한다.
⑦ 성분이 다른 도료를 사용하지 않는다.
⑧ 한꺼번에 많은 양의 도료를 조색하지 말고 조금씩 혼합하면서 맞추어 나간다.
⑨ 조색 시편에 도장을 할 때 표준도장 방법과 동일한 조건으로 도장한다.
⑩ 혼합되는 색의 종류가 많을수록 명도, 채도가 낮아진다.
⑪ 솔리드 컬러는 건조 후 어두워지며, 메탈릭 컬러는 밝아진다.

38 기출 2008.03.30

건조에 의한 색상의 변화 설명으로 옳은 것은?

① 색상 비교 시 가벼운 안료가 색상을 결정짓는다.
② 도료는 건조 전, 건조 후 색상변화가 없다.
③ 메탈릭 색상은 건조 후 어둡게 보인다.
④ 솔리드 색상은 건조 후 연해진다.

+🧑 메탈릭 색상은 건조 후에 밝아지기 때문에 색상의 비교는 투명 건조 후에 하여야 한다. 솔리드 컬러의 경우에는 반대로 어둡게 변하므로 유의하여야 한다.

39 기출 2008.03.30

색상을 맞추기 위한 조색조건과 관계없는 것은?

① 명도, 채도, 색상을 견본 색과 대비한다.
② 직사광선 하에서 젖은 색과 건조 색과의 차를 비색한다.
③ 비색은 동일면적을 동일 평면에서 행한다.
④ 일출 후 3시간에서 일몰 전 3시간 사이에 비색한다.

정답 34. ② 35. ③ 36. ① 37. ③ 38. ① 39. ②

+ 🔲 **색상 비교(비색) 시간 및 조건**
① 일출 후 3시간에서 밀물 전 3시간 사이에 비색한다.
② 빛에 따라 달라지므로 벽에서 50cm 떨어진 북쪽 창가에서 주변의 다른 색의 반사광이 없는 곳에서 한다.
③ 견본과 동일 면적을 동일 평면에서 비색한다.
④ 직사광선은 피하고 최소 500Lx 이상에서 비색한다.
⑤ 관찰자는 색맹이나 색약이 아니어야 하며, 시신경 이나 망막 질환이 없어야 한다.
⑥ 40세 이하의 젊은 사람이어야 한다.

40 🟧기출 2008.03.30
어린이의 생활용품들은 대개 어느 색의 조화를 많이 이용하는가?
① 찬 색끼리 배합된 것
② 따뜻한 색끼리 배합된 것
③ 반대 색끼리 배합된 것
④ 한 색상의 농담으로 배합된 것

41 🟧기출 2008.03.30
다음 중 작은 상품을 크게 보이려 할 때 포장지의 색으로 가장 적합한 것은?
① 노랑   ② 파랑
③ 연두   ④ 보라

42 🟧기출 2008.03.30
다음 중 파장이 가장 짧은 것은?
① 마이크로파   ② 적외선
③ 가시광선   ④ 자외선

+ 🔲 **빛의 종류**
① 가시광선 : 380~780mm으로 사람이 볼 수 있는 광선
② 적외선 : 780~400,000mm
③ 자외선 : 10~380mm

43 🟧기출 2008.03.30
잠시 동안 빨강 물체를 보다가 노랑 배경을 보면 연속되는 상은 무슨 색으로 보이는가?
① 주황   ② 빨강
③ 연두   ④ 흰색

44 🟧기출 2008.03.30
색료의 3원색이 아닌 것은?
① 노랑(yellow)   ② 시안(cyan)
③ 녹색(green)   ④ 마젠타(magenta)

+ 🔲 **색료 및 색광의 3원색**
① 색료의 3원색(감산혼합) : 마젠타(magenta), 노랑 (yellow), 파랑(blue)
② 색광의 3원색(가산혼합) : 빨강(red), 녹색(green), 파랑(blue)

45 🟧기출 2008.03.30
다음 중 색상과 색의 연상이 옳게 짝지어진 것은?
① 빨강–겸손, 우울
② 노랑–애모, 연정
③ 파랑–차가움, 냉정
④ 회색–순수, 청결

+ 🔲 **색상과 색의 연상**
① 빨강 : 정열, 기쁨, 자극적, 위험, 혁명, 화려함
② 회색 : 평범, 차분, 수수, 무기력, 쓸쓸함, 안정, 스님
③ 파랑 : 차가움, 냉정, 냉혹, 이상
④ 노랑 : 환희, 발전, 황금, 횡재, 도전, 천박

46 🟧기출 2008.03.30
다음 중 공장 안의 작업 능률과 안전을 위하고, 분위기를 안정되게 유지하기 위한 색으로 가장 효과적인 것은?
① 노랑   ② 주황
③ 녹색   ④ 흰색

정답 ◢ 40. ②   41. ①   42. ④   43. ③   44. ③   45. ③   46. ③

47 기출 2008.03.30

순색에 어떤 색을 섞으면 명청색이 되는가?

① 검정　　　　　② 흰색

③ 회색　　　　　④ 빨강

48 기출 2008.03.30

먼셀(munsell) 표색계의 기본 주요 색상의 수는?

① 5 색　② 12 색　③ 24 색　④ 40 색

+ 먼셀 표색계(색상)의 특징

① 최초 기준을 빨강색(R), 노랑색(Y), 녹색(G), 파랑색(B), 보라색(P)의 5색을 같은 간격으로 배열

② 중간색인 주황색(YR), 연두색(GY), 청록색(BG), 남색(PB), 자주색(RP)을 배열하여 10색으로 분할

③ 10색을 고른 간격으로 10등분하고 전체를 100등분시키도록 되어 있다.

④ 실용상 현재 사용되고 있는 먼셀 색상환은 기본색 색상을 2와 4등분한 20색상, 40색상의 색상환이다.

49 기출 2008.03.30

한국산업규격과 색채 교육용으로 채택된 표색계는?

① 먼셀 표색계　　　② 오스트발트 표색계

③ 관용 표색계　　　④ 레오날드 표색계

50 기출 2008.03.30

먼셀 기호 5YR 6/12는 무슨 색인가?

① 노랑　　　　　② 주황

③ 빨강　　　　　④ 자주

+ 먼셀 기호 5YR 6/12 에서 5YR은 색상, 6 은 명도, 12 는 채도를 나타낸다. 5Y는 노랑색, 5YR은 주황색, 5R은 빨강색, 5RP는 자주색이다.

51 기출 2008.03.30

다음 중 중성색은?

① 노랑　　　　　② 연두

③ 파랑　　　　　④ 빨강

+ 색의 온도감

① 난색 : 색 중에서 따뜻하게 느껴지는 색을 말하며, 대표적인 색으로는 빨강색과 노랑색이 있다. 빨강 계통의 고명도 고체도의 색일수록 더욱 더 따뜻하게 느껴진다.

② 한색 : 색 중에서 차갑게 느껴지는 색을 말하며, 대표적인 색으로는 청록색, 파랑색, 남색이 있다. 파랑 계통의 저명도, 저채도 색일수록 더욱 더 차갑게 느껴진다.

③ 중성색 : 난색과 한색에 포함되지 않는 색으로 연두, 녹색, 보라, 자주색등을 말한다. 중성색이 난색 주위에 있으면 따뜻하게 느껴지고 한색 주위에 있으면 차갑게 느껴진다.

52 기출 2008.07.13

메탈릭 색상의 조색에 관한 설명 중 잘못된 것은?

① 조색 시편과 실제 자동차 패널에 도장하는 조건이 동일해야 한다.

② 보수할 도막표면을 콤파운드로 깨끗이 할 필요가 있다.

③ 변색 , 퇴색된 차체의 색상에 알맞게 조색 작업한다.

④ 원색이 불명확한 경우에는 원색 특징표를 참고하여 은폐력이 강한 원색을 사용해야 한다.

53 기출 2008.07.13

조건등색에 대한 설명 중 틀린 것은?

① 조건등색은 실내에서만 나타나는 현상이다.

② 자연광원에서의 칼라와 인공광원에서의 칼라가 서로 달라져 보이는 현상을 말한다.

③ 조건등색의 원인은 실차 패널 색상을 구성하고 있는 도료의 원색과 조색시편 색상이 구성하고 있는 도료의 원색이 서로 차이가 있기 때문이다.

④ 조건등색을 다른 말로 Metamerism 이라 한다.

+ 조건등색은 광원에 따라 발생한다.

54 기출 2008.07.13
산업체에서 발생하는 자동차의 도장 색상차이 원인 중 설비변경에 가장 커다란 영향을 주는 것은?

① 스프레이 설비　　② 수세 건조설비
③ 생산라인 컨베어　④ 탈지설비

55 기출 2008.07.13
일반적인 조색작업 순서로 가장 적합한 것은?

① 차체 색상 확인 → 색상 및 배합비 찾기 → 교반기 작동 → 원색 도료의 계량 → 색상비교 → 미조색 → 패널도장
② 차체 색상 확인 → 색상 및 배합비 찾기 → 교반기 작동 → 원색도료의 계량 → 색상비교 → 패널도장 → 미조색
③ 차체 색상 확인 → 색상 및 배합비 찾기 → 원색 도료의 계량 → 색상비교 → 패널도장 → 교반기 작동 → 미조색
④ 차체 색상 확인 → 색상 및 배합비 찾기 → 교반기 작동 → 색상비교 → 원색도료의 계량 → 패널도장 → 미조색

56 기출 2008.07.13
솔리드 색상의 색조변화와 관련된 내용에 대한 설명 중 틀린 것은?

① 솔리드 색상은 시간경과에 따라 건조전과 후의 색상 변화가 없다.
② 색을 비교해야 할 도막 표면은 깨끗하게 닦아야 정확한 색을 비교할 수 있다.
③ 색상 도료를 도장하고 클리어 도장을 한 후의 색상은 산뜻한 느낌의 색상이 된다.
④ 베이지나 옐로우 계통의 색상에 클리어를 도장했을 때 산뜻하면서 노란색감이 더 밝아 보이는 경향이 있다.

╋👤 건조 후 도막의 특성으로 메탈릭 컬러의 경우 밝아지고 솔리드 컬러의 경우에는 어두워진다.

57 기출 2008.07.13
다음 배색 중 명도차가 가장 큰 것은?

① 노랑 – 보라　　② 주황 – 빨강
③ 파랑 – 초록　　④ 보라 – 남색

╋👤 예문의 명도는 노랑 : 5Y9/14, 보라 : 5P4/12, 주황 : 5YR6/12, 빨강 : 5R4/14, 파랑 : 5B4/8, 초록 : 10G5/6, 남색 : 5PB3/12 이다.

58 기출 2008.07.13
스펙트럼 현상의 설명으로 틀린 것은?

① 장파장 쪽이 적색 광이다.
② 분광된 각 단색광의 방사량을 측정하면 원래 빛의 파장별 분포를 알 수 있다.
③ 무지개 모양의 띠로 나타난다.
④ 단파장 쪽이 흑색이다.

╋👤 단파장 쪽은 보라색이다.

59 기출 2008.07.13
색의 중량감에 가장 크게 영향을 미치는 것은?

① 채도　② 색상　③ 보색　④ 명도

╋👤 색의 중량감은 색의 3속성 중 명도에 의해 좌우되며, 가장 무겁게 느껴지는 색은 검정색이고 가장 가볍게 느껴지는 색은 흰색이다.

60 기출 2008.07.13
먼셀 표색계의 표기 5R 4/14에서 4에 해당하는 것은?

① 색상　② 채도　③ 색명　④ 명도

╋👤 5R – 색상, 4 – 명도, 14 – 채도

61 기출 2008.07.13
어두운 색 속에 작은 면적의 회색은 상대적으로 더욱 밝아 보이고, 회색을 흰색 바탕 위에 놓았더니 회색이 더욱 진하게 보여 지는 대비 현상은?

① 한란 대비　　② 색상 대비
③ 명도 대비　　④ 채도 대비

정답　54. ①　55. ①　56. ①　57. ①　58. ④　59. ④　60. ④　61. ③

+👤 색의 대비로는 두색이상을 동시에 보았을 때 발생하는 동시대비와 한 색을 보고 난 후 다른색을 보았을 때 먼저본 색의 영향으로 나중에 본색이 다르게 보이는 계시대비가 있다. 동시 대비에는 색상 대비, 명도 대비, 채도대비, 보색 대비

① **한란 대비** : 중성색 옆의 차가운 색은 더욱 차갑게, 따듯한 색은 더욱 따듯하게 느껴짐

② **색상 대비** : 색상이 서로 다른 색끼리의 영향으로 원래의 색보다 색상의 차이가 더욱 크게 느껴지는 것

③ **명도 대비** : 명도가 다른 두 색이 서로의 영향으로 인하여 밝은 색은 더 밝게, 어두운 색은 더 어둡게 보이는 현상으로, 명도차가 클수록 대비 현상이 강하게 일어남

④ **채도 대비** : 채도가 다른 두 색의 영향으로 채도가 높은 색은 더 높게, 낮은 색은 더 낮게 보이는 현상

⑤ **보색 대비** : 색상환에서 서로 마주보는 보색 관계인 두 색을 나란히 놓았을 때 서로의 영향으로 인하여 각각의 채도가 더 높게 보이는 현상

⑥ **계시 대비** : 다른 색을 시간차를 두고 보았을 때 나중에 본 색이 다르게 보이는 현상

⑦ **연변 대비** : 어떤 두 색이 맞붙어 있을 경우 그 경계의 주변이 경계로부터 멀러 떨어져 있는 부분보다 색의 3속성별로 색상대비, 명도대비, 채도대비의 현상이 더욱 강하게 일어나는 현상

⑧ **면적 대비** : 면적이 크고 작음에 따라서 색이 달라져 보이는 현상으로 큰면적은 명도와 채도가 더 높게 느껴지고 작은 면적은 명도와 채도가 더 낮게 느껴지는 현상

62 기출 2008.07.13
다음 중 중간혼합에 해당되는 것은?

① 감법혼합   ② 가법혼합

③ 병치혼합   ④ 감산혼합

+👤 **가산 혼합과 감산 혼합**

① **가산 혼합** : 빛의 3원색 빨강(Red), 녹색(Green), 파랑(Blue)을 모두 혼합하면 백색광을 얻을 수 있는데 이는 혼합 이전의 상태보다 색의 명도가 높아지므로 가법혼합이라고 한다.

② **감산 혼합** : 자주(Magenta), 노랑(Yellow), 시안(Cyan)을 모두 혼합하면 혼합할수록 혼합전의 상태보다 색의 명도가 낮아지므로 감법혼합이라고 한다.

③ **병치 혼합** : 각기 다른 색을 서로 인접하게 배치하여 서로 혼색되어 보이도록 하는 혼합방법으로 인쇄물, 직물, 컬러 TV의 영상 화면 등에서 볼 수 있다.

63 기출 2008.07.13
색의 3속성 중 화려하고 수수한 이미지를 좌우하는데 가장 큰 역할을 하는 것은?

① 색상   ② 명도

③ 채도   ④ 색환

+👤 고채도, 고명도의 색은 화려하고 저채도 저명도의 색은 순수한 느낌을 준다.

64 기출 2008.07.13
먼셀(Munsell) 표색계에서 검정의 명도에 해당하는 것은?

① 0   ② 1   ③ 5   ④ 10

+👤 먼셀 표색계의 명도 단계는 검정을 0, 흰색을 10으로 정하여 총 11단계의 명도를 표시한다

65 기출 2008.07.13
먼셀(Munsell) 표색계의 색상 구성은?

① 20 색상   ② 24 색상

③ 28 색상   ④ 48 색상

66 기출 2008.07.13
직물, 컬러텔레비전의 영상 화면과 같이 여러 가지 물감을 서로 혼합하지 않고 화면에 작은 색점을 많이 늘어놓아 사물을 묘사하는 것과 같은 색의 혼합은?

① 회전혼합   ② 색료혼합

③ 색광혼합   ④ 병치혼합

+👤 **회전 혼합과 병치 혼합**

① **회전 혼합** : 하나의 면에 두 개 이상의 색을 붙인 후 빠른 속도로 회전하면 두색이 혼합되어 보이는 현상으로 색은 명도와 채도가 색과 색 사이의 중간 정도의 색으로 보인다.

② **색료 혼합** : 자주(Magenta), 노랑(Yellow), 시안(Cyan)을 모두 혼합하면 혼합할수록 혼합전의 상태보다 색의 명도가 낮아지므로 감법혼합, 감산 혼합이라고 한다.

③ **색광 혼합** : 빛의 3원색 빨강(Red), 녹색(Green), 파랑(Blue)을 모두 혼합하면 백색광을 얻을 수 있는데 이는 혼합 이전의 상태보다 색의 명도가 높아지므로 가법혼합, 가산 혼합이라고 한다.

④ **병치 혼합** : 각기 다른 색을 서로 인접하게 배치하여 서로 혼색되어 보이도록 하는 혼합방법으로 인쇄물, 직물, 컬러 TV의 영상 화면 등에서 볼 수 있다.

정답   62. ③   63. ③   64. ①   65. ①   66. ④

67 기출 2008.07.13

중성색계에 속하지 않는 것은?

① 주황 　② 자주 　③ 보라 　④ 연두

68 기출 2008.07.13

다음 표지판 그림으로 안전을 표시하고자 할 때 빗금친 부분에 가장 알맞은 색상은?

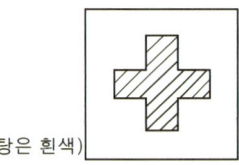

(바탕은 흰색)

① 빨강 　② 노랑 　③ 주황 　④ 녹색

➕👤 녹십자 표지, 응급구호 표지, 들 것, 세안장비, 비상구 등 안전에 관한 정보를 제공한다. 이 표지는 녹색바탕의 정방향 또는 장방형이며, 표현하는 내용은 흰색이고 녹색은 전체 면적의 50%이상 되어야 한다. 하지만 안전제일 표지의 경우에는 예외이다.

69 기출 2009.03.29

조색작업 후 작업 방법에 따른 색상의 차이에 대한 사항으로 도장작업 할 때 색상이 "어둡다"의 조건에 해당 되는 것은?

① 거리가 가깝다.
② 운행속도가 빠르다.
③ 공기압력이 높다.
④ 온도가 높다.

➕👤

도장 조건	밝은 방향으로 수정	어두운 방향으로 수정
도료 토출량	조절나사를 조인다	조절나사를 푼다
희석제 사용량	많이 사용 한다	적게 사용 한다
건 사용 압력	압력을 높게 한다	압력을 낮게 한다
도장 간격	시간을 길게 한다	시간을 줄인다
건의 노즐 크기	작은 노즐을 사용	큰 노즐을 사용
패턴의 폭	넓게 한다	좁게 한다
피도체와 거리	멀게 한다	좁게 한다
신너의 증발속도	속건 시너를 사용	지건 시너를 사용
도장실 조건	유속, 온도를 높인다	유속, 온도를 낮춘다
참고사항	날림(dry)도장	젖은(wet)도장

70 기출 2009.03.29

메탈릭 색상의 도료에서 도막의 색채가 금속 입체감을 띄게 하는 입자는?

① 나트륨 　　② 알루미늄
③ 칼슘 　　　④ 망간

71 기출 2009.03.29

조색 작업시 가장 좋은 광원은?

① 태양광 　　② 형광등
③ 백열등 　　④ 할로겐 등

72 기출 2009.03.29

오스트발트 24 색상환의 기준이 되는 색 수는?

① 3 색 　　　② 5 색
③ 8 색 　　　④ 10 색

➕👤 오스트발트는 색상환을 헤링의 반대색(심리4원색)인 노랑–파랑, 빨강–초록의 관계로 두고 그 가운데 색을 끼워 넣어 총 8개의 색을 3단계씩 분류해 24색상환을 만들었다.

73 기출 2009.03.29

병치 혼합에 대한 설명 중 틀린 것은?

① 병치혼합은 혼합할수록 명도가 평균이 된다.
② 병치혼합은 혼합한다기보다 옆에 배치하고 본다는 뜻이다.
③ 병치혼합은 중간혼합의 성격을 갖고 있다.
④ 병치혼합은 혼합할수록 명도가 높아진다.

➕👤 색의 혼합에는 감산 혼합, 가산 혼합, 병치 혼합이 있다. 감산 혼합은 색료의 혼합으로 혼합하면 할수록 어두워진다. 가산 혼합은 색광의 혼합으로 혼합하면 할수록 밝아진다. 마지막으로 병치혼합은 중간혼합으로 색을 섞어서 나오는 혼합이 아니며 원색을 배치하여 보는 사람의 망막 위에서 색이 섞여져 보인다. 무수히 많은 점으로 노랑과 빨강이 있으면 관찰자의 눈에서는 주황색으로 보이게 된다. 색료 혼합과 틀린 점은 색료의 혼합은 채도가 떨어져 탁하게 보이지만 병치혼합은 채도가 떨어지지 않기 때문에 선명한 색상을 얻을 수 있다.

74 기출 2009.03.29
다음 중 가장 부드럽고 통일된 느낌을 주는 배색은?

① 비슷한 색상끼리의 배색

② 색상차가 큰 배색

③ 채도의 차가 큰 배색

④ 높은 채도끼리의 배색

+● 색상의 배색

① 동일 색상의 배색 : 색상에 의해 부드러움이나 딱딱함 또는 따뜻함이나 차가움 등의 통일된 느낌을 형성하여 같은 색상의 명도나 채도의 차이를 둔 배색에서 느낄 수 있다.

② 유사 색상의 배색 : 동일 색상의 배색과 비슷하며 색상의 차이가 적은 배색이다. 온화함, 친근감, 즐거움 등의 감정을 느낌이 있다.

③ 반대 색상의 배색 : 조색 관계에 있는 색들의 배색으로써 화려하고 강하며 생생한 느낌을 준다.

④ 고채도의 배색 : 동적이고 자극적이며, 산만한 느낌을 준다.

⑤ 저채도의 배색 : 부드럽고, 온화한 느낌을 준다.

⑥ 고명도의 배색 : 순수하고 맑은 느낌을 준다.

⑦ 저명도의 배색 : 무겁고, 침울한 느낌을 준다.

75 기출 2009.03.29
색 표시 기호가 잘못 연결된 것은?

① 빨강-R   ② 노랑-Y

③ 녹색-G   ④ 보라-B

+●

기본색명	영문이름	기호
빨강	Red	R
주황	Orange, Yellow Red	YR
노랑	Yellow	Y
연두	Green Yellow, Yellow Green	GY
녹색	Green	G
청록	Blue Green, Cyan	BG
파랑	Blue	B
남색	Purple Blue, Violet	PB
보라	Purple	P
자주	Red Purple, Magenta	RP

76 기출 2009.03.29
분홍색, 연두색 등에 흰색을 많이 섞으면 받는 느낌은?

① 동적인 느낌을 준다.

② 화려한 느낌을 준다.

③ 강한 느낌을 준다.

④ 부드러운 느낌을 준다.

77 기출 2009.03.29
다음 중 색채 조절의 목적으로 틀린 것은?

① 일의 능률을 향상시켜 생산력을 높인다.

② 눈의 긴장과 피로를 감소시킨다.

③ 사고나 재해 발생을 촉진시킨다.

④ 마음을 안정시키고, 기분을 좋게 한다.

+● 색채가 지니는 심리적, 물리적, 생리적 성질을 이용하여 인간의 생활이나 작업장 등의 분위기 및 환경 등을 쾌적하고 능률적이도록 색체의 기능을 활용하는 것으로, 효과로는 밝아서 기분이 좋아진다. 눈의 피로, 더 나가 신체의 피로가 적어진다. 집중력이 향상된다. 능률이 향상된다는 등과, 경고성의 색 표시 및 상징적 색의 표시 등의 예가 있으며, 전자를 환경 색 후자를 안전 색으로 분류할 수 있다.

78 기출 2009.03.29
감법혼색의 3원색이 아닌 것은?

① red   ② yellow

③ cyan   ④ magenta

79 기출 2009.03.29
다음 수축색의 설명으로 틀린 것은?

① 한색이나 저명도 저채도의 색은 실제보다 축소되어 보인다.

② 색 중에서 더 작게 보이거나 좁게 보이는 현상을 수축색이라고 한다.

③ 후퇴색과 비슷한 성향을 가지고 있다.

④ 같은 모양, 같은 크기의 형태라도 색상이 파랑일 때보다 빨강일 때 더 작게 보인다.

+●

진출, 팽창	난색, 고명도, 고채도, 유채색
후퇴, 수축	한색, 저명도, 저채도, 무채색

80 기출 2009.03.29
다음 색 중 노랑의 보색은?
① 녹색
② 빨강
③ 주황
④ 남색

81 기출 2009.03.29
다음 사항 중 팽창의 효과가 가장 큰 것은?
① 어두운 색 안의 밝은 색
② 밝은 색 안의 밝은 색
③ 밝은 색 안의 어두운 색
④ 어두운 색 안의 어두운 색

| 진출, 팽창 | 난색, 고명도, 고채도, 유채색 |
| 후퇴, 수축 | 한색, 저명도, 저채도, 무채색 |

82 기출 2009.03.29
색의 온도감을 설명한 것 중 틀린 것은?
① 난색은 심리적으로 긴장감을 가지게 하는 색이다.
② 난색은 적색, 주황, 황색 등 따뜻함을 느끼게 하는 색이다.
③ 한색은 청록, 파랑, 남색 등 차가움을 느끼게 하는 색이다.
④ 일반적으로 고명도의 백색은 차갑게 느껴지고 흑색은 따뜻하게 느껴진다.

+🔾 색상의 온도감은 색을 보고 느낄 수 있는 따뜻함과 시원함 등의 느낌을 말한다.
　① **난색** : 색 중에서 따뜻하게 느껴지는 색으로서 빨강, 노랑 등이 있다. 유채색에서는 빨강 계통의 고명도, 고채도의 색일수록 더욱 더 따뜻하게 느껴지지만, 무채색에서는 저명도의 색이 더 따뜻하게 느껴진다.
　② **한색** : 색 중에서 차갑게 느껴지는 색으로 청록, 파랑, 남색 등이 있다. 유채색에서는 파랑 계통의 저명도 저채도의 색이 차갑게 느껴지지만, 무채색에서는 고명도인 흰색이 더 차갑게 느껴진다.
　③ **중성색** : 색 중에서 난색과 한색에 포함되지 않은 색으로 연두, 녹색, 보라, 자주 등이 있다. 중성색 주위에 난색이 있으면 따뜻하게 느껴지고, 한색 옆에 있으면 차갑게 느껴진다.

83 기출 2009.03.29
다음 중 색의 3속성에 해당하는 것은?
① 순색
② 보색
③ 명시도
④ 색상

+🔾 색상의 3속성은 색상(H), 명도(V), 채도(C)를 말한다.

84 기출 2009.09.27
펄 베이스 조색 시편 작성시 올바른 것은?
① 칼라 베이스의 은폐가 부족하여 펄 베이스로 은폐를 시킨다.
② 칼라 베이스 날림 도장 후 펄 베이스로 은폐를 시킨다.
③ 펄 베이스를 날림 도장 후 시편을 작성한다.
④ 펄 베이스를 젖은 도장 후 시편을 작성한다.

+🔾 ① 펄 베이스는 은폐력이 없기 때문에 칼라 베이스로 은폐시켜야 한다.
　② 칼라 베이스 도장 순서는 1차 Dry, 2차 Wet, 3차 Wet 도장한다.
　③ 펄 베이스는 1차부터 3차까지 Wet 도장한다.

85 기출 2009.09.27
다음 중 조색시편의 정밀한 비교를 위한 크기로 가장 적합한 것은?
① 5×5cm
② 10×20cm
③ 40×40cm
④ 50×60cm

86 기출 2009.09.27
조색 작업시 명암 조정에 대한 설명으로 적합하지 않은 것은?
① 솔리드 색상을 밝게 하려면 백색을 첨가한다.
② 메탈릭 색상을 밝게 하려면 알루미늄조각(실버)을 첨가한다.
③ 솔리드, 메탈릭 색상의 명암을 어둡게 하려면 배합비 내의 흑색을 첨가한다.
④ 솔리드, 메탈릭 색상의 명암을 어둡게 하려면 보색을 사용한다.

정답 80.④　81.①　82.①　83.④　84.④　85.②　86.④

+👤 조색을 할 경우 절대 넣지 말아야 하는 색이 보색이다. 보색을 첨가할 경우 색이 탁해지면서 죽게 된다. 죽게 된 색을 되돌리기가 힘들다.

87 기출 2009.09.27
다음 보기는 자동차 도장 색상 차이의 원인 중 어떤 경우를 설명 한 것인가?

> **보 기**
> ㄱ. 현장 조색기의 충분한 교반을 하지 않고 도장하는 경우
> ㄴ. 색상코드/색상명 오인으로 인한 제품 사용시(주문 잘못으로 틀린 제품 사용)
> ㄷ. 신너의 희석이 부적절한 경우
> ㄹ. 도장 작업 중 적절하지 않은 공기압 사용의 경우
> ㅁ. 도장 기술의 부족과 설비가 미비한 경우
> ㅂ. 도막이 너무 얇거나 두껍게 도장 되었을 경우

① 자동차 도장 기술자에 의한 원인
② 현장 조색 시스템 관리 도료의 대리점 원인
③ 도료 업체의 원인
④ 자동차 생산 업체의 원인

88 기출 2009.09.27
조색작업에 대한 설명 중 옳지 않는 것은?
① 은폐가 되도록 도장하고 색상을 판별하여야 한다.
② 색상의 특징을 알 때까지는 한 번의 조색에 한 조색제를 혼합하여 비교한다.
③ 색상은 건조 후 약간 어두워지므로 정확한 감을 갖고 건조 전에 비교해도 된다.
④ 색상을 판별하고자 할 때 정면, 측면 방향에서 차체와 색상을 비교하여야 된다.

+👤 색상은 건조 후에 확인하여야 하며 건조 후 색상은 메탈릭 컬러의 경우 젖은 도장과 비교하여 밝아지고 솔리드 컬러는 어두워진다.

89 기출 2009.09.27
다음 중 색의 감정적 효과에서 일반적으로 가벼운 느낌을 주는 것은?
① 채도가 낮은 색   ② 검정색
③ 한색 계통   ④ 명도가 높은 색

90 기출 2009.09.27
다음 중 진출 되어 보이는 색으로 틀린 것은?
① 노랑   ② 빨강   ③ 주황   ④ 파랑

+👤 ① 진출색 : 난색, 고명도, 고채도, 유채색
② 후퇴색 : 한색, 저명도, 저채도, 무채색

91 기출 2009.09.27
먼셀 표색계 표기가 5R 4/14인 경우, 색상을 나타내는 것은?
① 5   ② R   ③ 4   ④ 14

+👤 5R4/14
① 5R : 색상   ② 4 : 명도   ③ 14 : 채도

92 기출 2009.09.27
색채 지각의 3요소가 아닌 것은?
① 빛(광원)   ② 물체
③ 눈(시각)   ④ 프리즘

93 기출 2009.09.27
먼셀의 20 색상환에서 연두의 보색은?
① 보라   ② 남색   ③ 자주   ④ 파랑

94 기출 2009.09.27
색팽이에 청록과 빨강을 반씩 칠하고 회전하면 무슨 색으로 보이는가?
① 연두   ② 빨강   ③ 녹색   ④ 회색

+👤 색팽이의 경우 빛의 합성으로 색상이 빛을 반사하여 눈에서 지각하게 되기 때문
① 빨강 + 파랑 = 보라
② 빨강 + 초록 = 탁한 보라
③ 빨강 + 노랑 = 주황

정답   87. ①   88. ③   89. ④   90. ④   91. ①   92. ④   93. ①   94. ④

95 기출 2009.09.27

다음 배색 중 가장 따뜻한 느낌의 배색은?

① 파랑과 녹색　　② 노랑과 녹색

③ 주황과 노랑　　④ 빨강과 파랑

+● ① 한색 : 색중에서 차갑게 느껴지는 색으로 청록, 파랑, 남색 등이 있다. 유채색에서는 파랑 계통의 저명도 저채도의 색이 차갑게 느껴지지만, 무채색에서는 고명도인 흰색이 더 차갑게 느껴진다.

② 난색 : 색중에서 따뜻하게 느껴지는 색으로 빨강, 노랑 등이 있다. 유채색에서는 빨강 계통의 고명도, 고채도의 색일수록 더욱 더 따뜻하게 느껴지지만, 무채색에서는 저명도의 색이 더 따뜻하게 느껴진다.

96 기출 2009.09.27

다음 중 색의 주목성을 높이기 위해 검정과 배색할 때 가장 효과적인 색은?

① 빨강　② 노랑　③ 녹색　④ 흰색

+● ① 흰색 바탕일 경우 : 검정 〉 보라 〉 파랑 〉 청록 〉 빨강 〉 노랑

② 검정색 바탕일 경우 : 노랑 〉 주황 〉 빨강 〉 녹색 〉 파랑

97 기출 2009.09.27

저채도의 탁한 주황색을 만들기 위한 가장 좋은 방법은?

① 주황에 흰색을 섞는다.

② 빨강과 노랑에 녹색을 섞는다.

③ 빨강과 노랑에 흰색을 섞는다.

④ 빨강과 노랑에 회색을 섞는다.

98 기출 2009.09.27

색채의 중량감은 색의 3속성 중에서 주로 어느 것에 의하여 좌우되는가?

① 순도　② 색상　③ 채도　④ 명도

+● 색의 3속성 중 명도에 의해 좌우되며 가장 무겁게 느껴지는 색은 검정색이며 가장 가볍게 느껴지는 색은 흰색이다. 무거운 색에서 가벼운 색의 순서로는 검정 〉 파랑 〉 빨강 〉 보라 〉 주황 〉 초록 〉 노랑 〉 흰색

99 기출 2009.09.27

다음 배색 중 색상 차가 가장 큰 것은?

① 녹색과 청록　　② 청록과 파랑

③ 주황과 파랑　　④ 빨강과 주황

100 기출 2009.09.27

햇빛을 프리즘으로 분해했을 때 색깔의 배열 순서가 맞는 것은?

① 빨강－노랑－파랑－보라－초록－주황－남색

② 빨강－주황－노랑－초록－파랑－남색－보라

③ 파랑－초록－보라－빨강－노랑－남색－주황

④ 주황－빨강－초록－노랑－보라－파랑－남색

101 기출 2010.03.28

펄 조색용 시편으로 가장 적합한 것은?

① 종이 시편　　② 철 시편

③ 필름 시편　　④ 나무 시편

102 기출 2010.03.28

색상을 배색하기 위한 조건으로 틀린 것은?

① 색의 심리적인 작용을 고려한다.

② 광원에 대해서 배려한다.

③ 미적인 부분과 안정감을 주어야 한다.

④ 주관성이 뚜렷한 배색이 되어야 한다.

+● 배색의 조건

① 목적과 기능에 대하여 고려한다.

② 색의 심리적인 작용을 고려한다.

③ 유행성에 대하여 고려한다.

④ 미적부분과 안정감 주어야 한다.

⑤ 주관적인 배색은 배제한다.

⑥ 색이 칠해지는 재질에 대해 고려한다.

⑦ 광원에 대하여 배려한다.

⑧ 면적의 효과에 대하여 고려한다.

⑨ 인간을 고려한 배색을 한다.

⑩ 생활을 고려한 배색을 한다.

정답　95. ③　96. ②　97. ④　98. ④　99. ③　100. ②　101. ②　102. ④

103 기출 2010.03.28

자동차 도장 색상 이색의 원인 중 도료업체에 의해 발생하는 것은?

① 부적절한 공기압
② 도료 제조용 안료의 변경
③ 강제 건조 온도가 부적절한 경우
④ 스프레이 설비의 변경

104 기출 2010.03.28

서로 다른 두 가지 색이 특정한 광원 아래에서 같은 색으로 보이는 현상을 무엇이라고 하는가?

① 색순응   ② 연색성
③ 조건 등색   ④ 명암순응

+• 용어의 정의
 ① 색순응 : 색광에 대하여 순응하는 것으로 색광이 물체의 색에 영향을 주어 순간적으로 물체의 색이 다르게 느껴지지만 나중에는 물체의 원래 색으로 보이게 되는 현상을 말한다.
 ② 연색성 : 조명의 빛에 의해 물체의 색이 다르게 보이는 현상을 말한다.
 ③ 조건 등색 : 특수한 조명 아래에서 서로 다른 색의 물체가 같은 색으로 보이는 현상을 말한다.
 ④ 명암 순응 : 밝은 장소에서 갑자기 어두운 장소에 들어가면 아무 것도 보이지 않지만 시간이 경과 되면서 점차 정상으로 보이는 암순응과 어두운 장소에서 갑자기 밝은 장소로 나왔을 때 처음에는 잘 보이지 않지만 시간이 경과 되면서 밝은 빛에 순응하여 정상으로 보이는 명순응이 있다.

105 기출 2010.03.28

메탈릭 도료의 조색에 관련된 사항 중 틀린 것은?

① 조색과정을 통해 재 수리 작업을 사전에 방지하는 목적이 있다.
② 여러 가지 원색을 혼합하여 필요로 하는 색상을 만드는 작업이다.
③ 원래 색상과 일치하도록 하기위한 작업으로 상품가치를 향상시킨다.
④ 원색에 대한 특징을 알아 둘 필요는 없다.

106 기출 2010.03.28

메탈릭 색상 도장에서 색상을 밝게 하기 위하여 스프레이건만으로 할 수 있는 기법은?

① 많은 양의 도료를 중복도장 한다.
② 스프레이 이동속도를 빠르게 하고 공기압력을 높인다.
③ 스프레이건의 선단과 물체와의 거리를 가깝게 한다.
④ 스프레이 패턴 폭을 좁게 한다.

+• 메탈릭 색상을 밝게 하기 위해서는 드라이 스프레이 조건으로 도장하고, 어둡게 하기 위해서는 웨트 스프레이 조건으로 도장한다.

107 기출 2010.03.28

색채 계획 과정의 순서가 가장 옳은 것은?

① 색채 환경 분석 → 색채 전달 계획 → 색채 심리 분석 → 디자인의 적용
② 색채 전달 계획 → 색채 심리 분석 → 디자인의 적용 → 색채 환경 분석
③ 색채 환경 분석 → 색채 심리 분석 → 색채 전달 계획 → 디자인의 적용
④ 색채 전달 계획 → 색채 환경 분석 → 색채 심리 분석 → 디자인의 적용

108 기출 2010.03.28

다음 중 한 색상 중에서 가장 채도가 높은 색을 무엇이라 하는가?

① 순색   ② 탁색
③ 명청색   ④ 암탁색

109 기출 2010.03.28

동일 색상의 배색에서 받는 느낌을 가장 옳게 설명한 것은?

① 화려하고 자극적인 느낌
② 활동적이고 발랄한 느낌
③ 부드럽고 통일성 있는 느낌
④ 강한 대칭의 느낌

정답 103. ② 104. ③ 105. ④ 106. ② 107. ③ 108. ① 109. ③

110 기출 2010.03.28
육안으로 색을 알아볼 수 있는 가시광선의 범위로 가장 옳은 것은?

① 80~280nm ② 280~380nm
③ 380~780nm ④ 780~1080nm

+ 빛의 종류
① 가시광선 : 380~780mm으로 사람이 볼 수 있는 광선
② 적외선 : 780~400,000mm
③ 자외선 : 10~380mm

111 기출 2010.03.28
다음 중 기억색에 대한 연결이 가장 틀린 것은?

① 검정 – 어두움, 죽음, 절망
② 흰색 – 희망, 팽창, 광명
③ 파랑 – 서늘함, 하늘, 우울
④ 빨강 – 정열, 위험, 분노

+ 흰색은 청결, 소박, 순수, 순결이다.

112 기출 2010.03.28
그림의 A부분이 가장 진출(전진)해 보이려면 다음 색채 중 어느 색이 가장 좋은가?

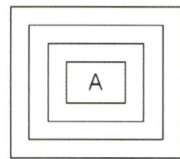

(바깥쪽부터 남색 → 청록 → 연두 → A)
① 회색 ② 노랑
③ 검정 ④ 파랑

+ 진출색과 후퇴색
① 진출색 : 가까이 있는 것처럼 앞으로 튀어나와 보이는 색으로 고명도의 색과 난색은 진출성향이 높고 유채색이 무채색과 비교하여 진출되어 보인다.
② 후퇴색 : 뒤로 물러나 보이거나 멀리 있어 보이는 색으로 저명도, 저채도, 한색 등이 있다.

113 기출 2010.03.28
다음 중 먼셀 표색계에서 채도가 가장 높은 색은?

① 노랑 ② 청록
③ 연두 ④ 파랑

114 기출 2010.03.28
다음 중 헤링의 4원색은 어느 것인가?

① 빨강, 초록, 노랑, 파랑
② 파랑, 자주, 노랑, 흰색
③ 빨강, 파랑, 흰색, 검정
④ 흰색, 검정, 회색, 자주

115 기출 2010.03.28
다음 중 일반적으로 가장 무거운 느낌의 색은?

① 녹색 ② 주황
③ 빨강 ④ 파랑

116 기출 2010.03.28
어떤 색이 주변색의 영향을 받아서 실제와 다르게 보이는 현상은?

① 색의 명시도 ② 색의 주목성
③ 인근색 ④ 색의 대비

117 기출 2010.03.28
다음 그림은 색의 혼합에서 어떤 혼합에 가장 가까운가?

① 감산혼합 ② 가산혼합
③ 병치혼합 ④ 회전혼합

118 [기출] 2010.03.28
먼셀 표색계에 관한 설명 중 틀린 것은?
① 먼셀 표색계는 우리나라 교육용으로 사용되고 있다.
② 먼셀 표색계에서는 색상을 휴(hue), 명도를 밸류(value) 채도를 크로마(chroma)라고 한다.
③ 먼셀의 색상분할은 헤링의 4 원색설을 기본으로 하고 있다.
④ 표기 순서는 HV/C 로 한다.

119 [기출] 2010.10.03
조색의 기본원칙을 설명한 것으로 도료를 혼합하면 일반적으로 명도와 채도는 어떻게 변화하는가?
① 명도는 높아지고 채도는 낮아진다.
② 명도는 낮아지고 채도는 높아진다.
③ 명도, 채도 모두 높아진다.
④ 명도, 채도 모두 낮아진다.
+● 명도는 밝고 어두운 정도를 말하고 채도는 선명하고 탁한 정도를 나타내는 것으로 도료를 혼합하면 명도와 채도는 모두 낮아진다.

120 [기출] 2010.10.03
메탈릭 색상의 조색에 대한 설명으로 틀린 것은?
① 도료 제조사의 배합비 원색과 동일한 원색을 사용한다.
② 변색, 퇴색한 차체의 색상에 맞게 조색한다.
③ 시편에 도장한 방법과 동일한 조건으로 도장한다.
④ 조색이 완료된 도료는 장기간 보관해서 사용해도 색상에 영향은 없다.

121 [기출] 2010.10.03
조색실에서나 건물 내에서 창문으로 비춰지는 간접적인 태양광을 이용하여 색을 비교할 때 적합한 조도는?
① 500~1000lx
② 1500~3000lx
③ 3000~4000lx
④ 4000~5000lx

122 [기출] 2010.10.03
솔리드 색상 조색시 밝게 하고자 한다. 무엇을 첨가시켜야 색상이 밝아지는가?
① 실버 입자
② 펄 입자
③ 주종색상 및 흰색상
④ 검정색

123 [기출] 2010.10.03
조색작업 중 안전조치가 아닌 것은?
① 내용제성 장갑을 착용한다.
② 방독 마스크를 착용한다.
③ 환풍장치를 가동한다.
④ 집진장치를 가동한다.

124 [기출] 2010.10.03
다음 중 중성색으로 옳은 것은?
① 보라
② 노랑
③ 파랑
④ 빨강
+● 중성색은 난색과 한색에 포함되지 않는 색으로 연두, 녹색, 보라, 자주색 등을 말한다. 중성색이 난색 주위에 있으면 따뜻하게 느껴지고 한색 주위에 있으면 차갑게 느껴진다.

125 [기출] 2010.10.03
다음 중 순색(純色)에 흰색을 혼합하면 가장 옳은 색은?
① 암탁색이 된다.
② 명청색이 된다.
③ 탁색이 된다.
④ 명탁색이 된다.

정답 118. ③   119. ④   120. ④   121. ②   122. ③   123. ④   124. ①   125. ②

126 기출 2010.10.03
다음 중 가산혼합을 설명한 것은?

① 색료의 혼합이다.

② 노랑(Y) + 청록(C) = 초록(G)이다.

③ 자주(M) + 노랑(Y) = 빨강(R)이다.

④ 색광은 혼합하면 할수록 명도가 높아진다.

➕👤 가산혼합은 색광 혼합이다.

127 기출 2010.10.03
검정색이 바탕일 경우 명시도가 가장 높은 것은?

① 노랑　　② 빨강　　③ 녹색　　④ 파랑

➕👤 명시도가 높은 순서
① 흰색 바탕일 경우 : 검정, 보라, 파랑, 청록, 빨강, 노랑 순서이다.
② 검정색 바탕일 경우 : 노랑, 주황, 빨강, 녹색, 파랑 순서이다.

128 기출 2010.10.03
다음 중 먼셀(Munsell)의 주요 5원색은?

① 빨강, 노랑, 청록, 남색, 자주

② 빨강, 주황, 녹색, 남색, 보라

③ 빨강, 노랑, 초록, 파랑, 보라

④ 빨강, 주황, 녹색, 파랑, 자주

129 기출 2010.10.03
다음 중 일반적으로 명시도가 낮은 배색을 필요로 하는 것은?

① 교통표지　　② 포장지

③ 벽지　　④ 아동복지

130 기출 2010.10.03
다음 색의 추상적 연상 내용에서 청순에 해당되는 색은?

① R, BG, RP　　② B, BG, PB

③ P, RP, PB　　④ YR, GY, G

131 기출 2010.10.03
다음 중 채도를 설명한 것으로 틀린 것은?

① 색의 밝고 어두운 정도를 말한다.

② 색의 강약 또는 색의 맑기와 선명도를 말한다.

③ 순색에 무채색을 혼합하면 혼합할수록 채도가 낮아진다.

④ 한 색상 중에서 가장 채도가 높은 색을 그 색상 중에서 순색이라고 하다.

➕👤 채도는 색의 선명하고 탁한 정도를 말하며, 명도는 색의 밝고 어두운 정도를 말한다.

132 기출 2010.10.03
우리 눈에 어떤 자극을 주어 색각이 생긴 뒤에 자극을 제거한 후에도 그 흥분이 남아서 원자극과 같은 성질의 감각 경험을 일으키는 현상은?

① 부의 잔상　　② 정의 잔상

③ 조건 등색　　④ 색의 연상

➕👤 현상의 정의
① 부의 잔상 : 자극이 사라진 후에 색상, 명도, 채도가 정반대로 느껴지는 현상.
② 정의 잔상 : 자극이 사라진 뒤에도 흥분 상태가 계속적으로 남아 있어서 본래의 자극광과 동일한 밝기와 색을 그대로 느끼는 현상
③ 조건 등색 : 서로 다른 두 가지의 색이 특정한 광원 아래에서 같은 색으로 보이는 현상으로 분광반사율이 서로 다른 두 물체의 색이 관측자나 조명에 의해 달라 보일 수 있기 때문이다.(※ 연색성 : 조명이 물체의 색감에 영향을 미치는 현상으로 동일한 물체색이라도 광원에 따라 달리 보이는 현상)
④ 색의 연상 : 어떤 색을 보면 연상되어 느껴지는 현상(검정, 흰색은 상복을 떠올린다.)

133 기출 2010.10.03
다음에서 색채 조화론의 선구적 역할을 한 사람은?

① 먼셀　　② 윌슨

③ 레오나르도 다빈치　　④ 헤링

134 기출 2010.10.03
색상환에서 서로 마주 보는 색은?

① 표색　② 혼색　③ 순색　④ 보색

135 기출 2010.10.03
색상 대비에서 색상간의 대비가 가장 강하게 느껴지는 색은?

① 유사색　　　　② 인근색
③ 중성색　　　　④ 삼원색

136 기출 2011.04.17
조색할 때 주의할 점과 거리가 먼 것은?

① 비교색 도막의 표면을 컴파운드로 잘 닦는다.
② 배합비와 똑같은 원색을 사용한다.
③ 시편에 스프레이 하여 건조 전 색상을 비교한다.
④ 오래된 도료는 가급적 사용하지 않는다.

➕👤 **조색시 주의 사항**

① 색상환에서 조색 할 색상의 인접한 색들을 혼합하여 색조를 변화 시킨다.
② 대비색(보색)의 사용은 하지 않는다.
③ 색상, 명도, 채도를 한꺼번에 맞추지 말고 색상, 명도, 채도 순으로 조색한다.
④ 혼용색은 사용하지 않는다.
⑤ 조색시 조색된 도료의 배합비를 정확히 작성해 둘 것
⑥ 건조된 도막과 건조되지 않은 도막은 색상이 틀리므로 건조 후 색상을 비교한다.
⑦ 성분이 다른 도료를 사용하지 않는다.
⑧ 한꺼번에 많은 양의 도료를 조색하지 말고, 조금씩 혼합하면서 맞추어 나간다.
⑨ 조색 시편에 도장을 할 때 표준 도장 방법과 유사한 조건으로 도장한다.
⑩ 혼합되는 색의 종류가 많을수록 명도, 채도가 낮아진다.
⑪ 솔리드컬러는 건조 후 어두워지며, 메탈릭 컬러는 건조 후 밝아진다.

137 기출 2011.04.17
자동차 도장 색상차이의 원인 중 현장 조색시 스템 관리 도료 대리점의 원인이 아닌 것은?

① 색상 혼합을 잘못했을 때
② 강재 건조 온도가 적절하지 않은 경우
③ 바르지 못한 조색재를 사용한 경우
④ 교반이 충분하지 않았을 경우

138 기출 2011.04.17
자동차 보수 도장 중 스프레이건이 색상에 미치는 영향을 설명한 것으로 틀린 것은?

① 스프레이건의 노즐 구경이 작으면 도료의 미립자가 좋아 색이 다소 밝아지는 효과가 있다.
② 스프레이건의 도료 토출량이 적을 경우에는 색이 다소 밝아지는 효과가 있다.
③ 스프레이건과 피도체의 거리가 멀면 색이 다소 밝아지는 효과가 있다.
④ 스프레이건의 운행 속도를 느리게 할 경우 색이 다소 밝아지는 효과가 있다.

➕👤

도장 조건	밝은 방향으로 수정	어두운 방향으로 수정
도료 토출량	조절나사를 조인다	조절나사를 푼다.
희석제 사용량	많이 사용 한다	적게 사용 한다
건 사용 압력	압력을 높게 한다.	압력을 낮게 한다.
도장 간격	시간을 길게 한다.	시간을 줄인다.
건의 노즐 크기	작은 노즐을 사용	큰 노즐을 사용
패턴의 폭	넓게 한다.	좁게 한다.
피도체와 거리	멀게 한다.	좁게 한다.
신너의 증발속도	속건 시너를 사용	지건 시너를 사용
도장실 조건	유속, 온도를 높인다.	유속, 온도를 낮춘다.
참고사항	날림(dry)도장	젖은(wet)도장

139 기출 2011.04.17
습도가 낮은 도장실에서 분무패턴 폭을 넓게 도장하였을 때 색상에 대한 설명으로 맞는 것은?

① 색상이 밝아진다.
② 색상이 어두워진다.
③ 색상에 변화가 없다.
④ 명도가 낮아진다.

정답　134. ④　135. ④　136. ③　137. ②　138. ④　139. ①

도장 조건	밝은 방향으로 수정	어두운 방향으로 수정
도료 토출량	조절나사를 조인다	조절나사를 푼다.
희석제 사용량	많이 사용 한다	적게 사용 한다.
건 사용 압력	압력을 높게 한다.	압력을 낮게 한다.
도장 간격	시간을 길게 한다.	시간을 줄인다.
건의 노즐 크기	작은 노즐을 사용	큰 노즐을 사용
패턴의 폭	넓게 한다.	좁게 한다.
피도체와 거리	멀게 한다.	좁게 한다.
신너의 증발속도	속건 시너를 사용	지건 시너를 사용
도장실 조건	유속, 온도를 높인다.	유속, 온도를 낮춘다.
참고사항	날림(dry)도장	젖은(wet)도장

140 [기출] 2011.04.17
조색 시편을 제작할 때 요령을 설명한 것으로 틀린 것은?
① 조색 시편을 도장할 때 베이스 코트를 도장한 후에 실차 시편과 색상 비교하여도 무방하다.
② 조색 시편을 도장할 때 실차에 도장할 때와 같은 방법으로 도장한다.
③ 조색 시편 도장작업이 끝나면 반드시 건조를 시킨 후에 색상 비교하는 것이 바람직하다.
④ 솔리드 색상은 조금 맑게 보이게 조색한다.

+👤 조색 시편을 비교하고자 할 때에는 비교하고자 하는 도장 면과 동일한 방법으로 도장하고 동일한 광택이 되도록 하여 비교한다.

141 [기출] 2011.04.17
다음 안료에 대한 설명 중 원색을 메탈릭과 혼합하였을 때 발색성이 방향성으로 나타나며, 메탈릭 안료 자체의 입자 크기나 광채를 발하는 방향성으로 그 특성이 표시되는 것을 가리키는 것은?
① 플립 플롭성　② 내후성
③ 투명성　④ 광택

+👤 메탈릭 입자의 방향성으로 보면 플립 톤(flip tone)과 플롭 톤(flop tone)이 있다. 색상을 확인할 때 플립 톤은 정면에서 관찰하였을 때 색상으로 가장 밝게

보이는 특징이 있고, 플롭 톤은 측면에서 관찰하였을 때의 색상으로 가장 어둡게 나타나는 특징이 있다.

142 [기출] 2011.04.17
광원에 따라 물체의 색이 달라져 보이는 것과는 달리 분광 반사율이 다른 두 가지의 색이 어떤 광원 아래에서는 같은 색으로 보이는 경우가 있는데 이것은 다음 어떤 것과 관계가 있는가?
① 간섭색(干涉色)
② 조명색(照明色)
③ 조건등색(條件等色)
④ 투명표면색(透明表面色)

+👤 용어의 정의
① 간섭색 : CD 표면을 보면 보이는 색으로 물체의 표면이 막으로 입혀 있기 때문에 빛의 간섭이 일어나는 경우에 보이는 색을 말한다.
② 조명색 : 조명의 색상에 따라 보이는 색을 말한다.
③ 투명 표면색 : 필터 등으로 한쪽 눈을 가리고 양쪽 눈으로 물체를 보면 필터의 색상이 물체의 표면에 속한 색처럼 보이는 것

143 [기출] 2011.04.17
한국산업표준(KS)의 색체계는?
① 뉴톤(Newton) 색체계
② 비렌(Birren) 색체계
③ 오스트발트(Ostwald) 색체계
④ 먼셀(Munsell) 색체계

+👤 먼셀 표색계(색상)의 특징
먼셀 색체계는 한국산업규격(KS), 미국표준협회(ASA), 일본공업규격(JIS), 등 가장 많은 나라의 국가표준 색체계로 사용되고 있다. 한국산업규격에서는 먼셀의 색상환을 기본으로 하여 40색상환을 사용하며, XYZ, 삼자극치의 전환값이 표시되어 있다.
① 최초 기준을 빨강색(R), 노랑색(Y), 녹색(G), 파랑색(B), 보라색(P)의 5색을 같은 간격으로 배열
② 중간색인 주황색(YR), 연두색(GY), 청록색(BG), 남색(PB), 자주색(RP)을 배열하여 10색으로 분할
③ 10색을 고른 간격으로 10등분하고 전체를 100등분시키도록 되어 있다.
④ 실용상 현재 사용되고 있는 먼셀 색상환은 기본색 색상을 2와 4등분한 20색상, 40색상의 색상환이다.

144 기출 2011.04.17

가법혼색에 대한 설명 중 틀린 것은?

① 혼합된 결과 명도가 높아진다.

② 3 원색이 모두 합쳐지면 흰색이 된다.

③ 색광 혼합을 말한다.

④ 포스터컬러 혼색이 여기에 속한다.

+● 감법혼색은 색료의 혼합으로 포스터컬러의 혼합이나 도료의 혼합 등이 있다.

145 기출 2011.04.17

다음 중 가장 따뜻한 느낌을 주는 색인 것은?

① 주황색   ② 자주색

③ 보라색   ④ 연두색

+● **난색, 한색, 중성색**

① 난색 : 심리적으로 따뜻한 느낌을 주는 색으로 750nm~580nm에 있는 적색, 주황, 노랑 등이 있다. 빨강 계통의 고명도 고채도의 색일수록 더욱 더 따뜻하게 느껴진다.

② 한색 : 심리적으로 차갑게 느껴지는 색으로 청록, 파랑 등이 있다. 파랑 계통의 저명도, 저채도 색일수록 더욱 더 차갑게 느껴진다.

③ 중성색 : 한색과 난색에 포함되지 않는 색으로 연두, 자주, 보라 등이 있다. 중성색이 난색 주위에 있으면 따뜻하게 느껴지고 한색 주위에 있으면 차갑게 느껴진다

146 기출 2011.04.17

다음 색 중 명도가 가장 낮은 것은?

① 주황   ② 보라   ③ 노랑   ④ 연두

+● 먼셀 색체계에서 색상의 표시는 HV/C로 표시 된다. H는 색상, V는 명도, C는 채도를 뜻한다.

	기본 색명	영문이름	기호	먼셀 색상기호
1	빨강	Red	R	5R4/14
2	주황	Orange, Yellow Red	YR	5YR6/12
3	노랑	Yellow	Y	5Y9/14
4	연두	Green Yellow, Yellow Green	GY	5GY7/10
5	녹색	Green	G	5G5/8
6	청록	Blue Green, Cyan	BG	5BG5/6
7	파랑	Blue	B	5B4/8
8	남색	Purple Blue, Violet	PB	5PB3/12
9	보라	Purple	P	5P4/12
10	자주	Red Purple, Magenta	RP	5RP4/12

147 기출 2011.04.17

다음 색상환 그림에서 보색끼리 바로 짝지어진 것은?

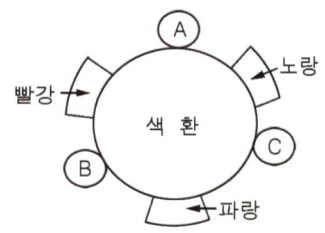

① 빨강과 Ⓐ   ② 노랑과 Ⓑ

③ 파랑과 Ⓒ   ④ 빨강과 Ⓑ

+● **먼셀의 20색상환**

148 기출 2011.04.17

다음 중 가장 차분한 느낌을 받는 색은?

① 노랑   ② 적색   ③ 자색   ④ 녹색

149 기출 2011.04.17

두 색이 맞붙어 있을 때 그 경계언저리에 색의 대비가 강하게 일어나는 현상은?

① 면적대비   ② 동시대비

③ 연속대비   ④ 연변대비

+● **색의 대비**

① 면적 대비 : 색이 차지하고 있는 면적의 크고 작음에 의해서 색이 다르게 보이는 대비 현상

② 동시 대비 : 가까이에 있는 두 가지 이상의 색을 동시에 볼 때 일어나는 현상

③ 연속 대비 : 계시대비라고도 하며 어떤 색을 보고 난 후에 시간차를 두고 다른 색을 보았을 대 먼저 본 색의 영향으로 뒤에 본 색이 다르게 보이는 현상

④ 연변 대비 : 어떤 두 색이 맞붙여 있을 경우 그 경계의 주변이 경계로부터 멀리 떨어져 있는 부분보다 색의 3속성별로 색상대비, 명도대비, 채도대비의 현상이 더욱 강하게 일어나는 현상

150 기출 2011.04.17
다음 중 명시도가 가장 높은 색의 조합은?

① 바탕색 : 주황, 무늬색 : 빨강
② 바탕색 : 노랑, 무늬색 : 빨강
③ 바탕색 : 노랑, 무늬색 : 검정
④ 바탕색 : 백색, 무늬색 : 파랑

+ 명시도가 높은 순서

	바탕색	무늬색
1	노랑	검정
2	검정	노랑
3	백색	초록
4	백색	빨강

151 기출 2011.04.17
채도가 다른 두 가지 색을 배치시켰을 때 일어나는 주된 현상은?

① 원색 그대로 보인다.
② 두색 모두 탁하게 보인다.
③ 두색 모두 선명하게 보인다.
④ 선명한 색은 더욱 선명하게 탁한 색은 더욱 탁하게 보인다.

+ 채도 대비는 채도가 서로 다른 두 색이 서로의 영향에 의해서 채도가 높은 색은 더 선명하게 낮은 색은 더 탁하게 보이는 현상이다.

152 기출 2011.04.17
다음 중 조화로 포함시킬 수 없는 것은?

① 동일의 조화(Identity)
② 유사의 조화(Similarity)
③ 대비의 조화(Contrast)
④ 눈부심 조화(Glare)

153 기출 2011.04.17
회전 혼합에 대한 설명으로 옳은 것은?

① 명도는 낮아지고 채도가 높아진다.
② 명도는 높아지고 채도가 낮아진다.
③ 명도가 낮아지고 채도는 평균이 된다.
④ 명도가 낮아지거나 높아지지 않고 평균이 된다.

154 기출 2011.10.09
메탈릭 컬러 조색시 주의할 내용 중 틀린 것은?

① 표면의 이물질을 잘 제거하고 색상 확인을 한다.
② 도료회사에서 제공하는 배합을 기본으로 한다.
③ 실차에 도장하는 조건과 동일하게 도장한다.
④ 조색제 선택시 비투과성 안료를 사용한다.

155 기출 2011.10.09
메탈릭 상도 베이스 도료를 배합하려고 한다. 이때 속건형 희석제를 첨가하여 도장했을 때 색상의 변화는?

① 정면 색상이 밝아진다.
② 정면 색상이 어두워진다.
③ 채도에는 변화가 없다.
④ 변화가 없다.

+ 조건에 따른 색상변화

도장 조건	밝은 방향으로 수정	어두운 방향으로 수정
도료 토출량	조절나사를 조인다	조절나사를 푼다
희석제 사용량	많이 사용 한다	적게 사용 한다
건 사용 압력	압력을 높게 한다	압력을 낮게 한다
도장 간격	시간을 길게 한다	시간을 줄인다
건의 노즐 크기	작은 노즐을 사용	큰 노즐을 사용
패턴의 폭	넓게 한다	좁게 한다
피도체와 거리	멀게 한다	좁게 한다
신너의 증발속도	속건 시너를 사용	지건 시너를 사용
도장실 조건	유속, 온도를 높인다	유속, 온도를 낮춘다
참고사항	날림(dry)도장	젖은(wet)도장

정답   150. ③   151. ④   152. ④   153. ④   154. ④   155. ①

156 기출 2011.10.09

노랑 색상과 청록 색상을 혼합하면 어떤 색이 되는가?

① 녹색 ② 파랑 ③ 흰색 ④ 빨강

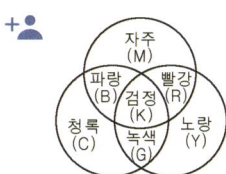

157 기출 2011.10.09

다음 중 중간 혼합과 관계 깊은 것은?

① 가법 혼합 ② 병치 혼합
③ 감법 혼합 ④ 색광 혼합

+👤 **가산 혼합과 감산 혼합**

① 가산 혼합 : 빛의 3원색 빨강(Red), 녹색(Green), 파랑(Blue)을 모두 혼합하면 백색광을 얻을 수 있는데 이는 혼합 이전의 상태보다 색의 명도가 높아지므로 가법혼합이라고 한다.

② 감산 혼합 : 자주(Magenta), 노랑(Yellow), 시안(Cyan)을 모두 혼합하면 혼합할수록 혼합전의 상태보다 색의 명도가 낮아지므로 감법혼합이라고 한다.

③ 병치 혼합 : 각기 다른 색을 서로 인접하게 배치하여 서로 혼색되어 보이도록 하는 혼합방법으로 인쇄물, 직물, 컬러 TV의 영상 화면 등에서 볼 수 있다.

158 기출 2011.10.09

색의 밝기를 나타내는 명도의 설명 중 옳은 것은?

① 명도는 밝은 쪽을 높다고 부르며 어두운 쪽은 낮다고 부른다.

② 어떤 색이든지 흰색을 혼합하면 명도가 낮아지고, 검정색을 혼합하면 명도가 높아진다.

③ 밝은 색은 물리적으로 빛을 많이 반사하며 모든 색 중에서 명도가 가장 높은 색은 검정이다.

④ 모든 명도는 회색과 검정사이에 있으며 회색과 검정은 모든 색의 척도에 있어서 기준이 되고 있다.

+👤 명도는 밝고 어두운 정도를 말하고 채도는 선명하고 탁한 정도를 나타내는 것으로 도료를 혼합하면 명도와 채도는 모두 낮아진다.

159 기출 2011.10.09

색료 혼합에 대한 설명으로 틀린 것은?

① 색료의 삼원색은 자주, 노랑, 청록이다.

② 삼원색을 다 합치면 검정에 가깝게 된다.

③ 색료 혼합은 가법 혼색, 가산 혼합이라고 한다.

④ 빨강, 초록, 파랑의 2차색들은 1차색보다 명도와 채도가 모두 낮아진다.

+👤 색료 혼합은 자주(Magenta), 노랑(Yellow), 시안(Cyan)을 모두 혼합하면 혼합할수록 혼합전의 상태보다 색의 명도가 낮아지므로 감법혼합, 감산 혼합이라고 한다.

160 기출 2011.10.09

색상환의 연속되는 세 가지 색상과 명도를 조절하여 사용하는 배색은?

① 무채색 배색 ② 인접색 배색
③ 보색 배색 ④ 근접 보색 배색

161 기출 2011.10.09

색채의 강약감은 색의 3속성 중 주로 어느 것에 좌우되는가?

① 명도 ② 채도
③ 색상 ④ 대비

162 기출 2011.10.09

눈의 망막에 있는 시세포중 추상체에 대한 설명은?

① 밝기를 감지한다.

② 색상을 감지한다.

③ 약 500nm 의 빛에 가장 민감하다.

④ 시각은 단파장에 민감하다.

정답 156. ① 157. ② 158. ① 159. ③ 160. ② 161. ② 162. ②

163 기출 2011.10.09
다음중 시원한 느낌의 배색은?
① 노랑과 자주　② 파랑과 연두
③ 보라와 분홍　④ 주황과 연두

164 기출 2011.10.09
먼셀표색계에서 색이 5Y 8/12로 표시되는 색은?
① 노랑　② 빨강
③ 파랑　④ 초록

165 기출 2011.10.09
빨강 색지를 보다 잠시 후 흰 색지를 보면 잔상현상은 어떠한 색으로 느껴지는가?
① 빨간색　② 회색
③ 노란색　④ 청록색

166 기출 2011.10.09
다음 중에서 가볍고 크게 보이려면 어떠한 색 포장지를 사용하는 것이 가장 좋은가?
① 보라색 포장지
② 선명한 초록의 순색포장지
③ 귤색의 밝고 맑은 색 포장지
④ 검정과 회색 문양이 있는 포장지

167 기출 2011.10.09
다음 중 명시도가 가장 높은 배색은?
① 검정과 보라　② 검정과 노랑
③ 녹색과 보라　④ 파랑과 노랑

168 기출 2011.10.09
다음 색 중 색상 거리가 가장 가까운 색은?
① 빨강과 노랑　② 연두와 보라
③ 주황과 귤색　④ 빨강과 보라

169 기출 2015.10.10
조색된 색상을 비교할 때의 설명으로 틀린 것은?
① 조색의 시편은 10 × 20cm 가 적당하다.
② 광원을 안고, 등지고, 정면에서 비교한다.
③ 색을 관찰하는 각도는 정면 15°, 45°이다.
④ 햇빛이 강한 곳에서 비교한다.

170 기출 2015.10.10
펄 도료에 관한 설명으로 올바른 것은?
① 알루미늄 입자가 포함된 도료이다.
② 메탈릭 도료의 구성 성분과 차이가 없다.
③ 인조 진주 안료가 혼합되어 있는 도료이다.
④ 빛에 대한 반사, 굴절, 흡수 등이 메탈릭 도료와 동일하다.

171 기출 2015.10.10
관용 색명 중 식물의 이름을 따온 색명이 아닌 것은?
① 살구색　② 산호색
③ 풀색　④ 팥색

+👤 **관용 색명** : 예전부터 습관적으로 사용하는 색명으로 동물, 식물, 자연현상 등의 이름에서 유래되어 현재 164개 정도가 있다.
◆ **대표적인 색명**
① 기본색과 관계되는 색명: 빨강, 주황, 노랑, 검정 등
② 동물에서 유래된 색명: 쥐색, 베이지 등
③ 식물에서 유래된 색명: 살구색, 장미색, 레몬색 등
④ 광물, 원료에서 유래된 색명: 세피아, 에메랄드 그린, 코발드 블루 등
⑤ 지명, 인명에서 유래된 색명: 페르시안 블루, 하바나 등
⑥ 자연현상에서 유래된 색명: 하늘색, 바다색 등

172 기출 2015.10.10
다음 중 색료혼합의 결과로 옳은 것은?

① 시안(C) + 마젠타(M) + 노랑(Y) = 초록(G)
② 노랑(Y) + 시안(C) = 파랑(B)
③ 마젠타(M) + 노랑(Y) = 빨강(R)
④ 마젠타(M) + 시안(C) = 검정(BL)

+● **색료 혼합의 결과**
① 시안(C) + 마젠타(M) + 노랑(Y) = 검정
② 노랑(Y) + 시안(C) = 초록
③ 마젠타(M) + 시안(C) = 파랑

173 기출 2015.10.10
색채 감각에 대한 설명 중 옳은 것은?

① 빨강, 노랑 등의 난색은 후퇴해 보인다.
② 밝은 색은 후퇴해 보이고 어두운 색은 진출해 보인다.
③ 보라, 연두 등의 중성색은 진출해 보인다.
④ 청록, 파랑 등의 한색계통은 후퇴해 보인다.

+● ① 진출색 : 가까이 있는 것처럼 앞으로 튀어나와 보이는 색으로, 고명도색과 난색은 진출 성향이 높고, 유채색이 무채색과 비교하여 진출되어 보인다.
② 후퇴색 : 뒤로 물러나 보이거나 멀리 있어 보이는 색으로 저명도, 저채도, 한색 등이 있다.

174 기출 2015.10.10
색팽이를 회전하는 혼합방법을 무엇이라고 하는가?

① 감법혼합   ② 가법혼합
③ 중간혼합   ④ 보색혼합

+● **가법 혼합과 감법 혼합**
① 가법 혼합 : 빛의 3원색 빨강(Red), 녹색(Green), 파랑(Blue)을 모두 혼합하면 백색광을 얻을 수 있는데 이는 혼합 이전의 상태보다 색의 명도가 높아지므로 가법혼합이라고 한다.
② 감법 혼합 : 자주(Magenta), 노랑(Yellow), 시안(Cyan)을 모두 혼합하면 혼합할수록 혼합전의 상태보다 색의 명도가 낮아지므로 감법혼합이라고 한다.
③ 병치 혼합 : 각기 다른 색을 서로 인접하게 배치하여 서로 혼색되어 보이도록 하는 혼합방법으로 인쇄물, 직물, 컬러 TV의 영상 화면 등에서 볼 수 있다.

175 기출 2015.10.10
다음 색 중 안정, 평화, 희망, 성실 등의 상징적인 색은?

① 녹색   ② 청록
③ 자주   ④ 보라

176 기출 2015.10.10
색채 계획 과정의 순서로 가장 옳게 연결 된 것은?

① 색채 환경 분석 → 색채 전달 계획 → 색채 심리 분석 → 디자인의 적용
② 색채 전달 계획 → 색채 심리 분석 → 색채 환경 분석 → 디자인의 적용
③ 색채 전달 계획 → 색채 환경 분석 → 색채 심리 분석 → 디자인의 적용
④ 색채 환경 분석 → 색채 심리 분석 → 색채 전달 계획 → 디자인의 적용

+● **색채 계획 과정** : 색채 환경 분석(어떤 색이 있는가?) → 색채심리분석(어떤 이미지를 가지고 있는가?) → 색채전달계획(어떤 식으로 전달할 것인가?) → 디자인 적용(색채 규격과 색채시방 및 컬러 매뉴얼 작성)

177 기출 2015.10.10
자동차를 구입하려고 하는 사람이 자신의 자동차가 좀 더 크게 보이고 싶다면 다음 중 어떤 색을 선택하는 것이 좋은가?

① 파랑   ② 검정
③ 흰색   ④ 회색

178 기출 2015.10.10
한국산업표준과 색채 교육용으로 채택된 색체계는?

① 먼셀 색 체계
② NCS 색 체계
③ CIE 색 체계
④ 오스트발트 표색계

정답 172. ③   173. ④   174. ③   175. ①   176. ④   177. ③   178. ①

179 기출 2015.10.10

다음 중 무채색으로 묶어진 것은?

① 흰색, 회색, 검정

② 흰색, 노랑, 검정

③ 검정, 파랑, 회색

④ 빨강, 검정, 회색

+● 무채색 : 색상과 채도가 없고 명도만 가지고 있는 색으로 흰색과 검정색의 양만 가지고 있다.

180 기출 2015.10.10

5Y 8/12에서 명도를 나타내는 것은?

① 5　　　　　② 8

③ 12　　　　④ 5Y

+● 5Y : 색상, 8 : 명도, 12 : 채도

181 기출 2015.10.10

다음 중 빛에 대한 설명으로 틀린 것은?

① 빛은 에너지 전달 현상으로 물리적인 현상을 의미한다.

② 가시광선은 빛의 약 380~780nm 까지의 범위를 가진다.

③ 색은 빛으로 방사되는 수많은 전자파 중에서 눈으로 보이는 파장의 범위를 의미한다.

④ 가시광선은 가장 긴 파장인 노랑으로부터 시작한다.

+● 가시광선은 보라색(380nm)에서 빨간색(780nm)

182 기출 2015.10.10

노랑 글씨를 명시도가 높게 하려면 다음 중 어느 바탕색을 하는 것이 효과적인가?

① 빨강　　　　② 보라

③ 검정　　　　④ 녹색

+● 명시도

① 흰색 바탕일 경우 : 검정, 보라, 파랑, 청록, 빨강, 노랑 순

② 검정색 바탕일 경우 : 노랑, 주황, 빨강, 녹색, 파랑 순

183 기출 2016.04.02

다음 중 메탈릭 색상의 정면 색상을 밝게 만드는 조건은 어느 것인가?

① 도료의 점도가 높다.

② 분무되는 에어 압력이 낮다.

③ 기온이 낮다.

④ 도료의 토출량이 적다.

+●

도장 조건	밝은 방향으로 수정	어두운 방향으로 수정
도료 토출량	조절나사를 조인다.	조절나사를 푼다.
희석제 사용량	많이 사용 한다.	적게 사용 한다.
건 사용 압력	압력을 높게 한다.	압력을 낮게 한다.
도장 간격	시간을 길게 한다.	시간을 줄인다.
건의 노즐 크기	작은 노즐을 사용	큰 노즐을 사용
패턴의 폭	넓게 한다.	좁게 한다.
피도체와 거리	멀게 한다.	좁게 한다.
시너의 증발속도	속건 시너를 사용	지건 시너를 사용
도장실 조건	유속, 온도를 높인다.	유속, 온도를 낮춘다.
참고사항	날림(dry)도장	젖은(wet)도장

184 기출 2016.04.02

자동차 도장 기술자에 의한 색상 차이의 원인 중 "색상이 밝게" 나왔다. 그 원인 설명 중 맞는 것은?

① 시너의 희석량이 많다. ― 공기압력이 높다.

② 시너의 희석량이 많다. ― 공기압력이 낮다.

③ 시너의 희석량이 적다. ― 공기압력이 높다.

④ 시너의 희석량이 적다. ― 공기압력이 낮다.

185 기출 2016.04.02

메탈릭 도료의 조색에 관련된 사항 중 틀린 것은?

① 조색과정을 통해 이색 현상으로 인한 재작업을 사전에 방지하는 목적이 있다.

② 여러 가지 원색을 혼합하여 필요로 하는 색상을 만드는 작업이다.

③ 원래 색상과 일치한 색상으로 도장하여 상품가치를 향상시킨다.

④ 흰색에 대한 특징을 알아둘 필요는 없다.

정답 179.① 180.② 181.④ 182.③ 183.④ 184.① 185.④

186 `기출` 2016.04.02

솔리드 색상의 색상변화에 대한 설명 중 틀린 것은?

① 솔리드 색상은 시간경과에 따라 건조전과 후의 색상변화가 없다.

② 색을 비교해야 할 도막 표면은 깨끗하게 닦아야 정확한 색을 비교할 수 있다.

③ 색상 도료를 도장하고, 클리어 도장을 한 후의 색상은 산뜻한 느낌의 색상이 된다.

④ 베이지나 옐로우 계통의 색상에 클리어를 도장했을 때 산뜻하면서 노란색감이 더 밝아 보이는 경향이 있다.

➕👤 자동차 보수용 컬러는 건조 전·후, 클리어 도장 유무에 따라 색상이 변화된다.

187 `기출` 2016.04.02

조색용 시편으로 가장 적합하지 않은 것은?

① 종이 시편   ② 철 시편

③ 필름 시편   ④ 나무 시편

188 `기출` 2016.04.02

다음 중 색료의 3원색이 아닌 것은?

① 마젠타(Magenta)   ② 노랑(Yellow)

③ 시안(Cyan)   ④ 녹색(Green)

➕👤 **색료 및 색광의 3원색**

① 색료의 3원색(감산혼합) : 마젠타(magenta), 노랑(yellow), 시안(cyan)

② 색광의 3원색(가산혼합) : 빨강(red), 녹색(green), 파랑(blue)

189 `기출` 2016.04.02

색상환에서 가장 먼 쪽에 있는 색의 관계를 무엇이라 하는가?

① 보색   ② 탁색

③ 청색   ④ 대비

➕👤 탁색 : 회색을 혼합하여 탁한 느낌이 있는 색

190 `기출` 2016.04.02

다음 중 가장 깊고 먼 느낌을 주는 색상은?

① 남색   ② 보라

③ 주황   ④ 빨강

➕👤 **후퇴색** : 같은 거리에서 두 색을 비교하였을 때 멀리 있는 것처럼 보이는 색으로 명도, 채도가 낮거나 무채색, 차가운 색일수록 후퇴하여 보인다.

191 `기출` 2016.04.02

유채색에 흰색을 혼합하면 어떻게 되는가?

① 명도가 낮아진다.

② 채도가 낮아진다.

③ 색상이 낮아진다.

④ 명도, 채도가 다 낮아진다.

192 `기출` 2016.04.02

먼셀 표색계의 색상환에서 중성색에 속하는 색은?

① 청록   ② 녹색

③ 주황   ④ 파랑

➕👤 **색의 온도감**

① 난색 : 색 중에서 따뜻하게 느껴지는 색을 말하며, 대표적인 색으로는 빨강색, 주황 노랑색이 있다. 빨강 계통의 고명도 고체도의 색일수록 더욱 더 따뜻하게 느껴진다.

② 한색 : 색 중에서 차갑게 느껴지는 색을 말하며, 대표적인 색으로는 청록색, 파랑색, 남색이 있다. 파랑 계통의 저명도, 저채도 색일수록 더욱 더 차갑게 느껴진다.

③ 중성색 : 난색과 한색에 포함되지 않는 색으로 연두, 녹색, 보라, 자주색 등을 말한다. 중성색이 난색 주위에 있으면 따뜻하게 느껴지고 한색 주위에 있으면 차갑게 느껴진다.

193 `기출` 2016.04.02

동일 색상의 배색에서 받는 느낌을 가장 옳게 설명한 것은?

① 강한 대칭의 느낌

② 활동적이고 발랄한 느낌

③ 부드럽고 통일성 있는 느낌

④ 화려하고 자극적인 느낌

정답 186. ①   187. ④   188. ④   189. ①   190. ①   191. ②   192. ②   193. ③

① 동일 색상의 배색 : 색상에 의해 부드러움이나 딱딱함 또는 따뜻함이나 차가움 등의 통일된 느낌을 형성하여 같은 색상의 명도나 채도의 차이를 둔 배색에서 느낄 수 있다.
② 유사 색상의 배색 : 동일 색상의 배색과 비슷하며 색상의 차이가 적은 배색이다. 온화함, 친근감, 즐거움 등의 감정을 느낌이 있다.
③ 반대 색상의 배색 : 조색 관계에 있는 색들의 배색으로써 화려하고 강하며 생생한 느낌을 준다.
④ 고채도의 배색 : 동적이고 자극적이며, 산만한 느낌을 준다.
⑤ 저채도의 배색 : 부드럽고, 온화한 느낌을 준다.

194 기출 2016.04.02
중간 혼색을 설명한 것으로 옳은 것은?
① 혼합하면 명도가 높아진다.
② 명도, 채도가 낮아진다.
③ 명도는 높아지고 채도는 낮아진다.
④ 명도나 채도에는 변함이 없다.

195 기출 2016.04.02
다음 그림 중 색상거리가 가장 멀고 선명한 느낌을 주는 배색은?

196 기출 2016.04.02
다음 중 주목성의 특징으로 틀린 것은?
① 명시성이 높은 색은 주목성도 높아지게 된다.
② 따뜻한 난색은 차가운 한색보다 주목성이 높다.
③ 주목성이 높은 색도 배경에 따라 효과가 달라질 수 있다.
④ 빨강, 노랑 등과 같은 원색일수록 주목성이 낮다.

197 기출 2016.04.02
다음 중 먼셀(Munsell)의 주요 5원색은?
① 빨강, 노랑, 초록, 파랑, 보라
② 빨강, 주황, 녹색, 남색, 보라
③ 빨강, 노랑, 청록, 남색, 자주
④ 빨강, 주황, 녹색, 파랑, 자주

먼셀의 주요 5원색은 빨강색, 노랑색, 초록, 파랑색, 보라색이며, 중간색으로는 주황색, 연두색, 청록색, 남색, 자주색이다.

198 기출 2016.04.02
다음 중 고명도의 색과 난색은 어떤 성향을 지니고 있는가?
① 수축성   ② 진출성
③ 후퇴성   ④ 진정성

① 진출색 : 배경색보다 앞으로 진출된 것처럼 느껴지는 색으로 난색, 고명도, 고채도, 유채색
② 후퇴색 : 배경색보다 뒤로 후퇴된 것처럼 느껴지는 색으로 한색, 저명도, 저채도, 무채색

199 기출 2016.04.02
먼셀의 20 색상환에서 연두의 보색은?
① 보라   ② 남색
③ 자주   ④ 파랑

먼셀 20 색상환 보색관계
① 빨강 ↔ 청록   ② 다홍 ↔ 바다색
③ 주황 ↔ 파랑   ④ 귤색 ↔ 감청
⑤ 노랑 ↔ 남색   ⑥ 노란연두 ↔ 남보라
⑦ 연두 ↔ 보라   ⑧ 풀색 ↔ 붉은보라
⑨ 녹색 ↔ 자주   ⑩ 초록 ↔ 연지

200 기출 2016.04.02
색채의 중량감은 색의 3속성 중에서 주로 어느 것에 의하여 좌우되는가?
① 순도   ② 색상
③ 채도   ④ 명도

201 기출 2016 기출복원문제

메탈릭 색상 조색에서 메탈릭 입자의 역할을 바르게 설명한 것은?

① 혼합 시 색상의 명도를 어둡게 한다.

② 혼합 시 거의 모든 광선을 반사시키는 도막 내의 작은 거울 역할을 한다.

③ 혼합 시 채도가 높아진다.

④ 혼합 시 명도나 채도에 영향을 주지 않는다.

+● 메탈릭 색상에서 메탈릭 입자는 명도를 조정하며, 도료 중에 메탈릭 입자를 첨가하면 색상이 밝아지는 특징이 있다.

202 기출 2016 기출복원문제

솔리드 색상을 조색하는 방법으로 틀린 것은?

① 주 원색은 짙은 색부터 혼합한다.

② 견본 색보다 채도는 맑게 맞추도록 한다.

③ 색상이 탁해지는 색은 나중에 넣는다.

④ 동일한 색상을 오래 동안 주시하면 잔상 현상이 발생되기 때문에 피한다.

+● 색상은 건조 후에 확인하여야 하며 건조 후 색상은 메탈릭 컬러의 경우 젖은 도장과 비교하여 밝아지고 솔리드 컬러는 어두워진다.

203 기출 2016 기출복원문제

다음 중 색료의 3원색이 아닌 것은?

① 마젠타(Magenta)

② 노랑(Yellow)

③ 시안(Cyan)

④ 녹색(Green)

+● **색광과 색료의 3원색**
① 색광의 3원색(가산혼합) : 빨강(red), 녹색(green), 파랑(blue)
② 색료의 3원색(감산혼합) : 마젠타(magenta), 노랑(yellow), 파랑(blue)

204 기출 2016 기출복원문제

색상을 맞추기 위한 조색 조건과 관계없는 것은?

① 명도, 채도, 색상을 견본 색과 대비한다.

② 직사광선 하에서 젖은 색과 건조 색과의 차를 비색한다.

③ 비색은 동일면적을 동일 평면에서 행한다.

④ 일출 후 3시간에서 일몰 전 3시간 사이에 비색한다.

+● **색상 비교(비색) 시간 및 조건**
① 일출 후 3시간에서 밀몰 전 3시간 사이에 비색한다.
② 빛에 따라 달라지므로 벽에서 50cm 떨어진 북쪽 창가에서 주변의 다른 색의 반사광이 없는 곳에서 한다.
③ 견본과 동일 면적을 동일 평면에서 비색한다.
④ 직사광선은 피하고 최소 500Lx 이상에서 비색한다.
⑤ 관찰자는 색맹이나 색약이 아니어야 하며, 시신경이나 망막 질환이 없어야 한다.
⑥ 40세 이하의 젊은 사람이어야 한다.

205 기출 2016 기출복원문제

메탈릭 색상의 도료에서 도막의 색채가 금속 입체감을 띄게 하는 입자는?

① 나트륨

② 알루미늄

③ 칼슘

④ 망간

206 기출 2016 기출복원문제

조색 작업시 가장 좋은 광원은?

① 태양광

② 형광등

③ 백열등

④ 할로겐 등

207 2016 기출복원문제

다음 보기는 자동차 도장 색상 차이의 원인 중 어떤 경우를 설명한 것인가?

보기

ㄱ. 현장 조색기의 충분한 교반을 하지 않고 도장하는 경우
ㄴ. 색상 코드 / 색상명 오인으로 인한 제품 사용시(주문 잘못으로 틀린 제품 사용)
ㄷ. 시너의 희석이 부적절한 경우
ㄹ. 도장 작업 중 적절하지 않은 공기압 사용의 경우
ㅁ. 도장 기술의 부족과 설비가 미비한 경우
ㅂ. 도막이 너무 얇거나 두껍게 도장 되었을 경우

① 자동차 도장 기술자에 의한 원인
② 현장 조색 시스템 관리 도료의 대리점 원인
③ 도료 업체의 원인
④ 자동차 생산 업체의 원인

208 2016 기출복원문제

조색 작업시 명암 조정에 대한 설명으로 적합하지 않은 것은?

① 솔리드 색상을 밝게 하려면 백색을 첨가한다.
② 메탈릭 색상을 밝게 하려면 알루미늄 조각(실버)을 첨가한다.
③ 솔리드, 메탈릭 색상의 명암을 어둡게 하려면 배합비 내의 흑색을 첨가한다.
④ 솔리드, 메탈릭 색상의 명암을 어둡게 하려면 보색을 사용한다.

+ 조색을 할 경우 절대 넣지 말아야 하는 색이 보색이다. 보색을 첨가할 경우 색이 탁해지면서 죽게 된다. 죽게 된 색을 되돌리기가 힘들다.

209 2016 기출복원문제

조색작업에 대한 설명 중 옳지 않은 것은?

① 은폐가 되도록 도장하고 색상을 판별하여야 한다.
② 색상의 특징을 알 때까지는 한 번의 조색에 한 조색제를 혼합하여 비교한다.
③ 색상은 건조 후 약간 어두워지므로 정확한 감을 갖고 건조 전에 비교해도 된다.
④ 색상을 판별하고자 할 때 정면, 측면 방향에서 차체와 색상을 비교하여야 된다.

+ 색상은 건조 후에 확인하여야 하며 건조 후 색상은 메탈릭 컬러의 경우 젖은 도장과 비교하여 밝아지고 솔리드 컬러는 어두워진다.

210 2016 기출복원문제

조색작업 중 안전조치가 아닌 것은?

① 내용제성 장갑을 착용한다.
② 방독 마스크를 작용한다.
③ 환풍 장치를 가동한다.
④ 집진 장치를 가동한다.

211 2016 기출복원문제

다음 배색 중 색상 차가 가장 큰 것은?

① 녹색과 청록   ② 파랑과 남색
③ 빨강과 주황   ④ 주황과 파랑

+ 색상 차이가 가장 큰 배색은 색상환에서 보색인 관계의 색이 가장 크다. 10 색상환에서 살펴보면 : 빨강 – 청록, 주황 – 파랑, 노랑 – 남색, 연두 – 보라, 녹색 – 자주

212 2016 기출복원문제

먼셀 표색계 표기가 5R 4/14인 경우 채도를 나타낸 것은?

① 5   ② R
③ 4   ④ 14

+ 먼셀 표색계 표기 5R 4/14에서 ① 5R : 색상, ② 4 : 명도, ③ 14 : 채도이다.

213 기출 2016 기출복원문제

다음 중 색상과 색의 연상이 옳게 짝지어진 것은?

① 빨강 — 겸손, 우울

② 노랑 — 애모, 연정

③ 파랑 — 차가움, 냉정

④ 회색 — 순수, 청결

+👤 **색상과 색의 연상**
① 빨강 : 정열, 기쁨, 자극적, 위험, 혁명, 화려함
② 회색 : 평범, 차분, 수수, 무기력, 쓸쓸함, 안정, 스님
③ 파랑 : 차가움, 냉정, 냉혹, 이상
④ 노랑 : 환희, 발전, 황금, 횡재, 도전, 천박

214 기출 2016 기출복원문제

다음 중 중간 혼합에 해당되는 것은?

① 감법 혼합   ② 가법 혼합

③ 병치 혼합   ④ 감산 혼합

+👤 **가산 혼합과 감산 혼합**
① 가산 혼합 : 빛의 3원색 빨강(Red), 녹색(Green), 파랑(Blue)을 모두 혼합하면 백색광을 얻을 수 있는데 이는 혼합 이전의 상태보다 색의 명도가 높아지므로 가법 혼합이라고 한다.
② 감산 혼합 : 자주(Magenta), 노랑(Yellow), 시안(Cyan)을 모두 혼합하면 혼합할수록 혼합전의 상태보다 색의 명도가 낮아지므로 감법 혼합이라고 한다.
③ 병치 혼합 : 각기 다른 색을 서로 인접하게 배치하여 서로 혼색되어 보이도록 하는 혼합 방법으로 인쇄물, 직물, 컬러 TV의 영상 화면 등에서 볼 수 있다.

215 기출 2016 기출복원문제

다음 수축색의 설명으로 틀린 것은?

① 한색이나 저명도 저채도의 색은 실제보다 축소되어 보인다.

② 색 중에서 더 작게 보이거나 좁게 보이는 현상을 수축색이라고 한다.

③ 후퇴색과 비슷한 성향을 가지고 있다.

④ 같은 모양, 같은 크기의 형태라도 색상이 파랑일 때보다 빨강일 때 더 작게 보인다.

+👤 **팽창과 수축색**

진출, 팽창	난색, 고명도, 고채도, 유채색
후퇴, 수축	한색, 저명도, 저채도, 무채색

216 기출 2016 기출복원문제

다음 중 색의 주목성을 높이기 위해 검정과 배색할 때 가장 효과적인 색은?

① 빨강   ② 노랑

③ 녹색   ④ 흰색

+👤 ① 흰색 바탕일 경우
    검정 〉 보라 〉 파랑 〉 청록 〉 빨강 〉 노랑
② 검정색 바탕일 경우
    노랑 〉 주황 〉 빨강 〉 녹색 〉 파랑

217 기출 2016 기출복원문제

육안으로 색을 알아볼 수 있는 가시광선의 범위로 가장 옳은 것은?

① 80~280nm   ② 280~380nm

③ 380~780nm   ④ 780~1080nm

+👤 **빛의 종류**
① 가시광선 : 380~780mm으로 사람이 볼 수 있는 광선
② 적외선 : 780~400,000mm
③ 자외선 : 10~380mm

218 기출 2016 기출복원문제

우리 눈에 어떤 자극을 주어 색각이 생긴 뒤에 자극을 제거한 후에도 그 흥분이 남아서 원자극과 같은 성질의 감각 경험을 일으키는 현상은?

① 부의 잔상   ② 정의 잔상

③ 조건 등색   ④ 색의 연상

+👤 **현상의 정의**
① 부의 잔상 : 자극이 사라진 후에 색상, 명도, 채도가 정반대로 느껴지는 현상.
② 정의 잔상 : 자극이 사라진 뒤에도 흥분 상태가 계속적으로 남아 있어서 본래의 자극광과 동일한 밝기와 색을 그대로 느끼는 현상

정답 213. ③   214. ③   215. ④   216. ②   217. ③   218. ②

③ 조건 등색 : 서로 다른 두 가지의 색이 특정한 광원 아래에서 같은 색으로 보이는 현상으로 분광 반사율이 서로 다른 두 물체의 색이 관측자나 조명에 의해 달라 보일 수 있기 때문이다.

④ 색의 연상 : 어떤 색을 보면 연상되어 느껴지는 현상(검정, 흰색은 상복을 떠올린다.)

219 기출 2016 기출복원문제

다음 중 가장 따뜻한 느낌을 주는 색인 것은?

① 주황색   ② 자주색

③ 보라색   ④ 연두색

+👤 난색, 한색, 중성색

① 난색 : 심리적으로 따뜻한 느낌을 주는 색으로 580nm~750nm에 있는 적색, 주황, 노랑 등이 있다. 빨강 계통의 고명도 고채도의 색일수록 더욱 더 따뜻하게 느껴진다.

② 한색 : 심리적으로 차갑게 느껴지는 색으로 청록, 파랑 등이 있다. 파랑 계통의 저명도, 저채도 색일수록 더욱 더 차갑게 느껴진다.

③ 중성색 : 한색과 난색에 포함되지 않는 색으로 연두, 자주, 보라 등이 있다. 중성색이 난색 주위에 있으면 따뜻하게 느껴지고 한색 주위에 있으면 차갑게 느껴진다.

220 기출 2016 기출복원문제

색의 밝기를 나타내는 명도의 설명 중 옳은 것은?

① 명도는 밝은 쪽을 높다고 부르며, 어두운 쪽은 낮다고 부른다.

② 어떤 색이든지 흰색을 혼합하면 명도가 낮아지고, 검정색을 혼합하면 명도가 높아진다.

③ 밝은 색은 물리적으로 빛을 많이 반사하며, 모든 색 중에서 명도가 가장 높은 색은 검정이다.

④ 모든 명도는 회색과 검정사이에 있으며, 회색과 검정은 모든 색의 척도에 있어서 기준이 되고 있다.

+👤 명도는 밝고 어두운 정도를 말하고 채도는 선명하고 탁한 정도를 나타내는 것으로 도료를 혼합하면 명도와 채도는 모두 낮아진다.

221 기출 2016 기출복원문제

흡상식 건의 설명으로 맞지 않는 것은?

① 도료 컵은 건 아래 부분에 장착된다.

② 공기 캡의 전방에 진공을 만들어서 도료를 흡상한다.

③ 가압된 압축으로 도료를 밀어서 분출한다.

④ 노즐은 캡 안쪽에 위치한다.

+👤 압송식 건은 가압된 압축으로 도료를 밀어서 분출한다. 중력식 건은 도료의 컵이 건의 위쪽에 장착한다.

222 기출 2016 기출복원문제

상도 도장 베이스 코트 도장 후 클리어 코트 도장을 하여 광택과 경도 및 내구성을 부여한 도장 시스템은?

① 1Coat 1Bake 시스템

② 2Coat 1Bake 시스템

③ 3Coat 1Bake 시스템

④ 3Coat 2Bake 시스템

+👤 도장 시스템

① 1coat 1bake : 우레탄 도료 도장 후 가열 건조

② 2coat 1bake : 컬러 베이스 도장, 클리어 도장 후 가열 건조

③ 3coat 1bake : 컬러 베이스 도장, 펄 베이스 도장, 클리어 도장 후 가열 건조

④ 3coat 2bake : 컬러 베이스 도장, 펄 베이스 도장 후 가열 건조하고 클리어 도장 후 가열건조

223 기출 2017 기출복원문제

다음 중 채도가 없는 안료는?

① 적색 안료   ② 청색 안료

③ 황색 안료   ④ 백색 안료

+👤 백색과 흑색안료는 명도만 있다.

224 기출 2017 기출복원문제

펄 색상에 관한 설명으로 올바른 것은?

① 펄 색상을 내는 알루미늄 입자가 포함된 도료이다.

② 메탈릭 색상과 크게 차이가 없다.

③ 진주 빛을 내는 인조 진주 안료가 혼합되어 있는 도료이다.

④ 빛에 대한 반사 굴절 흡수 등이 메탈릭 색상과 동일하다.

+👤 펄 컬러는 운모에 이산화티탄이나 산화철로 코팅되며 반투명하여 일부는 반사하고 일부는 흡수한다. 반투명으로 은폐력이 약한 화이트 마이카, 코팅 두께가 증가할수록 노랑에서 적색, 파랑, 초록으로 바뀌는 간섭 마이카, 산화철을 착색하여 은폐력이 있는 착색 마이카, 이산화티탄에 은을 도금한 은색 마이카가 있다.

225 기출 2017 기출복원문제

메탈릭 색상의 조색에서 차체 색상보다 도료 색상이 어두울 때 적합한 조색제는?

① 회색 ② 알루미늄 실버

③ 백색 ④ 노랑색

+👤 메탈릭 도료 조색시 밝게 만들고자 할 경우에는 도료 중에 함유되어 있는 메탈릭 안료를 첨가하고, 어둡게 할 경우에는 흑색을 첨가한다. 명도를 높이기 위해서 솔리드 조색 때처럼 흰색을 첨가할 경우 메탈릭 감이 약해지는 현상이 발생하므로 첨가하지 않도록 한다.

226 기출 2017 기출복원문제

기본적인 조색 작업 순서로 알맞은 것은?

① 견본색 확인-원색선정-배합비 확인-혼합-테스트시편 도장-색상비교

② 배합비 확인-견본색 확인-원색선정-혼합-테스트시편 도장-색상비교

③ 견본색 확인-테스트시편 도장-원색선정-배합비 확인-혼합-색상비교

④ 견본색 확인-배합비 확인-혼합-색상비교-테스트시편 도장-원색선정

227 기출 2017 기출복원문제

메탈릭 색상 조색에서 메탈릭 입자의 역할을 바르게 설명한 것은?

① 혼합 시 색상의 명도를 어둡게 한다.

② 혼합 시 거의 모든 광선을 반사시키는 도막 내의 작은 거울 역할을 한다.

③ 혼합 시 채도가 높아진다.

④ 혼합 시 명도나 채도에 영향을 주지 않는다.

+👤 메탈릭 색상에서 메탈릭 입자는 명도를 조정하며, 도료 중에 메탈릭 입자를 첨가하면 색상이 밝아지는 특징이 있다.

228 기출 2017 기출복원문제

3코트 펄에 관한 설명으로 틀린 것은?

① 알루미늄의 반사효과를 극대화한 도료이다.

② 펄이 가지고 있는 광학적인 성질을 이용한 것이다.

③ 은폐성이 약한 밝은 칼라의 도료 설계가 가능하다.

④ 칼라베이스의 색감을 노출하여 깊은 색감을 나타낸다.

+👤 알루미늄의 반사효과를 극대화한 도료는 메탈릭 도료이다.

229 기출 2017 기출복원문제

색채의 중량감은 색의 3속성 중에서 주로 어느 것에 의하여 좌우되는가?

① 순도 ② 색상

③ 채도 ④ 명도

+👤 색의 중량감은 색의 3속성 중 명도에 의해 좌우되며, 가장 무겁게 느껴지는 색은 검정색이고 가장 가볍게 느껴지는 색은 흰색이다.

230 기출 2017 기출복원문제

다음 중 고명도의 색과 난색은 어떤 성향을 지니고 있는가?

① 수축성 ② 진출성

③ 후퇴성 ④ 진정성

① 진출색 : 배경색보다 앞으로 진출된 것처럼 느껴지는 색으로 난색, 고명도, 고채도, 유채색
② 후퇴색 : 배경색보다 뒤로 후퇴된 것처럼 느껴지는 색으로 한색, 저명도, 저채도, 무채색

231 [기출] 2017 기출복원문제
동일 색상의 배색에서 받는 느낌을 가장 옳게 설명한 것은?
① 강한 대칭의 느낌
② 활동적이고 발랄한 느낌
③ 부드럽고 통일성 있는 느낌
④ 화려하고 자극적인 느낌

+● 색상의 배색
① 동일 색상의 배색 : 색상에 의해 부드러움이나 딱딱함 또는 따뜻함이나 차가움 등의 통일된 느낌을 형성하여 같은 색상의 명도나 채도의 차이를 둔 배색에서 느낄 수 있다.
② 유사 색상의 배색 : 동일 색상의 배색과 비슷하며 색상의 차이가 적은 배색이다. 온화함, 친근감, 즐거움 등의 감정을 느낌이 있다.
③ 반대 색상의 배색 : 조색 관계에 있는 색들의 배색으로써 화려하고 강하며 생생한 느낌을 준다.
④ 고채도의 배색 : 동적이고 자극적이며, 산만한 느낌을 준다.
⑤ 저채도의 배색 : 부드럽고 온화한 느낌을 준다.
⑥ 고명도의 배색 : 순수하고 맑은 느낌을 준다.
⑦ 저명도의 배색 : 무겁고 침울한 느낌을 준다.

232 [기출] 2017 기출복원문제
다음 중 무채색으로 묶어진 것은?
① 흰색, 회색, 검정
② 흰색, 노랑, 검정
③ 검정, 파랑, 회색
④ 빨강, 검정, 회색

+● 무채색은 색상과 채도가 없고 명도만 가지고 있는 색으로 흰색과 검정색의 양만 가지고 있다.

233 [기출] 2017 기출복원문제
다음 중 빛에 대한 설명으로 틀린 것은?
① 빛은 에너지 전달 현상으로 물리적인 현상을 의미한다.
② 가시광선은 빛의 약 380~780nm 까지의 범위를 가진다.
③ 색은 빛으로 방사되는 수많은 전자파 중에서 눈으로 보이는 파장의 범위를 의미한다.
④ 가시광선은 가장 긴 파장인 노랑으로부터 시작한다.

+● 가시광선은 보라색(380nm)에서 빨간색(780nm)

234 [기출] 2017 기출복원문제
색채 계획 과정의 순서로 가장 옳게 연결 된 것은?
① 색채 환경 분석 → 색채 전달 계획 → 색채 심리 분석 → 디자인의 적용
② 색채 전달 계획 → 색채 심리 분석 → 색채 환경 분석 → 디자인의 적용
③ 색채 전달 계획 → 색채 환경 분석 → 색채 심리 분석 → 디자인의 적용
④ 색채 환경 분석 → 색채 심리 분석 → 색채 전달 계획 → 디자인의 적용

+● 색채 계획 과정 : 색채 환경 분석(어떤 색이 있는가?) → 색채심리분석(어떤 이미지를 가지고 있는가?) → 색채전달계획(어떤 식으로 전달할 것인가?) → 디자인 적용(색채 규격과 색채시방 및 컬러 매뉴얼 작성)

235 [기출] 2017 기출복원문제
노랑 글씨를 명시도가 높게 하려면 다음 중 어느 바탕색을 하는 것이 효과적인가?
① 빨강   ② 보라
③ 검정   ④ 녹색

+● 명시도
① 흰색 바탕일 경우 : 검정, 보라, 파랑, 청록, 빨강, 노랑 순
② 검정색 바탕일 경우 : 노랑, 주황, 빨강, 녹색, 파랑 순

정답   231. ③   232. ①   233. ④   234. ④   235. ③

236 기출 2017 기출복원문제

다음 중 관용 색명의 설명으로 틀린 것은?

① 예부터 사용해 온 고유 색명

② 색상, 명도, 채도로 표시하는 색명

③ 식물의 이름에서 유래된 색명

④ 땅이나 사람의 이름에서 유래된 색명

+● 관용 색명은 예부터 관습적으로 사용한 색명으로 식물, 동물, 광물 등의 이름을 따서 붙인 것과 시대, 장소, 유행 같은데서 유래된 것이 있다.

237 기출 2017 기출복원문제

다음 중 동시 대비 현상이 아닌 것은?

① 색상 대비   ② 보색 대비

③ 명도 대비   ④ 연속 대비

+● 동시 대비는 가까이 있는 두 가지 이상의 색을 동시에 볼 때 일어나는 현상으로 색상 대비, 명도 대비, 채도 대비, 보색 대비가 있다.

238 기출 2017 기출복원문제

먼셀 20색상환에서 명도가 높은 것에서 낮은 순으로 된 것은?

① 노랑 → 연두 → 청록 → 보라

② 노랑 → 자주 → 보라 → 주황

③ 노랑 → 파랑 → 주황 → 연두

④ 노랑 → 청록 → 보라 → 연두

+● 빨강(4), 주황(6), 노랑(9), 연두(7), 녹색(5), 청록(5), 파랑(4), 남색(3), 보라(4), 자주(4)

239 기출 2017 기출복원문제

다음 중 관용 색명으로 옳은 것은?

① 살구색   ② 자주색

③ 파란색   ④ 남색

+● 관용 색명은 예전부터 전해오는 습관적인 색 이름이나 고유한 이름을 붙여 놓은 색으로 지명, 자연, 광물, 식물, 인면 등에 따라서 이름이 붙여진다. 예를 들어 청자색, 나무색, 흙색, 하늘색, 호박색, 쥐색, 바다색, 감색 등을 말한다.

240 기출 2017 기출복원문제

다음 중 색채 조화의 공통 되는 원리가 아닌 것은?

① 질서의 원리   ② 유사의 원리

③ 면적의 원리   ④ 대비의 원리

+● **색채 조화의 공통되는 원리**

① 질서의 원리 : 유채색의 배색에 사용되며, 사전 계획에 의해 일정한 질서와 규칙을 갖는다는 원리이다.

② 명료성의 원리 : 서로 같거나 비슷한 것들끼리는 조화를 이루기 어려우나 색상이나 명도, 채도 등 차이가 뚜렷한 색들은 조화를 이룬다는 원리이다.

③ 유사의 원리 : 배색된 색들이 서로 공통되는 상태와 속성을 가질 때 조화를 이루는 원리이다.

④ 대비의 원리 : 서로 반대되는 상태나 속성을 갖는 색을 배색한 것으로 대비로 인한 거부감보다 아름다움에 많은 비중을 갖게 된다. 너무 강한 대비를 피하기 위해서는 채도를 낮추거나 명시도를 높이는 것이 좋다.

⑤ 동류의 원리 : 가까운 색채끼리의 배색은 친근감을 주며, 조화롭게 한다. 동·식물이나 계절, 날씨 등과 관련된 배색에서 많이 일어난다.

정답 236. ②   237. ④   238. ①   239. ①   240. ③

CHAPTER

07

우레탄 도장작업

1 우레탄 도료 선택

1 우레탄 도료 종류

1) 우레탄 도료

(1) 정의

- 우레탄 도료는 안료 분자를 결합하는 폴리우레탄 수지와 안료를 혼합하여 만든 도료
- 우레탄 결합(–OCONH–)을 도막 중에 가지고 결합이 없더라도 도막 형성 반응 과정에서 우레탄 결합이 발생하는 도료
- 에나멜 도료보다 내구성이 우수하고 자외선에 강하여 옥외용으로도 사용 가능
- 화학적으로 우레탄은 페인트에 사용되지 않으며 페인트에서는 폴리우레탄 결합을 사용

(2) 종류

① **2액형 폴리우레탄 수지 도료**

- 이소시아네이트(–NCO)를 갖고 있는 폴리이소시아네이트 화합물과 수산기(–OH) 갖는 폴리에스터 폴리올, 아크릴 폴리올, 오일 프리 폴리올 용액을 도장 직전에 혼합하여 사용하는 2액형 도료
- 이소시아네이트 화합물과 수산기가 가교반응을 하여 우레탄 결합을 만듦

$$\text{R–NCO+HO–R}' \rightarrow \text{R–NH–}\overset{\overset{\text{O}}{\|}}{\text{C}}\text{–O–R}'$$

- 습기에 영향을 많이 받음
- 부착성, 내약품성, 내마모성이 우수하며 속건성
- 자동차보수용, 금속용, 피혁용으로 사용

② **블록형 폴리우레탄 수지 도료**

- 이소시아네이트(–NCO)를 페놀이나 알코올성 수산기(–OH)로 블록(block)한 이소

시아네이트 성분과 폴리에스테르 수지로 도막을 형성 하는 1액형 소부도료(180℃)

- 블로킹 첨가제가 해리되어 원래의 유리 이소시아네이트기를 재생성 시킴
- 가사시간의 제한이 없고 점도 변화도 거의 없음
- 전기절연 에나멜용으로 사용

※ 해리(dissociation) 원자나 분자가 분리되는 현상인

※ 유리(遊離)(free) 어떤 원소, 기, 화합물 등이 다른 화학성분과 결합하거나 유도체를 형성하지 않고 그대로의 상태로 존재하고 있는 것

③ **습기 경화형 폴리우레탄 수지 도료**
- 이소시아네이트를 2~3가 다가알코올로 가교한 후 프리폴리머를 도막 주성분인 도료
- 프리폴리머는 도장 후 공기 중의 습기와 유리 이소시아네이트기가 반응하여 우레탄 결합과 비슷한 결합(-NH-C-NH-)을 형성
- 개봉 후 저장 안전성이 좋지 않고 도장 공정 중 습기에 대해 특별한 주의가 필요
- 1액형이지만 2액형 우레탄 도료와 대등한 도막의 물성
- 목공, 콘크리트 도장, 플라스틱 도장으로 사용

④ **유변성 폴리우레탄 수지 도료(우레탄 변성 알키드)**
- 알키드 수지에 이소시아네이트기를 도입하여 분자 중에 우레탄 결합을 갖도록 한 도료
- 말단 이소시아네이트기는 보통 메탄올로 안정화시킴
- 프리폴리머는 우레탄 결합을 가지고 있지만 유리 이소시아네이트기가 없기 때문에 1액형 도료가 됨
- 유성 도료와 동일한 산화 건조형으로 건조제가 필요
- 알키드 도료보다 건조성, 부착성, 내마모성, 내약품성이 좋고 가격이 싸지만 황변이 발생함
- 목재용

(2) 제조 원리
- 폴리우레탄은 우레탄 결합으로 만들어진다.
- 2액형 우레탄도료용 수지의 주제로는 폴리올이 사용
- 2개 이상의 이소시아네이트기를 한유하는 단량체가 알코올기를 함유하는 다른 단량체와 반응할 때 생성 됨(R1-N=C=O + R2-OH ---≫ R1-NH-COO-R2)
- 경화제의 선택에 따라 내후성이 아주 우수한 도료 설계도 가능
- 저렴한 우레탄 도료는 10% 정도의 폴리우레탄이 함유되고, 고품질의 경우에는 폴리우레탄 비율이 많이 함유된다.

2 우레탄도료 특성

1) 전반적인 장·단점

(1) 장점

내마모성, 내후성, 유연성, 내약품성 우수

(2) 단점

황변성, 높은 가격, 가사시간, 이소시아네이트 독성, 백아화 등

2) 미국 재료 시험 협외(ASTM) 분류법

분류	종류	유리 이소시아네이트기	건조법	가사시간
2액형	폴리우레탄수지도료	유	폴리올 경화	경화제혼입 후 제한적임
1액형	블록형 폴리우레탄수지도료	무	소부건조	무제한
	습기 경화형 폴리우레탄 수지도료	유	공기중의 습기	6개월 이내
	유변성 폴리우레탄 수지도료	무	공기중의 산소	무제한

2 🔍 우레탄도료 혼합방법

우레탄 도료는 주제와 경화제가 혼합되는 순간부터 경화가 이루어지기 때문에 도장할 수 있는 모든 준비가 완료된 후 도료를 혼합한다.

① 작업 전 개인 안전 보호구를 착용한다.
② 사용하는 도료의 주제와 경화제를 충분히 교반한다.
③ 사용하는 도료의 기술자료집을 참고하여 주제와 경화제를 도료컵에 혼합한다.
  – 무게비와 부피비에 맞춰서 정확한 량을 계량
④ 점도 조정을 위해 우레탄 희석제를 첨가한다.
⑤ 교반봉으로 혼합한다.
⑥ 적정여과 능력이 있는 필터에 걸려 스프레이건에 담는다.

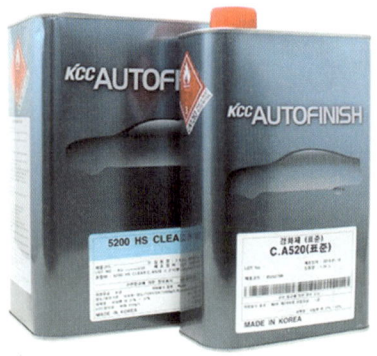

3 우레탄 도료 도장

1 상도도장 목적

자동차 보수 도장에서의 목적은
- 미관향상(오염되거나 변색된 차체 면을 도장)
- 상품가치 향상(광택과 동일한 색상으로 자동차의 가치 향상)

2 우레탄 도료 도장 방법

1) 도장 횟수에 따른 분류

(1) 1코트 방식
- 상도에 플레이크 안료가 첨가되어 있지 않는 도료
- 상도를 1회도장하고 1회 가열건조(1coat_1bake)

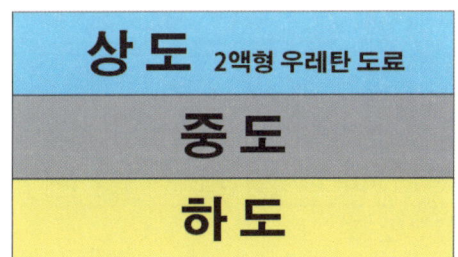

(2) 2코트 방식
- 메탈릭, 펄, 질라릭 등이 상도베이스에 포함되어 있거나 1코트 방식의 색상을 내후성이나 작업의 완성도를 향상시키기 위한 방식
- 상도를 베이스코트, 클리어코트, 2회 도장하고 1회 가열건조(2coat_1bake)

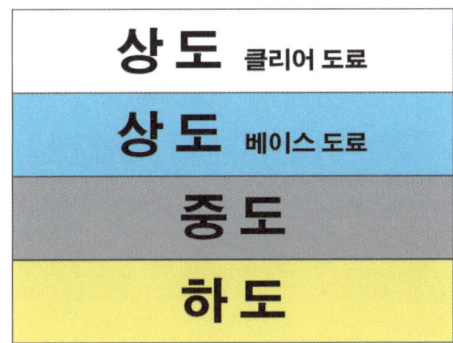

(3) 3코트 방식

- 자동차 색상의 기본색이나 반사도가 높은 도료를 컬러베이스로 도장하고 펄, 질라릭, 캔디 등을 컬러베이스 위에 도장하는 방식
- 상도를 컬러베이스코트, 펄베이스코트, 클리어코트, 3회 도장하고 1회 가열건조 (3coat_1bake)

2) 도장시 주의사항

(1) 도료 보관

- 도료 보관은 직사광선을 피하고 건냉암소(5~35℃)에 보관하고 사용 직전에 개봉하고 도료를 균일하게 교반 후 사용
- 사용 한 도료는 습기나 이물질이 들어가지 않도록 잘 밀봉 후 보관

(2) 지정된 경화제를 사용

- 타 도료나 지정된 경화제가 아닌 제품은 사용 금지(부착력저하, 투명도 저하, 내구성 저하 등)

(3) 경화 혼합 비율 준수 및 교반 철저

- 혼합 비율보다 적게 들어갈 경우 건조 지연이나 건조 후에도 단단한 도막 형성이 불안정하고, 많이 들어갈 경우 건조가 빨리지거나 건조 후 너무 단단해지거나 반응하지 못한 경화제가 잔류하게 됨
- 경화제가 혼합되고 나면 건조가 시작되므로 사용 직전에 혼합

(4) 도장시 적정온도 유지

- 도장면의 온도가 이슬점 온도(3℃)이하, 30℃이상에서는 도장 불량이 발생(균열, 부착불량, 기포발생, 백화 등)

3 우레탄 도료 건조

- 사용하는 제품의 기술자료집을 참고하여 건조시킴
- 우레탄 도장은 광택을 상승시키기 위해 과도막이 되면 흐름이나 과도막으로 인한 광택 소실이 발생하고 세팅 타임이나 건조시간을 길게 가져야 하므로 금전적인 손실이 발생
- 동일 조건 하에서 색상 별 온도가 다르기 때문에 가열 건조시 핀홀이 발생하지 않도록 주의
- 도료별로 경화제 혼합비율이 다르지만 대부분 우레탄 도료에 경화제가 적게 들어가는 제품이 빨리 건조됨

CHAPTER
07 기출 테스트

01 기출 2006.10.01
상도 도장 전 준비 작업으로 틀린 것은?
① 폴리셔 준비   ② 작업자 준비
③ 도료준비   ④ 차량준비

+ 폴리셔 준비는 광택작업시 준비 사항이다.

02 기출 2006.10.01
고온에서 유동성을 갖게 되는 수지로 열을 가해 녹여서 가공하고 식히면 굳는 수지는?
① 우레탄 수지   ② 열가소성 수지
③ 열경화성 수지   ④ 에폭시 수지

+ ① 우레탄 수지 : 우레탄 결합을 갖는 수지
② 열가소성 수지 : 열을 가하면 용융유동하여 가소성을 갖게 되고 냉각하면 고화되어 성형이 가능한 수지
③ 열경화성 수지 : 경화된 수지는 재차 가열하여도 유동상태로 되지 않고 고온으로 가열하면 분해되어 탄화되는 비가역수지이다.
④ 에폭시 수지 : 에폭시기를 가진 수지로서 가공성이 우수하며 비닐과 플라스틱의 중간정도의 수지이다.

03 기출 2008.03.30
다음 중 가능한 비투과성 조색제를 사용하여 조색해야 하는 색상은?
① 솔리드 칼라   ② 메탈릭 칼라
③ 펄 칼라   ④ 3코트 펄 베이스

+ 정답은 솔리드 칼라라고 나왔지만 메탈릭 칼라와 2coat 펄컬라도 비투과성 조색제이다. 하지만 3coat 펄 베이스의 경우에는 바탕의 컬러베이스의 색상이 펄에 일부 투과하여 보이면서 3coat 펄 베이스 색상이 눈에 보이게 된다. 이문제의 경우 아닌 것은 고르는 문제인데 잘못내서 그런것 같다. 메탈릭 칼라 역시 빛이 투과되지 않는 알루미늄(금속)을 사용하였기 때문에 빛이 투과되지 않는다.

04 기출 2008.03.30
우레탄 도장에서 경화제를 과다 혼합할 때의 문제점은?
① 경화불량
② 균열
③ 수축
④ 건조가 늦고 작업성 불량

+ 우레탄은 2액형 상도 도료로 이소시아네이트 경화제를 혼합하였을 때 건조되며, 아름다운 외관을 나타내지만 건조가 늦어(20℃ 에서 12시간 이상) 래커보다 작업성이 좋지 못하다.
• 경화불량 : 2액형 도료에서 경화제를 너무 적게 넣었을 때 발생한다.
• 균열 : 2액형 도료에서 경화제를 너무 적게 넣었거나 과다하게 첨가하여 도장하였을 경우 발생한다.

05 기출 2008.03.30
도막의 평활성을 좋게 해주는 첨가제는?
① 소포제   ② 레벨링제
③ 흐름방지제   ④ 소광제

+ 도료의 첨가제의 기능
① 방부제 : 도료 저장 중에 곰팡이 균에 의한 도료의 부식을 방지
② 색 분리 방지제 : 도료의 색 분리를 목적으로 사용
③ 흐름 방지제 : 도료의 흐름 방지
④ 침전 방지제 : 도료 저장시 안료가 바닥에 가라앉는 것을 방지
⑤ 분산제 : 도료의 성질을 조정하는 성분
⑥ 가소제 : 도막의 유연성을 부여
⑦ 레벨링제(표면 평활제) : 도막의 평활성을 원활하게 해준다.
⑧ 소포제 : 도료의 기포 발생을 억제
⑨ 증점제 : 점도를 높이고 흐름성을 방지하며, 안료의 침강을 방지
⑩ 습윤제 : 도료의 습기를 제거
⑪ 소광제 : 도막의 광택을 제거
⑫ 건조지연제 : 건조를 지연시킴
⑬ 안티스케닝제 : 도료 저장 중에 생기는 윗부분의 피막을 제거

정답 01.① 02.② 03.① 04.④ 05.②

06 기출 2008.07.13

솔리드 2액형 도료의 상도 스프레이시 적당한 도막 두께는?

① 3 ～ 5 ㎛　　　② 8 ～ 10 ㎛
③ 15 ～ 20 ㎛　　④ 40 ～ 50 ㎛

➕👤 **도막의 두께**
　① 2～5㎛ : 워시 프라이머, 플라스틱 프라이머의 건조도막 두께
　② 15～20㎛ : 컬러 베이스 코트의 건조도막 두께
　③ 40～50㎛ : 솔리드 2액형 도료, 클리어의 건조도막 두께

07 기출 2009.03.29

솔리드 조색시 주의할 사항으로 틀린 것은?

① 지정 색과의 색상 비교시 수정할 조색제를 한꺼번에 모두 넣고 수정하는 것이 시간절약 및 정확한 조색으로 효과를 볼 수 있다.
② 조색제 투입시에는 한 가지씩 넣어 조색제 특징을 살려 비교하는 것이 바람직하다.
③ 수정할 조색제는 한꺼번에 투입해서 조색하지 않는 것이 좋다.
④ 조색 작업시 너무 적은 양으로 조색하면 오차가 심하게 발생할 수 있다.

➕👤 자동차 보수 도장 조색 시 항상 조색제는 미량 첨가해야한다. 솔리드 조색뿐 아니라 메탈릭, 펄 조색시에도 미량 첨가해야한다.

08 기출 2009.03.29

자동차 보수도장에서 색상과 광택을 부여하여 외관을 향상시켜 원래의 모습으로 복원하는 도장 방법은?

① 하도 작업　　　② 중도 작업
③ 상도 작업　　　④ 광택 작업

➕👤 **각 작업의 목적**
　① 하도 작업 : 요철을 제거하여 원래와 같은 상태로 도장 면을 복원하는 공정이다.
　② 중도 작업 : 상도 공정의 도료가 하도로 흡수되는 것을 방지하며 미세한 요철과 연마자국을 제거한다.
　③ 광택 작업 : 상도 작업 후 발생되어 있는 결함을 제거하는 공정으로 대표적인 결함은 먼지, 흘림, 오렌지필 등이 있다.

09 기출 2009.03.29

저비점 용제의 비점은 몇 ℃ 정도인가?

① 100℃ 이하　　② 150℃
③ 180℃　　　　　④ 200℃ 이상

➕👤 **비점에 따른 용제의 종류**
　① 저비점 용제 : 끓는점이 100℃ 이하의 것으로 아세톤, 초산에칠, 이스프로필알코올, 메틸에칠케톤 등이 있다.
　② 중비점 용제 : 끓는점이 100℃ ～ 150℃ 정도의 것으로 톨루엔, 크실렌, 부틸알코올 등이 있다.
　③ 고비점 용제 : 끓는점이 150℃ 이상의 것으로 부틸셀로솔브, 부틸셀로솔브아세테이트 등이 있다.

10 기출 2009.03.29

불소수지의 상도도료에 대한 특징이 아닌 것은?

① 내후성　　　　② 내식성
③ 발수성　　　　④ 내오염성

11 기출 2009.09.27

도막이 가장 단단한 구조를 갖는 건조 방식은?

① 용제 증발형 건조 방식
② 산화 중합건조 방식
③ 2 액 중합건조 방식
④ 열 중합건조 방식

12 기출 2009.09.27

수지의 분류 방법 중 주로 동식물에서 추출 또는 분해되는 수지를 일컫는 것은?

① 합성 수지
② 천연 수지
③ 열가소성 수지
④ 열경화성 수지

➕👤 ① 합성수지는 화학적으로 합성하여 만든 수지로서 열가소성 수지와 열경화성 수지로 나뉜다.
　② 열가소성 수지는 열을 가하여 성형한 후 다시 열을 가하면 형태를 변형시킬 수 있는 수지로서 염화비닐수지, 아크릴수지, 질화면(NC), 셀룰로즈, 아세테이트, 부칠레이트(CAB) 등이 있다.

정답 06. ④　07. ①　08. ③　09. ①　10. ②　11. ④　12. ②

③ 열경화성 수지는 열을 가하여 성형한 후 다시 열을 가해도 형태가 변하지 않는 수지로서 에폭시수지, 멜라민수지, 불포화 폴리에스테르수지, 폴리우레탄수지, 아크릴 우레탄수지 등이 있다.

13 기출 2009.09.27
자동차 보수도장에서 사용하는 도료 분류 방법이 아닌 것은?
① 아크릴 타입(1Coat−1Bake)
② 메탈릭 타입(2Coat−1Bake)
③ 솔리드 2 액형 타입(1Coat−1Bake)
④ 2 코트 펄 타입(3Coat−1Bake)

14 기출 2009.09.27
도장 용제에 대한 설명 중 틀린 것은?
① 수지를 용해 시켜 유동성을 부여한다.
② 점도조절 기능을 가지고 있다.
③ 도료의 특정 기능을 부여한다.
④ 희석제, 시너 등이 사용된다.
+● 도료의 특정 기능을 부여하는 요소는 첨가제이다.

15 기출 2010.03.28
우레탄계 도료에서 사용되는 경화제를 취급할 때 유의사항으로 적합하지 않은 것은?
① 이소시아네이트 경화제는 독성이 없어 장갑이나 보호 마스크 착용이 필요 없다.
② 공기 중의 수분과 반응하므로 경화제 뚜껑을 확실히 닫는다.
③ 경화제가 젤 모양이나 하얗게 탁해진 것은 사용하지 않는다.
④ 경화제의 배합은 분무하기 바로 전에 한다.

16 기출 2010.03.28
솔리드 색상을 조색하는 방법의 설명 중 틀린 것은?
① 주 원색은 짙은 색부터 혼합한다.
② 견본 색보다 채도는 맑게 맞추도록 한다.
③ 색상이 탁해지는 색은 나중에 넣는다.
④ 동일한 색상을 오래 동안 주시하면 잔상현상이 발생되기 때문에 피한다.

17 기출 2010.10.03
2액형 우레탄 수지의 도료를 사용하기 위해 혼합하였을 때 겔화, 경화 등이 일어나지 않고 사용하기에 적합한 유동성을 유지하고 있는 시간을 나타내는 것은?
① 지촉건조   ② 경화건조
③ 가사시간   ④ 중간건조시간

18 기출 2011.10.09
우레탄 프라이머 서페이서를 혼합할 때 경화제를 필요 이상으로 첨가했을 때 발생하는 원인이 아닌 것은?
① 건조가 늦어진다.
② 작업성이 나빠진다.
③ 공기 중의 수분과 반응하여 도막에 결로가 되므로 블리스터의 원인이 된다.
④ 경화불량 균열 및 수축의 원인이 된다.

19 기출 2012.04.08
내약품성, 부착성, 연마성, 내스크래치성, 선명성 들이 우수하여 자동차보수도장 상도용으로 사용되는 수지는?
① 아크릴 멜라민 수지
② 아크릴 우레탄 수지
③ 에폭시 수지
④ 알키드 수지

정답 13. ① 14. ③ 15. ① 16. ① 17. ③ 18. ④ 19. ②

20 기출 2012.04.08

자기 반응형(2액 중합건조)에 대한 설명 중 틀린 것은?

① 주제와 경화제를 혼합함으로써 수지가 반응한다.

② 아미노알키드수지도료와 같이 신차 도장에서 주로 사용된다.

③ 5℃이하에서는 거의 반응이 없다가 40~80℃에서는 건조시간이 단축된다.

④ 도막은 그물(망상)구조를 형성한다.

21 기출 2013.04.14

상도 도장 전 준비 작업으로 틀린 것은?

① 폴리셔 준비

② 작업자 준비

③ 도료 준비

④ 피도물 준비

+● 폴리셔는 광택공정에 사용하는 공구로서 빠른 회전력으로 도장면의 오렌지필 등을 제거할 때 사용한다.

22 기출 2013.04.14

아크릴 우레탄 도료를 강제 건조 시 도막 건조 온도로 적당한 것은?

① 20℃~30℃/20분~30분

② 30℃~40℃/20분~30분

③ 40℃~50℃/20분~30분

④ 60℃~70℃/20분~30분

23 기출 2014.04.06

다음 중 용제 증발형 도료에 해당되지 않는 것은?

① 우레탄 도료

② 래커 도료

③ 니트로셀룰로오스 도료

④ 아크릴 도료

+● 우레탄 도료는 가교형 도료이다.

24 기출 2014.04.06

폴리에스테르 도료의 보관법으로 옳은 것은?

① 열이나 빛에 의하여 중합되지 않도록 냉암소에 보관한다.

② 자외선이 많이 비치는 곳에 보관한다.

③ 경화제를 혼합하여 보관한다.

④ 실내온도가 가능한 높은 곳에 보관한다.

25 기출 2014.10.11

자동차 보수도장의 상도도료 도장 후 강제건조 온도 범위로 옳은 것은?

① 30~50℃   ② 40~60℃

③ 60~80℃   ④ 80~100℃

26 기출 2015.04.04

건조 방법별 분류가 아닌 것은?

① 자연건조 도료

② 가열 경화형 도료

③ 반응형 도료

④ 무광 도료

+● 무광도료는 도막의 형상에 따른 분류이다.

27 기출 2015.10.10

불소 수지에 관한 설명으로 틀린 것은?

① 내열성이 우수하다.

② 내약품성이 우수하다.

③ 내구성이 우수하다.

④ 내후성이 나쁘다.

+● 불소 수지는 내열성, 내약품성, 내구성, 내후성, 내자외선, 내산성, 내알칼리성 등이 우수하다.

정답 20. ② 21. ① 22. ④ 23. ① 24. ① 25. ③ 26. ④ 27. ④

28 기출 2015.10.10
자동차 보수용 도료의 제품 사양서에서 고형
분의 용적비(%)는 무엇을 의미하는가?

① 도료의 총 무게 비율
② 건조 후 도막 형성을 하는 성분의 비율
③ 도장작업 시 시너의 희석 비율
④ 도료 중 휘발 성분의 비율

29 기출 2015.10.10
스프레이건의 토출량을 증가하여 스프레이
작업을 할 때 설명으로 옳은 것은?

① 도료 분사량이 적어진다.
② 도막이 두껍게 올라간다.
③ 스프레이 속도를 천천히 해야 한다.
④ 패턴 폭이 넓어진다.

도장 조건	얇게 도장할 경우	두껍게 도장할 경우
도료 토출량	조절나사를 조인다.	조절나사를 푼다.
희석제 사용량	많이 사용 한다	적게 사용 한다
건 사용 압력	압력을 높게 한다.	압력을 낮게 한다.
도장 간격	시간을 길게 한다.	시간을 줄인다.
건의 노즐 크기	작은 노즐을 사용	큰 노즐을 사용
패턴의 폭	넓게 한다.	좁게 한다.
피도체와 거리	멀게 한다.	좁게 한다.
시너의 증발속도	속건 시너를 사용	지건 시너를 사용
도장실 조건	유속, 온도를 높인다.	유속, 온도를 낮춘다.
참고사항	날림(dry)도장	젖은(wet)도장

30 기출 2016.04.02
연필 경도 체크에서 우레탄 도막에 적합한
것은?

① 5H
② F~H
③ H~2H
④ 2H~3H

+ 연필 경도 체크에서 연필의 경도는 소부 도막의 경우
2H, 우레탄 도막의 경우 H~2H, 불소계 도막의 경우
2H~3H, 래커계 도막의 경우 F~H 이다.

31 기출 2016 기출복원문제
우레탄 도장에서 경화제를 과다 혼합할 때의
문제점은?

① 경화 불량
② 균열
③ 수축
④ 건조가 늦고 작업성 불량

+ **우레탄 2액형 도료의 특징 및 결함**
① 우레탄은 2 액형 상도 도료로 이소시아네이트 경
화제를 혼합하였을 때 건조되며, 아름다운 외관을
나타내지만 건조가 늦어(20℃에서 12시간 이상)
래커보다 작업성이 좋지 못하다.
② 경화 불량 : 2액형 도료에서 경화제를 너무 적게
넣었을 때 발생한다.
③ 균열 : 2액형 도료에서 경화제를 너무 적게 넣었거
나 과다하게 첨가하여 도장하였을 경우 발생한다.

32 기출 2017 기출복원문제
자동차 도료와 관련된 설명 중 틀린 것은?

① 전착 도료에 사용되는 수지는 에폭시 수지
이다.
② 최근에 신차용 투명에 사용되는 수지는 아
크릴 멜라민 수지이다.
③ 최근에 자동차 보수용 투명에 사용되는 수
지는 아크릴 우레탄 수지이다.
④ 자동차 보수용 수지는 모두 천연수지를 사
용한다.

+ 자동차 보수용 수지는 대부분 합성수지를 사용한다.

CHAPTER 08 베이스·클리어 도장

1 베이스·클리어 선택

1 베이스·클리어 종류 및 특성

1) 자동차 보수용 베이스의 종류

(1) 솔리드 색상 도료

- 흰색, 검정색, 빨강색, 노랑색, 파란색 등의 유색안료만 함유되어 있는 도료
- 특히 검정색의 경우 오랜시간 동안 방치 후 클리어를 도장 할 경우 베이스코트에 부착이 잘 되지 않는 클리어가 벗겨지는 경우도 있음
- 솔리드 컬러를 베이스로 도장할 경우는 작업 중 발생하는 결함 수정이 어렵지만 베이스코트를 도장하면서 수정 보완 필요

(2) 메탈릭 색상 도료

- 2코트 솔리드 색상 도료에 메탈릭, 펄 등의 플레이크 안료가 함유되어 있는 도료
- 메탈릭 입자의 크기, 도막내의 위치에 따라 색상이 변함
- 메탈릭 색상 도료의 명도조절은 어둡게 만들고자 할 때는 검정색을 밝게 만들고자 할 때는 흰색이 아닌 메탈릭 입자를 첨가(흰색 안료가 첨가되면 메탈릭 입자의 반사가 잘되지 않고 뿌옇게 변하게 됨)

(3) 펄 색상 도료

- 컬러베이스를 도장하고 마이카(Mica)라 하는 펄을 섞은 도료
- 솔리드 베이스코트에 첨가된 제품도 있지만 대부분은 컬러베이스 도장 후 펄베이스를 도장하는 3코트 도료를 총칭
- 펄베이스의 색상은 동일하지만 언더도장인 컬러베이스의 색상에 따라 색이 변화며 컬러베이스의 색상은 동일하지만 동일한 펄베이스의 도장 횟수나 도막 두께에 따라 색이 변화

2 베이스 도장

1 베이스 도장 목적

자동차에 본연의 색이나 고객이 원하는 색을 도장하며 자동차 보수도장에서는 수지에 따라 유성과 수용성 2가지가 있음

1) 수용성 도료 적용

휘발성 유기화합물은 독성의 노출 농도와 기간 등이 개인별로 다르게 나타나며 취급하는 근로자가 고농도의 휘발성 유기화합물에 노출되면 중추 신경계 마비에 따라 정신기능 장애·의식상실·경련 등이 나타날 수 있으며, 호흡중추가 억제되는 경우 사망에 이르게 되기 때문에 배출되는 유기화합물을 줄여 작업자의 건강을 지키기 위해 수용성도료 적용 시작

(1) 휘발성 유기화합물 배출기준

용도분류	휘발성유기화합물 함유기준(g/L)	
	2019년 12월 31일까지	2020년 1월 1일 부터
워시프라이머	780이하	660이하
프라이머/서페이서	540이하	420이하
상도-single(1coat)	450이하	420이하
상도-basecoat(2coat)	450이하	수용성 200이하 유성 450이하 (단, 2022년 1월 1일부터 유성, 수용성 구분 없이 200 이하로 한다.)
상도-topcoat	450이하	420이하
특수 기능도료	800이하	680이하
기타		250이하

※ 비고. 2020년 1월 1일부터 적용되는 함유기준은 2020년 1월 1일 이후에 제조·생산된 도료에 적용한다.

(2) 건조 시간에 영향을 미치는 조건
- 상대습도
- 공기 흐름
- 도장실 온도
- 도막 두께
- 제품보관상태

(3) 온도와 습도와의 관계

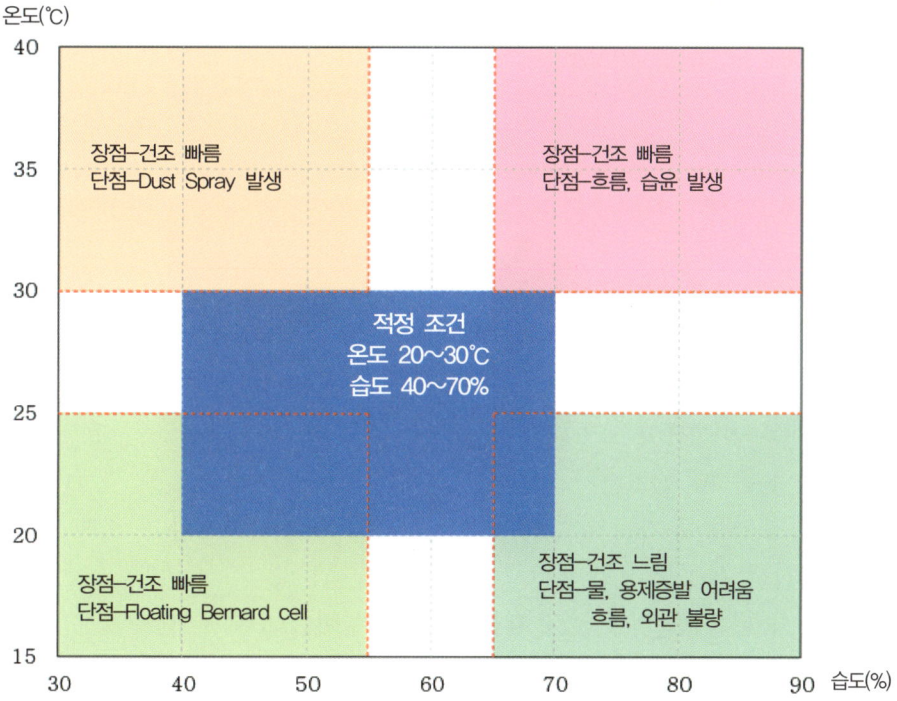

※ Floating : 2가지 이상의 유색 안료로 만든 도료를 도장 하였을 때 불균일한 안료의 분산으로 부분적으로 도장면의 색의 달라 보이는 현상

※ Bernard cell : 도료의 건조 과정 중에 도막 내에서의 대류현상이 일어나는데 건조 중에 있는 도막의 표면으로 올라와서 생긴 특수한 셀 구조로 온도, 밀도, 표면장력의 차이에 의해 일어날 수 있음

(4) 유성도료와 수용성도료 조성

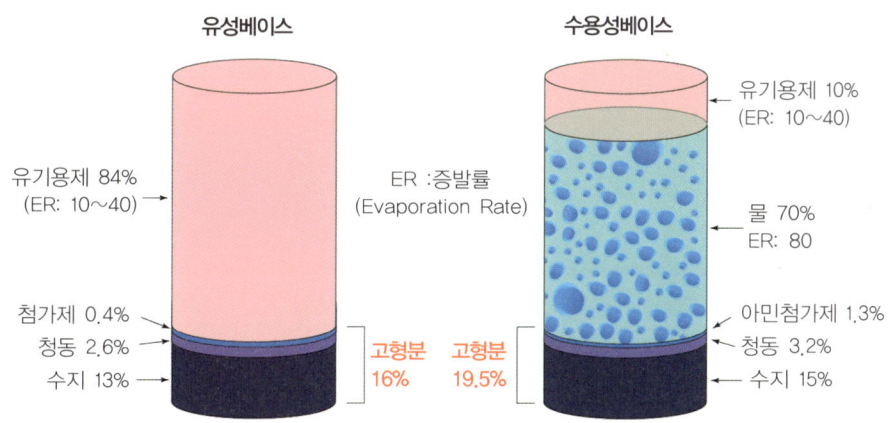

(5) 수용성 장·단점

① **장점**

    – VOC 배출을 줄일 수 있다.

    – 고형분이 높다.

    – 메탈릭 얼룩 발생이 적다.

    – 은폐력이 좋다.

    – 채도가 높다.

    – 베이스코트 건조 후 매끈하다.

② **단점**

    – 가격이 유성도료보다 비싸다.

    – 사용 재료의 가격이 고가다.

    – 습도가 높을 때 건조가 느리다.

    – 건조시 풍량을 증가시켜야 하여 설비투자가 이루어져야한다.

    – 유통기간이 유성보다 짧다.

    – 겨울철 동결 가능성이 있기 때문에 히팅 설비가 있어야 한다.

2 베이스 도장 방법

1) 유성

대부분의 유성도료 제작사에서 추천하는 도장 공정

① 1차–날림도장(Dry Spray)

    〈 플래시 오프 타임 1분

② 2차–젖음도장(Wet Spray)

    〈 플래시 오프 타임 3~5분

③ 3차–색결정도장(Medium Spray)

※ 은폐 유무에 따라 2차 도장 한번 더 시행될 수 있음

2) 수용성

도장조건은 각 도료 회사에서 요구하는 방법으로 세팅한다.

(1) 솔리드

① **NOROO(WATER–Q)작업법**

    Ⓐ 솔리드

    – 1차–젖음도장(Wet Spray)_100%

       〈 도장간 광택이 없어질 때까지 충분한 에어블로잉(피도체와 30cm이상)

- 2차–젖음도장(Wet Spray)_100%

  〈 도장간 광택이 없어질 때까지 충분한 에어블로잉(피도체와 30cm이상)
- 클리어 도장 전 충분한 건조시간을 줄 것(10분 이상, 20~30℃)

Ⓑ 메탈릭
- 1차–젖음도장(Wet Spray)_100%

  〈 도장간 광택이 없어질 때까지 충분한 에어블로잉(피도체와 30cm이상)
- 2차–젖음도장(Wet Spray)_70%(1차 Wet도장 대비)

  〈 도장간 광택이 없어질 때까지 충분한 에어블로잉(피도체와 30cm이상)
- 3차–색결정도장(Mist Spray)_30%(1차 Wet도장 대비)
- 클리어 도장 전 충분한 건조시간을 줄 것(10분 이상, 20~30℃)

② **KCC(SUMIX)작업법**

Ⓐ 솔리드
- 1차–젖음도장(Wet Spray)

  〈 표면 광택이 완전히 사라질 때까지 Air Dry Jet사용 건조(피도체와 50cm이상)
  완전히 건조한 뒤 P1000이상으로 샌딩 후 수용성 송진포 사용(습식연마 절대금지)
- 2차–젖음도장(Wet Spray)

  〈 표면 광택이 완전히 사라질 때까지 Air Dry Jet사용 건조(피도체와 50cm이상)

Ⓑ **메탈릭**
- 1차–젖음도장(Wet Spray)_은폐 목적

  〈 표면 광택이 완전히 사라질 때까지 Air Dry Jet사용 건조(피도체와 50cm이상)
  완전히 건조한 뒤 P1000이상으로 샌딩 후 수용성 송진포 사용(습식연마 절대금지)
- 2차–젖음도장(Wet Spray)_80%(1차 Wet도장 대비)

  〈 도장간 광택이 없어질 때까지 충분한 에어블로잉(피도체와 30cm이상)
- 3차–색결정도장(Mist Spray)_30~40%(1차 Wet도장 대비)

  〈 표면 광택이 완전히 사라질 때까지 Air Dry Jet사용 건조(피도체와 50cm이상)
  메탈릭 얼룩 방지 및 입자 정렬 도장이 목적이며, Dry 하지 않고 촉촉 하게도장

③ **Glasurit(90Line)작업법**

Ⓐ 솔리드, 메탈릭
- 1차–미스트도장(Mist Spray)

  〈 표면 광택이 완전히 사라질 때까지 건조
- 2차–젖음도장(Wet Spray)

  〈 표면 광택이 완전히 사라질 때까지 건조
- 3차–색결정도장(Mist Spray)

〈 투명 적용 전 무광이 될 때까지 건조
④ Spies hecker(Permahyd Hi–TEC)작업법
ⓐ 솔리드, 메탈릭
온도와 습도에 따라 거리조정이 필요
- 1차-젖음도장(Wet Spray)
〈 중간 건조 없이 즉시 2차 도장
- 2차-젖음도장(Wet Spray)_30%(1차 Wet도장 대비)
〈 투명 적용 전 무광이 될 때까지 건조

3 베이스 건조

1) 건조 시스템

(1) 자연 건조
도장 후 상온 또는 실온에 방치, 도막내의 용제를 증발시켜 도료를 건조

(2) 강제 건조
- 적외선 램프
- 열풍건조기
- Dry Jet

2) 건조 중 공기 흐름의 원리

(1) 공기 흐름이 빠를 때

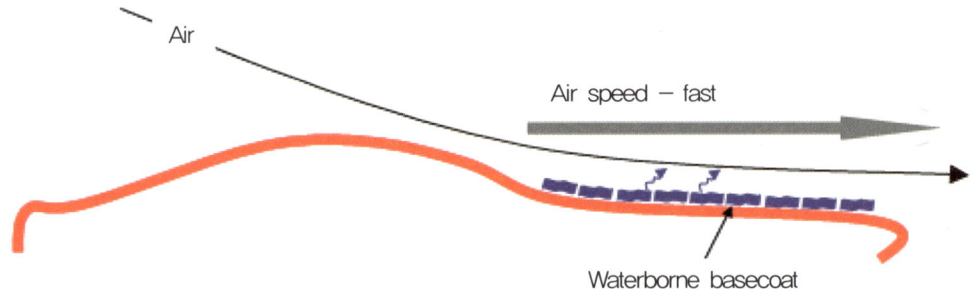

- 자동차 패널 위로 흐르는 공기 속도가 빠를수록 도장 표면에서 습기가 덜 제거됨
- 도막 내 건조 불균형으로 도장 표면만 빠르게 건조되는 드라이 스킨 발생

(2) 공기 흐름이 늦을 때

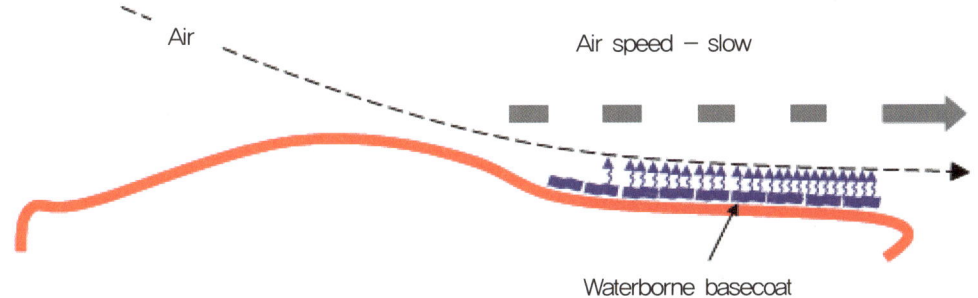

Air
Air speed − slow
Waterborne basecoat

　– 자동차 패널 위로 흐르는 공기 속도가 느릴수록 도장 표면의 더 많은 습기가 제거됨
　– 도막 내부와의 건조 균형이 발생하여 표면만 빠르게 건조되는 드라이 스킨 발생 없음

3 클리어 도장

1 클리어 도장 목적

색은 없지만 자동차를 반짝거리게 만들고 화려하게 보이며, 색상에 깊이 있게 보이게 함

1) 클리어 도장 특징

– 산화에 강하고 단단함
– 자외선으로부터 자동차를 보호
– 약한 스크래치나 산성비 등에 의한 얼룩을 도장하지 않고 제거 가능
– 스크래치에 민감하여 스크래치가 잘 보임

2 클리어 도장 방법

대부분의 유성도료 제작사에서 추천하는 도장 공정으로

1) 표준 도장 방법

　– 1차– 날림도장(Dry Spray)
　　　〈 플래시 오프 타임 1분
　– 2차– 젖음도장(Wet Spray)
　　　〈 플래시 오프 타임 3~5분
　– 3차– 젖음도장(Wet Spray)
　　　〈 세팅 타임 10분

2) 하이솔리드 클리어 도장 방법

고형분이 높아 적게 도장하여도 두꺼운 도막을 형성
  - 1차– 날림도장(Dry Spray)
    〈 플래시 오프 타임 1분
  - 2차– 젖음도장(Wet Spray)
    〈 세팅 타임 10분

3) 클리어 도료 종류

(1) 신차도장 도료

① 아미노 알키드 수지 도료
  - 아미노 수지로 요소 또는 멜라민을 포르말린과 축압시켜 사용한다.
  - 일반적으로 멜라민 수지라 한다.
  - 도막의 경도가 높고, 내수성, 내약품성이 우수하다.
  - 에폭시 멜라민 수지도료 – 에폭시 수지를 변용하여 부착성, 내수성, 내약품성을 강화시킨다.
  - 건조 온도는 100~140℃ 정도로 30분 정도로 열경화시켜 건조된다.
  - 아미노 수지 함유량이 많을수록 소부온도가 높을수록 가교밀도가 높아진다.
  - 멜라민 수지는 요소수지에 비해 강도가 높고 광택이 우수하다.
  - 내마모성과 전기적 성질이 우수하다.
  - 실제 사용상에 별문제는 없지만 부착성과 내알칼리성이 떨어진다.
  - 소부건조가 되지 않는 구조물을 제외하고 많이 사용한다.

② 열경화성 아크릴 수지 도료
  - 열경화성 아크릴 수지를 소부도료라 한다.
  - 열가소성 수지를 자연건조형 아크릴 락카라 한다.
  - 에멀전 수지를 수성도료로 사용한다.
  - 신차의 메탈릭 도료에 적용한다.
  - 반응성 관능기가 많을수록 도막 구조가 치밀해져 강도가 우수해지고 내약품성이 향상된다.
  - 에폭시 수지와 혼합하면 부착성이 향상된다.
  - 도막의 물성이 우수하고 내약품성, 부착성, 내오염성이 아주 좋다.
  - 건조 시 150℃ 이상의 온도가 필요하다.
  - 다른 수지와 혼합하여 사용 시 결과 값은 좋지 않지만 현재 사용되고 있는 도료 중 가장 뛰어난 도료

③ 불소수지 도료
- 분자 중에 불소를 포함한 수지를 사용한 도료로 현존 최고의 폭로 내구성을 가진 도료
- 우레탄 도료와 같이 경화반응 하지만 결합에너지가 커서 외부에너지로부터 견디는 힘이 우레탄 도료보다 강하다.
- 인장강도가 높고 신장율(400%)이 우수하여 도막이 우연하고 절단, 충격, 성형 등의 가공성도 우수하다.
- 내약품성, 내한성, 내열성, 내마모성, 내오염성, 가공성이 매우 좋다.
- 불에 넣으면 타고 꺼내면 자연 소화되는 자기 소화성이 있다.
- 소부건조는 150℃에서 30분, 280℃에서 10분, 320℃에서 90초로 경화 건조된다.
- 도막을 형성하기 위해 높은 온도가 필요하지만 고온에서 장시간 가열하면 수지가 분해된다.

불소수지 도료와 아크릴 우레탄 도료의 일반적인 비교

	불소수지 도료	아크릴 우레탄 도료
광택	양호	우수
부착성	우수	탁월
내후성	탁월	우수
약품성	탁월	우수
도막경도	양호	우수

(2) 자동차 보수도장 도료

① 폴리 우레탄 도료
- 분자 중에 우레탄 결합을 가지고 디이소아네이트류(Diisocianate)와 폴리하이드록시(Polyhydroxy) 화합물의 반응 제조
- 사용 목적에 따라 합치한 성능의 수지를 얻을 수 있다.
- 기계적 성질, 내마모성, 내유성, 탄성, 내한성(−40℃)이 우수하다.
- 폭넓은 사용온도 : −40℃ ~ 90℃

② 폴리 우레탄 수지 도료
- 이소시아네이트기와 활성 수소 화합물과의 중부가 반응으로 제조
- 플라스틱 등과 같이 열에 약한 소재 도장이 가능하다.
- 도료의 점도가 낮아 작업하기 쉽고 도막은 광택, 선명성이 우수하다.
- 높은 응집력과 강한 수소 결합력을 가져 내후성과 내약품성이 우수하다.
- 이소시아네이트 프리폴리머와 폴리울의 배합에 따라 딱딱하고 강인하게 만들거나 유연하면서 탄성이 있는 도막 설계가 가능하다.

3 클리어 건조

1) 자연 건조

대부분의 자동차 보수용 2액형 클리어는 약 20℃ 온도하에 24시간 정도 지나면 건조

2) 강제 건조

- 사용하는 제품의 기술자료집을 참고하여 가열 건조
- 플라스틱 제품의 경우 80℃가 넘지 않더라도 휘거나 뒤틀리는 경우가 발생하므로 건조시 편평한 바닥에 올려서 건조
- 평균적으로 60℃ 하에서 30분 건조시키지만 제품에 따라 건조시간이 다름

① **열풍대류 건조**
- 도장 부스에서 석유, 가스 버너를 사용하여 대기중의 공기의 온도를 올려 건조하는 방법

② **적외선 건조**
- 적외선 램프로 건조하는 방법
- 화재의 위험이 적고 빠른 시간에 희망하는 온도까지 올라감
- 복잡한 형상의 건조에 부적합
- 근적외선, 원적외선

3) 건조 상태(국가표준 KSM5000:2019 인용)

15℃~25℃에서 습도 50~80% 대기 조건 하에서

(1) 지촉건조(Set to Touch)

손가락 끝을 도막에 가볍게 대었을 때 점착성은 있으나 도료가 손끝에서 묻어 나지 않는 상태

(2) 점착건조(Dust Free)

① **손가락에 의한 방법**

손끝에 힘을 주지 않고 도막면을 가볍게 좌우로 스칠 때, 손끝 자국이 심하게 나타나지 않는 상태

② **솜에 의한 방법**

탈지면을 약 3cm 높이에서 도막면에 떨어뜨린 다음, 입으로 불어 탈지면이 쉽게 떨어져 완전히 제거되는 상태

(3) 고착건조(Tack Free)

도막면에 손끝이 닿는 부분이 약 1.2cm가 되도록 가볍게 눌렀을 대, 도막면에 지문 자국이 남지 않는 상태

(4) 고화 건조(Dry Hard)

엄지와 인지 사이에 시험판을 물리되, 도막이 엄지 쪽으로 가게 하여 힘껏 눌렀다가 (비틀지 말고) 떼어 내어 부드러운 헝겊으로 가볍게 문지를 때 지문 자국이 없는 상태

(5) 경화건조(Dry Through)

도막면에 팔이 수직이 되도록 하여 힘껏 엄지손가락으로 누르면서 $90°$ 각도로 비틀어 본다. 이때 도막이 늘어나거나 주름이 생기지 않고, 또한 도막에 지문자국이 없는 상태

(6) 비점착(Free from after tack)

바니시류의 도막은 고화 건조가 된 후에도 점착성을 가지게 되는 경우가 있다.

이것은 경화 건조 전의 고착 건조와는 다르므로 아래와 같이 시험한다.

– 엄지손가락에 의한 비점착 시험방법

고화 건조 시험방법과 같이 하되, 엄지손가락으로 누르는 시간은 2초 동안으로 하여 도막이 엄지손가락에 붙지 않으면 점착되지 않는다고 한다.

(7) 완전 건조(Full Hardness)

도막을 손톱이나 칼끝으로 긁었을 때 흠이 잘 나지 않고 힘이 든다고 느끼는 상태

(8) 재도장 가능 조건(Dry for Recoating)

재도장하였을 때 밑의 도막이 부풀지 않고, 건조 시간에 영향을 주지 않을 정도의 건조

4) 건조 형태별 분류

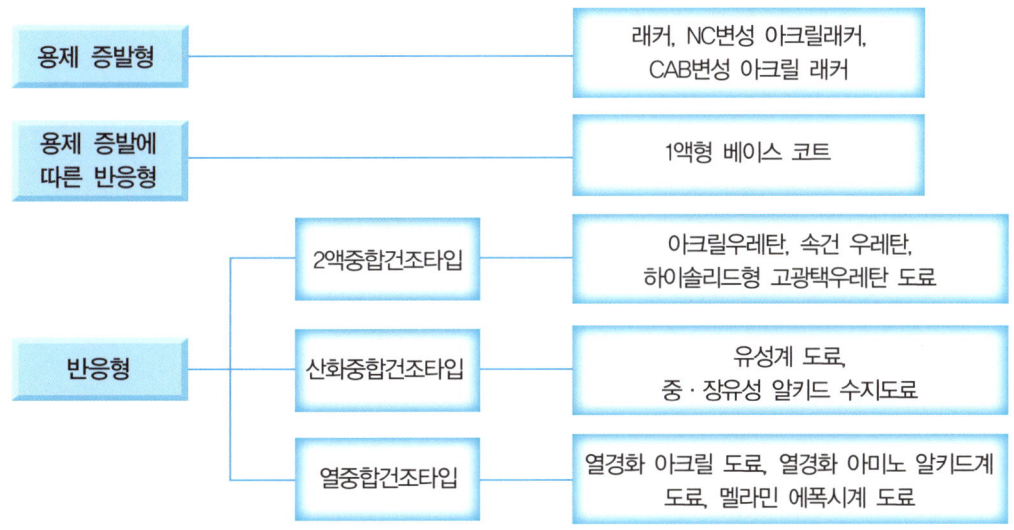

(1) 용제 증발형

① 도료 중에 용제가 공기 중으로 증발하여 건조

② 시너를 이용하여 닦으면 도막이 용해

(2) 용제 증발에 따른 반응형

① 용제가 증발하지 않으면 건조가 되지 않음

② 서로 다른 수지 분자의 용제가 증발하면서 다른 수지와 결합하는 형태

(3) 반응형

① **2액형 중합건조**

  ㉮ 주제와 경화제의 혼합으로 건조

  ㉯ 건조시 온도가 높으면 반응 속도가 빨라지고 건조가 빨리 이루어짐

  ㉰ 가사 시간이 있으므로 가사 시간 내에 사용

  ㉱ 분자 결합이 튼튼하며 신차 도막과 동등한 성능을 가짐

② **산화 중합 건조**

  ㉮ 공기 중의 산소를 흡수하여 산화하여 중합을 일으켜서 건조

  ㉯ 건조 시간이 오래 걸리고 분자 구조가 약하여 자동차용 도료로는 사용하지 않음

③ **열중합 건조**

  ㉮ 대부분 120℃ 이상의 온도에서 가열하여야만 건조가 이루어짐

  ㉯ 분자 구조가 치밀하여 우수한 도막을 형성하며 시너에 녹지 않음

  ㉰ 신차 도막에 사용

> **Hint**
>
> ● 고형분
> 도료를 일정한 조건하에서 용제가 휘발·증발하고 남은 물질로 불휘발분(가열 잔분)이라고 증발하기 전 무게에 대한 백분율로 '%'로 표시한다. 도료의 가열 잔분 측정 시 가열하여 측정하는데 이 때 105±2℃에서 3시간으로 규정되어 있다.

01 기출 2006.10.01
탄소를 함유하고 있는 유기 화합물로서 다른 물질을 용해시킬 수 있으며, 상온에서 액체 상태로 휘발하기 쉬운 성질을 가지고 있는 물질은?

① 유기용제　　② 무기용제
③ 분진　　　　④ 액상용제

+👤 **유기용제** : 시너, 솔벤트 등 어떤 물질을 녹일 수 있는 액체상태의 유기화학물질로서 휘발성이 강한 것이 특징이며, 상온에서 액체 상태로 휘발하기 쉬운 성질을 가지고 있고, 공기 중에 유해가스의 형태로 존재하기도 한다.

1. 성질
① 기름이나 지방을 잘 녹이며, 특히 피부에 묻으면 지방질을 통과하여 체내에 흡수된다.
② 쉽게 증발하여 호흡을 통하여 잘 흡수된다.
③ 인화성이 있어 불이 잘 붙는다.
④ 대부분은 중독성이 강하여 뇌와 신경에 해를 끼쳐 마취작용과 두통을 일으킨다.

02 기출 2007.09.16
3코트 펄 도장시스템으로 분류하는 경우 맞는 것은?

① 1C1B(1번 도장, 1번 열처리)
② 2C1B(2번 도장, 1번 열처리)
③ 3C1B(3번 도장, 1번 열처리)
④ 3B1C(1번 도장, 3번 열처리)

+👤 ① 솔리드우레탄도장 : 1C1B
② 메탈릭, 펄2coat도장 : 2C1B
③ 3coat펄도장 : 3C1B

03 기출 2007.09.16
하절기 온도가 높을 때 베이스 코트 작업으로 올바른 것은?

① 작업을 빨리하기 위해 속건용 시너를 희석한다.
② 스프레이건의 속도를 빠르게 한다.
③ 지건용 시너를 사용하여 도장한다.
④ 에어 압력을 줄여서 도장을 한다.

04 기출 2007.09.16
국내 voc 배출량을 비교할 때 가장 배출량이 큰 곳은?

① 도로포장　　② 도장시설
③ 자동차 운행　④ 주유소

+👤 도장시설 46%, 자동차 운행 35%, 주유소 5%, 도로포장 3%, 세탁시설 2%

05 기출 2008.03.30
도장 할 때 건조 시간과 관계가 없는 것은?

① 도료의 점도
② 스프레이건의 이동속도
③ 스프레이건의 거리
④ 스프레이건의 종류

+👤 동일한 에어압력과 도료점도일 경우 흡상식 타입과 비교하면 중력식 타입의 도료 토출량이 많아 건조시간이 오래 걸린다.

06 기출 2008.03.30
3코트 펄 보수도장시 컬러베이스의 건조도막 두께로 적합한 것은?

① $3\sim5\,\mu$m　　② $8\sim10\,\mu$m
③ $30\sim40\,\mu$m　④ $50\sim60\,\mu$m

정답 01. ①　02. ③　03. ③　04. ②　05. ④　06. ③

07 기출 2008.03.30

펄 베이스의 도장 방법으로 틀린 것은?

① 플래시 타임을 충분히 준 다음 도장한다.
② 에어블로잉 하지 않고 자연 건조시킨다.
③ 에어블로잉 후 자연건조 시킨다.
④ 실차의 도장 상태에 맞도록 도장한다.

08 기출 2008.03.30

휘발성 용제 취급시 위험성과 관계가 가장 먼 요소는?

① 인화점   ② 발화점
③ 연소범위   ④ 비열

09 기출 2008.07.13

수용성 도료 작업시 사용하는 도장 보조 재료로 적합하지 않은 것은?

① 마스킹 종이는 물을 흡수하지 않아야 한다.
② 도료 여과지는 물에 녹지 않는 재질이어야 한다.
③ 마스킹용으로 비닐 재질을 사용할 수 있다.
④ 도료 보관 용기는 금속 재질을 사용한다.

+🧑 수용성 도료는 물을 함유하고 있기 때문에 금속 재질의 용기를 사용할 경우 부식이 발생한다.

10 기출 2008.07.13

렛 다운(Let – Down) 시편의 설명 중 올바른 것은?

① 정확한 메탈릭 베이스의 도장횟수를 결정하기 위한 것이다.
② 펄 베이스의 도장 횟수에 따라 컬러 변화를 알아보기 위한 것이다.
③ 컬러 베이스의 은폐력 확인을 위한 것이다.
④ 솔리드 칼라의 은폐력 확인을 위한 것이다.

+🧑 컬러 베이스 도장 후 펄 베이스의 도장횟수에 따른 색상차이를 확인하기 위한 작업 방법

11 기출 2008.07.13

상도 도장 작업에서 일반적으로 스프레이건의 이동 속도로 적당한 것은?

① 1~5cm/sec   ② 10~20cm/sec
③ 30~60cm/sec   ④ 100~150cm/sec

12 기출 2008.07.13

다음 중 도료의 첨가제가 아닌 것은?

① 침전 방지제   ② 표면 평활제
③ 색 분리 방지제   ④ 피막 처리제

+🧑 **도료의 첨가제의 기능**

① 방부제 : 도료 저장 중에 곰팡이 균에 의한 도료의 부식을 방지
② 색 분리 방지제 : 도료의 색 분리를 목적으로 사용
③ 흐름 방지제 : 도료의 흐름 방지
④ 침전 방지제 : 도료 저장시 안료가 바닥에 가라앉는 것을 방지
⑤ 분산제 : 도료의 성질을 조정하는 성분
⑥ 가소제 : 도막의 유연성을 부여
⑦ 레벨링제(표면 평활제) : 도막의 평활성을 원활하게 해준다.
⑧ 소포제 : 도료의 기포 발생을 억제
⑨ 증점제 : 점도를 높이고 흐름성을 방지하며, 안료의 침강을 방지
⑩ 습윤제 : 도료의 습기를 제거
⑪ 소광제 : 도막의 광택을 제거
⑫ 건조지연제 : 건조를 지연시킴
⑬ 안티스케닝제 : 도료 저장 중에 생기는 윗부분의 피막을 제거

13 기출 2008.07.13

유기용제 중 제2석유류의 인화점으로 맞는 것은?

① 21℃ 미만   ② 21 ~ 70℃
③ 70 ~ 200℃   ④ 200℃ 이상

+🧑 **유기용제의 인화점**

① 제1석유류 : 아세톤, 휘발유, 벤졸, 톨루엔 등으로 인화점이 21℃미만
② 제2석유류 : 등유, 경유, 크실렌, 미네랄스피릿, 셀루솔브 등으로 인화점이 21~70℃
③ 제3석유류 : 중유, 클레오소트유 등으로 인화점이 70~200℃

정답 07. ③   08. ④   09. ④   10. ②   11. ③   12. ④   13. ②

④ 제4석유류 : 기어류, 실린더유 등으로 인화점이 200~250℃
⑤ 동식물유 : 동물의 지육이나 식물의 종자, 과육으로부터 추출한 것으로 인화점이 250℃미만

14 **기출** 2008.07.13
유기용제의 영향으로 인체에 나타나는 현상 중 기관지 장해를 일으키는 용제는?
① 톨루엔
② 메틸알코올
③ 부틸아세테이트
④ 메틸이소부틸케톤

15 **기출** 2009.03.29
다음 중 펄 안료와 관계있는 재료는?
① 현무암　　　　② 운모
③ 광명단　　　　④ 유색 안료

+● **운모** : 화강암으로 층상구조를 가지고 있으며 일반적으로 육가 판상 결정형이다. 쪼개질 때 밑면에 대하여 수평으로 쪼개지며 아주 얇게 벗겨지며 탄력이 강하다.

16 **기출** 2009.03.29
다음은 어떤 도장의 특징을 설명한 것인가?

> 도료는 은폐가 안된다는 점을 착안하여 백색계 통의 솔리드를 먼저 도장한 후 건조 시키고 그 위에 은폐력이 떨어지는 펄을 도장하여 바탕색이 백색의 솔리드 색상이 비추어 보이게 하는 효과를 이용한 도료이다.

① 3 코트 펄도장　　② 메탈릭 도장
③ 터치업 부분 도장　④ 우레탄 도장

17 **기출** 2009.03.29
운모에 이산화티탄을 코팅한 것으로서, 빛을 반사 투과하므로 보는 각도에 따라 진주광택이나 홍채색 등 미묘한 색상의 빛을 내는 안료를 지칭하는 것은?

① 무기안료　　　　② 유기안료
③ 메탈릭　　　　　④ 펄(마이카)

18 **기출** 2009.03.29
제3종 유기용제 취급 장소의 색 표시는?
① 빨강　② 노랑　③ 파랑　④ 녹색

+● **유기 용제의 종류**
① 1종 유기용제 : 표시 색상은 빨강이며, 벤젠, 사염화탄소, 트리클로로에틸렌 – 25ppm
② 2종 유기용제 : 표시 색상은 노랑이며, 톨루엔, 크실렌, 초산에틸, 초산부틸, 아세톤, 에틸에테르 등이다. – 200ppm
③ 3종 유기용제 : 표시 색상은 파랑이며, 가솔린, 미네랄스피릿, 석유나프타, 석유벤젠, 테레핀유 등이다. – 500ppm

19 **기출** 2009.03.29
도료의 보관 장소에서 우선하여 고려되어야 할 사항은?
① 상온 유지　　　② 환기
③ 습기　　　　　④ 청소

20 **기출** 2009.09.27
메탈릭 도료의 여과지(종이필터) 규격으로 옳은 것은?
① 100 메시(meshs)
② 220 메시(meshs)
③ 300 메시(meshs)
④ 440 메시(meshs)

21 **기출** 2009.09.27
메탈릭 입자에 대한 설명으로 옳은 것은?
① 입자가 둥근 메탈릭 입자는 은폐력이 약하다.
② 입자의 종류는 크게 3 가지로 구분 된다.
③ 입자 크기에 따라 정면과 측면의 밝기를 조절할 수 있다.
④ 관찰하는 각도에 따라 색상의 밝기가 달라진다.

정답　14. ④　15. ②　16. ①　17. ④　18. ③　19. ②　20. ②　21. ①

22 기출 2010.03.28

클리어(투명)가 인체에 유해하여도 사용되는 이유 중 틀린 것은?

① 도막이 아름답기 때문에

② 도장용 성능이 우수하기 때문에

③ 도막이 오래가기 때문에

④ 습관상 오래 사용했기 때문에

23 기출 2010.03.28

유기 용제가 인체에 미치는 영향으로 맞는 것은?

① 피부로는 흡수되지 않는다.

② 급성중독은 없고 만성중독이 위험하다.

③ 중추신경 등 중요기관을 침범하기 쉽다.

④ 유지류를 녹이고 스며드는 성질은 없다.

24 기출 2010.10.03

자동차 상도 도장시 솔리드 컬러베이스 위에 펄베이스를 한 번 더 도장한 후 투명작업을 하는 도장 시스템은?

① 1coat-1bake   ② 2coat-1bake

③ 2coat-2bake   ④ 3coat-1bake

25 기출 2010.10.03

3코트 펄 도장 시 3C1B의 도장 순서가 올바른 것은?

① 칼라베이스 - 펄 베이스 - 클리어

② 펄 페이스 - 칼라베이스 - 클리어

③ 펄 베이스 - 펄 페이스 - 클리어

④ 칼라베이스 - 칼라베이스 - 클리어

26 기출 2010.10.03

날림도장(over spray)으로 도막을 형성하여 도장범위가 점차 넓어지게 함으로서 색상차이가 나타나지 않도록 도장하는 방법은?

① 더스트 코트   ② 숨김 도장

③ 경계면 도장   ④ 미스트 코트

➕👤 **더스트 코트** : 날림도장이라고도 하며 액체상태의 도료가 도장 면에 묻어야 하지만 에어 스프레이건에서 나가면서 용제가 증발하여 작은 알갱이 형태로 심할 경우 도장 면에 묻어 건조 후 손으로 만지면 손에 알갱이 형태로 묻어나오는 도장

27 기출 2011.04.17

상도 도장 시 주의해야 할 사항 중 틀린 것은?

① 도료 컵의 숨구멍은 위쪽으로 향한다.

② 초벌 도장은 가급적 두껍게 하는 것이 좋다.

③ 경계부위 도장은 너무 두껍게 되지 않도록 한다.

④ 도장 후 용제가 증발할 수 있는 시간을 주어야 한다.

➕👤 1차 도장은 크레터링과 같은 결함 발생률을 줄여주고 2차 젖음(wet)도장을 할 때 페인트가 잘 부착될 수 있도록 날림(dry)도장을 한다.

28 기출 2011.04.17

3코트 펄의 컬러베이스 도장에서 올바른 도장 방법은?

① 날림도장 - 날림도장 - 젖은 도장

② 젖은 도장 - 젖은 도장 - 젖은 도장

③ 젖은 도장 - 날림도장 - 젖은 도장

④ 날림도장 - 젖은 도장 - 젖은 도장

➕👤 3코트 도장에는 베이스컬러 도장과 클리어 도장이 있다. 작업 공정은 1차 컬러베이스 도장을 하고 2차 펄베이스 도장 완료 후 3차 클리어까지 3개의 다른 도료를 도장하기 때문에 3코트라고 한다.

◈ **컬러 베이스 도장**

① 1차 : 날림(dry)도장

② 2차 : 젖음(wet)도장

③ 3차 : 젖음(wet), 중간(medium)도장

※ 3차의 경우 컬러 색상에 따라 젖음이나 중간정도의 도장을 한다.

◈ **펄 베이스 도장**

① 1차 : 젖음(wet)도장

② 2차 : 젖음(wet)도장

③ 3차 : 젖음(wet)도장

정답 22. ④ 23. ③ 24. ④ 25. ① 26. ② 27. ② 28. ④

◈ 클리어 도장
① 1차 : 날림(dry)도장
② 2차 : 젖음(wet)도장
③ 3차 : 풀(full)도장

29 기출 2011.04.17
메탈릭 조색에서 미세한 크기의 메탈릭 입자에 대한 설명으로 올바른 것은?
① 반짝임이 적고 은폐력이 약하다.
② 반짝임이 우수하고 은폐력이 약하다.
③ 반짝임이 약하고 은폐력이 우수하다.
④ 반짝임이 우수하고 은폐력도 우수하다.

+👤 **메탈릭 종류**
① 일반형 : 입자 크기가 작을 경우 정면은 어둡고 측면은 밝지만 은폐력은 좋다. 입자크기가 클 경우 정면은 밝지만 측면은 어둡고 은폐력은 떨어지는 특징이 있다.
② 달러형 : 일반형과 비교하여 정면, 측면의 반짝임이 많은 것이 특징이다.

30 기출 2011.04.17
신차용 도료의 상도 베이스에 사용되며, 내후성, 외관, 색상 등이 우수한 수지는?
① 아크릴 멜라민 수지
② 아크릴 우레탄 수지
③ 에폭시 수지
④ 알키드 수지

+👤 **수지의 용도**
① 아크릴 멜라민 수지 : 멜라민과 폼알데하이드를 반응시켜 만드는 열경화성 수지로서 열·산·용제에 대하여 강하고, 전기적 성질도 뛰어나다. 식기·잡화·전기 기기 등의 성형재료로 쓰인다. 내후성, 외관, 색상 등이 우수하다.
② 아크릴 우레탄 수지 : 투명성, 접착성, 탄성 등을 이용하여 안전유리의 중간막이나 전기절연재로 등에 쓰이고 그 외 접착제, 도료, 섬유 가공용에도 널리 쓰인다.
③ 에폭시 수지 : 분자 내에 에폭시기 2개 이상을 갖는 수지상 물질 및 에폭시기의 중합에 의해서 생긴 열경화성 수지이다. 굽힘 강도·굳기 등 기계적 성질이 우수하고 경화 시에 휘발성 물질의 발생 및 부피의 수축이 없고, 경화할 때는 재료 면에서 큰 접착력을 가진다.

④ 알키드 수지 : 다가(多價)알코올과 다가산의 축합에 의해 생기는 고분자 물질로 폴리에스터수지에 속한다. 그대로 도료로 쓰거나 요소수지·멜라민 등과 혼합하여 만든 금속도료로 건축물·선박·철교 등에 널리 쓰인다.

31 기출 2011.04.17
용제 중 비점에 따른 분류 속에 포함되지 않는 것은?
① 고비점 용제   ② 저비점 용제
③ 상비점 용제   ④ 중비점 용제

+👤 **비점에 따른 용제의 분류**
① 저비점 용제 : 100℃이하에서 사용
② 중비점 용제 : 100℃~150℃에서 사용
③ 고비점 용제 : 150℃이상에서 사용

32 기출 2011.10.09
펄 색상에 관한 설명으로 올바른 것은?
① 펄 색상을 내는 알루미늄 입자가 포함된 도료이다.
② 메탈릭 색상과 크게 차이가 없다.
③ 진주 빛을 내는 인조 진주 안료가 혼합되어 있는 도료이다.
④ 빛에 대한 반사 굴절 흡수 등이 메탈릭 색상과 동일하다.

+👤 펄 컬러는 운모에 이산화티탄이나 산화철로 코팅되며 반투명하여 일부는 반사하고 일부는 흡수한다. 반투명으로 은폐력이 약한 화이트마이카, 코팅두께가 증가할수록 노랑에서 적색, 파랑, 초록으로 바뀌는 간섭마이카, 산화철을 착색하여 은폐력이 있는 착색마이카, 이산화티탄에 은을 도금한 은색마이카가 있다.

33 기출 2011.10.09

펄색상 도장에 대한 설명으로 틀린 것은?

① 안료의 특징에 따라 도장성에 큰 차이가 보인다.

② 3coat 방식보다 2coat 방식이 더 많이 사용된다.

③ 빛에 대한 반사, 굴절, 흡수 등에 대한 특성이 다르다

④ 펄 안료는 반투명하여 빛의 일부 통과 및 흡수를 한다.

+👤 펄 색상은 3coat 방식에서 주로 사용되고 2coat 방식에서는 메탈릭 안료를 보조해주는 정도의 소량이 첨가된다.

34 기출 2012.04.08

용제에 관한 설명 중 틀린 것은?

① 진용제 — 단독으로 수지를 용해시키고, 용해력이 크다.

② 희석재 — 수지에 대한 용해력은 없고, 점도만을 떨어뜨리는 작용을 한다.

③ 조용제 — 단독으로 수지류를 용해시키고, 다른 성분과 병용하면 용해력이 극대화된다.

④ 저비점 용제 — 비점이 100℃이하로 아세톤, 메탄올, 에탄올 등이 포함된다.

+👤 조용제는 단독으로 수지를 용해하지 못하고 다른 성분과 같이 사용하면 용해력을 나타내는 용제이다.

35 기출 2012.04.08

상도도장 베이스 코트도장 후 클리어 코트 도장을 하여 광택과 경도 및 내구성을 부여한 도장 시스템은?

① 1Coat 1Bake 시스템

② 2Coat 1Bake 시스템

③ 3Coat 1Bake 시스템

④ 3Coat 2Bake 시스템

+👤 도장 시스템

① 1coat 1bake : 우레탄 도료 도장 후 가열 건조

② 2coat 1bake : 컬러베이스 도장, 클리어 도장 후 가열 건조

③ 3coat 1bake : 컬러베이스 도장, 펄베이스 도장, 클리어 도장 후 가열 건조

④ 3coat 2bake : 컬러베이스 도장, 펄 베이스 도장 후 가열 건조하고 클리어 도장 후 가열건조

36 기출 2012.10.21

다음 중 저비점 용제의 종류인 것은?

① 아세톤, MEK, 메틸알코올, 에틸아세테이트

② 틀루엔, 아밀아세테이트, 부틸아세테이트, 부틸알코올

③ 부틸셀로솔브, 백동유, 미네랄스피릿, 셀로솔브 아세테이트

④ 이소부틸알코올, 초산부틸, 초산아밀, 크실렌

+👤 용제는 비점에 따라 저비점, 중비점, 고비점용제로 분류된다.

37 기출 2012.10.21

자동차 생산라인에서 하도용으로 가장 적합한 도료는 어떤 것이 좋은가?

① 수용성 전착도료

② 투명에 가까운 프라이머 도료

③ 분말화된 분체도료

④ 우레탄에 가까운 투명도료

38 기출 2012.10.21

10℃이하의 환경에서 주로 사용하는 희석제는?

① 동절형　　　　② 표준형

③ 느린 건조형　　④ 하절형

39 `기출` 2012.10.21

보수 도장에서 도막의 두께를 두껍게 도장할 경우 다음 조건 중 틀린 것은?

① 도료의 토출량을 많게 함
② 건의 이동 속도를 느리게 함
③ 건의 거리를 가깝게 함
④ 패턴의 폭을 넓게 함

도장 조건	얇게 도장할 경우	두껍게 도장할 경우
도료 토출량	조절나사를 조인다	조절나사를 푼다.
희석제 사용량	많이 사용 한다	적게 사용 한다
건 사용 압력	압력을 높게 한다.	압력을 낮게 한다.
도장 간격	시간을 길게 한다.	시간을 줄인다.
건의 노즐 크기	작은 노즐을 사용	큰 노즐을 사용
패턴의 폭	넓게 한다.	좁게 한다.
피도체와 거리	멀게 한다.	좁게 한다.
시너의 증발속도	속건 시너를 사용	지건 시너를 사용
도장실 조건	유속, 온도를 높인다.	유속, 온도를 낮춘다.
참고사항	날림(dry)도장	젖은(wet)도장

40 `기출` 2012.10.21

도료건조의 종류라 할 수 없는 것은?

① 냉각건조 ② 액화건조
③ 산화건조 ④ 중합건조

41 `기출` 2013.04.14

수용성 도료 작업 시 사용하는 도장 보조 재료와 관련된 설명이다. 옳지 않은 것은?

① 마스킹 종이는 물을 흡수하지 않아야 한다.
② 도료 여과지는 물에 녹지 않는 재질이어야 한다.
③ 마스킹용으로 비닐 재질을 사용할 수 있다.
④ 도료 보관 용기는 금속 재질을 사용한다.

➕👤 수용성 도료는 물을 용제로 사용한다. 그러므로 금속 재질의 용기를 사용하면 쉽게 녹이 발생하기 때문에 물과 접촉을 하여도 녹이 발생하지 않는 플라스틱 재질을 사용한다.

42 `기출` 2013.04.14

불휘발분을 뜻하며 규정된 시험조건에 따라 증발시켜 얻어진 물질의 무게를 나타내는 것은?

① 점도
② 희석비
③ 고형분(NV)
④ 휘발성 유기 화합물(VOC)

43 `기출` 2013.04.14

자동차 보수도장 용제 중 저비점인 것은?

① 메틸이소부틸케론
② 아세톤
③ 크실렌
④ 초산아밀

➕👤 ① 저비점용제 : 아세톤, MEK, 메틸에틸 등
② 중비점용제 : 톨루엔, 크실렌, 부틸알코올, 메틸이소부틸케톤, 초산아밀 등
③ 고비점용제 : 석유계, 부틸셀로솔부 등

44 `기출` 2013.04.14

유기용제의 영향으로 인체에 나타나는 현상 중 기관지 장애를 일으키는 용제는?

① 톨루엔
② 에틸알코올
③ 부틸아세테이트
④ 메틸이소부틸케론

45 `기출` 2013.04.14

도장 위험물 보관에 대한 설명으로 바르지 못한 것은?

① 화재나 폭발의 방지에 충분한 주의가 필요하다.
② 가연물은 안전한 장소를 선택하여 보관한다.
③ 용제나 도료 등의 재료를 취급하는 곳에는 소화기가 필요하지 않다.
④ 사용 후의 천(헝겊)이나 잔류 도료, 도료용기 등의 처리에 주의가 필요하다.

46 기출 2013.10.12

펄 베이스의 도장 방법으로 틀린 것은?

① 플래시 타임을 충분히 준 다음 도장한다.

② 에어 블로잉 하지 않고 자연 건조시킨다.

③ 에어 블로잉 후 자연 건조시킨다.

④ 실차의 도장 상태에 맞도록 도장한다.

47 기출 2013.10.12

자동차 주행 중 작은 돌이나 모래알 등에 의한 도막의 벗겨짐을 방지하기 위한 도료는?

① 방청 도료   ② 내스크래치 도료

③ 내칩핑 도료   ④ 바디실러 도료

+ 도료의 기능

① 방청 도료 : 녹이 발생하는 소재에 녹이 생기지 않도록 도장 하는 도료

② 내스크래치 도료 : 도장 후 외부의 상처에 의해 쉽게 스크래치가 나지 않는 도료

③ 바디실러 도료 : 밀봉, 방수, 방진, 방청, 기밀, 미관성을 향상시키는 도료

48 기출 2014.04.06

베이스 코트 건조에 대한 설명 중 맞는 것은?

① 기온이 높을수록 건조가 빠르다.

② 스프레이건 압력이 낮을수록 건조가 빠르다.

③ 드라이 형태로 스프레이가 되면 건조가 느리다.

④ 토출량이 많을수록 건조가 빠르다.

49 기출 2014.04.06

3코트 펄에 관한 설명으로 틀린 것은?

① 알루미늄의 반사효과를 극대화한 도료이다.

② 펄이 가지고 있는 광학적인 성질을 이용한 것이다.

③ 은폐성이 약한 밝은 칼라의 도료 설계가 가능하다.

④ 칼라베이스의 색감을 노출하여 깊은 색감을 나타낸다.

+ 알루미늄의 반사효과를 극대화한 도료는 메탈릭 도료이다.

50 기출 2014.04.06

메탈릭 도료의 도장 시 정면 색상을 밝게 보이도록 하는 도장 조건으로 옳은 것은?

① 스프레이건의 운행속도가 느리다.

② 도료 토출량이 많다.

③ 시너의 증발속도가 빠르다.

④ 도장간격이 짧다.

+ 도장의 조건에 따른 색상 변화

도장 조건	밝은 방향으로 수정	어두운 방향으로 수정
도료 토출량	조절나사를 조인다	조절나사를 푼다
희석제 사용량	많이 사용 한다	적게 사용 한다
건 사용 압력	압력을 높게 한다	압력을 낮게 한다
도장 간격	시간을 길게 한다	시간을 줄인다
건의 노즐 크기	작은 노즐을 사용	큰 노즐을 사용
패턴의 폭	넓게 한다	좁게 한다
피도체와 거리	멀게 한다	좁게 한다
시너의 증발속도	속건 시너를 사용	지건 시너를 사용
도장실 조건	유속, 온도를 높인다	유속, 온도를 낮춘다
참고사항	날림(dry)도장	젖은(wet)도장

51 기출 2014.04.06

다음 중 상도 투명용 도료에 사용되는 수지로서 요구되는 성질이 아닌 것은?

① 광택성   ② 방청성

③ 내마모성   ④ 내용제성

+ 방청성의 경우에는 하도도료에 요구되는 성질이다.

52 기출 2014.04.06

도막의 골격이 되어 피도물을 보호하고 도료의 화학적 특징을 결정짓는 중요한 역할을 하는 요소는?

① 수지   ② 안료

③ 첨가제   ④ 용제

정답 46. ③   47. ③   48. ①   49. ①   50. ③   51. ②   52. ①

+● 도료의 역할
  ① 안료 : 색을 가지고 있으며 물이나 용제에 녹지 않는 미세한 가루(색상 분말)
  ② 첨가제 : 도료 중에 첨가할 경우 부가적인 기능을 부여하는 역할을 한다.
  ③ 용제 : 수지를 녹이고 안료와 수지를 잘 혼합시켜 도막을 형성시키는 역할을 한다.

+● 유기 용제는 어떤 물질을 액체 상태의 유기물질로 휘발성이 강하여 공기 중에 유해가스의 형태로 존재하기도 한다.

53 [기출] 2014.04.06
도장 용어 중 세팅 타임이란?
① 건조가 되기를 기다리는 시간
② 열을 주지 않고 용제가 자연 휘발되는 시간
③ 열처리를 하는 시간
④ 열처리를 하고 난 후 식히는 시간

+● 세팅 타임(Setting Time)이란 도장을 완료한 후부터 가열 건조의 열을 가할 때까지 일정한 시간 동안 방치하는 시간. 일반적으로 약 5~10분 정도의 시간이 필요하다. 세팅 타임 없이 바로 본 가열에 들어가면 도장이 끓게 되어 핀 홀(pin hole) 현상 발생한다.

54 [기출] 2014.04.06
상도 도장 작업에서 초벌 도장의 목적이 아닌 것은?
① 상도부분 은폐 처리
② 도장면의 부착력 증진
③ 크레이터링 발생 여부 판단
④ 프레이머 서페이서 면에 상도 도료 흡수 방지

55 [기출] 2014.04.06
유기 용제의 특징으로 틀린 것은?
① 유기 용제는 휘발성이 약하다.
② 작업장 공기 중에 가스로서 포함되는 경우가 많으므로 호흡기로 흡입된다.
③ 유기 용제는 피부에 흡수되기 쉽다.
④ 유기 용제는 유지류를 녹이고 스며드는 성질이 있다.

56 [기출] 2014.10.11
보기는 어떤 용제에 대한 설명인가?

> **보기**
> • 비점이 55~60℃로 저비점 용제이다.
> • 증발속도가 매우 빠르다.
> • 물이나 다른 용제에도 잘 섞인다.
> • 용해력이 크다.
> • 많이 사용하면 백화현상이 유발된다.

① 크실렌   ② 톨루엔
③ 아세톤   ④ 메탄올

57 [기출] 2014.10.11
휘발성 유기용제 배출원 중 배출 비율이 가장 큰 것은?
① 자동차
② 주유소 및 석유저장 시설
③ 세탁소
④ 용제를 사용하는 도장시설

58 [기출] 2014.10.11
유기용제 중독에 대한 설명으로 옳지 않은 것은?
① 중독경로는 흡입과 피부접촉에 의해 발생한다.
② 증상으로는 급성 중독과 만성 중독으로 나눈다.
③ 급성 중독은 피로, 두통, 순환기 장애, 호흡기 장애, 눈의 염증, 간장 장애, 신경마비, 시각 혼란 등을 유발한다.
④ 호흡기를 통하여 진폐증을 유발한다.

+● 진폐증 : 폐에 분진이 침착한 후 조직 반응이 일어난 상태

정답   53. ②   54. ①   55. ①   56. ③   57. ④   58. ④

59 기출 2014.10.11

상도 스프레이 작업 시에 적합한 보호마스크는?

① 분진 마스크　　② 방독 마스크

③ 방풍 마스크　　④ 위생 마스크

60 기출 2015.04.04

도막의 평활성을 좋게 해주는 첨가제는?

① 소포제　　　　② 레벨링제

③ 흐름방지제　　④ 소광제

+👤 ① 소포제 : 도료에 거품이 일어나는 것을 방지하는 첨가제

② 흐름 방지제 : 도료에 요변성을 주어 수직에 가까운 면에 도장했을 때 흐르는 것을 방지하는 첨가제

③ 소광제 : 도막의 광택을 감소시키는 첨가제

61 기출 2015.04.04

도료의 기본 요소에 해당하지 않는 것은?

① 명도　　　　　② 수지

③ 안료　　　　　④ 용제

+👤 명도는 색의 3속성 중 하나로 색의 밝고 어두움을 뜻한다.

62 기출 2015.04.04

제1종 유기용제의 색상 표시 기준은?

① 빨강　　　　　② 파랑

③ 노랑　　　　　④ 흰색

+👤

유기 용제	1종	2종	3종
표시 색상	빨강	노랑	파랑
종류	벤젠 사염화탄소 트리클로로 에틸렌	톨루엔 크실렌 초산에틸 초산부틸 아세톤	가솔린 미네랄스피릿 석유나프타

63 기출 2015.04.04

자동차 정비공장에서 폭발의 우려가 있는 가스, 증기 또는 분진을 발산하는 장소에 금지해할 사항에 속하지 않는 것은?

① 화기의 사용

② 과열함으로써 점화의 원인이 될 우려가 있는 기계의 사용

③ 사용 도중 불꽃이 발생하는 공구의 사용

④ 불연성 재료의 사용

64 기출 2015.04.04

유해성의 정도에 따라 분류되는 유기용제 중 1종에 해당하는 것은?

① 아세톤　　　　② 가솔린

③ 톨루엔　　　　④ 벤진

65 기출 2015.04.04

유기용제에 중독된 증상 중 급성 중독에 해당하는 것은?

① 빈혈　　　　　② 피부염

③ 신경마비　　　④ 적혈구 파괴

66 기출 2015.04.04

공기공급식 마스크는 어디를 보호해 주기 위하여 사용하는가?

① 소화기계통　　② 호흡기계통

③ 순환기계통　　④ 관절계통

67 기출 2015.10.10

전체 도장 작업에서 스프레이를 가장 먼저 해야 할 부위는?

① 루프(roof)　　　② 후드(hood)

③ 도어(door)　　　④ 범퍼(bumper)

68 기출 2015.10.10

유기용제 중독자에 대한 응급처치 방법으로 틀린 것은?

① 통풍이 잘되는 곳으로 이동시킨다.
② 호흡 곤란 시 인공호흡을 한다.
③ 중독자의 체온을 유지시킨다.
④ 항생제를 복용시킨다.

69 기출 2015.10.10

방독마스크의 보관 시 주의사항으로 적합하지 않는 것은?

① 정화통의 상하 마개를 밀폐한다.
② 방독마스크는 겹쳐 쌓지 않는다.
③ 고무제품의 세척 및 취급에 주의한다.
④ 햇볕이 잘 드는 곳에서 보관한다.

70 기출 2016.04.02

도료 및 용제의 보관창고에 가장 우선되어야 할 사항은?

① 난방   ② 냉방
③ 청소   ④ 환기

71 기출 2016.04.02

가솔린, 톨루엔 등 인화점이 21℃ 미만의 유류가 속해있는 분류 항목은?

① 제 1 석유류   ② 제 2 석유류
③ 제 3 석유류   ④ 제 4 석유류

+● **유기용제의 인화점**
① 제1석유류 : 아세톤, 휘발유, 벤졸, 톨루엔 등으로 인화점이 21℃미만
② 제2석유류 : 등유, 경유, 크실렌, 미네랄스피릿, 셀루솔브 등으로 인화점이 21~70℃
③ 제3석유류 : 중유, 클레오소트유 등으로 인화점이 70~200℃
④ 제4석유류 : 기어류, 실런더유 등으로 인화점이 200~250℃
⑤ 동식물유 : 동물의 지육이나 식물의 종자, 과육으로부터 추출한 것으로 인화점이 250℃미만

72 기출 2016 기출복원문제

상도 도장 전 준비 작업으로 틀린 것은?

① 폴리셔 준비
② 작업자 준비
③ 도료 준비
④ 차량 준비

+● 폴리셔 준비는 광택 작업 시 준비 사항이다.

73 기출 2016 기출복원문제

다음은 도막의 주요소 수지에 대한 설명이다. 틀린 것은?

① 안료의 분산 상태를 유지시켜 준다.
② 도막의 색채와 은폐성을 부과 한다.
③ 도막의 물성을 좌우한다.
④ 도막의 기능성을 부여한다.

+● 안료의 특징으로 도막의 색채와 은폐성을 부여한다.

74 기출 2016 기출복원문제

상도 도료에 주로 적용되는 안료는?

① 방청 안료   ② 체질 안료
③ 도전성 안료   ④ 착색 안료

+● **안료의 역할**
① 유기 안료 : 색상은 선명하지만 은폐력이 부족하고 내구성이 약하다.
② 무기 안료 : 금속 화합물을 이용한 것이 많으며, 유기 안료에 비하여 선명함이 떨어지나 내구성이 있다
③ 체질 안료 : 양을 증가시키거나 농도를 묽게 하기 위하여 다른 안료에 배합하는 무채색의 안료로 탄산칼슘, 황산바륨 등의 무기물을 많이 이용한다.
④ 방청 안료 : 핀 홀, 흠집 등을 통하여 도막에 수분의 침입을 막아 부식(녹)을 방지하며, 주로 중도, 하도에 사용된다.
⑤ 착색 안료 : 백색으로 만들기 위해 사용하거나 유색 안료와 배합하여 색조를 바꾸거나 은폐력을 주기 위해 사용하는 안료

75 기출 2016 기출복원문제

자동차 보수도장에서 색상과 광택을 부여하여 외관을 향상시켜 원래의 모습으로 복원하는 도장 방법은?

① 하도 작업　　　② 중도 작업

③ 상도 작업　　　④ 광택 작업

+👤 각 작업의 목적

① 하도 작업 : 요철을 제거하여 원래와 같은 상태로 도장 면을 복원하는 공정이다.

② 중도 작업 : 상도 공정의 도료가 하도로 흡습되는 것을 방지하며 미세한 요철과 연마자국을 제거한다.

③ 광택 작업 : 상도 작업 후 발생되어 있는 결함을 제거하는 공정으로 대표적인 결함은 먼지, 흘림, 오렌지필 등이 있다.

76 기출 2017 기출복원문제

수용성 도료 작업 시 사용하는 도장 보조 재료와 관련된 설명이다. 옳지 않은 것은?

① 마스킹 종이는 물을 흡수하지 않아야 한다.

② 도료 여과지는 물에 녹지 않는 재질이어야 한다.

③ 마스킹용으로 비닐 재질을 사용할 수 있다.

④ 도료 보관 용기는 금속 재질을 사용한다.

+👤 수용성 도료는 물을 용제로 사용한다. 그러므로 금속 재질의 용기를 사용하면 쉽게 녹이 발생하기 때문에 물과 접촉을 하여도 녹이 발생하지 않는 플라스틱 재질을 사용한다.

77 기출 2017 기출복원문제

자동차 보수 도장의 상도 도료 도장 후 강제 건조 온도 범위로 옳은 것은?

① 30~50℃　　　② 40~60℃

③ 60~80℃　　　④ 80~100℃

CHAPTER 09 도장장비 유지보수

1 장비 점검

1 도장장비 취급 방법

– 도장 장비 관리 대장 작성하여 장비를 효율적으로 운영하고 작업품질을 높이며, 작업 비용을 줄이면서 생산성은 높일 수 있다.

2 도장장비의 점검

– 도장 장비는 작업 특성상 분진과 페인트 오염이 발생하기 때문에 관리책임자, 주기적인 관리, 고장진단과 처치가 가능해야 한다.

3 측정장비의 점검

1) 전자 저울

전자저울은 도료의 계량에 사용되며 제품에 따라 최소 계측단위가 0.1g, 0.01g 등의 무게 단위가 있으며 최대 계량은 4~7kg정도가 사용된다.
① 전원 공급이 잘되는지 점검한다.
② 영점 조정 여부를 점검하고 주기적으로 컬리브레이션 한다.
③ 저울 계량판의 오염 상태를 점검한다.
④ 주변 바람의 영향이나 수평, 진동상태 등을 점검한다.

2) 색차계

반사, 투과된 빛을 분광, 좌표화하여 측정하는 기계
① 기계의 측정면에 이물질이 없도록 관리한다.
② 전원 공급 유무와 측정판 관리를 철저히 한다.
③ "0점" 조절을 주기적으로 한다.

2 장비 보수 및 관리

1 에어·동력 구동 장비

1) 공기 압축기

(1) 종류

① **왕복동 방식**
- 실린더 내 피스톤의 압축작용에 의해 공기가 만들어지며 가장 많이 사용되고 있는 형태
- 일반적으로 120㎥/min 까지 생산가능하다.
- 가격이 저렴하지만 압축효율이 좋다.
- 쉽게 높은 압력을 얻을 수 있다.
- 압축공기의 맥동이 있을 수 있다.
- 압축공기 중에 유분이 포함된다.
- 많은 량의 공기가 필요한 곳에서는 사용하기 어렵다.

② **스크류 방식**
- 밀폐된 케이싱 내의 암, 수 로터가 맞물려 회전할 때 조금씩 체적이 감소하면서 압축된다.
- 압력은 왕복동방식보다 작으나 생산되는 공기 유량은 크다.

  a. 급유식
  - 케이싱의 열을 제거하고, 밀폐, 윤활작용을 한다.
  - 압축공기의 맥동이 없다.
  - 공기 생산량을 조절할 수 있어 효율적으로 사용할 수 있다.
  - 진동, 소음이 적고 높은 효율을 얻을 수 있다.

  b. 무급유식
  - 압축공기 중에 유분이 포함되지 않은 깨끗한 공기를 얻는다.
  - 토출가스 맥동이 없다.
  - 진동이 적고 유지보수가 간단하다.
  - 최고 토출 압력 제한이 있다.

③ **터보 방식(원심식)**
- 임펠라 고속회전시켜 공기의 속도를 높이고 디퓨저를 통해 속도 에너지를 압력에너지로 전환한다.
- 압축공기 중에 유분이 포함되지 않은 깨끗한 공기를 얻는다.

－ 압축공기의 맥동이 없고 안정적이다.

－ 같은 마력의 다른 형식의 압축기보다 소형 경량으로 전력당 많은 유량 생산이 가능하다.

－ 70% 부하 운전점이 하한선으로 그 이하가 되면 서징(Surging)현상이 발생된다.

④ **다이어프램 방식**

－ 횡경막의 운동으로 공기를 압축한다.

－ 가격이 저렴, 구조가 간단하고, 낮은 압력을 압축한다.

－ 유분이 없는 공기 생산이 가능하다.

－ 압축비가 제한적이다.

⑤ **베인 방식**

－ 원통형 실린더 내에 편심으로 로터를 설치하고, 로터에 베인을 설치한다.

－ 로터의 회전에 따라 발생하는 원심력으로 로터 케이싱 내면에 접촉하면서 압축된다.

－ 베인과 케이싱 내면 접촉에 의한 마모가 발생한다.

－ 고압 압축기에는 사용할 수 없다.

(2) 설치장소

① 실내온도는 5~40℃를 유지한다.

② 직사광선을 피하고 환풍 시설을 구비해야 한다.

③ 습기나 수분이 없는 장소

④ 수평이고 단단한 바닥

⑤ 먼지, 오존, 유해가스가 없는 장소

⑥ 방음이고, 보수점검을 위한 공간 확보

(3) 주변기기

① **에어트렌스포머**

압축공기 중의 수증기 이외의 유분 등을 제거하는 장비로 하단에 드레인콕이 설치되어 있다.

② **애프터 쿨러, 에어드라이어**

－ 공기 압축기에서 약 40~50℃ 의 실온보다 10℃ 낮춰 수분을 제거

－ 에어 드라이어에서 영하 20℃로 만들어서 수분을 완전 제거

－ 차가운 공기가 압축라인으로 흘러가면 수분이 생성되므로 드라이어에서 압축공기를 실온으로 만들어 공급

(4) 공압 배관

① 공압 배관은 공기 흐름 방향으로 1/100정도의 기울기로 설치한다.

② 주배관의 끝부분은 오염물 배출이 용이한 드레인 밸브를 설치한다.

③ 이음은 적게 하고, 공기압축기와 배관의 연결은 플렉시블 호스로 연결하여 진동에 의

한 손상을 방지한다.

④ 배관의 지름을 여유 있게 하여 압력저하에 대비한다.

⑤ 냉각효율이 좋아야 한다.

2) 스프레이건

도장작업에서 매우 중요한 공구로서 구조가 정밀하기 때문에 취급에 주의한다.

(1) 종류

① **도료 공급 방식에 따른 분류**

※ 압송식 : 넓은 부위 작업에 적합하고, 점도가 높은 도료 작업에 유리하지만 도료의 보충과 색상 교체 시 세척시간이 많이 소비된다.

	특 징	장 점	단 점
중력식	도료 용기가 노즐 위에 위치되어 있다.	적은 양의 도료도 사용 사용 후 처리가 용이하고 가볍다.	컵 용량이 적어 넓은 면적의 도장에 부적합하다.
흡상식	도료 용기가 아래에 위치되어 있고 압력차에 의해서 도료 공급	중력식에 비해 도료 컵이 크고 큰 면적에 유리하다.	중력식에 비해서 무겁고, 도료용기 바닥의 도료는 도장할 수 없고, 건의 세척이 어렵다.

② **건의 구경에 따른 분류**

	구 경	특 징
상도용	1.3~1.7mm	균일하고 얇은 도막을 얻을 수 있다.
중 · 하도용	1.7~2.5mm	두꺼운 도막이 필요한 경우 사용

③ **패턴에 따른 분류**

	특 징	적 용 도 료
튤립형	미립화가 좋고 도막이 매끄럽다.	2액형 우레탄 수지 도료 (건조가 늦은 메탈릭 등의 도료에 적합)
세미 튤립형	튤립형보다 약간 두꺼운 도막	2액형 우레탄 수지 도료 (솔리드 도료와 클리어 도장에 적합)
스트레이트형	건조가 빠르고 비교적 두꺼운 도막	하도 도장에 적합

② **구조**

㉮ 도료 노즐 : 도료 통로와 공기 통로로 구성

㉯ 공기 캡 : 중심 공기구멍, 측면 공기구멍, 보조 공기구멍으로 구성

㉰ 조절부 : 공기량 조절 장치, 도료 분출량 조절 장치, 패턴 조절 장치로 구성

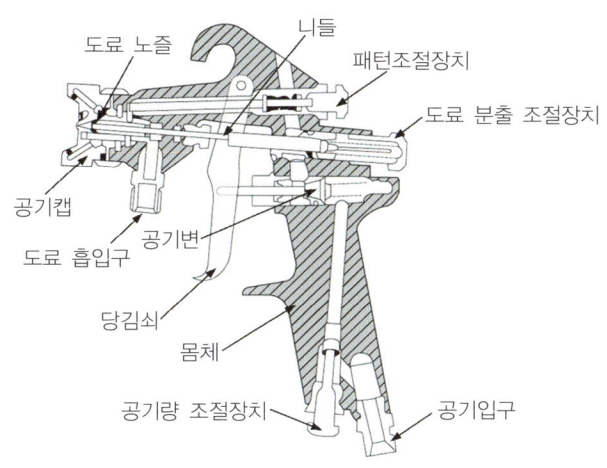

③ **고장원인 및 대책**

현 상	원 인	대 책
도료 토출의 불규칙	① 도료 통로로 공기 유입 ② 도료 조인트의 풀림, 파손 ③ 도료의 점도가 높다 ④ 도료 통로의 막힘 ⑤ 니들 조정 패킹의 파손, 풀림	① 도료 통로로 유입 공기 차단 ② 조이고 교환한다. ③ 시너를 희석하여 점도 유지 ④ 분해 세척한다. ⑤ 교환 또는 조인다.
패던 불완전	① 공기 캡, 도료 노즐 이물질 ② 공기 캡, 도료 노즐 흠 발생	① 이물질 제거 ② 교환한다.
패턴 치우침	① 공기 캡과 도료 노즐과의 간격에 부분적으로 도료가 고착 ② 공기 캡이 느슨해졌다 ③ 공기 캡과 도료 노즐의 변형	① 이물질 제거 ② 조인다. ③ 교환
패턴의 상하부 치우침	① 부분 압력이 높다 ② 도료 점도가 낮다 ③ 도료 분출량이 적다	① 적정압력으로 조정 ② 도료첨가로 점도를 높인다. ③ 분출량을 많게 한다.
분무화 불충분	① 도료 점도가 지나치게 높다 ② 도료 분출량이 많다	① 시너를 희석 ② 분출량 조절

④ **저압식 스프레이건의 특징**

㉮ 공기유속이 늦어서 도장면에 도료가 닿고 되돌아오는 것이 적다.

㉯ 도착효율이 높아서 환경선진국 법적한계 전달효율이 65%이상

㉰ 작업자에게 유기용제의 노출을 줄이고 재료의 절감을 할 수 있다.

3) 샌더

① 연마력이 강하므로 구도막의 제거, 녹 제거 등에 사용한다.

② **패드 형상** : 원형으로 되어 있다.

③ **운동 방식** : 모터의 회전이 패드에 그대로 전달된다.

④ 약간 기울여서 바깥부분으로 연마한다.

⑤ 스월 마크가 일정하게 나온다.

⑥ 딱딱한 패드를 사용한다.

(1) 더블 액션 샌더

① 퍼티의 연마나 단 낮추기에 사용한다.

② **패드 형상** : 원형으로 되어 있다.

③ **운동 방식** : 중심축에서 어긋나 있다.

편심축을 사용(오버 다이어 : 중심축과 패드 중심과의 어긋난 거리)

(2) 기어 액션 샌더

① 연마력과 작업속도가 빠르다.

② 더블액션 샌더의 연삭력을 높이기 위해서 강한 힘을 주면 회전을 하지 못하는 것을 보안한 연마기(저속 회전운동)

(3) 오비털 샌더

① 대부분이 사각형이고 패드가 넓다.

② 연삭력은 약하지만 패드가 사각형이며, 평면 연마에 적합하다.

③ 구도막의 가장자리 연마에 사용한다.

(4) 스트레이트 샌더 : 작은 요철 제거에 적합

4) 에어드라이어

수용성 도료의 건조에 사용

5) 스프레이건 세척기

스프레이건을 사용 후 처음과 같은 상태를 확보하기 위해 깨끗한 세척을 도와주는 기구이다.

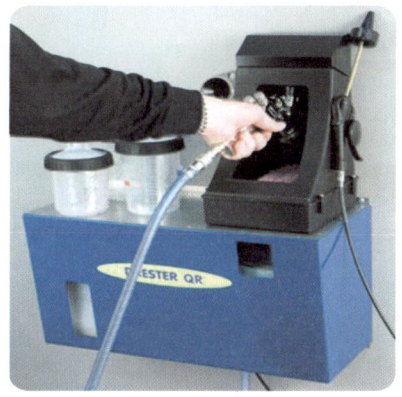

3 ⌕ 장비관리

1 도장실

1) 구비요건

① 흡기 필터는 먼지나 이물질 등이 도막에 부착되지 않도록 깨끗한 공기를 공급해야 한다.

② 배기 필터는 도장 중 발생하는 유기용제나 분진을 포집하고 외부로 유출되는 것을 방지해야 한다.

③ 강제배기는 작업자가 도장 중 유해가스와 분진을 흡입하는 것을 방지해야 한다.

④ 도료의 부착성을 높이기 위해서 도장실 내부 공간의 온도는 일정하고 균일한 온도를 확보해야 한다.

⑤ 인화성 물질을 사용하므로 화재방지 기능이 있어야 한다.

⑥ 조명은 분진의 날림으로 오염이 잘 되지 않도록 고려해야 하고, 색상식별이 용이하며, 적당한 조도를 확보해야 한다.(600~800Lux, 30~50W/1m^2)

⑦ 각종 필터의 교환이 용이해야 한다.

⑧ 내부공기의 유속은 0.2~0.35m/sec가 되도록 설계한다.

> ● **부스코팅(booth coating)**
> ① 도장실 내부 벽면에 페인트 부착방지를 위해서 도포한다.
> ② 건조 후 비닐막을 형성한다.
> ③ 제거시에는 물을 조금 도장면 뿌리면 쉽게 제거할 수 있다.

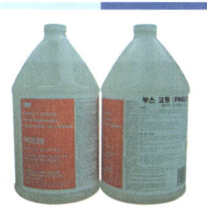

유기용제에 대한 작업자의 안전과 대기환경에 직접 배출되는 것을 방지하는 시설로 도료의 분무입자가 도장면에 부착되는 것을 방지하고 작업온도, 작업품질 등이 향상된다. 항상 스프레이 부스에서는 분무도장 작업만 시행한다.

2) 연마실

보수도장 공정에서 상도 도장을 하기 전 전처리 작업을 하는 공간으로서 구도막을 제거하거나 퍼티를 연마하는 공정에 발생하는 분진을 흡입하여 배출하는 구조로서 내부공기의 유속은 0.2~0.35m/sec가 되도록 설계한다.

3) 건조장비

① **적외선 건조기구**

　㉮ 근적외선 건조기 : 적외선 전구를 사용

　㉯ 장점

　　㉠ 내부로부터 건조

　　㉡ 시설비가 싸고, 면적이 적게 든다.

　　㉢ 가열면의 온도 상승이 빠르다

　㉰ 단점

　　㉠ 유지비가 많이 든다.

　　㉡ 파손되기 쉽다.

② **원적외선 건조기**

　가스나 전기를 사용

　㉮ 장점 : 도막 내·외부를 균일하게 가열가능

　㉯ 단점 : 피도물 형태 전반적으로 조사할 수 없다.

③ **자외선 건조기**

　도료 분자 중 연쇄반응을 활발하게 하는 분자를 발생시켜 중합 반응으로부터 가교가 진행되어 경화 됨.

※ **조사거리 및 조사시간**

	램 프	등 개수 : 오븐길이 1m	조사거리	조사시간
예비 경화존	케미칼 형광등	10개	100mm	1분
경화존	고압수은등	4개	200mm	30초

④ **전자선 건조기** : 방사선으로 도막 분자가 가교 경화하는 것
⑤ **열풍 대류 건조기** : 열 공기를 매체로 하여 전도 및 대류현상을 응용

4 안전관리

1 도장 안전 기준

1) 기초적인 안전 수칙

가. 작업의 마감 재료는 화기로부터 보호 받을 수 있는 공간에 보관한다.

나. 작업은 항상 안전하게 실시한다.

다. 사고의 발생 시는 응급처치를 하고 즉시 보고한다.

라. 안전하지 못하다고 생각되는 것은 안전하게 수정하고 보고한다.

마. 무릎을 들어 올리거나 구부리게 되는 경우 가해지는 무거운 하중에 신경을 써야 한다.

바. 보관 창고에는 방폭 전등 및 밀폐 스위치를 사용해야 한다.

사. 상품 표시는 적절하고 정확히 붙어 있어야 한다.

아. 적절한 덮개 없이 저장실에 마감 재료를 저장해서는 안된다.

자. 현장은 정기적으로 청소되어야 한다.

차. 보호 장비를 준비하여 양호한 상태로 유지시켜야 한다.

2) 작업자 안전 대책

(1) 화재, 폭발

가. 도장재료 보관장소에는 소화기 등 소화설비를 비치하고 주변에서 화기 사용을 금지한다.

나. 도장작업 후 빈 용기는 지정된 장소에 보관하고 가능한 즉시 현장에서 반출한다.

다. 작업 허가를 받고 감시인 배치 및 환기설비 설치 후 작업하고 작업자 현황을 관리한다.

(2) 질식

가. 송기마스크 등 적절한 호흡용 보호구와 보안경, 보호장갑, 안전모 등 개인보호구를 착용한다.

나. 작업 전과 작업 중 수시로 산소 및 가스 농도를 측정하면서 작업을 진행한다.

다. 비상대피로 등 대피시설을 확인하고, 작업 중 환기설비 작동 상태를 점검한다.

(3) 중독

가. 송기마스크 등 적절한 호흡용 보호구와 보안경, 보호장갑, 안전모 등 개인보호구를 착용한다.

나. 작업 전에는 스트레칭 등으로 몸을 풀어주고 작업 중에는 적절한 휴식을 취한다.

다. 작업 후 지정된 세척제로 작업복을 세탁하고 몸을 깨끗이 씻는다.

2 산업안전표지

1) 산업 안전 보건 표지

(1) 금지 표지(8종)

① **색채** : 바탕은 흰색, 기본 모형은 빨간색, 관련 부호 및 그림은 검은색
② **종류** : 출입금지, 보행금지, 차량 통행금지, 사용금지, 탑승금지, 금연, 화기금지, 물체 이동금지

출입금지	보행금지	차량통행금지	사용금지
탑승금지	금연	화기금지	물체이동금지

(2) 경고 표지(9종)

① **색채** : 바탕은 노란색, 기본 모형은 검은색, 관련 부호 및 그림은 검은색
② **종류** : 방사성 물질 경고, 고압 전기 경고, 매달린 물체 경고, 낙하물 경고, 고온 경고, 저온 경고, 몸 균형 상실 경고, 레이저 광선 경고, 위험 장소 경고

방사성물질경고	고압전기경고	매달린물체경고	낙하물경고	고온경고
저온경고	몸균형상실경고	레이저광선경고	위험장소경고	

(3) 경고 표지(6종)

① **색채** : 바탕은 무색, 기본 모형은 빨간색(검은색도 가능), 관련 부호 및 그림은 검은색
② **종류** : 인화성 물질 경고, 산화성 물질 경고, 폭발성 물질 경고, 급성 독성 물질 경고, 부식성 물질 경고, 발암성 · 변이원성 · 생식독성 · 전신독성 · 호흡기 과민성 물질 경고

인화성물질경고	산화성물질경고	폭발성물질경고	급성독성물질경고	부식성물질경고	발암성·변이원성·생식독성·전신독성·호흡기과민성물질경고

(4) 지시 표지(9종)

① **색채** : 바탕은 파란색, 관련 그림은 흰색

② **종류** : 보안경 착용 지시, 방독 마스크 착용 지시, 방진 마스크 착용 지시, 보안면 착용 지시, 안전모 착용 지시, 귀마개 착용 지시, 안전화 착용 지시, 안전 장갑 착용 지시, 안전복 착용 지시

보안경착용	방독마스크착용	방진마스크착용	보안면착용	안전모 착용
귀마개 착용	안전화 착용	안전장갑착용	안전복 착용	

(5) 안내 표지(7종)

① **색채** : 바탕은 흰색, 기본 모형 및 관련 부호는 녹색(바탕은 녹색, 기본 모형 및 관련 부호는 흰색)

② **종류** : 녹십자 표지. 응급구호 표지, 들것, 세안장치, 비상용기구, 비상구, 좌측 비상구, 우측 비상구

녹십자표지	응급구호표지	들것	세안장치
비상용기구	비상구	좌측비상구	우측비상구

3 화재예방

1) 화재의 종류 및 소화기 표식

(1) A급 화재

보통 화재(일반화재)라고도 하며 목재, 섬유류, 종이, 고무, 플라스틱처럼 다 타고 난 이후에 재를 남기는 화재이다. 냉각소화의 원리에 의해서 소화되며, 소화기에 표시된 원형 표식은 백색으로 되어 있다.

(2) B급 화재

유류 화재(가스화재 포함)라고도 하며, 액체 화재 시 연소 후에 보통 화재와는 달리 재 같은 찌꺼기가 남지 않는 화재로 휘발유, 석유류 및 식용유 등과 같이 연소되기 쉬운 인화성 액체가 포함된다. 외국에서는 가스 화재를 별도로 구분하는 경우도 있으나, 우리나라에서는 LPG(액화석유가스), LNG(액화천연가스), 부탄가스 등과 같은 가연성가스도 B급화재로 분류한다. 질식소화의 원리에 의해서 소화되며, 소화기에 표시된 원형의 표식은 황색으로 되어 있다.

(3) C급 화재

전기 화재라고도 하며 변압기, 전기다리미, 두꺼비집 등 전기기구에 전기가 통하고 있는 기계나 기구 등에서 발생하는 화재를 말한다. 질식소화의 원리에 의해서 소화되며, 소화기에 표시된 원형의 표식은 청색으로 되어 있다.

(4) D급 화재

금속분 화재라고도 하며 우리나라의 경우 별도로 구분하지 않는 경우가 많은데, 금속분(금속가루), 마그네슘 가루, 알루미늄 가루 등이 연소될 때는 무척 빠른 속도로 연소하여 폭발하기도 하는데 이런 금속화재의 경우 일반 ABC 분말소화기로는 소화를 할 수 없으므로 금속 화재용 전용 소화기를 사용하여야 한다. 이러한 이유로 금속가루는 물 등 수분과 결합하면 폭발적인 반응을 하므로 수분이 없는 장소에 보관하여야 한다. 질식소화의 원리에 의해서 소화시켜야 한다.

2) 소화 방법

(1) 가연물 제거

가연물을 연소구역에서 멀리 제거하는 방법으로, 연소방지를 위해 파괴하거나 폭발물을 이용한다.

(2) 산소의 차단

산소의 공급을 차단하는 질식소화 방법으로 이산화탄소 등의 불연성 가스를 이용하거나 발포제 또는 분말소화제에 의한 냉각효과 이외에 연소 면을 덮는 직접적 질식효과와 불연성 가스를 분해·발생시키는 간접적 질식효과가 있다.

(3) 열량의 공급 차단

냉각시켜 신속하게 연소열을 빼앗아 연소물의 온도를 발화점 이하로 낮추는 소화방법이며, 일반적으로 사용되고 있는 보통 화재 때의 주수소화(注水消火)는 물이 다른 것보다 열량을 많이 흡수하고, 증발할 때에도 주위로부터 많은 열을 흡수하는 성질을 이용한다.

4 도장장비·설비 안전

1) 도장부스 안전(한국안전보건공단 인용)

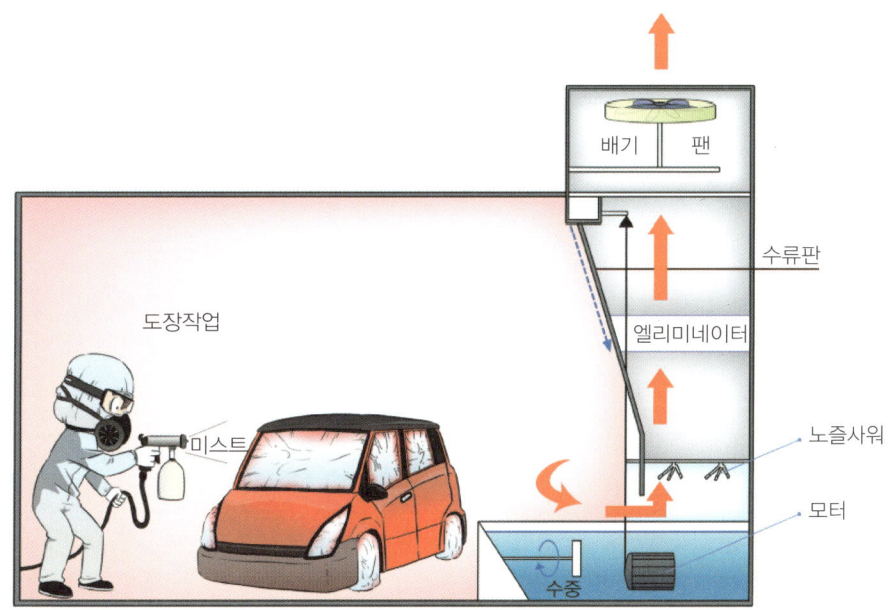

도장부스 내부 구조

(1) 주요위험

가. 협착위험
- 이동식 대차를 이용하여 판금차량 이동시 차량 이탈에 의한 협착
- 공기정화장치의 동력전달부(V-belt)부위에 협착

나. 전도위험
- 그레이팅 구조의 배기구에 발이 걸려 넘어지는 등의 전도

다. 폭발위험
- 인화성액체의 증기 또는 가연성가스에 의한 폭발

라. 유기용제 중독
- 페인트의 희석제로 사용하는 유기용제(톨루엔 등) 중독

(2) 안전대책

가. 협착위험

- 전용지그가 부착되어 차량 전면의 패널을 받쳐 안전하게 이동할 수 있는 판금차량 운반설비를 사용
- 동력전달부(V-belt) 부위에 충분한 강도의 방호덮개를 설치

나. 전도위험

- 도장부스 바닥의 그레이팅 개구부 간격을 작업자의 발이 들어가지 않는 구조로 함

다. 폭발위험

- 도장부스 내에 설치된 전기설비(스위치, 형광등, 플러그)를 1종 방폭지역에서 사용하는 방폭구조용 전기설비를 사용

라. 유기용제 중독

- 국소배기장치를 설치하여 유기용제(톨루엔 등)가 도장부스 내에 체류되지 않도록 제거
- 도장부스 내 스프레이 작업자는 방독마스크를 반드시 착용

(3) 안전수칙

- 작업자는 보호구(방독마스크, 안전화, 보안경)를 착용하고 작업을 실시한다.
- 작업장 바닥의 호스 공구 등은 정리 정돈하여 청결한 상태로 유지한다.
- 도장 대상차량 및 부품은 이탈되거나 움직이지 않도록 견고히 고정한다.
- 도방부스 내 페인트 희석재 등의 비치를 금지하고 별도의 안전한 장소에 보관 사용한다.
- 배풍기 구동모터 등의 동력전달부에 방호덮개 부착여부를 확인한다.
- 작업장바닥에 페인트 또는 물기 등이 도포되어 미끄럽지 않도록 청결한 상태를 유지한다.
- 형광등 등 부스 내 설치된 전기설비는 방폭구조용 전기설비를 사용한다.
- 도장부스 내에서는 라이터 등 화기사용을 금지한다.
- 페인트, 희석제 등 도장 관련물질의 물질안전보건자료를 비치하고 내용을 숙지한다.
- 국소배기장치의 정상 작동상태를 확인하고 충분한 환기여부를 확인한다.
- ※ **제어풍속** : 포위식 포위형 후드, 0.4m/sec(유성), 1m/s(수용성)
- 판금차량을 도장부스내로 이동시에는 전용지그가 부착된 운반설비를 사용한다.
- 방독마스크 착용 지시표지판을 근로자가 보기 쉬운 장소에 부착한다.

5 도장 작업공구 안전

1) 스프레이건 작업(한국산업안전공단 인용)

(1) 주요 위험

- GUN 방향이 사람 쪽으로 향하여 도료가 얼굴 또는 신체일부에 분사되는 위험
- 작업 간 이동시 또는 완료 후 안전핀 미사용으로 인한 도료분사 위험
- Gun에 대한 응급조치 시 도료 호스 내 잔존압력으로 인한 갑작스러운 도료 분사로 인한 비래
- 손바닥에 유기용제 침투(에어스프레이 건을 잘못 잡아 페인트가 분사되어 손바닥에 침투)
- 고압의 공기에 의해 장 파열(작업 후 에어호스로 작업복 먼지 불어 내다가 항문에 호스 끝단부가 근접하여 장 파열)

(2) 안전대책

- Gun 방향이 사람 쪽을 향하지 않도록 조치(상대방 또는 본인 얼굴)
- 블록내부 이동 시, 사다리 승하강시, 블록 격벽 이동시 반드시 스프레이 건의 안전핀을 잠근 상태에서 이동
- Gun 응급조치 시 (Tip 막힘, 니들 막힘 시) 반드시 보조자에게 연락하여 Airless Pump 에어밸브를 잠그고, 도료호스 내 잔존 압력을 제거한 후, 캡 또는 니들을 분해하여 찌꺼기를 제거
- 안전핀이 부착되지 않은 스프레이 건 사용금지(작동 중에는 "ON", 미작동 시에는 "OFF" 상태 유지)
- 에어리스 펌프는 고압장비이므로 취급 시 항상 주의
- 사용 후 스프레이 건을 세척·정비하여 보관
- 사용하지 않을 때는 공기밸브를 완전 차단 후 도료 호스에 잔류한 공기압력 제거
- 손에 직접 분사되지 않도록 유의

6 유해물질 중독

1) 유해화학물질 관리법(화학물질관리법)

유해화학물질 관리법은 2015년 1월 1일부터 화학물질관리법으로 전면 개정되어 시행 예정으로 화학물질로 인한 국민건강 및 환경상의 위해(危害)를 예방하고 화학물질을 적절하게 관리하는 한편, 화학물질로 인하여 발생하는 사고에 신속히 대응함으로써 화학물질로부터 모든 국민의 생명과 재산 또는 환경을 보호하는 것

※ 화학물질관리법(2015.1.1 시행)에 따른 유해화학물질 표시

① 보관 · 저장시설, 진열 · 보관 장소에
표시하는 경우

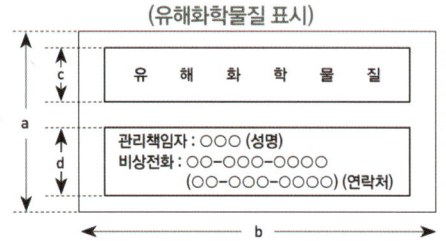

(유해화학물질 표시)

(유해화학물질 목록 표시)

물질명	수량	국제연합번호	그림문자
톨루엔	kg(톤)	1294	◇ ◇ ◇
벤젠	kg(톤)	1114	◇ ◇ ◇
.	.	.	.

② 운반차량(컨테이너, 이동식 탱크로리
등을 포함)에 표시하는 경우

• 1톤 초과 운반의 경우

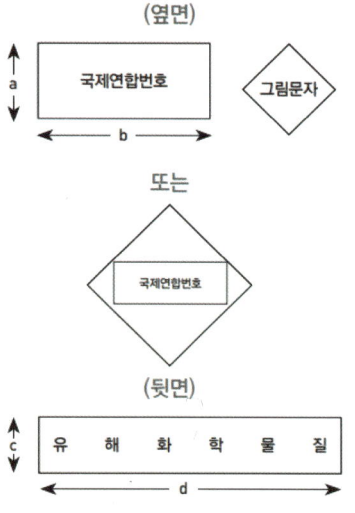

③ 용기 또는 포장에 표시하는 경우

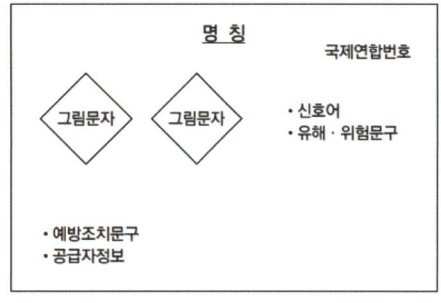

• 1톤 이하 운반의 경우

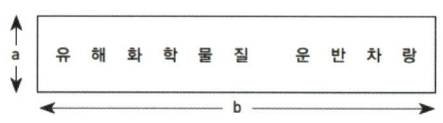

(1) 물질안전보건자료(MSDS) 및 경고표시

사업장에서 취급하는 화학물질의 유해성 · 위험성 정보는 일반적으로 물질안전보건자료(MSDS)나 경고표지를 통하여 확인

– 물질안전보건자료(MSDS : Material Safety Data Sheets)란?

화학물질의 안전한 취급 · 사용을 위해 유해성 · 위험성 정보를 사업주와 근로자에게 알려주는 설명서를 말하며 근로자의 알 권리(workers' right-to-know) 확보 및 화학물질로 인한 산업재해 예방을 위하여 1996년 7월 도입된 MSDS 제도에 따라 화학물질을 제조 · 수입 · 사용하는 사업주는 의무주체별로 MSDS작성 · 제공, MSDS 게시 · 비치, 경고표시 부착 및 취급 근로자에 대한 MSDS 교육을 실시하여야 한다.

※ 산업안전보건법에 따른 MSDS 및 경고표시의 구성항목

MSDS 구성항목

1. 화학제품과 회사에 관한 정보
2. 유해성·위험성
3. 구성성분의 명칭 및 함유량
4. 응급조치 요령
5. 폭발·화재 시 대처방법
6. 누출 사고 시 대처방법
7. 취급 및 저장방법
8. 노출방지 및 개인 보호구
9. 물리화학적 특성
10. 안정성 및 반응성
11. 독성에 관한 정보
12. 환경에 미치는 영향
13. 폐기시 주의사항
14. 운송에 필요한 정보
15. 법적 규제현황
16. 그 밖의 참고사항

경고표지 구성항목

1. 명칭(제품명 또는 물질명)
2. 그림문자
3. 신호어
4. 유해·위험 문구
5. 예방조치 문구
6. 공급자 정보

벤젠   **위험**

유해·위험 문구
• 고인화성 액체 및 증기 • 장기적인 영향에 의해 수생생물에게 유해함
• 삼키면 유해함 • 삼켜서 기도로 유입되면 치명적일 수 있음 • 피부에 자극을 일으킴
• 눈에 심한 자극을 일으킴 • 유전적인 결함을 일으킬 수 있음 • 암을 일으킬 수 있음
• 장기간 또는 반복노출 되면 신체 중(중추신경계, 초절계)에 손상을 일으킴

예방조치 문구
(예방) • 열·스파크·화염·고열로부터 멀리하시오. – 금연
        • 보호장갑 보호의·보안경을 착용하시오.
(대응) • 피부(또는 머리카락)에 묻으면 오염된 모든 의복은 벗거나 제거하시오. 피
        부를 물로 씻으시오. 샤워하시오.
        • 눈에 묻으면 몇 분간 물로 조심해서 씻으시오. 가능하면 콘택트렌즈를 제거
        하시오. 계속 씻으시오.
(저장) • 환기가 잘 되는 곳에 보관하고 저온으로 유지하시오.
(폐기) • (관련 법규에 명시된 내용에 따라) 내용물 용기를 폐기하시오.
기타 자세한 사항은 물질안전보건자료(MSDS)를 참조하시오.

공급자 정보 : ○○시 ○○구 ○○○로 ○○, ★★주식회사, △△△-△△△-△△△△

※ 주요상황별 MSDS 활용방법

상황	활용 항목
화학물질에 대한 일반정보와 물리·화학적 성질, 독성 정보 등을 알고 싶을 때	2번 항목(유해성·위험성), 3번 항목(구성성분의 명칭 및 함유량), 9번 항목(물리화학적 특성), 10번 항목(안정성 및 반응성), 11번 항목(독성에 관한 정보)을 활용
사업장 내 화학물질을 처음 취급사용하거나 폐기 또는 타 저장소 등으로 이동시킬 때	7번 항목(취급 및 저장방법), 8번 항목(노출방지 및 개인보호구), 13번 항목(폐기시 주의사항), 14번 항목(운송에 필요한 정보)을 활용
화학물질이 외부로 누출되고 근로자에게 노출된 경우	2번 항목(유해성·위험성), 4번 항목(응급조치 요령), 6번 항목(누출 사고시 대처방법), 12번 항목(환경에 미치는 영향)을 활용
화학물질로 인하여 폭발·화재 사고가 발생한 경우	2번 항목(유해성·위험성), 4번 항목(응급조치 요령), 5번 항목(폭발·화재시 대처방법), 10번 항목(안정성 및 반응성)을 활용
화학물질 규제현황 및 제조·공급자에게 MSDS에 대한 문의사항이 있을 경우	1번 항목(화학제품과 회사에 관한 정보), 15번 항목(법적 규제 현황), 16번 항목(그 밖의 참고사항)을 활용

(2) 작업환경관리

가. 화학물질의 대체 사용

유해성·위험성이 높은 화학물질을 사용하는 경우 현재 취급하고 있는 물질보다 유해성·위험성이 적은 물질로 대체

나. 작업공정의 적정 배치

작업장 내에 유해화학물질 취급 업무가 이루어지는 작업공정을 배치시키는 경우에는 다음과 같은 조치를 한다.
- 해당 공정이 분산 배치되지 않도록 하고 가능한 한 타 작업장과 격리시킨다.
- 해당 공정을 가능한 한 자동화한다.
- 관련 기계, 기구 등을 배치할 때는 가능한 한 밀폐시키거나 국소배기장치 등을 설치하여 근로자에게 유해화학물질의 노출을 최소화한다.

다. 발산원의 밀폐 등 조치

유해화학물질의 발생원으로부터 근로자의 노출을 차단하기 위한 방법으로 다음과 같이 발산원을 밀폐하는 방법
- 작업상 필요한 개구부를 제외하고는 완전히 밀폐시킨다.
- 유해화학물질의 보관 장소 등 밀폐된 작업 장소의 내부를 음압으로 유지하여 작업장 내부의 공기가 밖으로 나오지 않도록 한다.
- 작업특성상 밀폐실 내부를 음압으로 유지하는 것이 곤란한 경우 또는 개구부 등을 통하여 유해화학물질이 누출되는 경우에는 해당 부위에 국소배기장치를 설치하여 유해화학물질의 발산을 최소화한다.
- 유해화학물질이 들어있는 용기는 밀폐했다가 사용할 때만 열어 놓도록 한다.
- 흔히 사업장에서 유해화학물질이 묻은 휴지나 헝겊을 그냥 버리는 경우가 많은데 반드시 밀폐된 쓰레기통에 버리도록 하고, 자주 비워주도록 한다.

라. 산업환기시설의 설치
- 국소배기장치의 설치와 관리
  후드, 덕트, 송풍기, 배기구, 공기정화장치를 설치하고 관리한다.

7 위험물 취급

한국산업안전공단 화학물질의 안전한 취급방법

1) 위험물안전관리법

위험물의 저장·취급 및 운반과 이에 따른 안전관리에 관한 사항을 규정함으로써 위험물로 인한 위해를 방지하여 공공의 안전을 확보함을 목적

※ 위험물 및 지정수량

화학물질 취급 관련 법령 **위험물안전관리법**

위험물				지정수량
유별	성질	품 명		
제4류	인화성 액체	1. 특수인화물		50리터
		2. 제1석유류	비수용성 액체	200리터
			수용성 액체	400리터
		3. 알코올류		400리터
		4. 제2석유류	비수용성 액체	1,000리터
			수용성 액체	2,000리터
		5. 제3석유류	비수용성 액체	2,000리터
			수용성 액체	4,000리터
		6. 제4석유류		6,000리터
		7. 동식물유류		10,000리터

(1) 화학물질의 위험성 평가

화학물질로부터 근로자의 위험 또는 건강장해를 방지하기 위하여 사업장에서 취급하고 있는 유해화학물질을 찾아내어 위험성을 결정하고, 그 결과에 따라 우선순위를 정하여 작업환경을 개선하는 등 필요한 조치를 하여야 한다.

가. 노출 등급을 결정하는 방법

노출수준 등급은 다음과 같이 세 가지 방법에 의해 결정되며, "방법 1 〉 방법 2 〉 방법 3" 순으로 우선 적용한다.

구분	방법1	방법2	방법3
평가기준	직업병 유소견자	작업환경측정결과	하루 취급량 및 비산성/휘발성
평가방법	직업병 유소견자가 발생한 경우노출수준 = 4등급	(측정결과/노출기준)× 100% 값으로 4단계 분류	하루 취급량과 비산성/휘발성을 조합한 후 밀폐·환기상태를 반영하여 4단계로 분류

나. 유해성 등급을 결정하는 방법

유해성 등급은 다음과 같이 세가지 방법에 의해 결정되며, "방법 1 〉 방법 2 〉 방법 3" 순으로 우선 적용한다.

구분	방법1	방법2	방법3
평가기준	CMR(1A, 1B, 2) 물질	노출기준	위험문구/유해·위험문구
평가방법	CMR(1A, 1B, 2) 물질인 경우 유해성 = 4등급	노출기준값에 따라 4단계 분류	위험문구/유해·위험문구 에 따라 4단계 분류

※ CMR : 발암성(Carcinogenicity), 생식세포 변이원성(Mutagenicity), 생식독성(Reproductive toxicity)

8 유기용제

시너, 솔벤트 등 어떤 물질을 녹일 수 있는 액체상태의 유기 화학 물질로서 휘발성이 강한 것이 특징인데, 공기 중에 유해가스의 형태로 존재하기도 한다.

1) 성질

① 기름이나 지방을 잘 녹이며, 특히 피부에 묻으면 지방질을 통과하여 체내에 흡수된다.
② 쉽게 증발하여 호흡을 통하여 잘 흡수된다.
③ 인화성이 있어 불이 잘 붙는다.
④ 대부분은 중독성이 강하여 뇌와 신경에 해를 끼쳐 마취작용과 두통을 일으킨다.

2) 종류

유해성의 정도 등에 따라 1종, 2종, 3종으로 분류

	1종 유기 용제	2종 유기 용제	3종 유기 용제
표시 색상	빨 강	노 랑	파 랑
종 류	• 벤진 • 사염화탄소 • 트리클로로에틸렌	• 톨루엔 • 크실렌 • 초산에틸 • 초산부틸 • 아세톤 • 트리클로로에틸렌 • 이소부틸알코올 • 이소펜틸알코올 • 이소프로필알코올 • 에틸에테르	• 가솔린 • 미네랄스피릿 • 석유나프타 • 석유벤진 • 테레핀유
최대 허용 농도	25ppm	200ppm	500ppm

3) 작업 환경 관리

① **유기 용제 대체 사용**

유기 용제를 사용하는 경우 현재 취급하고 있는 물질보다 유해성이 적은 물질로 대체하는 것은 효과적인 작업 환경 개선 방법 중의 하나(수용성 도료)이다.

② **작업 공정의 적합한 배치**

㉮ 해당 공정이 분산 배치되지 않도록 한다.
㉯ 해당 공정을 가능한 한 자동화 하거나 타 작업장과 격리시켜 유기 용제의 광범위 노출을 방지한다.
㉰ 관련 기계·기구 등을 배치하는 경우 밀폐시키거나 국소 배기 설비를 설치하는 등 해당 작업 근로자의 노출 기회를 줄인다.

4) 증기 발산원 밀폐

① 작업에 필요한 개구부를 제외하고는 완전히 밀폐시켜 유기 용제의 확산을 방지한다.

② 유기 용제의 보관 장소 등 밀폐된 작업 장소에서는 음압(−)을 유지하여 밀폐실 내부의 공기가 밖으로 나오지 않도록 설계한다.

③ 밀폐 작업 장소가 음압(−)의 유지가 곤란하거나, 음압을 유지해도 개구부 등을 통하여 유기 용제가 누출 될 경우 국소 배기 장치를 설치하여 오염 발산원을 원천적으로 봉쇄한다. 그리고 유기 용제가 들어있는 용기는 사용할 때만 열어서 사용하고 즉시 밀봉하여 유기 용제의 확산을 막고, 유기 용제가 묻은 걸레나 휴지는 밀폐된 쓰레기통에 버리고 자주 비워야 한다.

5) 국소 배기 장치의 설치 및 관리

작업 특성상 유기 용제의 확산을 방지하는 설비의 조치가 곤란한 경우에는 작업 특성에 맞는 형식과 성능을 갖춘 국소 배기 장치를 설치한다.

① 후드의 설치는 유기 용제의 증기를 흡입하기에 적당한 형식과 크기로 선택한다.

② 후드는 유기용제 증기의 발산원마다 설치해야 한다.

③ 배기 닥트의 길이는 가능한 짧고, 굴곡부의 수의 적게 하여 배출이 용이하도록 한다.

④ 배풍기의 위치는 공기 청정장치의 앞으로 조정 가능하다.

⑤ 배기구는 직접 외부로 개방하며 공기 청정장치가 없는 장치의 배기구의 높이는 옥상 또는 옥상난간 상부로부터 1.5m이상으로 한다.

⑥ 공기 청정장치를 설치할 때는 고체 흡착방식 또는 그보다 정화 성능이 우수한 공기 청정장치를 설치한다.

⑦ 국소형 공기 청정장치를 설치하지 아니한 국소 배기 장치 등의 배기구 높이는 옥상 또는 옥상난간 상부로부터 1.5m이상으로 한다.

⑧ 국소 배기 장치의 제어 풍속은 아래 표 이상이 되도록 한다.

후드의 형식		제어풍속(m/s)
포위식 후드		0.4
외부식 후드	측방 흡인형	0.5
	하방 흡인형	0.5
	상방 흡인형	1.0

6) 건강관리

① **근로자 개인 위생관리**

㉮ 휴게시설을 설치하되 유기 용제를 취급하는 장소와 격리된 장소에 설치한다.

㉯ 흡연을 금지한다.

㉰ 음식물 섭취를 금지한다.

㉣ 작업 실시 후 음식물을 섭취할 경우에는 손이나 얼굴을 깨끗이 씻고, 별도의 방에서 섭취한다.

㉤ 필요시 보호구를 착용한 후 작업에 임하도록 하고 사용한 보호구는 불순물 및 감염물을 제거한 후 청결한 장소에 보관한다.

㉥ 비상시 사용한 호흡용 보호구는 최소 1개월 또는 사용 후 마다 소독하여 보관한다.

㉦ 오염된 피부를 세척할 경우에는 유기 용제의 사용을 금하고 피부에 영향을 주지 않는 제품을 사용하여 세척한다.

㉧ 작업을 종료한 후에는 손, 얼굴 등을 깨끗이 씻거나 목욕을 실시한다.

㉨ 퇴근 시에는 작업복을 벗고 평상복으로 갈아입는다.

② 유기 용제 중독 증상

㉮ 유기 용제가 입, 기도 피부 등을 통하여 체내에 들어옴으로써 중독이 된다.

㉯ 고농도에 급성으로 노출시 혼란, 어지러움, 두통, 집중력 저하 등의 증상이 나타난다.

㉰ 장기간 유기 용제에 노출되는 경우에는 중추 신경계 외 말초 신경계의 장애가 나타난다.

㉱ 저농도 장기 노출에 의한 인지기능의 장애나 정서변화 등 중추 신경계의 장애도 초래한다.

㉲ 유기 용제에 의한 중추 신경계의 만성장애는 그 정도에 따라 경증, 중등증 및 중증으로 나뉜다.

경증	기질적 정서 증후군	제1형(단순 증상)
중등증	경증의 만성독성 뇌병증	제2A형(지속적 정서 혹은 성격변화)
		제2B형(지적기능 장애)
중증	중증의 만성독성 뇌병증	제3형(치매)

③ 응급조치

㉮ 유기용제 등이 눈에 들어간 경우에는 즉시 많은 양의 물로 씻어내고 안과의사의 검진을 받는다.

㉯ 유기 용제 등이 피부에 접촉된 경우에는 비누 또는 물로 씻어내고 씻은 후에도 계속 가렵고 염증이 발생되면 즉시 의사의 검진을 받는다.

㉰ 재해가 탱크 내부 등 밀폐된 곳에서 일어난 때에는 급히 뛰어 들거나 방독면을 착용하고 들어가는 것을 금지하고 필히 송기 마스크를 착용한 후 정확한 방법으로 구조 작업을 한다.

㉱ 환자는 즉시 통풍이 잘되는 평탄한 곳에 옮긴 후 머리를 낮추고 옆으로 눕히거나 엎드려 눕혀서 응급조치를 하고 즉시 의사의 진단을 받도록 한다.

ⓜ 환자의 옷을 헐겁게 풀어주고 입안에 구토물이 있는지의 유무를 확인하여 있을 경우에는 씻어내고 호흡이 정지된 환자는 지체 없이 의사가 올 때까지 인공호흡이나 산소 호흡기에 의한 호흡을 계속한다.

ⓑ 어두운 곳에서 재해가 발생한 경우에는 성냥 등 화기 사용을 금지하고 방폭 구조형 전등을 이용한다.

8 폐기물 처리

1) 폐기물

(1) 폐기물이란

쓰레기, 연소재(燃燒滓), 오니(汚泥), 폐유(廢油), 폐산(廢酸), 폐알칼리 및 동물의 사체(死體) 등으로서 사람의 생활이나 사업 활동에 필요하지 않게 된 물질

(2) 자동차 도장 관련 업종 지정 폐기물

페인트 및 락카와 유기용제가 혼합된 것으로서 페인트 및 락카 제조업, 용적 5㎥ 이상 또는 동력 3마력 이상의 도장시설, 폐기물을 재활용하는 시설에서 발생되는 것과 페인트 보관용기에 잔존하는 페인트를 제거하기 위하여 유기용제와 혼합된 것 포함한다.

9 안전보호구 (한국산업안전공단 인용)

1) 안전 보호구

(1) 보호구의 구비조건

㉮ 착용이 간편할 것

㉯ 작업에 방해가 안 될 것

㉰ 구조와 끝마무리가 양호할 것

㉱ 겉 표면이 섬세하고 외관상 좋을 것

㉲ 보호 장구는 원재료의 품질이 양호한 것일 것

㉳ 유해 위험 요소에 대한 방호 성능이 충분할 것

(2) 보호구 선택시 유의 사항

㉮ 보호구는 사용 목적에 적합하여야 한다.

㉯ 무게가 가볍고 크기가 사용자에게 알맞아야 한다.

㉰ 사용하는 방법이 간편하고 손질하기가 쉬워야 한다.

㉱ 보호구는 검정에 합격된 품질이 양호한 것이어야 한다.

(3) 보호구 사용시 유의사항

㉮ 보호구는 작업할 때 반드시 사용하도록 숙지시킨다.

㉯ 보호구의 사용이 불편하지 않도록 보관하여야 한다.

㉰ 작업자에게 올바른 보호구의 사용 방법을 숙지시킨다.

㉱ 작업장에는 필요한 소요량의 보호구를 비치하여야 한다.

㉲ 작업의 종류에 의해서 정해진 적절한 보호구를 선택한다.

(4) 보호구의 보관 방법

㉮ 광선을 피하고 통풍이 잘 되는 장소에 보관할 것

㉯ 발열성 물질을 보관하는 주변에 가까이 두지 말 것

㉰ 부식성, 유해성, 인화성, 액체 등과 혼합하여 보관하지 말 것

㉱ 모래, 진흙 등이 묻은 경우는 깨끗이 닦고 그늘에 건조시킬 것

㉲ 땀으로 오염된 경우는 세척하고 건조시켜 변형이 되지 않게 한다.

2) 보호구 종류

① **안전모** : 작업 중에 떨어지거나 넘어져 머리가 다칠 우려가 있는 경우에 사용한다.

② **보안경** : 눈을 보호하기 위해서 사용하고 방진 안경과 차광용 안경이 있다.

③ **보안면** : 유해 광선으로부터 눈이나 안면을 보호하고 용접용과 일반용이 있다.

④ **안전화** : 작업중에 무거운 물건을 떨어뜨리거나 못을 밟거나 하는 재해로부터 보호한다.

⑤ **안전대** : 추락에 의한 재해를 방지한다.

⑥ **방독면** : 유해 물질이 호흡기로 침투되는 것을 방지하고 분진이 많이 나는 곳에 사용하

는 방진 마스크, 산소 결핍 장소에 사용하는 공기 공급식과 공기 정화식이 있다.

⑦ **안전 장갑** : 유기 용제나 각종 위험 요소로부터 손의 부상을 방지한다.

⑧ **작업복** : 유기 용제나 불순물로부터 작업자 신체를 보호한다.

3) 보호구 선정 조건

① 종류 ② 형상 ③ 성능 ④ 수량 ⑤ 강도

9 도장 작업 공정별 착용 보호구

	탈지작업	연마작업	도료혼합	도료분무	건 청소
면 장갑		◎			
방진마스크	◎				
내용제성장갑	◎		◎	◎	
방독면(카본)	◎	◎	◎	◎	◎
보안경	◎			◎	◎
1회용 비닐장갑	◎		◎	◎	◎
도장복				◎	
안전화	◎	◎	◎	◎	◎

01 기출 2006.10.01
도장작업 중 도료 끊김이 발생하는 원인이 아닌 것은?
① 도료 컵 뚜껑의 작은 구멍이 막혀있다.
② 니들 패킹 너트가 헐겁다.
③ 캡과 노즐 간격이 너무 크다.
④ 노즐 조임 방법이 불량하다.

+ 스프레이건 사용시 이상 현상
  ① 도료 토출의 불규칙
  〈원인〉 • 도료 통로로 공기유입
         • 도료 조인트의 풀림, 파손
         • 도료의 점도가 높다
         • 도료 통로의 막힘
         • 니들 조정 패킹의 파손, 풀림
  〈대책〉 • 도료 통로로 유입공기 차단
         • 조이고 교환한다.
         • 시너를 희석하여 점도 유지
         • 분해 세척한다. • 교환 또는 조인다.
  ② 패턴 불완전
  〈원인〉 • 공기 캡, 도료 노즐 이물질
         • 공기 캡, 도료 노즐 흠 발생
  〈대책〉 • 이물질 제거 • 교환한다.
  ③ 패턴 치우침
  〈원인〉 • 공기 캡과 도료 노즐과의 간격에 부분적으로
           도료가 고착
         • 공기 캡이 느슨해졌다
         • 공기 캡과 도료 노즐의 변형
  〈대책〉 • 이물질 제거 • 조인다. • 교환
  ④ 패턴의 상하부 치우침
  〈원인〉 • 부분 압력이 높다
         • 도료 점도가 낮다
         • 도료 분출량이 적다
  〈대책〉 • 적정압력으로 조정
         • 도료첨가로 점도를 높인다.
         • 분출량을 많게 한다.
  ⑤ 분무화 불충분
  〈원인〉 • 도료 점도가 지나치게 높다
         • 도료 분출량이 많다
  〈대책〉 • 시너를 희석 • 분출량 조절

02 기출 2006.10.01
스프레이 작업 시에 고려해야 할 사항 중 틀린 것은?
① 도료 분사 패턴   ② 도료 분사 각도
③ 도료 분사 시간   ④ 도료 분사 거리

03 기출 2006.10.01
공기압축기 설치장소를 설명한 것이다. 맞는 것은?
① 건조하고 깨끗하며 환기가 잘되는 장소에 경사지게 설치한다.
② 실내온도가 여름에도 40℃ 이상이 되게 하고 직사광선이 들지 않는 장소가 좋다.
③ 인화폭발의 위험성을 피할 수 있는 광폭 벽으로 격리되지 않고 도장시설물과 같이 설치되어야 한다.
④ 가능하면 소음방지와 유지관리를 위해 특별한 장소에 설치한다.

+ 공기압축기 설치 장소
  ① 실내온도는 5~60℃를 유지한다.
  ② 직사광선을 피하고 환풍시설을 구비해야한다.
  ③ 습기나 수분이 없는 장소
  ④ 수평이고 단단한 바닥
  ⑤ 먼지, 오존, 유해가스가 없는 장소
  ⑥ 방음이고, 보수점검을 위한 공간 확보

04 기출 2006.10.01
다음 중 샌딩 작업 설명으로 틀린 것은?
① 샌딩 부스의 배기 송풍기를 작동시킨다.
② 에어샌더 배출구에 집진기를 부착한다.
③ 방진마스크와 보안경을 착용한다.
④ 바람이 통하기 쉬운 넓은 장소에서 작업한다.

+ 샌딩 작업시 분진을 포집할 수 있는 샌딩 룸에서 작업을 시행해야 한다.

정답 01. ③   02. ③   03. ④   04. ④

05 기출 2006.10.01
동력 공구 사용 시 주의사항 중 틀린 것은?
① 간편한 사용을 위하여 보호구는 사용하지 않는다.
② 에어 그라인더는 회전수를 점검한 후 사용한다.
③ 규정 공기압력을 유지한다.
④ 압축공기 중의 수분을 제거하여 준다.

+● 보호구는 해당 작업에 맞는 것을 꼭 착용하고 작업해야한다.

06 기출 2006.10.01
다음 중 공구의 안전한 취급 방법 중 틀린 것은?
① 스프레이건의 도료 분무시 방향이 다른 작업자의 인체를 향하지 않도록 한다.
② 사용한 공구는 현장의 작업장 바닥에 둔다.
③ 작업 종료시에는 반드시 공구의 개수나 파손의 유무를 점검하여 다음날 작업에 지장이 없도록 한다.
④ 전기 공구를 사용시에는 항상 손에 물기를 제거하고 사용한다.

07 기출 2006.10.01
스프레이건의 세척작업에서 발생하는 유해물질이 아닌 것은?
① 산   ② 과산화물
③ 폴리아미드   ④ 이소시아네이트

08 기출 2007.09.16
더블 액션 샌더의 기능이 아닌 것은?
① 거친 퍼티 연마에 적합하고 효율이 좋다.
② 종류가 많고 용도가 넓어 사용 빈도가 높다.
③ 패드가 2중 회전하므로 페이퍼 자국이 작다.
④ 연삭력이 좋아 구도막을 제거하는데 효과적이다.

+● 싱글 액션 샌더는 연삭력이 좋아 구도막 제거에 사용하며, 오비탈 샌더는 표면 만들기 및 편평한 넓은 면을 연마하기에 적합하다.

09 기출 2007.09.16
깨끗한 압축공기를 공급해야 하는 이유로 적합하지 않는 설명은?
① 깨끗한 작업 환경 조성
② 에어 공구의 성능 유지
③ 에어 공구의 수명 연장
④ 좋은 품질의 도막 형성

10 기출 2007.09.16
스프레이 건에서 토출량을 증가했을 때 설명으로 올바른 것은?
① 패턴 폭만 줄이면 건조가 빨라진다.
② 도막이 두꺼워 건조가 늦어진다.
③ 에어 조절나사를 줄이면 건조가 늦어진다.
④ 패턴 폭 및 에어 조절나사를 많이 열면 건조가 늦어진다.

+● ① 패턴 폭만 줄이면 얼룩이 쉽게 생기며 부분적으로 윗도장(wet coat)이 된다.
② 에어 조절나사를 줄이면 에어압력이 낮아져서 미립화 되지 않은 도료가 토출된다.

11 기출 2007.09.16
방독 마스크의 사용 후의 주의 사항은?
① 규정 정화통 여부
② 흡수제의 악취 여부
③ 분진 같은 이물질 제거
④ 정화통 몸체의 부식 여부

정답   05. ①   06. ②   07. ②   08. ④   09. ①   10. ②   11. ③

12 `기출` 2007.09.16

안전 보호구나 안전시설의 이용 방법 중 분진 흡입을 줄이기 위한 방법이 아닌 것은?

① 방진용 마스크를 착용한다.

② 흡진 기능 있는 샌더를 이용한다.

③ 바닥면 및 벽면으로부터 분진을 흡입할 수 있는 시설에서 작업한다.

④ 작업 공정마다 에어블로 작업을 실시한다.

+👤 에어블로 작업을 시행하면 먼지가 비산되므로 가능하면 분진의 발생을 줄이기 위해서는 집진기를 이용하여 먼지를 제거하고 먼지를 털어낸다.

13 `기출` 2007.09.16

안전보호구를 사용할 때의 유의사항으로 적절하지 않은 것은?

① 작업에 적절한 보호구를 사용한다.

② 사용하는 방법이 간편하고 손질하기 쉬워야 한다.

③ 작업장에는 필요한 수량의 보호구를 배치한다.

④ 무게가 무겁고 사용하는 사람에게 알맞아야 한다.

14 `기출` 2007.09.16

안전 및 건강을 위해 연마기에 부착해야 되는 것은?

① 집진기   ② 스펀지

③ 샌드 페이퍼   ④ 전동기

15 `기출` 2008.03.30

에어 트랜스포머의 설치 목적으로 가장 옳은 것은?

① 압축 공기를 건조시키기 위해

② 압축 공기 중의 오일 성분을 제거하기 위해

③ 압축 공기의 정화와 압력을 조정하기 위해

④ 에어 공구의 작업 능률을 높이기 위해

+👤 에어 트랜스포머는 압축공기 중의 수분과 유분을 여과하는 동시에 공기압력을 조절하는 장치로서 에어배관의 말단에 설치한다.

16 `기출` 2008.03.30

샌딩작업 중 먼지를 줄이려면 어떻게 해야 되겠는가?

① 속도를 빠르게 한다.

② 속도를 느리게 한다.

③ 집진기를 장치한다.

④ 에어블로잉 한다.

+👤 연마 후 에어 블로잉 작업은 가급적 하지 않는다. 집진기를 이용하여 분진의 발생을 저감시키고 방진용 마스크를 착용하고 작업한다.

17 `기출` 2008.03.30

공기 중에 포함된 유해요소 중 스프레이 작업 시 발생하는 미세한 액체 방울은?

① 흄   ② 분진

③ 도장분진   ④ 유해증기

18 `기출` 2008.07.13

압축 공기 중의 수분을 제거하는 공기여과기의 방식이 아닌 것은?

① 충돌판 이용방법

② 전기 히터 이용법

③ 원심력 이용법

④ 필터 또는 약제 사용법

19 기출 2008.07.13

작업장에 샌딩 룸이 없으면 생기는 현상이 아닌 것은?

① 샌딩 작업 때 먼지가 공장 내부에 쌓인다.
② 주위 작업자에게 피해를 준다.
③ 소음이 발생한다.
④ 페인트가 퍼진다.

20 기출 2008.07.13

스프레이 부스에서 도장 작업할 때 반드시 착용하지 않아도 되는 것은?

① 마스크
② 앞치마
③ 내용제성 장갑
④ 보안경

21 기출 2008.07.13

도장 작업장에서 도장 작업자의 준수사항이 아닌 것은?

① 점화물질 휴대금지
② 소화기 비치장소 확인
③ 일일 작업량 외의 여유분 도료를 넉넉히 작업장에 비치
④ 징이 박힌 신발 착용 금지

22 기출 2009.03.29

다음 중 도장 도막 건조 장비로 사용되지 않는 것은?

① 스팀 건조기
② 원적외선 건조기
③ 전기 오븐
④ 열풍 건조기

+ 도장 후 습도가 높을 경우에는 백화현상이 발생 한다.

23 기출 2009.03.29

도장 부스에 대한 설명으로 맞는 것은?

① 공기는 강제 배기가 되므로 자연 급기–강제 배기, 강제 급기–강제 배기 2 가지 방식이 있다.
② 자연급기 타입은 룸 내부가 플러스 압력으로

되며, 틈새 먼지가 내부로 들어오지 못한다.
③ 강제급기 타입은 대부분 마이너스 압력으로 설정이 되어 있다.
④ 자연급기와 강제급기 타입은 공기 흐름이 항상 똑같아야 한다.

+ **자연 급기 타입과 강제 급기 타입**
① 자연 급기 타입 : 룸 내부가 마이너스 압력으로 되어 외부의 먼지가 도장실로 쉽게 들어올 수 있다.
② 강제급기 타입 : 대부분 플러스 압력으로 설정이 되어 있다.

24 기출 2009.03.29

압송식 스프레이건에 대해 설명한 것은?

① 점도가 높은 도료에는 적합하지 않다.
② 에어의 힘으로 도료를 빨아올리므로 도료의 점도가 바뀌면 토출량도 변한다.
③ 건과 탱크를 세정하고 파이프까지 세정해야 하므로 불편하다.
④ 압력차에 의해 노즐에 도료를 공급하고 노즐 위에 도료 컵이 위치한다.

25 기출 2009.03.29

자동차 보수도장에서 표면 조정 작업의 안전 및 유의 사항으로 틀린 것은?

① 연마 후 세정 작업은 면장갑과 방독 마스크를 사용한다.
② 박리제를 이용하여 구도막을 제거할 경우에는 방독 마스크와 내화학성 고무장갑을 착용한다.
③ 작업범위가 아닌 경우에는 마스킹을 하여 손상을 방지한다.
④ 연마 작업은 알맞은 연마지를 선택하고 샌딩 마크가 발생하지 않도록 주의한다.

정답 　19.④　20.②　21.③　22.①　23.①　24.③　25.①

26 기출 2009.03.29
방독 마스크의 보관방법으로 적합하지 않은 것은?
① 사용 마스크는 손질 후 직사광선을 피해 건조된 장소의 상자 속에 보관한다.
② 고무제품의 세척 및 취급에 주의한다.
③ 정화통의 상하 마개를 밀폐한다.
④ 방독마스크는 부피를 줄일 수 있게 잘 겹쳐 쌓아 정리 정돈하여 보관한다.

27 기출 2009.03.29
스프레이 부스에서 바닥필터가 나쁘면 생기는 현상은?
① 유독가스의 배기가 안 된다.
② 흡기필터에서 공기 유입량이 많아진다.
③ 배기가 원활하여 공기의 흐름이 빨라진다.
④ 부스 출입문이 잘 열리지 않는다.

28 기출 2009.09.27
공기압축기 설치장소로 적합하지 않은 것은?
① 건조하고 깨끗하며 환기가 잘되는 장소에 수평으로 설치한다.
② 실내온도가 여름에도 40℃ 이하가 되고 직사광선이 들지 않는 장소가 좋다.
③ 인화 및 폭발의 위험성을 피할 수 있는 방폭벽으로 격리된 장소에 설치한다.
④ 실내공간을 최대한 사용하여 벽면에 붙여서 설치한다.

+● 공기압축기 설치장소
① 직사광선을 피하고 환풍시설을 갖추어야 한다.
② 습기나 수분이 없는 장소
③ 실내온도는 40℃이하인 곳
④ 수평이고 단단한 바닥구조
⑤ 방음이고 보수점검이 가능한 공간
⑥ 먼지, 오존, 유해가스가 없는 장소

29 기출 2009.09.27
스프레이건에서 노즐의 구경 크기로 적합하지 않는 것은?(단위 : mm)
① 중도전용 : 1.2 ~ 1.3
② 상도용(베이스) : 1.3 ~ 1.4
③ 상도용(크리어) : 1.4 ~ 1.5
④ 부분도장(국소) : 0.8 ~ 1.0

+● 중도도장용 스프레이건의 노즐 지름은 1.6 ~ 1.8정도를 사용하는 것이 좋다.

30 기출 2009.09.27
보수 도장에서 올바른 스프레이건의 사용법이 아닌 것은?
① 건의 거리를 일정하게 한다.
② 도장할 면과 수직으로 한다.
③ 표면과 항상 평행하게 움직인다.
④ 건의 이동속도는 가급적 빠르게 한다.

+● 건의 이동속도는 초당 50 ~ 60cm정도이며 일정한 속도로 도장한다.

31 기출 2009.09.27
스프레이 건 세척 작업시 필히 착용해야 할 보호구는?
① 보안경   ② 귀마개
③ 안전헬멧   ④ 내용제성 장갑

32 기출 2009.09.27
도장 작업장에서 작업자가 지켜야할 사항이 아닌 것은?
① 유해물은 지정장소의 지정용기에 보관
② 유해물을 취급하는 도장 작업장에는 관계자외 출입금지
③ 유해물은 특정용기에 담을 것
④ 담배는 작업장 내 보이지 않는 곳에서 피울 것

정답 ▶ 26. ④   27. ①   28. ④   29. ①   30. ④   31. ④   32. ④

33 기출 2009.09.27

폭발의 우려가 있는 장소에서 금지해야 할 사항으로 틀린 것은?

① 과열함으로써 점화의 원인이 될 우려가 있는 기계
② 화기의 사용
③ 불연성 재료의 사용
④ 사용도중 불꽃이 발생하는 공구

34 기출 2009.09.27

방진마스크의 필터 원리를 설명한 것 중 올바른 것은?

① 충돌 – 입자가 물질 자체의 중량으로 인해 여과 된다.
② 확산 – 필터내의 정전기로써 물질을 포집하여 여과 된다.
③ 침강 – 흡입기류와 같이 들어와 부딪침으로써 여과 된다.
④ 간섭 – 긴 모양의 분진 입자가 필터에 걸림으로써 여과 된다.

35 기출 2010.03.28

HVLP건에 대한 설명 중 틀린 것은?

① 많은 양의 공기를 저압으로 분무함으로서 도료의 높은 흡착율을 갖는 스프레이 건이다.
② 오버 스프레이에 의한 더스트가 많고 평균 흡착율이 35~40%정도이다.
③ VOC 발생을 억제하고 환경 친화적인 건이다.
④ 도료를 30%까지 절감할 수 있다.

+▲ HVLP방식의 스프레이건은 환경친화적인 스프레이 건으로 평균도착효율이 65%이상으로 낮은 공기압을 사용하지만 분당 사용되는 공기압은 높다.

36 기출 2010.03.28

스프레이 부스의 설치 목적과 거리가 먼 것은?

① 작업자 위생을 위한 환기
② 먼지 차단
③ 대기 오염 방지
④ 색상 식별

+▲ **스프레이 부스의 설치 목적**
① 비산되는 도료의 분진을 집진하여 환경의 오염을 방지한다.
② 도장할 때 유기 용제로부터 작업자를 보호한다.
③ 전천후 작업을 가능케 한다.
④ 피도장물에 먼지, 오염물 등의 유입을 방지한다.
⑤ 도장의 품질을 향상시키고 도막의 결함을 방지한다.
⑥ 도장 후 도막의 건조를 가속화시킨다.

37 기출 2010.10.03

샌더기 패드의 설명이 옳지 않은 것은?

① 딱딱한 패드는 페이퍼의 자국이 깊어진다.
② 딱딱한 패드는 섬세한 요철을 제거할 수 없다.
③ 부드러운 패드는 고운 표면 만들기에 적합하다.
④ 부드러운 패드는 페이퍼 자국이 얕게 나타난다.

38 기출 2010.10.03

스프레이 패턴이 장구 모양으로 상하부로 치우치는 원인은?

① 도료의 점도가 높다.
② 도료의 점도가 낮다.
③ 공기 캡을 꼭 조이지 않았다.
④ 공기 캡의 공기구멍 일부가 막혔다.

+▲ **위나 아래쪽으로 치우치는 패턴**
① 공기 캡과 도료 노즐과의 간격에 부분적으로 이물질이 묻어 있다.
② 공기 캡이 느슨하다.
③ 노즐이 느슨하다.
④ 공기 캡과 노즐의 변형이 일어났다.

정답 33. ③ 34. ④ 35. ② 36. ④ 37. ② 38. ②

◆ **좌측이나 우측으로 치우치는 패턴**
① 혼 구멍이 막혀있다.
② 도료의 노즐 맨 위와 아래에 페인트가 고착되어 있다.
③ 왼쪽이나 오른쪽 측면 혼 구멍이 막혀있다.
④ 도료 노즐 왼쪽이나 오른쪽 측면에 먼지나 페인트가 고착되어 있다.

◆ **가운데가 진한 패턴**
① 분사압력이 너무 낮다.
② 도료의 점도가 높다.

◆ **숨 끊김 패턴**
① 도료 동로에 공기가 혼입되었다.
② 도료 조인트의 풀림이나 파손이 발생하였다.
③ 도료의 점도가 높다.
④ 도료 통로가 막혔다.
⑤ 니들 조정 패킹이 풀리거나 파손이 발생하였다.
⑥ 흡상식의 경우 도료 컵에 도료가 조금 있다.

39 기출 2010.10.03
스프레이 부스에 대한 내용으로 맞지 않는 것은?
① 강제 배기 설비는 작업자가 스프레이 분진의 유해한 유기용제 가스를 흡입하는 것을 방지해야 한다.
② 흡기 필터는 먼지 등이 도막에 붙지 않도록 깨끗한 공기를 공급해야 한다.
③ 배기 필터는 스프레이 분진을 포집하여 작업장의 오염을 방지하고 또 주변 환경의 오염도 방지해야 한다.
④ 구도막을 제거하고 퍼티를 연마할 때 발생하는 분진을 흡입하여 여과시켜 배출한다.

40 기출 2011.04.17
압축공기 설비 조건으로 틀린 것은?
① 공기 압축기는 공장 전체에서 사용될 에어 공구 사용 정도를 고려하여 용량을 결정해야 한다.
② 공기 압축기는 작업장의 배치와 작업환경을 고려하여야 한다.
③ 공기 압축기는 공기의 청정화와 압력 저하

방지 및 수분 배출을 고려한 설계가 필요하다.
④ 배관은 압력저하를 방지하기 위해 지름이 작은 파이프를 사용해야 한다.

+● 공기망은 압축기를 주 헤더로 연결시키는 토출 파이프로부터 시작되기 때문에 지름은 압축기 토출 연결부와 같아야 하며, 모든 부품들은 가능한 짧게 설치한다. 일반적인 압력 저하는 작동 압력의 1.5%이내로 하는 것이 더 효율적이다. 배관에서의 과도한 압력 강하를 피하기 위해 권장 압축공기의 유속은 6~10 m/s가 되어야 한다.

41 기출 2011.04.17
도장 부스에서 작업시 안전 사항으로 틀린 것은?
① 출입문을 열고 스프레이 작업을 한다.
② 부스 안에 음식물이나 음료수를 저장 혹은 먹어서는 안된다.
③ 부스 안에서 금연을 한다.
④ 불꽃이 튀는 연장은 부스 안에서 사용을 금지한다.

+● 도장 부스는 피도장물에 먼지, 오염물 등의 유입을 방지하고 비산되는 도료의 분진을 집진하여 환경의 오염을 방지하는 역할을 하기 때문에 출입문을 닫고 작업하여야 한다.

42 기출 2011.04.17
도장 공해 예방에 따른 대책으로 환경 친화적인 도장의 차원에서 감소되어야 하는 것은?
① 전착 도장　　　② 유성 도장
③ 수용성 도장　　④ 분체 도장

+● **자동차 도장의 종류**
① **전착 도장** : 화이트 보디 전체를 도료 탱크(paint tank)에 담가 도료를 전기적으로 대전시켜 도장하는 것으로 복잡한 형상이나 다양한 크기의 피도물에 도료의 손실을 최소화할 수 있다. 내부 깊숙한 곳까지 도장이 가능하고, 물방울 자국이나 흐름 현상 등의 결함 감소, 도막의 두께를 높일 수 있고 일정한 전류를 이용하여 정확하게 도막의 두께가 조절된다.
② **유성 도장** : 유기계 도료를 사용하는 도장으로 대기오염이나 인체에 악영향을 미치게 된다.
③ **수용성 도장** : 수용성 도료를 이용하는 도장이며,

유기계 용제 대신 물을 사용하여 경제적이며, 발화성이 낮아서 안전하고 취급이 간편하다. 최근 용제에 의한 대기오염이나 인체에 악영향도 큰 폭으로 줄어든다는 이유로 수용성 도료에 대한 관심이 높아져 여러 종류의 수용성 도료가 개발되어 자동차 전착 도장에 널리 이용되고 있다.

④ **분체 도장** : 분체 도장은 분말형 페인트를 정전기를 이용하여 하여 전용 건으로 흩날려 뿌리 철판에 붙인 후 열을 가하여 가루를 녹인 후 굳히는 도장이다

43 기출 2011.04.17
공기 압축기의 안전장치 중 배관 중간에 설치하여 규정 이상의 압축에 달하면 작동하여 배출시키는 장치는?

① 언로더 밸브　　　② 체크 밸브

③ 압력계　　　　　④ 안전 밸브

+👤 공기 압축기 구성품의 기능
① **언로더 밸브** : 압력 조절 밸브와 연동되어 작용하며, 공기탱크 내의 압력이 $5 \sim 7kgf/cm^2$ 이상으로 상승하면 공기 압축기의 흡입 밸브가 계속 열려 있도록 하여 압축작용을 정지시키는 역할을 한다.
② **체크 밸브** : 공기탱크 입구 부근에 설치되어 압축공기의 역류를 방지하는 역할을 한다.
③ **압력계** : 공기 탱크에 저장되어 있는 압축공기의 압력을 지시하는 역할을 한다.
④ **안전 밸브** : 공기탱크 내의 압력이 상승하여 $9.7kgf/cm^2$ 에 이르면 밸브가 열려 탱크의 압축공기를 대기 중으로 배출시켜 규정 압력 이상으로 상승되는 것을 방지한다.

44 기출 2011.04.17
도장 작업시 안전 보호구로 눈에 보이지 않는 유독가스와 도장 분진으로부터 작업자를 보호하는 것은?

① 안전화　　　　　② 방독 마스크

③ 스프레이 보호복　④ 내용제성 고무장갑

45 기출 2011.04.17
밀폐된 작업장에서 도장 작업시 유의 사항이 아닌 것은?

① 도료 및 시너가 피부접촉을 피하기 위해 보호복을 착용한다.

② 작업 중에는 용제 등의 증기농도를 측정하여 적절히 환기하여야 한다.

③ 단독 작업이 안전성에 있어서 유리하다.

④ 용제 등의 증기농도가 높기 때문에 방독마스크를 착용하여야 한다.

46 기출 2011.10.09
스프레이 건 사용법 중 바르지 못한 것은?

① 스프레이 건의 거리는 일반 건은 $15 \sim 20cm$, HVLP 건의 경우 $10 \sim 15cm$ 정도가 적당하다.

② 스프레이 건의 분사방향은 도장할 면과 수평이 되도록 하고 평행하게 움직여야 한다.

③ 스프레이 건의 이동 속도는 보통 $30 \sim 60cm/s$ 가 적당하다

④ 겹침 폭은 도료에 따라 차이가 있으나 3/4 정도가 적당하다.

+👤 스프레이건의 분사방향은 도장할 면과 수직이 되도록 하고 之자로 움직이지 말고 평행하게 움직여야 한다.

47 기출 2011.10.09
계량조색 시스템과 관계가 없는 것은?

① 용제회수기

② 전자 저울

③ 도료 교반기

④ 조색 배합 데이터

정답　　43. ④　44. ②　45. ③　46. ②　47. ①

48 기출 2011.10.09

압축공기 배관을 설계할 때 주의할 사항으로 맞는 것은?

① 주배관은 끝으로 향하여 1/10 의 기울기를 갖도록 설치한다.

② 배관의 끝에는 오토 드레인을 장착하여 정기적으로 물을 배출할 필요가 없다.

③ 분기관은 주배관에서 일단 상향으로 설치한 후 다시 하향하도록 한다.

④ 배관이 구부러진 부분은 90°로 이음한다.

+👤 압축공기 배관의 설치시 고려사항

① 공압 배관은 공기흐름 방향으로 1/100정도의 기울기로 설치한다.

② 주배관의 끝에는 오염물 배출이 용이한 드레인 밸브를 설치한다.

③ 이음은 적게 하고 공기압축기와 배관의 연결은 플렉시블 호스로 연결하여 공기압축기의 진동이 배관으로 가지 않도록 한다.

④ 배관의 중간에는 감압밸브나 에어 트렌스포머를 설치한다.

⑤ 배관의 지름은 여유 있게 한다.

⑥ 배관이 구부러진 부분은 U자 형태의 배관으로 이음 한다.

⑦ 냉각효율이 좋게 한다.

49 기출 2011.10.09

일반적인 기계 동력전달 장치에서 안전상 주의사항으로 틀린 것은?

① 기어가 회전하고 있는 곳은 뚜껑으로 잘 덮어 위험을 방지한다.

② 천천히 움직이는 벨트라도 손으로 잡지 않는다.

③ 회전하고 있는 벨트나 기어에 필요 없는 접근을 금한다.

④ 동력전달을 빨리하기 위해 벨트를 회전하는 풀리에 손으로 걸어도 좋다.

+👤 벨트는 기계를 정지시킨 상태에서 걸어야 한다.

50 기출 2011.10.09

열풍로 작동시 점검 및 주의사항으로 틀린 것은?

① 열풍로 작동시 인화물질 접근은 절대 엄금해야 한다.

② 열풍로 작동시 취급자 이외에 출입을 금한다.

③ 열풍로에서 끌어낸 물체는 유해가스가 완전히 배출된 상태이며, 보호마스크는 필요하지 않다.

④ 세탁물, 건조는 절대 금지시킨다.

51 기출 2011.10.09

전기 열풍기를 고장 없이 장시간 사용하기 위한 방법으로 옳은 것은?

① 사용 중 전원 플러그를 빼낸다.

② 처음 온도 사용시 높은 온도에서 낮은 온도로 사용한다.

③ 안전한 사용을 위해 작업물로부터 1m 정도 간격을 유지한다.

④ 처음 시작은 낮은 온도로 시작해서 점차적으로 온도를 높여서 사용한다.

52 기출 2011.10.09

에어 트랜스포머의 취급방법으로 틀린 것은?

① 배출밸브는 적어도 하루 1~2 회 방출한다.

② 필터는 때때로 교환하거나 세척한다.

③ 압력조정 핸들은 사용하지 않을 때에는 풀어준다.

④ 에어 트랜스포머와 스프레이 건의 간격은 길수록 좋다.

정답 48. ③ 49. ④ 50. ③ 51. ④ 52. ④

53 기출 2011.10.09

공기 중에 포함된 유해요소 중 스프레이 작업 시 발생하는 미세한 액체 방울은?

① 흄   ② 고체 분진
③ 도장분진(미스트)   ④ 유해 증기

54 기출 2012.04.08

스프레이 부스에 대한 설명으로 틀린 것은?

① 도장할 면을 항상 깨끗이 유지시켜 주어야 한다.
② 용제나 다른 오염물이 축적되어야 한다.
③ 화재로부터 안전해야 한다.
④ 작업자를 보호하고 대기오염을 시키지 말아야 한다.

55 기출 2012.04.08

흡상식 건의 설명으로 맞지 않는 것은?

① 도료 컵은 건 아래 부분에 장착된다.
② 공기 캡의 전방에 진공을 만들어서 도료를 흡상한다.
③ 가압된 압축으로 도료를 밀어서 분출한다.
④ 노즐은 캡 안쪽에 위치한다.

+👤 압속식 건은 가압된 압축으로 도료를 밀어서 분출한다. 중력식 건은 도료의 컵이 건의 위쪽에 장착한다.

56 기출 2012.04.08

유류화재시 소화방법으로 적합하지 않은 것은?

① 분말소화기를 사용한다.
② 물을 부어 끈다.
③ 모래를 뿌린다.
④ ABS 소화기를 사용한다.

57 기출 2012.04.08

공기 압축기의 점검 사항 중 틀린 것은?

① 매일 공기탱크의 수분을 배출시킨다.
② 월 1 회 안전밸브의 작동을 확인 점검한다.
③ 년 1 회에 공기 여과기를 점검하고 세정한다.
④ 매일 윤활유의 양을 점검한다.

58 기출 2012.04.08

도장 부스에서의 작업으로 적합한 것은?

① 샌딩 작업   ② 그라인딩 작업
③ 용접 작업   ④ 스프레이 작업

59 기출 2012.10.21

에어 스프레이 방법의 특징으로 맞지 않는 것은?

① 보수용 도료에 적용할 수 있다.
② 도착 효율이 좋다.
③ 비교적 가격이 싸고 취급도 간단하다.
④ 깨끗하고 미려한 도막을 얻을 수 있다.

+👤 도착효율이 가장 좋은 도장 방법은 붓도장이며 에어 스프레이 도장의 경우 도착효율이 가장 좋지 않다.

60 기출 2012.10.21

축공기 점검사항으로 맞는 것은?

① 공기탱크 수분을 1 개월 마다 배출시킨다.
② 매일 윤활유량을 점검하고 2 년에 1 회 교환한다.
③ 년 1 회 공기여과기를 점검하고 세정한다.
④ 월 1 회 구동벨트의 상태를 점검하고 필요하면 교환한다.

+👤 **압축공기 점검사항**
① 왕복동식의 경우 V벨트의 중심부를 손으로 눌러 15~25mm 정도의 장력이 필요하며 장력이 크면 순간 회전할 경우 모터에 무리한 힘이 가해지므로 점검이 필요하다.
② 공기흡입구 필터는 주 1회 정도 청소하며 6개월에 한번 씩 교환한다.

정답 53. ③   54. ②   55. ③   56. ②   57. ③   58. ④   59. ②   60. ④

③ 실린더에 들어가는 윤활유는 정기적으로 점검하고 교환을 해야 할 경우에는 지정된 윤활유를 사용한다.
④ 실린더 헤드의 발열부는 수시로 청소하여 분진이나 기타 퇴적물로 인하여 방열에 지장이 없도록 한다.
⑤ 하루에 한 번은 드레인 밸브를 열어 공기 탱크내의 수분을 배출시킨다.

61 기출 2012.10.21
유기용제 중독에 따른 예방대책으로 잘못된 것은?
① 마스크 착용
② 작업장의 용제 증기 축적
③ 작업자 교대 및 작업시간 단축
④ 위험성이 적은 도료 및 용제 선택

62 기출 2012.04.08
산업 재해는 직접 원인과 간접 원인으로 구분되는데 다음 직접 원인 중에서 인적 불안전 요인이 아닌 것은?
① 작업 태도 불안전
② 위험한 장소의 출입
③ 기계공구의 결함
④ 부적당한 작업복 착용
✛👤 기계 공구의 결함은 간접 원인의 산업재해이다.

63 기출 2012.04.08
국내 VOC 배출량을 비교할 때 가장 배출량이 많은 곳은?
① 도로 포장
② 도장 시설 및 작업
③ 자동차 운행
④ 주유소

64 기출 2012.04.08
유기용제에서 제2석유류의 종류로 틀린 것은?
① 등유
② 중유
③ 크실렌
④ 셀로솔브
✛👤 제1석유류: 아세톤, 휘발유, 벤졸 톨루엔 등
제3석유류: 중유, 클레오소트유 등

65 기출 2012.10.21
방독면 사용 전 주의사항으로 바른 것은?
① 규정된 정화통의 여부
② 분진 같은 이물질 제거
③ 흡기와 배기의 조절구에 묻은 수분제거
④ 고무제품의 세척

66 기출 2012.10.21
인화성이 가장 큰 물질은?
① 신너
② 알코올
③ 경유
④ 솔벤트

67 기출 2012.10.21
도장부스가 갖추어야할 기능으로 틀린 것은?
① 안전한 온도상승 조절 및 공급기능이 확실하고 경제성을 제공해야 한다.
② 불순물과 먼지의 제거를 위해 통풍장치와 여과장치가 완전해야 한다.
③ 도장작업자의 보호를 위해 여과된 공기의 공급이 이루어져야 한다.
④ 도장 작업시 바닥에 페인트 먼지와 유해한 페인트를 제거할 수 있는 장치가 필수적이며 배기 필터는 매일 교환해 주어야 한다.

정답 61. ② 62. ③ 63. ② 64. ② 65. ① 66. ① 67. ④

68 기출 2012.10.21
스프레이건 세척작업 시 착용해야 할 보호구로 적합하지 않은 것은?
① 보안경
② 귀마개
③ 방독마스크
④ 내용제성 장갑

69 기출 2012.10.21
공기압축기에서 생산된 공기 중의 수분을 제거하고 사용하는 곳에서 압력을 일정하게 조정할 수 있는 기능을 가진 기기는?
① 스프레이 부스
② 에어 트랜스포머
③ 에어 필터
④ 에어 컴프레서

70 기출 2013.04.14
도장 작업 중에 발생되는 도료 분진이 포함된 공기를 여과하여 배출하거나 또는 작업장에 깨끗한 공기를 공급하도록 되어 있는 도장 시설물은?
① 스프레이 부스(Spray Booth)
② 에어 클리너(Air Cleaner)
③ 에어 트랜스포머(Air Transformer)
④ 에어 건조기(Air Dryer)
+👤 ① **에어 클리너** : 공기를 깨끗하게 하기 위한 시설
② **에어 트랜스포머** : 압축공기 중의 불순물을 제거하기 위한 시설
③ **에어 건조기** : 도장 후 도료를 건조하기 위한 시설

71 기출 2013.04.14
승용, 승합차의 보수 도장에 적합한 스프레이건 끼리 짝지어진 것은?
① 중력식, 정전식
② 흡상식, 압송식
③ 중력식, 흡상식
④ 중력식, 압승식

72 기출 2013.04.14
도장설비에서 화재의 발화 원인으로 틀린 것은?
① 도료 가스등이 산화열에 의한 자연발화
② 용제 등 취급중의 정전기 발화
③ 도료 가스 등과 회전부분과의 마찰열에 의한 발생
④ 도료 사용방법 미숙

73 기출 2013.04.14
스프레이 부스 설치 목적에 대한 설명 중 가장 거리가 먼 것은?
① 환경의 보호
② 도료의 절감
③ 작업자의 건강 유지
④ 도료 및 용제의 인화에 의한 재해방지

74 기출 2013.10.12
공기압력을 일정하게 유지시키고 공기를 정화하며 수분을 제거하게 되어있는 구성부품은?
① 에어 클리너(Air Cleaner)
② 에어 건조기(Air Dryer)
③ 에어 트랜스포머(Air Transformer)
④ 자동배수기
+👤 **부스 시설 기기의 기능**
① **에어 클리너** : 공기를 깨끗하게 하기 위한 시설
② **에어 트랜스포머** : 압축공기 중의 불순물을 제거하기 위한 시설
③ **에어 건조기** : 도장 후 도료를 건조하기 위한 시설

정답 68. ② 69. ② 70. ① 71. ③ 72. ④ 73. ② 74. ③

75 기출 2013.10.12
스프레이건의 조건에 따라 외관에 대한 설명으로 틀린 것은?
① 스프레이건의 노즐 구경이 적은 것을 사용하면 외관이 밝다.
② 도료의 토출량을 많게 하면 외관이 어둡게 된다.
③ 패턴 폭을 좁게 도장하면 외관이 밝아진다.
④ 스프레이건의 공기압력을 높게 하면 외관이 밝게 된다.

➕👤 도장의 조건에 따른 색상 변화

도장 조건	밝은 방향으로 수정	어두운 방향으로 수정
도료 토출량	조절나사를 조인다	조절나사를 푼다
희석제 사용량	많이 사용 한다	적게 사용 한다
건 사용 압력	압력을 높게 한다	압력을 낮게 한다
도장 간격	시간을 길게 한다	시간을 줄인다
건의 노즐 크기	작은 노즐을 사용	큰 노즐을 사용
패턴의 폭	넓게 한다	좁게 한다
피도체와 거리	멀게 한다	좁게 한다
시너의 증발속도	속건 시너를 사용	지건 시너를 사용
도장실 조건	유속, 온도를 높인다	유속, 온도를 낮춘다
참고사항	날림(dry)도장	젖은(wet)도장

76 기출 2013.10.12
중력식 스프레이건에 대한 설명이 아닌 것은?
① 도료 컵이 건의 상부에 있다.
② 도료 점도에 의한 토출량의 변화가 적다.
③ 대량생산에 필요한 넓은 부위의 작업에 적합하다.
④ 수직 수평 작업 모두 용이하다.

➕👤 대량생산에 필요한 넓은 부위에 작업에 적합한 스프레이건은 압송식이다.

77 기출 2013.10.12
고압가스 용기의 도색 중 옳게 표시된 것은?
① 산소 – 적색
② 수소 – 흰색

③ 아세틸렌 – 노란색
④ 액화암모니아 – 파란색

➕👤 **고압가스 용기의 도색**(고압가스안전관리법 시행규칙 제41조 관련 별표 24)
① 산소 : 의료용은 백색, 그 밖의 가스용기는 녹색
② 수소 : 주황색
③ 아세틸렌 : 황색
④ 액화 암모니아 : 백색

78 기출 2013.10.12
공기압축기 설치 장소 내용으로 맞는 것은?
① 건조하고 깨끗하며 환기가 잘 되는 장소에 수평으로 설치한다.
② 방폭 벽으로 사용하지 않아도 된다.
③ 벽면에 거리를 두지 않고 설치한다.
④ 직사광선이 잘 드는 곳에 설치한다.

➕👤 **공기압축기 설치 장소**
① 실내온도는 5~60℃를 유지한다.
② 직사광선을 피하고 환풍시설을 구비해야한다.
③ 습기나 수분이 없는 장소
④ 수평이고 단단한 바닥
⑤ 먼지, 오존, 유해가스가 없는 장소
⑥ 방음이고, 보수점검을 위한 공간 확보

79 기출 2013.10.12
도장 작업장에서 작업 준비사항이 아닌 것은?
① 박리제를 이용한 구도막 제거는 밀폐된 공간에서 안전하게 작업한다.
② 유기용제 게시판, 구분표시를 확인한다.
③ 조색실 등의 희석제를 많이 사용하는 특정 공간에서는 방폭 장치를 사용하여야 한다.
④ 작업공간에 희석제 증기가 과도하지 않는가를 확인하고 통풍시킨다.

➕👤 박리제를 이용한 구도막 제거는 통풍이 잘되는 장소에서 안전하게 작업하며, 박리제인 리무버는 붓을 사용하여 작업하고 피부나 눈에 묻지 않도록 주의해서 작업해야 한다.

정답 75. ③　76. ③　77. ③　78. ①　79. ①

80 기출 2013.10.12

인화성 액체의 신중한 취급방법으로 틀린 것은?

① 작업시 인화성 액체 등을 바닥에 쏟지 않도록 주의한다.

② 손이나 면포에 용제가 묻어 있는 상태로 방치하지 않도록 주의한다.

③ 인화성 물질은 방화 설비된 캐비넷에 보관하지 않도록 한다.

④ 작업장 내 충분한 환기 여건 조성을 한다.

➕👤 인화성 물질은 방화 설비된 캐비넷에 보관하여야 한다.

81 기출 2013.10.12

유기용제로 인한 중독을 예방하기 위한 주의사항으로 맞는 것은?

① 유기용제의 용기는 사용 중에 개방한다.

② 작업에 필요한 양보다 넉넉히 반입한다.

③ 유기용제의 증기는 가급적 멀리한다.

④ 유기용제는 피부에 직업 닿아도 무방하다.

➕👤 유기용제를 취급하는 사업장에서는 환풍기 같은 각종 안전시설 설치 및 보호구 착용 등이 의무화 되어 있다.

82 기출 2014.04.06

도료에 높은 압력을 가하여 작은 노즐 구멍으로 도료를 밀어 작은 입자로 분무시켜 도장하는 방법은?

① 에어 스프레이 도장

② 에어리스 스프레이 도장

③ 정전 도장

④ 전착 도장

➕👤 **도장의 종류**

① **에어 스프레이 도장** : 공기압축기의 압축공기를 이용하여 도료를 스프레이건을 통해 피도체에 도장하는 방법이다.

② **정전 도장** : 도료를 안개 모양의 미세 입자로 하고, 피도체에 전압을 가하여 도료를 도장 면에 흡착시켜 도장하는 방법이다.

③ **전착 도장** : 도료와 피도물에 각각 다른 극성의 정전기를 씌워서 도료 속에 피도물을 넣어 도장하는 방법이다.

83 기출 2014.04.06

스프레이 도장 작업시 필요로 하는 설비가 아닌 것은?

① 패널 건조대   ② 도장 부스

③ 컴프레서   ④ 에어 트랜스포머

84 기출 2014.04.06

스프레이 부스에서 도장 작업할 때 반드시 착용하지 않아도 되는 것은?

① 방독 마스크   ② 앞치마

③ 내용제성 장갑   ④ 보안경

85 기출 2014.04.06

스프레이 부스 내부의 최상 공기흐름 속도는?

① 0.1~0.2m/s

② 0.2~0.3m/s

③ 0.6~4.0m/s

④ 1.5~2.0m/s

➕👤 **스프레이 부스 유속**

① 유성 도료 분무용 : 0.3~0.5m/s

② 수용성 도료 분무용 : 0.7~1.0m/s

86 기출 2014.04.06

전기 열풍기 사용 시 안전사항으로 틀린 것은?

① 전원 콘센트를 점검 확인한다.

② 습기가 많은 곳에 보관한다.

③ 흡입구를 막지 않는다.

④ 전원코드에 무리한 힘을 가하지 않는다.

➕👤 습기가 많은 곳에 보관하는 경우 사용시 누전에 의한 감전의 위험이 있다.

정답 80. ③ 81. ③ 82. ② 83. ① 84. ② 85. ② 86. ②

87 `기출` 2014.10.11
공기압축기 시동 시 유의사항으로 틀린 것은?

① 시동 전 오일을 점검하고 계절에 적당한 오일을 넣는다.
② 주변의 안전을 확인한 다음 스위치를 넣는다.
③ 부하 상태에서 작동스위치를 넣는다.
④ 흡기구에 손을 대어 흡입 상태를 확인한다.

➕👤 부하 상태에서는 작동 스위치가 OFF시킨다.

88 `기출` 2014.10.11
생산라인에서 일반적으로 사용되는 씰링 건은?

① 스프레이 건　　② 소프트 칩 건
③ 펜슬 건　　　　④ 하드 칩 건

89 `기출` 2014.10.11
에어 트랜스포머의 설치 목적으로 가장 옳은 것은?

① 압축 공기를 건조시키기 위해
② 압축 공기 중의 오일 성분을 제거하기 위해
③ 압축 공기의 정화와 압력을 조정하기 위해
④ 에어 공구의 작업 능률을 높이기 위해

➕👤 에어 트랜스포머는 압축공기 중의 수분과 유분을 여과하는 동시에 공기압력을 조절하는 장치로서 에어 탱크와 스프레이건 중간에 부착되어 있다.

90 `기출` 2014.10.11
스프레이건 공기 캡에서 보조구멍의 역할에 대한 설명으로 틀린 것은?

① 미세하게 분사하는데 도움을 준다.
② 노즐 주변에 도료가 부착되는 것을 방지한다.
③ 분사되는 도료를 미립화 시켜 패턴 모양을 만드는 역할은 하지 않는다.
④ 패턴의 형상을 안전하게 한다.

91 `기출` 2014.10.11
국소배기 장치의 설치 및 관리에 대한 설명으로 틀린 것은?

① 배기장치의 설치는 유기용제 증기를 배출하기 위해서이다.
② 후드(hood)는 유기용제 증기의 발산원 마다 설치한다.
③ 배기 덕트(duct)의 길이는 길게 하고 굴곡부의 수를 많게 한다.
④ 배기구를 외부로 개방하며 높이는 옥상에서 1.5m 이상으로 한다.

92 `기출` 2015.04.04
공기압축기 설치장소로 맞지 않는 것은?

① 건조하고 깨끗하며 환기가 잘되는 장소에 수평으로 설치한다.
② 실내온도가 여름에도 40℃ 이하가 되고 직사광선이 들지 않는 장소가 좋다.
③ 인화 및 폭발의 위험성을 피할 수 있는 방폭벽으로 격리되지 않고 도장 시설물과 같이 설치되어야 한다.
④ 점검과 보수를 위해 벽면과 30cm 이상 거리를 두고 설치한다.

➕👤 인화 및 폭발의 위험성을 피할 수 있는 방폭벽으로 격리되어 있어야 하고 도장시설과 별도로 설치되어야 한다.
◆ **공기 압축기의 설치장소**
① 실내온도는 50~60℃ 유지
② 직사광선을 피하고 환기가 잘되는 곳
③ 습기나 수분이 없는 곳
④ 수평이고 단단한 곳
⑤ 먼지, 오존, 유해가스가 없는 장소
⑥ 방음이고, 보수점검을 위한 공간이 확보

정답　87. ③　88. ③　89. ③　90. ③　91. ③　92. ③

93 기출 2015.04.04

서로 다른 전하는 끌어당기고 같은 전하는 반발하는 원리를 이용하여 도료 입자들이 (－) 전하를 갖게 하여 피도물에 도착 시키는 도장 방법은?

① 에어스프레이 도장

② 에어리스스프레이 도장

③ 정전도장

④ 진공증착도장

➕👤 **도장 방법**

① 에어 스프레이 도장 : 압축공기를 사용하여 도료를 스프레이건을 통해 피도체에 도장하는 방법

② 에어리스 스프레이 도장 : 전기나 엔진의 힘으로 도료 탱크에 직업 압력을 가하여 노즐을 통해 도료를 미립화하여 스프레이 하는 방법

③ 진공 증착 도장 : 진공 중에서 금속 혹은 비금속을 가열 증착시켜서, 물건의 표면에 응결시켜 피막을 형성시키는 방법

94 기출 2015.04.04

전기로 작동되는 기계운전 중 기계에서 이상한 소음, 진동, 냄새 등이 날 경우 가장 먼저 취해야 할 조치는?

① 즉시 전원을 내린다.

② 상급자에게 보고한다.

③ 기계를 가동하면서 고장여부를 파악한다.

④ 기계 수리공이 올 때까지 기다린다.

95 기출 2015.04.04

공기 압축기의 점검 사항 중 틀린 것은?

① 매일 공기탱크의 수분을 배출시킨다.

② 월 1 회 안전밸브의 작동을 확인 점검한다.

③ 년 1 회 공기여과기를 점검하고 세정한다.

④ 매일 윤활유의 양을 점검한다.

96 기출 2015.10.10

공기압축기 설치 장소를 설명한 것으로 옳은 것은?

① 환기가 잘 되는 장소에 경사지게 설치한다.

② 직사광선이 비치는 장소에 설치한다.

③ 도료 보관 장소에 같이 설치한다.

④ 소음방지와 유지관리가 가능한 장소에 설치한다.

➕👤 **공기 압축기 설치장소**

① 실내 온도는 5~60℃를 유지

② 직사광선을 피하고 환기가 가능

③ 습기나 수분이 없는 장소

④ 수평이고 단단한 바닥에 설치

⑤ 먼지, 오존, 유해가스가 없는 장소

⑥ 방음이고, 보수점검을 위한 공간 확보

97 기출 2015.10.10

작업장에서 지켜야 할 안전사항으로 적합하지 않는 것은?

① 도료 및 용제는 위험물로 화재에 특히 유의하여 관리해야 한다.

② 인화성 도료 및 용제를 사용하는 작업장은 장소와 관계없이 작업이 가능하다.

③ 작업에 소요되는 규정량 이상의 도료 및 용제는 작업장에 적재하지 않는다.

④ 도장 작업시 배출되는 유해물질을 안전하게 처리하여야 한다.

98 기출 2015.10.10

용제가 담긴 용기를 취급하는 방법 중 옳지 않는 것은?

① 화기 및 점화원으로부터 멀리 떨어진 곳에 둔다.

② 인화물질 취급 중이라는 표지를 붙인다.

③ 액체가 누설되거나 신체에 접촉하지 않게 한다.

④ 햇빛이 잘 드는 밝은 곳에 둔다.

정답 93. ③ 94. ① 95. ③ 96. ④ 97. ② 98. ④

99 기출 2015.10.10

도장부스 작동 중 이상한 소음이나 진동 등이 발생할 경우 가장 먼저 해야 할 조치는?

① 상급자에게 보고한다.

② 발견자는 즉시 전원을 내린다.

③ 기계를 가동하면서 고장 원인을 파악한다.

④ 보조 요원이 올 때까지 기다린다.

100 기출 2016.04.02

스프레이건에서 노즐의 구경 크기로 적합하지 않은 것은?(단, 단위는 mm이다.)

① 중도전용 : 1.2~1.3

② 상도용(베이스) : 1.3~1.4

③ 상도용(크리어) : 1.4~1.5

④ 부분도장(국소) : 0.8~1.0

+👤 최근에 사용되고 있는 도료 중에는 고형분이 높아지고, 수용성 도료의 사용으로 1.2mm 스프레이건의 사용이 증가하고 있는 추세이다.

101 기출 2016.04.02

보수 도장에서 올바른 스프레이건의 사용법이 아닌 것은?

① 건의 거리를 일정하게 한다.

② 도장할 면과 수직으로 한다.

③ 표면과 항상 평평하게 움직인다.

④ 건의 이동속도는 가급적 빠르게 한다.

+👤 스프레이건의 이동속도가 빠르거나 공기압이 높거나 피도체와의 거리가 멀거나 패턴의 조절이 불량할 경우에는 오렌지 필이 발생한다. 스프레이건의 이동속도는 분무하는 량에 따라 속도나 거리는 변화한다.

102 기출 2016.04.02

스프레이 부스에 대한 내용으로 맞지 않는 것은?

① 강제 배기설비는 작업자가 스프레이 분진의 유해한 유기용제 가스를 흡입하는 것을 방지한다.

② 흡기 필터는 먼지 등이 도막에 붙지 않도록

깨끗한 공기를 공급한다.

③ 배기 필터는 스프레이 분진을 포집하여 작업장의 오염을 방지하고 또 주변 환경의 오염도 방지한다.

④ 구도막을 제거하고 퍼티를 연마할 때 발생하는 분진을 흡입하여 여과시켜 배출한다.

+👤 **스프레이 부스의 설치 목적**

① 비산되는 도료의 분진을 집진하여 환경의 오염을 방지한다.

② 도장할 때 유기 용제로부터 직입자를 보호한다.

③ 전천후 작업을 가능케 한다.

④ 피도장물에 먼지, 오염물 등의 유입을 방지한다.

⑤ 도장의 품질을 향상시키고 도막의 결함을 방지한다.

⑥ 도장 후 도막의 건조를 가속화시킨다.

※ 구도막을 제거하고 퍼티를 연마할 대 발생하는 분진을 흡입하여 여과시켜 배출하는 장비는 연마실이다.

103 기출 2016.04.02

에어 컴프레서의 압력이 전혀 오르지 않을 때의 원인이 아닌 것은?

① 역류방지 밸브 파손

② 흡기, 배기 밸브의 고장

③ 압력계의 파손

④ 언로더의 작동 불량

104 기출 2016.04.02

스프레이 부스의 보호구 착용으로 적절하지 않은 것은?

① 내용제성 장갑   ② 부스복

③ 방진 마스크   ④ 방독 마스크

105 기출 2016.04.02

스프레이건 세척작업 중 발생하는 유해물질이 아닌 것은?

① 솔벤트   ② 과산화물

③ 폴리아머드   ④ 이소시아네이트

정답 ▶ 99. ② 100. ① 101. ④ 102. ④ 103. ① 104. ③ 105. ②

106 기출 2016 기출복원문제

도장 할 때 건조 시간과 관계가 없는 것은?

① 도료의 점도

② 스프레이건의 이동속도

③ 스프레이건의 거리

④ 스프레이건의 종류

➕👤 동일한 에어 압력과 도료 점도일 경우 흡상식 타입과 비교하면 중력식 타입의 도료 토출량이 많아 건조 시간이 오래 걸린다.

107 기출 2016 기출복원문제

압축공기 배관을 설계할 때 주의할 사항으로 맞는 것은?

① 주배관은 끝으로 향하여 1/10 의 기울기를 갖도록 설치한다.

② 배관의 끝에는 오토 드레인을 장착하여 정기적으로 물을 배출할 필요가 없다.

③ 분기관은 주배관에서 일단 상향으로 설치한 후 다시 하향하도록 한다.

④ 배관이 구부러진 부분은 90°로 이음한다.

➕👤 **압축공기 배관의 설치시 고려사항**

① 공압 배관은 공기흐름 방향으로 1/100정도의 기울기로 설치한다.

② 주배관의 끝에는 오염물 배출이 용이한 드레인 밸브를 설치한다.

③ 이음은 적게 하고 공기 압축기와 배관의 연결은 플렉시블 호스로 연결하여 공기 압축기의 진동이 배관으로 가지 않도록 한다.

④ 배관의 중간에는 감압 밸브나 에어 트랜스포머를 설치한다.

⑤ 배관의 지름은 여유 있게 한다.

⑥ 배관이 구부러진 부분은 U자 형태의 배관으로 이음 한다.

⑦ 냉각효율이 좋게 한다.

108 기출 2016 기출복원문제

일반 가연성 물질의 화재로서 물이나 소화기를 이용하여 소화하는 화재의 종류는?

① A급 화재   ② B급 화재

③ C급 화재   ④ D급 화재

➕👤 **화재의 종류**

① **A급 화재** : 보통 화재(일반화재)라고도 하며 목재, 섬유류, 종이, 고무, 플라스틱처럼 다 타고 난 이후에 재를 남기는 화재

② **B급 화재** : 유류 화재(가스화재 포함)라고도 하며 액체 화재 시 연소 후에 보통 화재와는 달리 재 같은 찌꺼기가 남지 않는 화재로 휘발유, 석유류 및 식용유 등과 같이 연소되기 쉬운 인화성액체가 포함된다.

③ **C급 화재** : 전기 화재라고도 하며 변압기, 전기다리미, 두꺼비집 등 전기기구에 전기가 통하고 있는 기계나 기구 등에서 발생하는 화재

④ **D급 화재** : 금속분 화재라고도 하며 우리나라의 경우 별도 구분하지 않는 경우가 많은데, 금속분(금속가루), 마그네슘가루, 알루미늄가루 등이 연소될 때는 무척 빠른 속도로 연소하여 폭발하기도 한다.

109 기출 2016 기출복원문제

작업 조건과 환경조건에 포함되지 않는 것은?

① 채광   ② 조명

③ 작업자   ④ 소음

110 기출 2017 기출복원문제

에어 스프레이 방법의 특징으로 맞지 않는 것은?

① 보수용 도료에 적용할 수 있다.

② 도착 효율이 좋다.

③ 비교적 가격이 싸고 취급도 간단하다.

④ 깨끗하고 미려한 도막을 얻을 수 있다.

➕👤 도착 효율이 가장 좋은 도장 방법은 붓 도장이며, 에어 스프레이 도장의 경우 도착 효율이 가장 좋지 않다.

111 기출 2017 기출복원문제

에어 트랜스포머의 설치 목적으로 가장 옳은 것은?

① 압축 공기를 건조시키기 위해

② 압축 공기 중의 오일 성분을 제거하기 위해

③ 압축 공기의 정화와 압력을 조정하기 위해

④ 에어 공구의 작업 능률을 높이기 위해

정답 106. ④ 107. ③ 108. ① 109. ③ 110. ② 111. ③

112 [기출] 2017 기출복원문제
공기 압축기 설치장소로 맞지 않는 것은?
① 건조하고 깨끗하며 환기가 잘되는 장소에 수평으로 설치한다.
② 실내 온도가 여름에도 40℃ 이하가 되고 직사광선이 들지 않는 장소가 좋다.
③ 인화 및 폭발의 위험성을 피할 수 있는 방폭벽으로 격리되지 않고 도장 시설물과 같이 설치되어야 한다.
④ 점검과 보수를 위해 벽면과 30cm 이상 거리를 두고 설치한다.

113 [기출] 2017 기출복원문제
제1종 유기용제의 색상 표시 기준은?
① 빨강   ② 파랑
③ 노랑   ④ 흰색

114 [기출] 2017 기출복원문제
폭발 위험이 있는 가스, 증기 또는 분진이 발생하는 장소에서 금지해야 할 사항으로 틀린 것은?
① 화기의 사용
② 과열로 점화의 원인이 될 수 있는 기계의 사용
③ 사용 도중 불꽃이 발생하는 공구의 사용
④ 불연성 재료의 사용

115 [기출] 2017 기출복원문제
스프레이 부스 내부의 최상 공기흐름 속도는?
① 0.1~0.2m/s   ② 0.2~0.3m/s
③ 0.6~4.0m/s   ④ 1.5~2.0m/s

116 [기출] 2017 기출복원문제
상도 스프레이 작업 시에 적합한 보호 마스크는?
① 분진 마스크   ② 방독 마스크
③ 방풍 마스크   ④ 위생 마스크

정답 ▶ 112. ③   113. ①   114. ④   115. ②   116. ②

CHAPTER 10 블렌딩 도장작업

1 블렌딩 방법 선택

1 블렌딩 특성

1) 블렌딩 도장 범위 결정

(1) 블렌딩 도장 정의

숨김 도장, 보카시 도장이라고도 불리우며, 이색이 발생할 수 있는 도장 경계 부분에 구도막과 보수도막과 경계를 완화하여 자연스럽게 보이게 하는 도장방법이다.

(2) 블렌딩 도장 특징

일반 도장과 달리 경계면이 그라데이션 한 것과 같이 보이도록 경계부분에서 들고 있는 스프레이건을 외부나 내부로 꺾어서 도장하는 것이 핵심이다.

2 작업절차

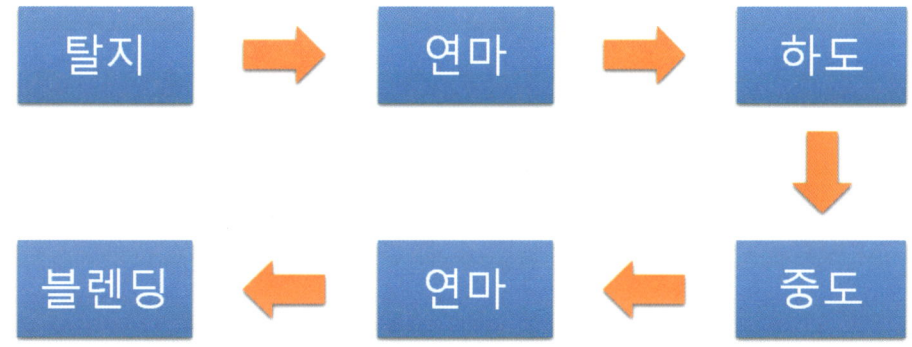

일반 표준도장 공정과 유사하지만 중도를 도장하면서부터 차이가 난다.
블렌딩 도장을 할 경우 중도도장은 퍼티 도포 부위나 상처부위 일부부만 도장한다.

2 블렌딩 전처리 작업

1 탈지

1) 탈지제 선택
- 유성 탈지제와 수용성 탈지제가 있으며, 작업 패널에 묻어 있는 이물질이나 유분 등으로 부착력을 저해하거나 도막결함이 발생하는 것을 방지한다.

2) 탈지 방법
- 유성 도장의 경우 유성 탈지제로만 탈지하고 작업하며, 수용성의 경우 수용성 상도 도장 직전에 유성탈지 후 수용성 탈지제로 다시 탈지한다.

3 블렌딩 작업

1 블렌딩 목적
- 이색이 발생할 수 있는 색상 경계면을 줄일 수 있다.
- 일부분을 도장하기 때문에 도장 재료를 줄일 수 있다.
- 작은 부위 작업으로 작업시간과 오염물질을 줄일 수 있다.

2 블렌딩 기법

1) 마스킹

(1) 일반마스킹
블렌딩 도장도 일반 패널 도장과 같은 방법으로 마스킹을 한다.

(2) 역마스킹
중도도장을 할 경우 패널 전체를 도장하는 게 아니라 퍼티를 도포한 부분이나 상처부위만 도장하기 때문에 역마스킹을 하여 도장 단차를 줄이도록 한다.

(3) 터널마스킹
쿼터패널에서 루프패널로 올라가는 C필러 마스킹에 주로 사용하였지만 최근에는 A필러까지 이어지는 파라볼릭 라인(Parabolic Line) 전체를 도장하는 경우가 많다.

2) 도장법

(1) 페이드 아웃(Fade out)

작업부위 중심에서 외부로 도장하는 방법으로 경계면이 부드럽고 자연스럽지만 도장부위가 커지는 단점이 있다.

(2) 페이드 인(Fade in)

도장되어야 하는 부분 끝에서 중심으로 도장하는 방법으로 페이드 아웃보다 도장부위가 적지만 경계면에서 시작하기 때문에 고도의 테크닉이 필요하다.

01 기출 2006.10.01

블렌딩 도장에서 메탈릭 상도도막의 손상부위를 연마할 때 가장 적절한 연마지는?

① #320~400   ② #400~500

③ #600~800   ④ #1000~2000

+● **메탈릭, 2코트 펄 블렌딩 도장법**

▷ **사용연마지**

① 번 공정 : #80~320

② 번 공정 : #600~800

③~⑤번 공정 : #1,200~1,500

⑥ 번 이후 공정 : 콤파운드

02 기출 2008.03.30

블렌딩 도장 방법에 대한 설명으로 옳은 것은?

① 패널 전체를 일정한 도막상태로 한다.

② 최소 범위를 색상차이가 나지 않도록 한다.

③ 면적의 크기는 무관하다.

④ 도료의 종류에 무관하게 분무 횟수는 동일하다.

03 기출 2008.07.13

부분보수도장 작업을 할 때 솔리드 도료를 블렌딩하기 전 구도막 표면조성을 위한 바탕면(작업부위 주변 표면) 연마에 적합한 연마지는?

① p80 ~ 120   ② p220 ~ 320

③ p400 ~ 800   ④ p1200 ~ 1500

+● **연마지 번호**

① 손상 부위 구도막 제거하고 단 낮추기 : # 60~80

② 불포화폴리에스테르 퍼티 연마시 평활성 작업 : # 80~#320

③ 블렌딩 도장에서 메탈릭 상도 도막의 손상부위 연마 : # 600~800

④ 솔리드 도료를 블렌딩하기 전 구도막 표면조성을 위한 작업부위 주변 표면 연마 : p1200~1500

04 기출 2009.03.29

일반적인 블렌딩 도장의 조건 설명으로 옳은 것은?

① 분무되는 패턴의 모양은 원형을 피한다.

② 사용되는 도료의 점도는 무관하다.

③ 공기 압력은 5kgf/cm² 이상이 되어야 한다.

④ 분무거리는 30cm 이상이 좋다.

05 기출 2009.09.27

자동차 보수도장시 메탈릭이나, 펄 등 도장할 때 주위 패널과 약간 겹치도록 도장을 하여 빛에 의한 컬러의 차이를 최대한 줄이도록 하는 도장방법은?

① 전체도장   ② 패널도장

③ 보수도장   ④ 숨김도장

06 기출 2011.04.17

거친 연마지를 블렌딩 도장 시 사용하면 어떤 문제가 발생되는가?

① 도막의 표면이 미려하게 된다.

② 도료가 매우 절약된다.

③ 건조작업이 빠르게 진행된다.

④ 도료 용제에 의한 주름현상이 발생된다.

정답   01. ③   02. ②   03. ④   04. ①   05. ④   06. ④

07 기출 2011.10.09
블렌딩 도장의 스프레이 방법에 대한 설명으로 틀린 것은?
① 작업부분에 대해 한 번의 도장으로 도막을 올린다.
② 분무 작업은 3~5 회로 나누어 실시한다.
③ 도료의 점도는 추천규정을 지킨다.
④ 도장횟수에 따라 범위를 넓혀가며 분무한다.

08 기출 2012.04.08
베이스 코트 숨김(블렌딩)도장 전 최종 연마지로 가장 적합한 것은?
① P320   ② P400
③ P1200   ④ P3000 이상

+👤 **연마지 번호**
① 손상 부위 구도막 제거하고 단 낮추기 : # 60~80
② 불포화폴리에스테르 퍼티 연마시 평활성 작업 : # 80~#320
③ 블렌딩 도장에서 메탈릭 상도 도막의 손상부위 연마 : # 600~800
④ 솔리드 도료를 블렌딩하기 전 구도막 표면조성을 위한 작업부위 주변 표면 연마 : p1200~1500

09 기출 2012.10.21
보수도장에서 부분도장하여 분무된 색상과 원 색상의 차이가 육안으로 나타나지 않도록 하거나 색상이색을 최소화하는 작업을 무엇이라 하는가?
① 클리어 코트(clear coat)
② 웨트 코드(wet coat)
③ 숨김 도장(blending coat)
④ 드라이 코트(dry coat)

10 기출 2013.10.12
다음 중 색상을 적용하는 동안 스프레이건을 좌우로 이동시켜 작업하는 블렌딩 도장의 결과가 아닌 것은?
① 도막두께의 불규칙
② 불균일한 건의 조정
③ 불균일한 색상
④ 도막 질감의 불균일

11 기출 2014.04.06
블렌딩 도장에서 메탈릭 상도 도막의 작은 손상부위를 연마할 때 가장 적당한 연마지는?
① p240 ~ 320   ② p400 ~ 500
③ p600 ~ 800   ④ p1200 ~ 1500

+👤 **도료별 추천 연마지**
① 솔리드 도장 : p400~600
② 메탈릭 도장 : p600~800
③ 3coat 펄 도장 : p800~1,000

12 기출 2014.10.11
블렌딩 도장작업에서 도막의 결함인 메탈릭 얼룩 현상이 발생될 수 있는 공정은?
① 표면조정 공정   ② 광택 공정
③ 상도 공정   ④ 중도 공정

+👤 메탈릭 얼룩은 2coat 메탈릭 색상 베이스코트 도장시에 발생하는 결함이다.

13 기출 2015.04.04
일반적으로 블렌딩 도장 시 도막은 얇게 형성되어 층이 없고 육안으로 구분이 되지 않도록 하기 위한 방법 중 가장 거리가 먼 것은?
① 블렌딩 전용 시너를 사용한다.
② 도료의 분출량을 많게 한다.
③ 패턴의 모양을 넓게 한다.
④ 도장 거리를 멀게 한다.

정답 07. ① 08. ③ 09. ③ 10. ② 11. ③ 12. ③ 13. ②

14 기출 2015.10.10

보수도장 부위의 색상과 차체의 원래 색상과의 차이가 육안으로 구별되지 않도록 도장하는 방법은?

① 전체 도장　　② 패널 도장

③ 보수 도장　　④ 숨김 도장

15 기출 2016.04.02

거친 연마지를 블렌딩 도장 시 사용하면 어떤 문제가 발생되는가?

① 도막의 표면이 미려하게 된다.

② 도료가 매우 절약된다.

③ 건조작업이 빠르게 진행된다.

④ 도료용제에 의한 주름현상이 발생된다.

16 기출 2016 기출복원문제

다음 중 색상을 적용하는 동안 스프레이건을 좌우로 이동시켜 작업하는 블렌딩 도장의 결과가 아닌 것은?

① 도막 두께의 불규칙

② 불균일한 건의 조정

③ 불균일한 색상

④ 도막 질감의 불균일

17 기출 2016 기출복원문제

부분 보수도장 작업을 할 때 솔리드 도료를 블렌딩 하기 전 구도막 표면조성을 위한 바탕면(작업부위 주변 표면) 연마에 적합한 연마지는?

① p80 ～ 120

② p220 ～ 320

③ p400 ～ 800

④ p1200 ～ 1500

작업별 연마지 번호

① 손상 부위 구도막 제거하고 단 낮추기 : # 60～80

② 불포화폴리에스테르 퍼티 연마시 평활성 작업 : # 80～#320

③ 블렌딩 도장에서 메탈릭 상도 도막의 손상부위 연마 : # 600～800

④ 솔리드 도료를 블렌딩 하기 전 구도막 표면조성을 위한 작업부위 주변 표면 연마 : p1200～1500

정답 　14. ④　15. ④　16. ②　17. ④

CHAPTER 11 플라스틱 부품도장 작업

1 플라스틱 재질 확인

1 플라스틱 종류

1) 플라스틱 수지 불꽃 판별

상 태	종 류
연기가 나지 않는 수지	PE, PP 등
연기가 나는 수지	PS, ABS, PVC 등
그을음 발생 수지	부타디엔 함유정도에 따라 PP, PE 등도 생김

2) 플라스틱 소재의 종류

열가소성 수지와 열경화성 수지가 있다.

(1) 열가소성 수지

① 열을 가하면 용융유동하여 가소성을 갖게 되고 냉각하면 고화(固化)되어 성형되는 것으로서 이와 같은 가열용융, 냉각고화 공정의 반복이 가능하게 되는 수지
② **종류** : 폴리에틸렌(PE), 폴리프로필렌(PP), 폴리스티렌(PS), 메타크릴(PMMA), 폴리염화비닐(PVC), 폴리염화비닐리덴(PVDC), ABS 수지 등이 있다.
③ 자동차 부품에 많이 사용된다.
④ 태우면 연기가 나지 않는다.
⑤ 불을 대면 녹아서 다른 성형품을 만들 수 있다. (조직이 파괴되지 않음)

(2) 열경화성 수지

① 경화된 수지는 재차 가열하여도 유동상태로 되지 않고 고온으로 가열하면 분해되어 탄화되는 비가역적 수지
② **종류** : 초산비닐(PVAC), 불포화폴리에스테르(UP), 폴리우레탄(PUR), 페놀수지(PF), 우레아수지(UF), 멜라민수지(MF), 에폭시수지 등이 있다.
③ 자동차 범퍼나 시트에 많이 사용된다.

④ 태우면 연기가 발생한다.

⑤ 불을 대면 녹지 않으며, 조직이 파괴된다.

3) 플라스틱용 수지 종류별 기호

기호		명 칭
PP	Polypropylene	폴리프로필렌
PC	Polycarbonate	폴리카보네이트
ABS	Acrylonitrile−Butadiene−Styrene	아크릴로나이트릴 뷰타다이엔 스타이렌
PUR	Polyurethane	폴리우레탄
TPUR	Thermoplastic Polyurethane	서모플라스틱 폴리우레탄
PVC	Polyvinyl Chloride	폴리 콜라이드(폴리염화비닐)
PE	Polyethylene	폴리에틸렌
PET	Polyethylene Terephthalate	폴리에틸렌 테레프탈레이트
PMMA	Polymethyl Methacrylate	폴리메틸 메타크릴레이트
PPO	Polyphenylene Oxide	폴리페닐렌 옥사이드
PA	Polyamide	폴리아미드
PS	Polystyrene	폴리스티렌
PPS	Polyphenylene Sulfide	폴리페닐렌 설파이드
TPE	ThermoPlastic Elastomer	서모플라스틱 엘라스토머

4) 플라스틱 종류별 구별법

(1) PE (Polyethylene)

① 왁스, 양초 타는 냄새가 난다.

② 흰 연기나 투명한 연기가 발생한다.

③ 녹은 수지는 투명한 색상을 나타난다.

④ 타는 부분이 투명하다.

⑤ 청색 불꽃, 불꽃 윗부분 색은 황색이 나타난다.

⑥ 타격시 약간 둔탁하고 무거운 느낌이 든다.

⑦ 구부리면 구부린 자리가 하얗게 된다.

⑧ 칼로 쉽게 절단이 가능하다.

⑨ 내용제성을 가지나 뜨거운 톨루엔, 벤젠에는 녹는다.

(2) PP (Polypropylene)

① 약간 달콤한 냄새가 난다.

② 기포 및 약간 끓어오르며, 흰 연기가 발생한다.

③ 칼로 자르지 않는 한 잘 구부러지지 않는다.

④ 청색 불꽃, 불꽃 윗부분의 색은 황색을 나타난다.

⑤ 화원과 멀어도 잘 탄다.

(3) PS (Polystyrene)

① 다량의 검은 연기와 그을음이 발생하면서 잘 탄다.

② 휘발유에 녹는다.

③ 떨어뜨렸을 때 금속성의 음이 발생한다.

④ 황색 불꽃이 발생한다.

⑤ 칼로 절단이 잘 되지 않는다.

(4) ABS (Acrylonitrile-Butadiene-Styrene)

① 다량의 검은 연기와 그을음이 발생하면서 잘 탄다.

② 아세톤에 녹는다.

③ 표면에 광택이 난다.

④ 황색 불꽃이 발생하며 탄 자리에 기포 자국이 남아 거칠게 된다.

⑤ 칼로 깨끗이 절단되며 끝은 부드럽다.

(5) PA (Polyamide)

① 연기가 잘 나지 않으며 잘 타지 않는다.

② 머리카락이 타는 냄새가 난다.

③ 청색 불꽃이 발생되며 근처는 황색이 나타난다.

(6) PET (Polyethylene Terephthalate)

① 잘 타지 않는다.

② 시큼한 냄새가 난다.

③ 실처럼 늘어난다.

(7) PMMA (Polymethyl Methacrylate)

① 부글부글 끓어오르며, 뚝뚝 떨어지면서 잘 탄다.

② 타는 중에 '탁탁' 소리를 내며, 타코 난 후 반들거리며 딱딱해진다.

③ 연기는 발생하지 않고 냄새도 나쁘지 않다.

(8) PC (Polycarbonate)

① 흰 연기가 나며 잘 타지 않는다.

② 연소 중 페놀, 소독약 냄새가 발생한다.

③ 황색 불꽃을 내며 자기 소화성이 있다.

④ 염화메틸렌과 염화에틸렌에 녹는다.

⑤ 타고난 후 성형물은 탄화하여 곧 발포된다.

5) 플라스틱 종류별 용도

플라스틱 종류			용 도
열가소성수지	범용수지	폴리에틸렌	포장, 식물용기, 농업용 필름, 잡화, 컨테이너, 어망
		폴리프로필렌	식품용기, 필름, 세면용품, 전기제품, 자동차 부품, 컨테이너
		P.V.C	농업용 필름, 전선피복, 수도권, 타일, 호스, 인조피혁
		폴리스티렌	T.V 및 라디오의 하우징, 식탁용품, 어상자, 완구, 단열재
		ABS수지	자동차 부품, 전기제품, 여행용 가방
		AS수지	식탁용품, 화장품용기, 전기제품, 일회용 라이터
		메타크릴수지	전기제품, 식탁용품, 자동차 부품, 조명판, 착판, 방풍유리
	ENG수지	폴리아미드	자동차 부품, 기계부품, 의료용 기구, 필름
		폴리카보네이트	전기제품, 자동차 부품, 보온병, 헬멧
		폴리아세틸	전기부품, 자동차 부품, 화스나
		PBT	자동차 외장부품, 가전, OA기기 하우징
		MPPO	전기, 전자부품, 자동차 부품, 사무기기
		PET	식품용기, 필름, 카세트테이프
열경화성		폴리우레탄	자동차 부품(범퍼, 시트), 전기제품(단열재), 밑창, 가구쿠션
		페놀수지	프린트 배선기판, 다리미, 주전자 등의 손잡이, 합판 접착제
		우레아수지	전기제품(배선기구), 단추, 접착제
		멜라닌수지	식탁용품, 화장판, 접착제, 도료
		불포화에스테르수지	욕조, 보트, 단추, 헬멧, 도료
		에폭시수지	전기제품(IC대지재, 프린트 배선기판), 도료, 접착제

※ 출처 : 한국환경과학연구협의회, 1993

2 플라스틱 특성

1) 특징

① 제품의 가공이 쉬워 복잡한 형상의 성형이 가능하다.
② 아름다운 색으로 착색이 된다.
③ 절연, 단열성이 있어 전기나 열을 전달하기 어렵다.
④ 비중이 0.9~1.3 정도로 가볍고 튼튼하다.
⑤ 방진, 방음, 내식성, 내습성이 우수하다.
⑥ 저온에서 경화하고 고온에서 열 변형이 발생한다.
⑦ 약품이나 용제에 내성을 갖는다.

2) 목적

(1) 장식
① 표면 착색이 가능하다.
② 다색 생산에 경제적이다.
③ 수지 도금과 진공 증착에 의해 금속 질감을 낼 수 있다.
④ 색과 광택의 조정이 용이하다.
⑤ 성형할 때 생긴 불량을 감춘다.

(2) 표면 성질 개선
① 내후성을 향상시킨다.
② 내약품성, 내용제성, 내오염성을 향상시킨다.
③ 대전에 의한 먼지 부착을 방지시킨다.
④ 경도를 향상시킨다.

3) 플라스틱 특성에 따른 분류

분류 기준	PP	PE	PS	ABS
연기	흰 연기	흰 연기	검은 연기	검은 연기
소리	경쾌함	둔탁함	날카로움	맑은 소리
칼로 자를 때	잘라지나 끊어짐	잘라짐	잘라지나 끊어짐	잘라짐
타는 모양	촛농처럼 흐름	촛농처럼 흐름	덩어리로 녹아 떨어짐	형태를 유지하며 탐
기포 형태	약간 기포발생	기포 없음	기포 없음	약간 기포발생
불꽃 형태	청색+황색	청색+황색	황색	황색
냄새	달콤	양초타는 냄새	고약한 냄새	고무 타는 냄새
표면 광택도	(높음) ABS ← PP ← PS ← PE (낮음)			

3 | 플라스틱 첨가제

플라스틱 가공에 첨가되는 첨가제는 플라스틱 또는 합성수지의 가공을 용이하게 하고 취성을 보완, 개선하기 위해 가공이나 중합과정 중에 첨가되는 보조 재료이다.

1) 가소제 (Plasticizers)

플라스틱을 유연하게 해서 가공하기 쉽게 만들어 주는 물질로 고분자와 고분자 사이에 들어가서 고분자끼리 강하게 달라붙는 것을 막아주는 역할을 한다.

2) 산화방지제 (Antioxidant)

가공 과정에서 폴리머는 열과 산소로 인해 분해가 빠르게 진행되는데 이런 폴리머의 분해를 줄여주고 플라스틱과 산소와의 화학적 반응을 억제 또는 차단시키는 역할을 한다.

3) 열안정제 (Heat Stabilizer)

가공 과정에서 폴리머는 열과 산소로 인해 분해가 빠르게 진행되는데 이런 폴리머의 분해를 줄여주고 초기 강성, 유연성, 인성, 외관 특성을 유지시키는 역할을 한다.

4) 자외선 안정제 (Ultraviolet Stabilizer)

자외선을 차단하거나 흡수하여 플라스틱을 보호할 목적을 첨가한다.

5) 난연제 (Flame Retardants)

플라스틱은 연소하기 쉬운 성질을 가지고 있는데 화학적으로 잘 타지 않도록 첨가한다.

6) 활제 (Lubricant)

카렌다 가공, 성형, 압출 중에 플라스틱과 접촉하는 금속 표면을 윤활시켜 유동을 도와주는 역할을 한다.

7) 대전 방지제 (Antistatic Agents)

가공 중에 플라스틱에 첨가되거나 완성된 제품의 표면에 처리하여 플라스틱 표면에 형성되는 정전기 발생을 제거하거나 억제하는 역할을 한다.

8) 발포제 (Foaming or Blowing Agent)

스펀지나 스티로폼 같은 다공성 제품을 만들기 위해 첨가한다.

9) 충격 보강제 (Reinfocing Agents)

플라스틱의 내충격성을 향상시킨다.

10) 충진제 (Filler)

대량으로 첨가되어 원가 절감을 목적으로 하는 증량제와 기계적, 열적, 전기적 성질 혹은 가공성을 개선하기 위해 첨가되는 보강제의 2가지로 대별된다.

11) 가교제

가교 반응에 쓰이는 액체 수지에 첨가되는 첨가제이다.

12) 착색제 (Colorant)

기본적으로 안료와 염료로 나뉘고 플라스틱은 일반적으로 원료 수지가 비교적 무색투명하여 그 배합이 용이하므로 착색제와의 배합에 의해 착색된다.

13) 무적제 (Antifogging Agent)

PE, EVA, PVC 필름으로 식품을 포장하거나 온상 피복하는 경우 필름 내면에 물방울이 맺혀서 투과율은 5~10%정도 낮아져 식품의 보관시나 작물 생육시 좋지 않는 영향을 미치는 된다. 이를 개선하기 위해 플라스틱 필름의 표면장력을 증가시켜 물과의 친화력을 향상시키기 위한 첨가제이다.

14) 핵제 (Nucleating Agent)

용융상태에서 냉각을 거쳐 고체 상태로 이동하는 과정에서 결정화 속도를 촉진시키고 결정의 크기를 미세화시켜 투명성, 광택성을 향상시키고 성형 냉각 시간을 단축시킨다.

15) 블로킹 방지제 및 슬립제 (Anti-blocking and Slip Agent)

압출과정 중에 수지에 직접 투입, 이행을 통하여 표면에 윤활 막을 형성함으로써 필름이나 시트 성형시 접촉면의 마찰력을 낮춰 슬립성을 부여하거나 접촉면의 첩착 강도를 줄인다.

4 플라스틱 도장 목적

① 표면을 착색하기 위함이다.
② 다색 생산에 경제적이다.
③ 수지 도금과 진공 증착에 의해 금속질감이 가능하다.
④ 색과 광택의 조정이 용이하다.
⑤ 성형할 때 생긴 불량을 숨길 수 있다.
⑥ 내후성이 향상된다.
⑦ 내약품성 내용제성, 내오염성 등이 향상된다.
⑧ 대전에 의한 먼지 부착을 방지한다.
⑨ 경도를 향상시킨다.

2 플라스틱 부품 보수

1 수지퍼티 특성

1) 종류

(1) 2액형 에폭시 접착제

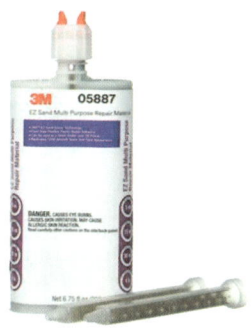

- 유연하고 반강성인 플라스틱 부품의 긁힘, 흠집, 변형 수리
- 연마와 단낮추기가 쉽다.
- 온도에 관계없이 빠른 건조
- 혼합비율 자동 계산
- 가사시간 8분
- 연마가능시간 15분

(2) 2액형 우레탄 접착제

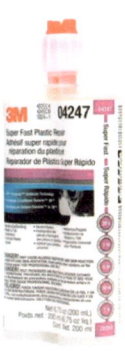

- 플라스틱 접착, 복원, 강화, 범퍼 탭 고정하거나 성형시 사용
- 반강성 우레탄 접착제
- 20초만에 초속건 건조
- 혼합비율 자동 계산

(3) 플라스틱 바디 패치

- 수지퍼티로 구멍을 메우기 전 붙이는 패치

(4) 수지 접착제 전용 건

- 정확한 비율로 2액형 접착제를 사전혼합

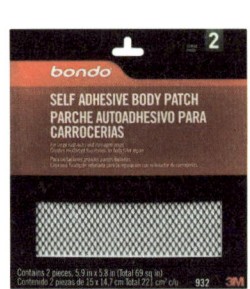

2 플라스틱 프라이머 특성

- 표면 접착 에너지가 약한 플라스틱에 에칭 효과와 끈적한 상태를 부여
- 부착성, 접착성 향상에 사용

3 플라스틱 수리기법

1) 수지 퍼티 수리

전용 수지퍼티로 요철을 메꾸고 평활성을 확보하는 방법

2) 플라스틱 용접 수리

(1) 플라스틱 스템블러 용접

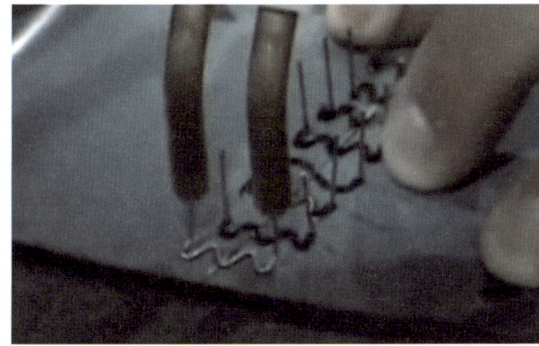
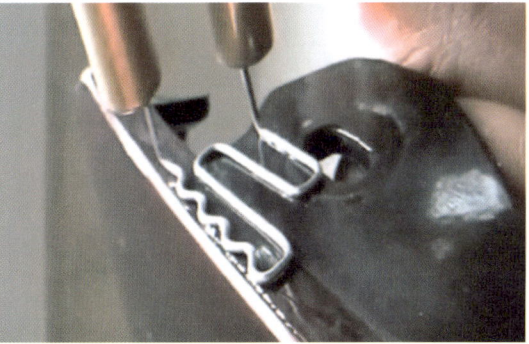

(2) 우드버닝 펜 용접

3) 수지 접착제 수리

수지 접착제, 순간접착제 등으로 접착 수리

4) 히팅 건 수리

충격으로 복원되지 않는 플라스틱에 열을 가해 복원

1 플라스틱 프라이머 도장

1) 자동차 플라스틱 부품 도장 공정

표면 탈지 → 연마 → 표면 탈지 → 공기 불기 → 택 크로스 작업 → 프라이머 → 상도

2) 전처리 공정

① 성형품 표면의 이형제와 불순물을 제거한다.

② 성형품 표면의 결함을 제거한다.

③ 연마하여 도막의 부착성을 증가시킨다.

④ 피도물이 대전하고 있으면 먼지가 부착하여 도장 불량을 발생시키므로 정전 방지액 등으로 제거한다.

2) 하도 공정

① 내후성 향상과 상도의 정전 도장이 가능하도록 도전성을 부여한다.

② 부착성을 향상시킨다.(프라이머를 도장하지 않을시 부착성이 나오지 않는 재질도 있다) → 신품으로 도장이 되어 있지 않은 소재만 사용한다.

③ 은폐력을 향상시키고, 평활한 도막 형성에 기여한다.

3) 상도 공정

① 일반적인 자동차 보수공정과 동일하다.

② 상도 도료에 플라스틱 유연제를 첨가 도장하여 소재의 유연성에 부합되도록 한다.(소재의 재질이 유연하므로 약한 충격에 도막 면이 갈라지지 않도록 한다)

4) 건조 공정

① 자동차 보수 도장공정의 건조 과정과 동일하다.

② 가열 건조시 편평한 바닥에 올려놓고 건조시켜야 한다.

③ 굴곡이나 중앙부위나 일부분이 바닥에 놓여 있지 않고 공중에 떠 있을 경우 플라스틱 소재가 휘어지기 때문에 가열 건조시에는 주의해서 건조시킨다.

2 ┃ 플라스틱 부품 도장 방법

1) 플라스틱 프라이머 도장 방법

가. 제품 별 기술자료집을 참고하여 작업한다.

나. 대부분 희석제를 첨가하지 않고 건조도막 두께는 $10\mu m$를 넘지 않는다.

다. 플라스틱 프라이머 도장 후 건조 되면 연마하지 않고 후속 도료를 도장한다.

라. 도막에 유연성을 부여하기 위해 유연제를 혼합하여 도장한다.

- 유연제가 첨가되면 건조가 늦어지기 때문에 충분한 건조시간을 준다.
- 주제와 유연제를 혼합한 량에 경화제를 혼합비에 준하여 첨가한다.
- 건조 후 연마시 연마가루가 연마지에 잘 끼는 로딩현상이 많이 발생한다.
- FRP(유리섬유강화플라스틱)에는 사용하지 않는다.

3 ┃ 플라스틱 부품 도장 건조

상온에서 건조될 때까지 방치하는 자연건조와 건조를 촉진하여 생산성을 올리기 위한 강제건조가 있다.

01 기출 2006.10.01

P.P(폴리프로필렌) 재질이 소재인 범퍼의 경우 플라스틱 프라이머로 도장 해야만 하는데 그 이유로 맞는 것은?

① 녹슬지 않게 하기 위해서
② 부착력을 좋게 하여 도막이 박리 되는 걸 방지하기 위해서
③ 범퍼에 유연성을 주기 위해서
④ 플라스틱 변형을 막기 위해서

+● 폴리프로필렌(P.P) 프라이머는 도장이 안 된 폴리프로필렌 재질의 소재에 직접 도포하며 부착력을 좋게 하여 도막이 박리 되는 것을 방지한다.

02 기출 2006.10.01

신 제작 자동차의 플라스틱 소재 위에 도장하는 첫 번째 도료는?

① 퍼티
② 프라이머
③ 프라이머-서페이서
④ 상도 베이스

+● 신품의 폴리프로필렌 소재의 도장공정은 프라이머 → 상도도장을 한다.

03 기출 2006.10.01

플라스틱 소재인 합성수지의 특징이 아닌 것은?

① 내식성, 방습성이 우수하다.
② 고분자 유기물이다.
③ 금속보다 비중이 크다.
④ 투명하고 착색이 자유롭다.

+● **합성수지의 특징**
① 가소성, 가공성이 좋다.
② 강도, 경도, 내식성, 내구성, 내후성, 방습성이 좋다.
③ 전성, 연성이 크다.
④ 내산, 내알칼리 등의 내학학성 및 전기 전열선이 우수하다.
⑤ 고온에서 연화되고 연질되어 다시 가공하여 사용할 수 있다.
⑥ 금속에 비해서 비중이 적다.
⑦ 색채가 미려하여 착색이 자유롭다.
⑧ 연소시 유독가스를 발생시킨다.

04 기출 2007.09.16

플라스틱 범퍼의 도장시 주의사항 중 틀린 것은?

① 우레탄 타입 범퍼의 퍼티 도포 시 80℃ 이상 열을 가하지 않는다.
② 우레탄 타입 범퍼의 과도한 건조온도는 핀홀 또는 크레터링의 원인이 된다.
③ 플라스틱 전용 탈지제를 사용한다.
④ 이형제가 묻어 있으면 박리현상과 크레터링의 원인이 된다.

05 기출 2007.09.16

플라스틱 재료 중에서 열경화성 수지의 특성이 아닌 것은?

① 가열에 의해 화학변화를 일으켜 경화 성형한다.
② 다시 가열해도 연화 또는 용융되지 않는다.
③ 가열 및 용접에 의한 수리가 불가능하다.
④ 가열하여 연화 유동시켜 성형한다.

정답 01. ②   02. ②   03. ③   04. ①   05. ④

+• 열가소성수지는 열을 가하면 가소성을 갖게 되고 냉각하면 고화되어 성형되는 것으로서 이와 같은 가열용융, 냉각고화 공정의 반복이 가능하게 되는 수지이며 열경화성 수지는 경화된 수지를 다시 가열하여도 유동상태로 되지 않고 고온으로 가열하면 분해되어 탄화되는 비가역수지이다.

06 [기출] 2008.03.30
자동차용 플라스틱 부품 보수시 주의사항 중 틀린 것은?

① 플라스틱 접착은 강력 순간 접착제를 사용한다.
② ABS, PC, PPO 등은 내용제성이 약하기 때문에 알코올로 탈지한다.
③ PVC, PUR, PP 등은 탈지제를 사용할 수 있다.
④ PVC, PUR, PP 등은 유연성이 높아 취급에 주의한다.

+• FRP(유리섬유강화 플라스틱)의 경우 손상 부위를 청소하고 형상을 갖춘 후 필요한 크기로 컷팅한 유리섬유의 매트에 적합한 경화제를 첨가한 폴리에스텔의 용액을 위에서부터 칠하고 롤러로 눌러 접착시킨다.

07 [기출] 2008.03.30
다음 중 자동차 범퍼 재료로 많이 사용되는 플라스틱용 수지의 종류가 아닌 것은?

① ABS   ② PUR
③ PP   ④ TPUR

+• **플라스틱용 수지의 기호**
① ABS : 합성수지(acrylonitrile butadiene styrene copolymer)
② PUR : 열경화성 폴리우레탄(Poly urethane resin)
③ PP : 폴리프로필렌(polypropylene)
④ TPUR : 열가소성 폴리우레탄(Thermoplastic polyurethane resin)

08 [기출] 2008.07.13
플라스틱 부품 도장의 공정으로 맞는 것은?

① 표면탈지 → 연마 → 표면탈지 → 공기불기 → 택크로스 작업 → 프라이머 → 상도

② 연마 → 표면탈지 → 택크로스작업 → 공기불기 → 상도 → 프라이머 → 표면탈지
③ 공기불기 → 연마 → 표면탈지 → 택크로스작업 → 표면탈지 → 프라이머 → 상도
④ 택크로스작업 → 표면탈지 → 공기불기 → 표면탈지 → 연마 → 프라이머 → 상도

09 [기출] 2008.07.13
폴리에스테르 수지를 유리섬유에 침투시켜 적층한 형태로 사용하는 소재의 명칭은?

① 불포화폴리에스테르(UP)
② 섬유강화플라스틱(FRP)
③ 폴리카보네이트(PC)
④ 나일론(PA)

10 [기출] 2008.07.13
플라스틱 부품류 도장시 불량을 방지하고자 표면 탈지를 실시하여야 하는데 그 이유는 표면에 어떤 물질이 존재하기 때문인가?

① 수지   ② 용제
③ 이형제   ④ 광택제

+• 이형제가 묻어 있으면 박리 현상과 크레터링 현상이 발생되므로 플라스틱 전용의 탈지제를 사용하여 표면을 탈지하여야 한다.

11 [기출] 2009.03.29
연질의 범퍼를 교환 도장 후 충격에 의해 도막이 깨어지거나 균열이 생기는 결함이 발생하였다. 그 해당원인으로 가장 적합한 것은?

① 건조를 오래 하였다.
② 크리어에 경화제를 과다하게 넣었다.
③ 유연성을 부여하는 첨가제를 넣지 않았다.
④ 플라스틱 프라이머 공정을 빼고 도장하였다.

+• 연질의 플라스틱 도장의 경우 플라스틱 유연제를 첨가하여 도장하면 약한 충격에 도장면이 깨지는 것을 방지할 수 있다.

12 기출 2009.03.29
플라스틱 부품류 도장시 주의해야 할 사항으로 옳은 것은?
① 유연성을 주기 위해 점도를 낮게 한다.
② 유연성을 주기 위해 점도를 높게 한다.
③ 건조 온도는 90℃ 이상으로 한다.
④ 건조 온도는 80℃ 이하에서 실시한다.

+● 플라스틱 재질을 도장 할 경우에는 플라스틱 유연제를 사용하여 도료의 유연성을 부여하며 너무 고온으로 가열 건조할 경우 플라스틱의 변형이 일어나기 때문에 너무 고온에서 건조시키거나 적정한 온도에서 건조시킬 때에도 바닥에 붙어 있지 않을 경우 휘어짐이나 처짐이 발생할 수 있다.

13 기출 2009.03.29
다음 중 플라스틱의 특징이 아닌 것은?
① 복잡한 형상으로 제작하기가 쉽다.
② 유기용제에 침식되거나 변형되지 않는다.
③ 저온에서 경화하고 고온에서 열변형이 발생한다.
④ 약품이나 용제에 내성을 갖는다.

14 기출 2009.09.27
플라스틱 부품의 상도 도장 목적 중 틀린 것은?
① 색상 부여   ② 내광성 부여
③ 부착성 부여   ④ 소재의 보호

+● 플라스틱 재질의 도장에 사용하는 하도로서 플라스틱프라이머가 있다. 소재위에 도장함으로써 상도도막이 박리되는 것을 방지하여 부착성을 증대시키는 공정이다.

15 기출 2009.09.27
각종 플라스틱 부품 중에서 내용제성이 약하기 때문에 청소할 때 알코올 또는 가솔린을 사용해야 하는 수지의 명칭은?
① ABS(스틸렌계)
② PVC(염화비닐)

③ PUR(폴리우레탄)
④ PP(폴리 프로필렌)

16 기출 2010.03.28
다음 중 플라스틱의 특징이 아닌 것은?
① 비중이 0.9~1.3 정도로 가볍다.
② 내식성, 방습성이 우수하다.
③ 방진, 방음, 절연, 단열성이 있다.
④ 복잡한 형상의 성형이 불리하다.

+● **플라스틱의 특징**
① 제품의 가공이 쉬워 복잡한 형상의 성형이 가능하다.
② 아름다운 색으로 착색이 된다.
③ 절연, 단열성이 있어 전기나 열을 전달하기 어렵다.
④ 비중이 0.9~1.3 정도로 가볍고 튼튼하다
⑤ 방진, 방음, 내식성, 내습성이 우수하다.

17 기출 2010.03.28
플라스틱 부품의 도장에 필요한 도료의 요구 조건 중 틀린 것은?
① 고온 경화형 도료 사용
② 밀착형 프라이머 사용
③ 유연성 도막의 도료 사용
④ 전처리 함유 용제 사용

+● 도료는 크게 저온 건조형, 중온 건조형, 고온 건조형으로 나뉜다. 플라스틱 재질의 특성 상 100℃가 넘어가면 유동성이 생기기 때문에 저온 건조형 도료를 사용하여 도장한다.

18 기출 2010.10.03
플라스틱 범퍼에 자동차 도장 색상 차이가 발생되었다면, 자동차 생산업체의 원인으로 가장 적합한 것은?
① 도료제조용 안료의 변경
② 자동차의 부품이 서로 다른 도장 라인에서 도장되는 경우
③ 제조공정에서 교반이 불충분
④ 표준색과 상이한 도료 출고

정답 12. ④ 13. ② 14. ③ 15. ① 16. ④ 17. ① 18. ②

19 기출 2010.10.03

플라스틱 소재인 합성수지의 특징이 아닌 것은?

① 내식성, 방습성이 나쁘다.

② 열가소성과 열경화성 수지가 있다.

③ 방진, 방음, 절연, 단열성이 있다.

④ 각종 화학물질의 화학반응에 의해 합성된다.

+👤 합성수지의 특징

① 가소성, 가공성이 좋다.

② 금속에 비하여 비중이 적다.

③ 전성, 연성이 크다.

④ 색채가 미려하여 착색이 자유롭다.

⑤ 고온에서 연화되어 다시 가공하여 사용할 수 있다.

⑥ 강도, 경도, 내식성, 내구성, 내후성, 방습성이 좋다.

⑦ 내산, 내알칼리 등의 내화학성 및 전기 전열성이 우수하다.

⑧ 연소시 유독가스를 발생시킨다.

⑨ 열가소성과 열경화성 수지가 있다.

20 기출 2010.10.03

플라스틱 부품 도장시 유연제의 양이 너무 많을 때 나타나는 현상은?

① 건조가 빠르다.

② 건조가 느리다.

③ 용제가 적게 든다.

④ 용제가 많이 든다.

+👤 플라스틱 유연제는 플라스틱의 재질 특성상 충격에 재질이 수축 후 복원될 때 도막이 깨지지 않도록 하기 위해서 첨가하는 첨가제이다.

21 기출 2011.04.17

자동차 부품 중 플라스틱 재료로 사용할 수 없는 것은?

① 사이드 미러 커버

② 라디에이터 그릴

③ 실린더 헤드

④ 범퍼

+👤 실린더 헤드는 알루미늄 합금을 사용한다.

22 기출 2011.04.17

플라스틱 부품의 보수 도장 시 주의 사항 중 틀린 것은?

① 유연제가 부족하면 도막에 크랙의 원인이 된다.

② 유연제가 과다하면 건조 시간이 많이 걸리고 내수성이 강하다.

③ 표면에 이형제가 남아있으면 박리 현상과 크레터링의 원인이 된다.

④ 건조 시 높은 열에 의해 부품 자체의 변형이 발생하므로 주의한다.

+👤 플라스틱 유연제는 플라스틱의 재질 특성상 충격에 재질이 수축 후 복원될 때 도막이 깨지지 않도록 하기 위해서 첨가하는 첨가제이다.

23 기출 2011.04.17

플라스틱 도장의 목적 중 틀린 것은?

① 방진성을 부여한다.

② 내약품성, 내용제성을 향상시킨다.

③ 표면의 내마모성을 향상시킨다.

④ 오염성을 향상시킨다.

24 기출 2011.10.09

자동차 범퍼를 교환 도장하였으나 도막이 부분적으로 벗겨지는 현상이 일어났다. 그 원인은?

① 유연제를 첨가하지 않고 도장하였다.

② 플라스틱 프라이머를 도장하지 않고 작업하였다.

③ 건조를 충분히 하지 않았다.

④ 고운 연마지로 범퍼 연마 후 도장하였다.

+👤 폴리프로필렌 재질의 플라스틱 범퍼의 도장공정은 플라스틱-프라이머(PP)를 도장하고 중도공정이 생략되고 바로 상도도장으로 이루어진다.

정답   19. ①   20. ②   21. ③   22. ②   23. ④   24. ②

25 `기출` 2011.10.09

내용제성이 강하지만 도료와의 밀착성이 나쁘기 때문에 접착제나 퍼티도포 전 프라이머 등을 도장해야 하는 플라스틱 소재는?

① ABS(스티렌계)
② PC(폴리카보네이트)
③ PP(폴리프로필렌)
④ PMMA(아크릴)

26 `기출` 2011.10.09

플라스틱의 부품의 판단법에서 가솔린의 내용제성이 가장 약한 것은?

① 폴리우레탄 부품
② 폴리프로필렌 부품
③ 폴리에스테르 부품
④ 폴리에틸렌 부품

27 `기출` 2012.04.08

플라스틱 도장의 목적이 아닌 것은?

① 장식효과
② 외관 보호효과
③ 대전 방지로 인한 먼지부착 방지효과
④ 표면경도나 충격능력 완화효과

+👤 플라스틱 도장 목적
① 표면착색
② 다색 생산에 경제적
③ 수지도금과 진공 증착에 의해 금속질감 가능
④ 색과 광택의 조정이 용이
⑤ 성형할 때 생긴 불량을 감춤
⑥ 내후성 향상
⑦ 내약품성 내용제성, 내오염성 향상
⑧ 대전에 의한 먼지 부착을 방지
⑨ 경도를 향상

28 `기출` 2012.10.21

자동차 부품용 플라스틱 소재를 용접하는 방법이 아닌 것은?

① 열풍 용접
② 에어리스 용접
③ 접착제 용접
④ 아르곤 용접

29 `기출` 2012.10.21

다음 플라스틱 범퍼의 보수 방법이 아닌 것은?

① 가열 수정 작업
② 용접 보수 작업
③ 우레탄 보수 작업
④ 접착제 보수 작업

30 `기출` 2013.04.14

자동차에 사용되는 플라스틱 소재의 특성에 대한 설명이 아닌 것은?

① 금속보다 무게가 가볍다.
② 내식성이 우수하다.
③ 저온에서도 열변형이 발생한다.
④ 유기용제에 나쁜 영향을 받는다.

+👤 플라스틱 소재의 특성
① 제품의 가공이 쉬워 복잡한 형상의 성형이 가능하다.
② 아름다운 색으로 착색이 된다.
③ 절연, 단열성이 있어 전기나 열을 전달하기 어렵다.
④ 비중이 0.9~1.3 정도로 가볍고 튼튼하다
⑤ 방진, 방음, 내식성, 내습성이 우수하다.
⑥ 저온에서 열변형이 발생하지 않고 고온에서 열변형이 발생한다.

31 `기출` 2013.04.14

PP(폴리프로필렌) 재질이 소재인 범퍼의 경우 플라스틱 프라이머로 도장 해야만 하는데 그 이유로 맞는 것은?

① 녹슬지 않게 하기 위해서
② 부착력을 좋게 하기 위해서
③ 범퍼에 유연성을 주기 위해서
④ 플라스틱의 변형을 막기 위해서

+👤 ① 플라스틱의 장점으로는 녹이 발생하지 않는다.
② 범퍼의 유연성을 주기 위해서는 플라스틱 유연제를 첨가하여 도장한다.

`정답` 25. ③ 26. ① 27. ④ 28. ④ 29. ③ 30. ③ 31. ②

32 기출 2013.04.14

플라스틱 부품의 보수 도장에 대한 문제점 중 틀린 것은?

① 열경화성 플라스틱(PUR)은 부착성이 우수하나 이형제 제거를 위해 표면조정 작업이 필요하다.

② 폴리카보네이트(PC) 부품은 내용제성이 취약하여 도료 선정 시 주의가 필요하다.

③ 폴리프로필렌(PP) 부품은 부착성이 양호하다.

④ 폴리프로필렌(PP) 부품은 전용 프라이머를 사용한다.

33 기출 2013.10.12

플라스틱 재료 중에서 열경화성 수지의 특징이 아닌 것은?

① 가열에 의해 화학변화를 일으켜 경화 성형한다.

② 다시 가열해도 연화 또는 용융되지 않는다.

③ 가열 및 용접에 의한 수리가 불가능하다.

④ 가열하여 연화 유동시켜 성형한다.

+ 열가소성 수지와 열경화성 수지

① **열가소성 수지** : 열을 가하면 용융유동하여 가소성을 갖게 되고 냉각하면 고화되어 성형 되는 수지

② **열경화성 수지** : 재차 가열하여도 유동상태로 되지 않고 고온으로 가열하면 분해되어 탄화되는 수지

34 기출 2013.10.12

플라스틱 도장의 목적 중 틀린 것은?

① 방진성을 부여한다.

② 내약품성, 내용제성을 향상시킨다.

③ 표면의 내마모성을 향상시킨다.

④ 오염성을 향상시킨다.

+ 플라스틱 도장의 목적

① 표면착색

② 다색 생산에 경제적

③ 수지도금과 진공 증착에 의해 금속질감 가능

④ 색과 광택의 조정이 용이

⑤ 성형할 때 생긴 불량을 감춤

⑥ 내후성 향상

⑦ 내약품성 내용제성, 내오염성 향상

⑧ 대전에 의한 먼지 부착을 방지

⑨ 경도를 향상

35 기출 2014.04.06

다음 중 플라스틱의 특징이 아닌 것은?

① 복잡한 형상으로 제작하기가 쉽다.

② 유기용제에 침식되거나 변형되지 않는다.

③ 저온에서 경화하고 고온에서 열 변형이 발생한다.

④ 약품이나 용제에 내성을 갖는다.

+ 플라스틱의 특징

① 제품의 가공이 쉬워 복잡한 형상의 성형이 가능하다.

② 아름다운 색으로 착색이 된다.

③ 절연, 단열성이 있어 전기나 열을 전달하기 어렵다.

④ 비중이 0.9~1.3 정도로 가볍고 튼튼하다

⑤ 방진, 방음, 내식성, 내습성이 우수하다.

⑥ 저온에서 경화하고 고온에서 열 변형이 발생한다.

⑦ 약품이나 용제에 내성을 갖는다.

36 기출 2014.04.06

수지퍼티를 이용한 플라스틱 부품의 보수방법 중 틀린 것은?

① 수세 및 탈지작업을 철저히 한다.

② 표면조정 작업 및 파손부위에 v 홈 작업을 한다.

③ 수지퍼티의 주자와 경화제의 비율은 보통 100 : 1 이다.

④ PP 범퍼의 경우 전용 프라이머를 얇게 도장한다.

37 기출 2014.10.11

자동차에 플라스틱 재료를 사용하는 주된 목적은?

① 색상의 다양화　② 차량무게 경감

③ 광택 향상　④ 차체강도 향상

---

38 기출 2014.10.11

유연성을 가지고 있는 범퍼에 유연제를 부족하게 넣었을 때 나타날 수 있는 결함은?

① 유연성이 감소하고 작은 충격에 크랙이 발생할 수 있다.

② 고속 주행 중 바람의 영향에 의해 도막이 박리 될 수 있다.

③ 시너(thinner)에 잘 희석되며, 열에 의해 쉽게 녹는다.

④ 범퍼는 유연제가 부족하면 광택이 소멸된다.

39 기출 2014.10.11

플라스틱 부품의 전처리 공정 중 틀린 것은?

① 기름, 이형제, 먼지 등의 부착물을 제거한다.

② 변형, 주름, 크랙 등의 표면 결함을 제거한다.

③ 극성의 부여로 도막과의 부착성을 향상한다.

④ 정전도장이 가능하도록 부도전성을 부여한다.

40 기출 2015.04.04

플라스틱 부품의 프라이머 도장에 대한 설명 중 틀린 것은?

① 후속 도장의 부착성을 강화 한다.

② 소재의 내후성을 향상시킨다.

③ 상도의 정전도장을 할 수 있도록 도전성을 부여한다.

④ 도막의 물성은 향상되나 충격 등에 대한 흡수성은 약해진다.

41 기출 2015.04.04

플라스틱 용접을 하기 전에 소재의 종류를 알아보기 위한 시험법의 종류가 아닌 것은?

① 녹임 시험

② 솔벤트 시험

③ 긁힘 시험

④ ISO 코드확인(색깔코드)

42 기출 2015.10.10

자동차용 플라스틱 부품의 도장에 필요한 도료의 요구조건 중 틀린 것은?

① 고온 경화형 도료 사용

② 밀착형 프라이머 사용

③ 유연성 도막을 형성하는 도료 사용

④ 전처리 함유 용제 사용

43 기출 2015.10.10

시너(thinner)를 사용해서 표면을 새척해도 되는 자동차용 플라스틱 소재는?

① 폴리프로필렌(PP)

② 폴리우레탄(PUR)

③ 폴리카보네이트(PC)

④ 아크릴로니트릴부타디엔(ABS)

정답 38.① 39.④ 40.④ 41.③ 42.① 43.①

44 기출 2016.04.02

플라스틱 소재인 합성수지의 특징이 아닌 것은?

① 내식성, 방습성이 나쁘다.
② 열가소성과 열경화성 수지가 있다.
③ 방진, 방음, 절연, 단열성이 있다.
④ 각종 화학물질의 화학반응에 의해 합성된다.

합성수지의 특징

① 가소성, 가공성이 좋다.
② 금속에 비하여 비중이 적다.
③ 전성, 연성이 크다.
④ 색채가 미려하여 착색이 자유롭다.
⑤ 고온에서 연화되어 다시 가공하여 사용할 수 있다.
⑥ 강도, 경도, 내식성, 내구성, 내후성, 방습성이 좋다.
⑦ 내산, 내알칼리 등의 내학학성 및 전기 전열성이 우수하다.
⑧ 연소시 유독가스를 발생시킨다.
⑨ 열가소성과 열경화성 수지가 있다.

45 기출 2016.04.02

고온에서 유동성을 갖게 되는 수지로 열을 가해 녹여서 가공하고 식히면 굳는 수지는?

① 우레탄 수지
② 열가소성 수지
③ 열경화성 수지
④ 에폭시 수지

수지의 특성

① 우레탄 수지 : 우레탄 결합을 갖는 수지
② 열가소성 수지 : 열을 가하면 녹아 유동하여 가소성을 갖게 되고 냉각하면 고화되어 성형이 가능한 수지
③ 열경화성 수지 : 경화된 수지는 재차 가열하여도 유동상태로 되지 않고 고온으로 가열하면 분해되어 탄화되는 비가역수지이다.
④ 에폭시 수지 : 에폭시기를 가진 수지로서 가공성이 우수하며 비닐과 플라스틱의 중간정도의 수지이다.

46 기출 2016.04.02

플라스틱 부품류 도장 시 주의해야 할 사항으로 옳은 것은?

① 유연성을 주기 위해 점도를 낮게 한다.
② 유연성을 주기 위해 점도를 높게 한다.
③ 건조 온도는 약 100℃이상으로 한다.
④ 건조 온도는 약 80℃ 이하에서 실시한다.

플라스틱 재질을 도장 할 경우에는 플라스틱 유연제를 사용하여 도료의 유연성을 부여하며 너무 고온으로 가열 건조할 경우 플라스틱의 변형이 일어나기 때문에 너무 고온에서 건조시키거나 적정한 온도에서 건조시킬 때에도 바닥에 붙어 있지 않을 경우 휘어짐이나 처짐이 발생할 수 있다.

정답 44. ① 45. ② 46. ④

CHAPTER 12 도장 검사작업

1 도장결함 검사

1 도장 상태 확인

도장 결함은 대표적으로 도장 작업과 관련한 결함, 자동차 운용 중 생기게 되는 결함이 있다.

2 도장결함 종류

1) 도장 작업 전 발생하는 결함

① **침전(Settling)** : 도료 중 수지, 안료가 분해되어 안료의 도료 용기 바닥에 가라앉아 있는 현상

② **겔화(Gelling)** : 도료가 유동성이 없어져서 젤리처럼 되는 현상

③ **피막(Skinning)** : 도표의 표면이 말라붙어 피막 형성

④ **점도상승(Fattening)** : 도료 보관 중 점도가 높아진 상태

⑤ **색 분리(Flooding)** : 유색도료에서 수지와 안료의 친화성이 좋지 않아 서로 분리된 상태

⑥ **가스발생(Gasing)** : 용기 내 가스발생으로 보관용기가 부풀어 오름

⑦ **변색(Discoloration)** : 초기의 색이 다른 색으로 변해버리는 현상

2) 도장 작업 중 발생하는 결함

① **연마자국(Sanding mark)** : 도장면에 연마자국이 나타난 상태

② **퍼티자국(Putty mark)** : 퍼티 작업 후 단차가 생겨 상도 도막 면으로 퍼티 도포 모양이 보이는 현상

③ **퍼티기공(Putty stoma)** : 퍼티를 두껍게 도포하여 기공이 발생한 상태

④ **메탈릭얼룩 (Metallic floating)** : 메탈릭, 펄 입자의 불균일한 분산으로 부분적으로 색이 달리 보이는 현상

⑤ **먼지고착(Dust inclusion)** : 도장면에 먼지나 이물질이 부착하여 도장면이 평활하지 못한 상태

⑥ **분화구현상(Cratering)** : 도장 면이 분화구 모향으로 패임이 있는 상태
⑦ **오렌지필(Orange peel)** : 도장한 도면이 오렌지 껍질처럼 보이는 현상
⑧ **흐름(Sagging, Running)** : 한 번에 너무 두껍게 도장하여 도료가 수직방향으로 흘러내려 밑 부부분이 두껍게 된 상태
⑨ **색번짐(Bleeding)** : 도료가 은폐력이 부족하여 직전 도장 색이 비쳐 보이는 현상
⑩ **실끌림(Cobwebbing)** : 분무도장 할 때 점도가 높아 미립이 되지 않고 거미줄과 같은 실 모양으로 분무되는 현상
⑪ **시딩(Seeding)** : 페인트 도막에 서로 다른 형태나 크기의 알갱이가 들어가 있는 상태

3) 도장 작업 후 발생하는 결함

① **부풀음(Blister)** : 도막 하지에 불순물의 영향으로 틈이 생겨 부풀어 오른 상태
② **주름(Lifting wrinkling)** : 용제가 하도도료를 용해하여 도막 내부를 들뜨게 하여 주름지게 하는 상태
③ **핀홀(Pin hole)** : 도장 건조 후 도막이 바늘로 찌른듯한 형태의 작은 구멍이 생긴 상태
④ **도막박리(Peeling)** : 도막간의 층간 부착 불량으로 벗겨지는 상태
⑤ **광택저하(Low gloss)** : 도료 자체의 광택이 나지 않고 광택이 부족한 상태
⑥ **균열(Checking)** : 도장면 표면에만 얇게 갈라진 상태
⑦ **크래킹(Cracking)** : 균열 결함보다 갈라짐이 크며 서로 다른 길이와 깊이, 넓이로 갈라진 상태
⑧ **백악화(Chalking)** : 도막 표면이 풍화로 열화. 손으로 문지르면 가루가 묻어나는 상태
⑨ **물자국현상(Water spotting)** : 도막 표면에 물방울 크기의 자국 혹은 반점이 도막의 패인 상태
⑩ **변색(Discoloration)** : 도막이 외부로부터 영향을 받아 유채색의 안료가 다른 색으로 변한 상태
⑪ **솔벤트 팝(Solvent pop)** : 도장 후 얼마 되지 않아 도장 표면에 구멍이나 기포가 발생한 상태
⑫ **백화(Blushing)** : 도장면이 하얗게 변화면서 원하는 색이나 광택이 나질 않는 상태
⑬ **가스 체킹(Gas crazing)** : 도막이 건조될 때 열원의 연소 생성 가스의 영향을 받아 도막면에 주름, 얇은 균열, 광택소실이 생긴 상태
⑭ **기포(Bubble)** : 도장 시 생긴 기포가 사라지지 않고 남아 있는 상태
⑮ **황변(Yellowing)** : 가열건조가 과하여 도막이 누렇게 변하는 상태
⑯ **녹발생(Rusting)** : 도장면에 녹 발생
⑰ **오염(Pollution)** : 도장면에 부분적으로 얼룩이 지거나 변색, 탈색된 상태

1 도장 작업 전 결함

(1) 침전(Settling)

- 장기 저장
- 도료 희석 후 장시간 보관

(2) 겔화(Gelling)

- 도료내 수지반응
- 도료 중 수지와 안료간의 반응
- 2액행 도료의 가사시간 경과
- 도료 용기 밀폐가 잘 안된 경우

(3) 피막(Skinning)

- 도료 용기 뚜껑 밀봉 불량
- 도료가 용기에 꽉차있지 않아 공기 중의 산소와 산화반응으로 발생
- 건조제가 과량 첨가되었을 때
- 증발이 빠르고 용해력이 약한 용제를 사용한 경우

(4) 점도 상승(Fattening)

- 도료 중의 용제나 희석제가 증발한 상태
- 부적당한 시너의 사용
- 오랜 저장 중 산화, 중합반응 발생
- 안료와 수지의 반응
- 주제와 경화제의 반응

(5) 색 분리(Flooding)

- 도료를 높은 온도에서 저장하였을 경우
- 서로 다른 이종 도료가 들어갔을 경우
- 도료 저장 기간이 오래되어 저장 안정성이 저하된 경우

(6) 가스 발생(Gasing)

용기 내 가스발생으로 보관용기가 부풀어 오름

- 도료성분의 반응
- 장기 보관
- 고온하에 보관

(7) 변색(Discoloration)

초기의 색이 다른 색으로 변해버리는 현상
- 안료의 강산성 수지 반응
- 안료 상호간의 작용

2 도장 작업 중 결함

(1) 연마 자국(Sanding mark)
- 공정에 맞지 않는 거친 연마지를 사용한 경우
- 연마한 도막이 재도장전 완전히 건조되지 않은 경우
- 점도가 낮은 도료를 두껍게 도장한 경우
- 용해력이 강한 지건성 시너를 사용한 경우
- 건조 후 도막두께가 너무 얇은 경우

(2) 퍼티 자국(Putty mark)
- 퍼티 건조가 불충분할 때 연마 후 도장한 경우
- 래커 도막위에 폴리에스테르 퍼티를 도포한 경우
- 퍼티 도포 된 부분 도장 도료의 점도가 낮을 경우
- 단 낮추기가 불충분하여 단차가 생겨 있는 경우

(3) 퍼티 기공(Putty stoma)
- 퍼티를 한 번에 두껍게 도포했을 경우
- 퍼티의 점도가 지나치게 높을 때

(4) 메탈릭 얼룩 (Metallic floating)
- 도료의 점도가 지나치게 묽을 때
- 스프레이 건 취급 부적절
- 도막의 두께가 불균일 한 경우
- 지건 시너를 사용한 경우
- 도장 간 플래시 오프 타임이 불충분할 경우
- 클리어 코트 1차 도장시 과한 분무

(5) 먼지 고착(Dust inclusion)
- 도장할 때 먼지가 도장면에 부착
- 압축 공기 중에 먼지가 도장면에 부착
- 도료내의 이물질을 거를 때 부적절한 도료 여과지 사용
- 사용 중인 스프레이건의 세척이 불충분 할 경우

(6) 분화구 현상(Cratering)

 – 도장면 탈지가 불충분할 경우
 – 압축공기 중에 수분, 유분이 있을 경우
 – 에어트렌스포머가 오염된 경우
 – 대기중에 왁스나 기름 성분이 있을 경우

(7) 오렌지 필(Orange peel)

 – 시너의 증발이 빠를 경우
 – 도료의 점도가 높을 경우
 – 스프레이시 압력이 낮을 경우
 – 스프레이 건과 피도체와 거리가 부적당할 경우
 – 도장실이 고온이거나 도료의 온도가 너무 높을 경우

(8) 흐름(Sagging, Running)

 – 한 번에 너무 두껍게 도장 하였을 경우
 – 도료의 점도가 너무 낮을 경우
 – 증발속도가 늦은 시너를 많이 사용하였을 경우
 – 저온 도장 후 즉시 고온에서 건조시킬 경우
 – 스프레이건의 운행속도, 패턴 겹치기 불량

(9) 색 번짐(Bleeding)

 – 하도도료에 유기용제로 용해되는 레이크(Lake) 안료나 염료를 사용하였을 경우
 – 레이크(Lake) 안료가 있던 용기를 충분히 세척하지 않았을 경우
 – 피도면에 매직잉크 등을 완전히 지우지 않고 도장하였을 경우

(10) 실 끌림(Cobwebbing)

 – 용해력이 좋이 않는 시너 사용
 – 고점도로 도장 할 경우

(11) 시딩(Seeding)

 – 저장기간이 오래된 도료를 사용하였을 경우
 – 잘못된 경화제, 희석제 사용
 – 가사시간이 지난 2액형 도료를 사용
 – 분산, 교반의 불충분

3 도장 작업 후 결함

(1) 부풀음(Blister)
- 하지에 수분이 흡수되어 있는 경우
- 소재에 녹 발생하여 부푼 경우
- 습식 연마 후 물기 제거가 확실하지 않은 경우
- 도장 전 습도가 지나치게 높을 경우
- 도장면에 땀이나 지문 등을 제거하지 않고 도장한 경우
- 건조 부족으로 도막이 미 건조 되었을 때
- 화성피막(Skinning) 처리 후 수세불충분 하였을 경우

(2) 주름(Lifting wrinkling)
- 도막이 너무 두꺼울 때
- 상도 도료의 시너가 용해력이 강해 구도막을 용해한 경우
- 우레탄 도료가 완전히 경화되지 않았을 때 재보수 했을 경우
- 하도 도막 건조가 덜 되었지만 후속 도장을 한 경우
- 하도와 상도의 도장 매뉴얼이 부적합 할 때

(3) 핀 홀(Pin hole)
- 도장 후 세팅타임 없이 바로 본가열 건조한 경우
- 이미 핀홀이 있는 도막 위에 도장한 경우
- 고점도의 도료를 두껍게 도장한 경우
- 증발 속도가 빠른 시너를 사용한 경우

(4) 도막 박리(Peeling)
- 테이프를 붙였다가 제거 시 벗겨짐
- 전처리 상태가 양호하지 못한 경우
- 도료의 흡수성이 클 때
- 연마를 하지 않고 도장 한 경우
- 금속면 연마를 너무 매끈하게 연마한 경우
- 너무 낮은 온도에서 도장한 경우
- 플라스틱 소재에 프라이머를 도장하지 않은 경우

(5) 광택 저하(Low gloss)
- 백화현상, 가스 체킹으로 광택 소실
- 이전도료의 도료 흡습
- 도료 교반 부족

- 베이스코트의 도료 두께가 규정보다 너무 두꺼울 경우
- 오염된 경화제를 사용한 경우

(6) 균열(Checking)
- 하도도료를 너무 두껍게 도장한 경우
- 이전도료의 건조가 불충분한 경우
- 하도, 중도, 상도 공정이 부적합한 경우
- 상도도료를 너무 두껍게 도장한 경우
- 첨가제 중 가소제의 혼합량이 적을 경우
- 혹독한 환경에 방치 된 경우
- 소재와 도료의 팽창률이 다른 경우

(7) 크래킹(Cracking)
- 도료가 충분히 교반되지 않은 경우
- 저급의 서페이서를 사용한 경우
- 부적절한 첨가제를 사용한 경우
- 플래시 오프 타임이 충분치 않는 경우
- 상도를 지나치게 젖은 도장한 경우

(8) 백악화(Chalking)
- 내부용 도료를 외부용으로 사용
- 저급의 도료 사용
- 자외선, 외적 풍화로 도막 분해

(9) 물자국현상(Water spotting)
- 완전히 건조 되지 않는 상태에서 물방울, 땀 등이 떨어진 경우
- 새똥을 바로 제거하지 않고 장시간 방치한 경우
- 화학제품이 묻은 후 장시간 방치한 경우

(10) 변색(Discoloration)
- 자외선, 화학약품, 대기오염 등으로 안료가 변질된 경우
- 열이나 자외선으로 수지가 변질된 경우
- 피도면의 화학성분과 안료의 반응이 일어난 경우
- 건조제를 과다하게 사용한 경우

(11) 솔벤트 팝(Solvent pop)
- 1회 너무 두껍게 도장하였을 경우
- 속건시너를 사용하였을 경우

- 세팅시간을 너무 짧게 주였을 경우
- 너무 가깝게 적외선 건조기로 건조할 경우

(12) 백화(Blushing)
- 고온다습할 때 증발속도가 빠른 시너를 사용하여 도장하였을 때
- 도막이 공기 중의 수분을 흡수, 응축
- 시너의 부적절한 사용

(13) 가스체킹(Gas crazing)
- 열풍대류형으로 건조시 연소가스 중의 NO, SO 등의 산성가스 성분이 도막 표면 건조를 촉진한 경우
- 탈지 때 완전히 제거되지 못한 트리클로로에틸렌 성분이 남아있거나 건조로로 혼입
- 건조로 내 잔류한 습기나 수분이 도막 표면에 수증기로 접촉한 경우

(14) 기포(Bubble)
- 도료의 유동성이나 표면장력이 높을 경우
- 교반을 심하게 한 후 바로 사용할 경우
- 고점도의 도료를 스프레이 할 경우
- 피도물에 기포나 수분이 남아 있을 경우

(15) 황변(Yellowing)
- 장시간 가열건조나 규정온도보다 너무 높게 건조했을 경우
- 내열성이 좋지 않는 재료 사용
- 강한 자외선에 지속적으로 장시간 노출된 경우

(16) 녹발생(Rusting)
- 외부 충격으로 대기 중의 염분, 수분이 철과 반응한 경우
- 표면 조정이 불충분한 경우
- 금속면 연마를 잘 못한 경우

(17) 오염(Pollution)
- 완전 건조되기 전 용제나 석유화합물이 묻은 경우
- 유해물질을 방출하는 산업단지에 오랫동안 방치한 경우
- 새똥이나 시멘트 등이 도장면을 녹인 경우

3 결함대책 수립

1 도장작업 전 결함대책

(1) 침전(Settling)
- 장기저장을 하지 않음
- 도료 희석 후 장시간 방지하지 않음
- 도료 통을 정기적으로 뒤집어 보관

(2) 겔화(Gelling)
- 수지의 산가조절
- 안료를 선별하여 사용
- 2액행 도료 가사시간 전 사용
- 도료 밀봉 철저

(3) 피막(Skinning)
- 도료 용기 뚜껑 밀봉 철저
- 사용한 도료는 가급적 빨리 사용
- 건조제를 적량 첨가
- 지정시너 사용

(4) 점도 상승(Fattening)
- 사용하지 않을 때는 밀봉 철저
- 규정 시너의 사용
- 보관상태 및 기간 철저
- 롯트 확인 후 폐기
- 사용가능한 량만 혼합

(5) 색 분리(Flooding)
- 도료를 고온 보관 금지
- 희석제가 혼합된 도료를 원래 도료에 넣지 않음
- 도료를 잘 교반하고 여과한 후 사용

(6) 가스 발생(Gasing)
- 조기사용
- 장기저장 피함
- 냉암소에 저장

(7) 변색(Discoloration)

- 수지의 산가조절 필요
- 안료 선별 사용

2 도장작업 중 결함대책

(1) 연마 자국(Sanding mark)

- 공정에 맞는 연마지 사용
- 완전히 건조된 도막을 연마
- 적절한 점도로 도료 사용
- 지정 시너 사용
- 제품에서 요구하는 규정 도막 두께 준수

(2) 퍼티 자국(Putty mark)

- 완전히 건조 된 퍼티를 연마
- 약한 구도막에 폴리에스테르 퍼티 적용 금지
- 점도를 적절하게 맞춰서 도장
- 단 낮추기를 규정대로 하여 단차가 발생하지 않도록 한다.

(3) 퍼티 기공(Putty stoma)

- 얇게 여러 번에 걸쳐서 도장
- 퍼티 점도를 적절하게 유지

(4) 메탈릭 얼룩(Metallic floating)

- 도료의 점도를 잘 맞춤
- 스프레이건 사용 시 겹침을 잘 준수하고 거리를 적절하게 사용
- 도막의 두께를 일정하게 도장
- 지정시너를 사용
- 도장간 플래시 오프 타임을 준수
- 클리어 코트 1차 도장 시 얇게 도장

(5) 먼지 고착(Dust inclusion)

- 피도체에 붙어 있는 먼지를 잘 제거
- 압축공기 필터를 교체하여 깨끗한 공기가 유입되도록 함
- 적절한 여과지를 도료를 여과
- 스프레이건 세척을 확실히 함

(6) 분화구 현상(Cratering)

- 전용 탈지제로 유수분을 완전히 제거
- 공기중의 배관을 정기적으로 유지관리
- 깨끗한 걸레를 사용
- 기름성분의 왁스나 증발되는 오일 발생원을 제거

(7) 오렌지 필(Orange peel)

- 도료의 점도를 적절하게 맞춤
- 도장 온도에 맞는 시너를 사용
- 스프레이시 압력이 적절하게 함
- 스프레이 건과 피도체와 거리를 잘 맞춤
- 표준 도장 조건에서 작업함

(8) 흐름(Sagging, Running)

- 여러 번에 나누어 도장
- 적절한 시너 사용
- 도료 점도를 잘 맞춤
- 저온에서 도장을 피하고 세팅타임을 준수
- 스프레이건의 사용을 규정에 준수

(9) 색 번짐(Bleeding)

- 용제에 잘 녹는 안료를 가급적 피함
- 사용 용구를 잘 세척하여 사용
- 피도면에 이물질이나 자국 등을 완전히 제거 후 도장

(10) 실 끌림(Cobwebbing)

- 도장시 도료점도를 낮게 함
- 진용제가 많이 함유되어 있는 용제를 사용

(11) 시딩(Seeding)

- 유동기간 내에 도료 사용
- 기술자료집의 지정시너, 경화제 사용
- 가사시간 준수
- 사용전 충분히 교반하고 사용

3 도장작업 후 결함대책

(1) 부풀음(Blister)
- 수분을 제거하고 도장
- 도장 전 소지 녹 제거
- 습기나 물을 확실히 제거 후 도장
- 도장 시 규정 조건 하에서 도장
- 도장 전 탈지 철저
- 오염된 장갑이나 맨손으로 도장면 접촉금지
- 수세 철저

(2) 주름(Lifting wrinkling)
- 규정 도막 두께 도장
- 용해력을 조절하여 사용
- 도료가 완전히 건조 된 후 후속도장
- 도료별 작업 매뉴얼 준수

(3) 핀 홀(Pin hole)
- 세팅타임을 적절히 부여한 후 가열건조
- 결함이 발생된 부분은 제거하고 도장
- 규정 점도로 도료에 시너를 희석 후 도장
- 조건에 맞는 규정 시너를 사용

(4) 도막 박리(Peeling)
- 접착력이 약한 테이프를 사용
- 작업전 소지 처리를 확실히 할 것
- 물리적 결합이 잘 일어나도록 연마
- 도장실 온도를 표준도장 온도로 맞춤
- 플라스틱 소재에 프라이머를 도장

(5) 광택 저하(Low gloss)
- 규정 도료, 시너의 사용
- 차단성이 높은 도료의 사용
- 충분히 교반하여 도료를 잘 혼합하여 사용
- 규정 도막두께를 준수하여 도장
- 오염없는 경화제 사용

(6) 균열(Checking)

- 적정도막 두께를 준수하여 도장
- 도막이 완전히 건조 된 후 도장
- 기술자료집을 참고하여 도장
- 작업 온도, 시간 준수
- 규정된 도료를 사용
- 혹독한 온도와 자외선을 피함
- 소재의 팽창률을 고려 후 도료 사용

(7) 크래킹(Cracking)

- 사용전 도료를 충분히 교반
- 용도에 맞는 도료를 사용
- 첨가제 사용을 줄임
- 적절한 플래시 오프 타임 준수
- 도료별 적정도막 두께 준수

(8) 백악화(Chalking)

- 용도에 맞는 도료 사용
- 체질안료 사용을 줄이고 루틸형 티탄이나 아연화를 사용

(9) 물자국 현상(Water spotting)

- 완전히 건조 후 물방울에 접촉
- 도장면에 묻은 이물질은 바로 제거

(10) 변색(Discoloration)

- 내후성이 좋은 안료 사용
- 용도에 맞는 도료 사용
- 변색이 잘 일어나지 않는 수지를 사용
- 건조제를 규정량만 사용

(11) 솔벤트 팝(Solvent pop)

- 도장 온도에 맞는 시너 사용
- 제품별 추천도막 두께를 유지
- 세팅시간을 적절하게 준다.
- 건조 시 적외선 건조기와의 거리를 준수

(12) 백화(Blushing)

- 고온다습할 때 증발속도가 빠른 시너를 사용하여 도장하였을 때
- 도막이 공기 중의 수분을 흡수, 응축
- 시너의 부적절한 사용

(13) 가스 체킹(Gas crazing)

- 연소가스의 배기를 원활하게 하고 불완전가스가 발생하지 않도록 함
- 가급적 트리클로로에틸린 등을 건조로 근처에서 사용하지 않음
- 수분이 없도록 건조로를 가열 후 사용

(14) 기포(Bubble)

- 도료가 잘 퍼지도록 점도를 저하시켜 작업
- 도료 중에 공기가 없어지면 사용
- 규정 점도로 도료 사용
- 피도물을 깨끗이 탈지하고 건조 후 도장

(15) 황변(Yellowing)

- 규정 온도에서 가열건조
- 규정 도료를 사용
- 강한 자외선이나 태양열을 피함

(16) 녹 발생(Rusting)

- 완벽한 표면조정 실시
- 금속이 안정화 되도록 처리

(17) 오염(Pollution)

- 오염물이 묻는 즉시 제거
- 유해물질이 없는 지역에 주차

01 기출 2006.10.01

다음 중 하도 작업 불량 시 발생 되는 도막의 결함은?

① 오렌지 필(Orange Peel)
② 핀 홀(Pin Hole)
③ 크레터링(Cratering)
④ 메탈릭(Metallic)얼룩

+👤 **오렌지필(orange peel)** : 스프레이 도장 후 표면에 오렌지 껍질 모양으로 요철이 생기는 현상

크레터링(Cratering) : 도장 중 유분이나 이물질 등으로 도막 표면이 분화구처럼 움푹 패이는 현상(도장 중 발생)

메탈릭(Metallic)얼룩 : 상도 도장시 스프레이건의 취급이 부적당하거나 도료의 점도가 지나치게 묽은 경우, 도장두께의 불균일, 클리어 코트 도장시 발생하는 부의 얼룩 등이 있으며 메탈릭이나 펄 입자가 불균일 혹은 줄무늬 등을 형성한 상태로 발생

02 기출 2006.10.01

다음 벗겨짐(Peeling) 현상의 원인으로 올바르지 않는 것은?

① 스프레이 후 플래시 타임을 오래 주었을 경우
② 상도와 하도 및 구도막끼리의 밀착불량
③ 피도물의 오염물질 제거불량
④ 희석제의 용해력이 약하거나 증발속도가 빠른 경우

+👤 **벗겨짐(peeling)**
① 현상 : 도막이 벗겨지는 현상
② 발생원인
  ㉠ 소재의 전처리 상태가 양호하지 않을 때
  ㉡ 도장 공정 간의 밀착이 불량하여 발생한다.
  ㉢ 실리콘, 오일, 기타 불순물이 있는 표면에 연마나 탈지를 충분히 하지 않고 후속도장을 하였을 경우

  ㉣ 신품 폴리프로필렌(P.P), 알루미늄 합금소재의 표면에 프라이머를 도장하지 않았을 경우 밀착성이 나오질 않는다.
③ 예방대책
  ㉠ 연마를 충분히 한다.
  ㉡ 탈지를 충분히 한다.
  ㉢ 전용 프라이머를 도장한 후 후속도장을 한다.
④ 조치사항 : 벗겨진 층을 완전히 연마하여 재 도장한다.

03 기출 2007.09.16

다음 중 블렌딩 도장에서 결함이 발생될 수 있는 경우가 아닌 것은?

① 마스킹 테이프를 사용한 부분에 도장 할 때
② 주변부위를 탈지제를 사용하여 닦아낼 때
③ 부착된 오염물의 제거가 불충분 할 때
④ 물로 가볍게 세척하고 작업할 때

+👤 도장 공정 중 탈지작업은 도장 전에 시행되어야 하는 작업이다. 블렌딩 도장시에 마스킹 테이프는 사용하지 않으며 부착된 오염물의 제거가 불충분 할 때 크레터링 등의 하자가 발생되고 물로 가볍게 세척하여 작업한 후 탈지제로 닦는 탈지공정이 있어야 한다.

04 기출 2007.09.16

도장표면에 오일, 왁스, 물 등이 있는 상태에서 도장작업시 나타나는 현상은?

① 오렌지 필   ② 점도상승
③ 크레터링   ④ 흐름

+👤 ① **오렌지필** : 도장시 점도가 높거나, 시너의 증발이 빠를 경우, 도장실이나 도료의 온도가 높을 경우, 건의 이동속도가 빠르거나, 공기압이 높거나, 피도체와의 거리가 멀거나 패턴조절이 불량할 때 발생한다.

정답 ▶ **01. ②   02. ①   03. ②   04. ③**

② **점도 상승** : 도료의 뚜껑을 열어두어 용제가 증발하여 발생한다.

③ **흐름** : 점도가 낮은 도료를 한번에 두껍게 도장하거나 증발속도가 늦은 지건 시너를 많이 사용하였을 경우, 스프레이건의 운행속도 불량이나 패턴 겹치기를 잘 못하였을 경우 발생한다.

05 기출 2007.09.16
다음 작업 중 겔(gel)화 원인이 아닌 것은?
① 성분이 다른 도료를 혼합
② 불량 시너를 첨가한 도료
③ 소량의 경화제 사용
④ 뚜껑이 밀폐된 상태로 저온보관

+• **겔화(도료의 점도가 높아져 젤리처럼 되는 현상)의 원인**
① 도료 용기의 뚜껑을 닫지 않아 용제가 증발한 경우
② 저장 기간이 오래되어 도료가 굳은 경우
③ 불량 시너를 첨가한 경우
④ 온도가 높은 곳에서 보관한 경우
⑤ 경화제가 들어 있는 도료를 혼합하였을 경우
⑥ 성분이 다른 도료를 혼합한 경우

06 기출 2007.09.16
도장 작업 후에 일어나는 불량이라 볼 수 없는 것은?
① 녹 발생   ② 황변현상
③ 크랙현상   ④ 메탈릭 얼룩

+• 메탈릭 얼룩은 도장 작업 중에 발생하며 스프레이건의 취급이 부적당하거나 도료의 점도가 지나치게 묽은 경우, 도장두께의 불균일, 클리어 코트 도장시 발생하는 부의 얼룩이 있다.

07 기출 2008.03.30
다음 중 보수 도장작업 중에 발생하는 도막의 결함이 아닌 것은?
① 크레터링(cratering)
② 물 자국(water spot)
③ 오렌지 필(orange peel)
④ 메탈릭(metallic)얼룩

+• 부풀음(blister), 리프팅(lifting), 핀홀(pin hole), 박리현상(peeling), 광택 저하(fading), 균열(checking) 물 자국(water spot), 크래킹(cracking). 변색(discoloration) 등은 도장 작업 후 발생되는 결함이다.

08 기출 2008.03.30
겔(gel)화 현상 설명으로 옳은 것은?
① 도료의 점도가 높아져 젤리처럼 되는 현상
② 도료에 희석제가 과다하게 혼합되어 굳지 않는 현상
③ 도료를 재활용 할 수 있는 상태로 보관된 현상
④ 도료를 상온에서 장시간 노출시켜 재활용 하는 현상

+• **겔화(도료의 점도가 높아져 젤리처럼 되는 현상)의 원인**
① 도료 용기의 뚜껑을 닫지 않아 용제가 증발한 경우
② 저장 기간이 오래되어 도료가 굳은 경우
③ 불량 시너를 첨가한 경우
④ 온도가 높은 곳에서 보관한 경우
⑤ 경화제가 들어 있는 도료를 혼합하였을 경우
⑥ 성분이 다른 도료를 혼합한 경우

09 기출 2008.03.30
부풀음(blister)의 예방법 중 틀린 것은?
① 도장할 면을 깨끗하게 탈지 탈청 할 것
② 부착력이 좋은 도료로 도장 할 것
③ 공기 내의 수분 및 유분을 제거 후 도장 할 것
④ 서페이서에 경화제를 많이 넣어 단단하게 할 것

+• **부풀음(blister)의 예방법**
① 도장 부스 내의 온도 및 습도를 적절히 유지할 것.
② 깨끗한 압축공기를 주입하고 에어 호스 내의 먼지나 수분을 없앤다.
③ 각 도장 단계시 이물질이 남아 있지 않도록 탈지 작업을 확실하게 한다.
④ 물 연마 후에는 수분을 확실하게 건조시킨다.
⑤ 부착력, 내수성이 나쁜 하지 도료는 사용하지 않는다.

10 기출 2008.07.13
보수 도장한 자동차가 비를 맞은 후 며칠이 지나 세차를 하였는데 원형에 가까운 반점 같은 것이 도장 면에 많이 생겨났다. 어떤 결함 인가?

① 핀홀　　　　　② 물자국
③ 백화　　　　　④ 크레터링

➕👤 도장의 결함
① 핀홀 : 도장 건조 후에 도막에 바늘로 찌른 듯이 작은 구멍이 생긴 상태
② 백화 : 도장 후 도막 표면에 안개가 낀 것과 같이 광택이 저하된 상태
③ 크레터링 : 유분으로 인하여 도장 중 도장표면에 분화구처럼 움푹 패이는 현상

11 기출 2008.07.13
상도 도장 작업 후 용제의 증발로 인해 도장 표면에 미세한 굴곡이 생기는 현상은?

① 부풀음　　　　② 오렌지필
③ 물자국　　　　④ 황변

➕👤 도장의 결함
① 부풀음 : 피도면에 습기나 불순물의 영향으로 도막 사이의 틈이 생겨 부풀어 오른 상태
② 물자국 : 완전 건조 되지 않은 도장 면에 물의 부착으로 인하여 해당부분에 자국이나 반점 등 도막에 패임이 있는 상태
③ 황변 : 래커계 백색도료에서 자주 발생하며 어두운 곳이나 습기가 많은 곳에서 시간이 경과함에 따라 색이 변색되는 것

12 기출 2009.03.29
보수도막의 용제가 도막에 침투되어 구도막의 색상이 보수 도막의 색상과 혼합되는 결함은?

① 핀홀　　　　　② 박리 현상
③ 번짐　　　　　④ 크랙 현상

➕👤 핀홀의 원인
① 도장 후 세팅타임을 적절하게 주지 않고 급격히 온도를 올린 경우 발생한다.

② 증발속도가 빠른 속건 신너를 사용할 경우 발생한다.
③ 하도나 중도에 기공이 잔재해 있을 경우 발생한다.
④ 점도가 높은 도료를 후레쉬 타임 없이 두껍게 도장할 경우 발생한다.

◆ 박리 현상의 원인
① 도장 면에 오염물이 묻어 있는 것을 제거하지 않고 도장할 경우 발생한다.
② 연마를 하지 않고 도장할 경우 발생한다.

◆ 크랙 현상의 원인
① 자외선에 약한 도료를 사용하고 강한 자외선에 장시간 폭로할 경우 발생한다.
② 우레탄 도료에 경화제를 적게 사용하거나 첨가하지 않을 경우 발생한다.

13 기출 2009.09.27
열, 빛, 물 등에 의해 수지가 노화되어 안료가 표면에 노출되는 현상은?

① 백악화(Chalking)현상
② 부풀음(Blistering)현상
③ 색번짐(bleeding)현상
④ 침전(Settling)현상

➕👤 ① 부풀음 현상 : 피도면 내에서 습기나 불순물의 영향으로 도막 사이의 틈이 생겨 부풀어 오른 상태
② 색 번짐 현상 : 용제가 구도막에 침투하여 도막의 색상이 녹아 번지며 얼룩이 지는 현상
③ 침전 현상 : 수지와 안료가 분해되어 안료가 도료 용기의 바닥에 가라앉아 있는 현상

14 기출 2009.09.27
다음 중 광택작업의 4단계가 아닌 것은?

① 칼라샌딩(Color Sanding) 공정
② 컴파운딩(Compounding) 공정
③ 페더 엣지(Feather Edge) 공정
④ 폴리싱(Polishing) 공정

➕👤 페더 엣지 공정은 하도공정에서 퍼티도장하기 전 구도막의 단을 낮추는 공정과 퍼티도포 후 구도막과의 단차를 제거하는 공정이다.

정답　10. ②　11. ②　12. ③　13. ①　14. ③

15 기출 2009.09.27

도료 저장 중 (도장 전) 발생하는 결함의 방지 대책 및 조치사항을 설명하였다. 어떤 결함 인가?

보 기

ㄱ. 도료 용기 봉합상태를 확실히 한다.

ㄴ. 용기에 완전히 충전시켜 보관한다.

ㄷ. 산화 반응이 일어나지 않도록 빠른 시간 내에 사용한다.

ㄹ. 사용하고 남은 도료를 보관할 때 시너를 혼합하여 보관한다.

ㅁ. 한번 계봉한 통은 잘 밀폐하고 충분히 흔들어 준다.

① 점도 상승 ② 겔(gel)화 현상

③ 도료 분리 현상 ④ 피막

16 기출 2010.03.28

상도 작업 중 발생되는 도막 결함이 아닌 것은?

① 오렌지 필 ② 흐름

③ 색 번짐 ④ 백악화

+👤 결함은 크게 3가지로 도장작업 전 결함, 도장작업 중 결함, 도장작업 후 결함으로 작업 전 결함으로는 침전, 겔화, 피막 등이 있으며, 작업 중 결함은 연마자국, 퍼티자국, 퍼티기공, 메탈릭 얼룩, 먼지고착, 크레터링, 오렌지 필, 흘림, 백악화, 번짐 등이 있다. 마지막으로 작업 후 결함으로 부풀음, 리프팅, 핀홀, 박리현상, 광택저하, 균열, 물자국 현상, 크래킹, 변색, 녹, 화학적 오염 등이 있다.

17 기출 2010.03.28

용제 퍼핑의 상태를 설명한 것은?

① 상도나 프라서페에 함유된 용제에 의해 거품이 생긴 형태.

② 상도 도장시 혹은 건조시에 표면이 일그러지거나 오그라드는 상태

③ 도막표면에 용제가 흘러 심하게 주름이 생긴 형태

④ 구도막이나 하도를 연마한 자국이 표면에 확대되어 나타난 상태

18 기출 2010.03.28

도료 저장 중 (도장 전) 발생하는 결함의 방지 대책 및 조치사항을 설명하였다. 어떤 결함 인가?

보 기

ㄱ. 가능한 한 고온에서 장기간 저장하는 것을 피한다.

ㄴ. 희석된 도료는 원래 도료에 희석하지 말고 별도의 용기에 보관하고 사용해야 한다.

ㄷ. 장기간 보관하게 되면 정기적으로 용기를 뒤집어 보관한다.

ㄹ. 도료를 충분히 잘 저어 여과시켜 사용한다.

① 침전 ② 점도상승

③ 도료분리현상 ④ 피막

+👤 **침전(Settling)** : 도료 중 수지, 안료가 분해되어 안료의 도료 용기 바닥에 가라앉아 있는 현상

점도상승(Fattening) : 도료 보관 중 점도가 높아진 상태

피막(Skinning) : 도표의 표면이 말라붙어 피막 형성

19 기출 2010.10.03

도료의 점도가 여러 가지 요인에 의해서 높아져 도료의 유동성이 없는 젤리처럼 되는 현상은?

① 침전 ② 피막

③ 겔화 ④ 분리현상

+👤 **침전** : 수지와 안료가 분해되어 안료가 도료용기의 바닥에 가라앉아 있는 상태로 발생원인은 다음과 같다.

① 희석을 많이 하였을 경우

② 저장기간이 오래 되었을 경우

③ 수지가 안료에 대한 습윤성이 적을 경우

④ 하도, 중도 도료는 안료의 비중이 커서 가라앉기 쉽다.

⑤ 상도도료 중 펄 안료도 다른 안료에 비해서 가라앉기 쉽다.

◆ **피막** : 유동성이 없어지고 서서히 겔(gel)화 현상이 발생되며, 원인은 다음과 같다.
① 저장기간이 오래된 도료에서 반응이 일어났을 경우
② 래커도료에 에나멜 시너를 희석하였을 경우
③ 2액형 도료에 주제와 경화제를 혼합 후 가사시간이 경과하였을 경우
④ 용제가 휘발 하였을 경우

20 [기출] 2010.10.03
백화현상(블러싱)의 원인이 아닌 것은?
① 고온다습한 장마철 작업시
② 시너(thinner)의 증발로 인한 공기 중의 수분이 도막표면에 응축
③ 지건성 시너(thinner) 사용시
④ 스프레이건의 공기압이 높을 경우

+🧑 백화현상은 용제가 증발할 때 도장 면에서 열을 흡수하여 피도면에 공기 중의 습기가 응축되어 안개가 낀 것과 같이 하얗게 되고 광택이 없는 상태를 말한다. 발생 원인은 도장실의 높은 습도, 속건 시너 사용, 스프레이 압력이 높을 경우에 발생한다.

21 [기출] 2011.04.17
자동차 도장에 대한 보기의 설명은 어떤 결함인가?

> **보 기**
> 후드(hood) 도장을 하고 오랜 시간이 지나면서 크리어 층이 분해되어 날아가 버리고 광택이 손실 되면서 도막이 분말화 결함이 발생하였다.

① 초킹(chalking)
② 크랙 현상(cracking)
③ 박리 현상(feeling)
④ 광택 손실(fading)

+🧑 초킹(chalking)현상은 백악화라고 하며 도막의 표면이 분말 상으로 되어 흰 가루를 뿌려놓은 듯한 형태를 말한다.
① 크랙 현상(cracking) : 도장 면에 금이 간 상태
② 박리 현상(peeling) : 도장 후 층간 부착력 부족으로 도장 피막이 벗겨지는 것
③ 광택 손실(fading) : 도장 후 광택이 나지 않는 현상

22 [기출] 2011.10.09
오렌지 필이 발생하는 원인이 아닌 것은?
① 도료의 점도가 높을 때
② 스프레이 건의 공기압이 높을 때
③ 페더에지 작업이 불량일 때
④ 스프레이 건 이동속도가 빠를 때

+🧑 **오렌지 필의 발생 원인**
① 도료의 점도가 높을 때
② 시너의 증발이 빠를 때
③ 도장실의 온도나 도료의 온도가 너무 높을 때
④ 스프레이건의 이동속도가 빠르거나 공기압이 높거나 피도체와의 거리가 멀거나 패턴의 조절이 불량일 때 발생한다.
하지만 페더에지가 불량일 경우에는 퍼티자국이 발생한다.

23 [기출] 2011.10.09
도료 저장 중 발생하는 결함의 방지대책 및 조치사항을 설명하였다. 어떤 결함인가?

> **보 기**
> ㄱ. 사용하지 않을 시 밀폐 보관한다.
> ㄴ. 규정시너를 사용한다.
> ㄷ. 보관상태 및 기간에 유의한다.
> ㄹ. 규정된 시간 내에 사용할 만큼의 양만 배합한다.

① 피막   ② 점도 상승
③ 겔(GEL 화)   ④ 도료 분리 현상

24 [기출] 2012.04.08
도막표면에 분화구와 같은 구멍이 생성되는 현상은?
① 크레터링(cratering)
② 핀홀(pin hole)
③ 오렌지 필(orange peel)
④ 주름(wrinkle)

정답 ▶ 20. ③   21. ①   22. ③   23. ②   24. ①

276 자동차 보수도장 및 안전관리

25 기출 2012.04.08
도료 저장 중 침전결함의 발생 원인이 아닌 것은?
① 수지와 안료와 비율 중 안료의 양이 많은 경우
② 저장시 주변온도가 높은 경우
③ 도료의 저장 기간이 오래되었을 경우
④ 구도막의 열화 및 산화가 일어난 경우

26 기출 2012.04.08
도막의 결함 중 건조 직후에 발생하는 결함은?
① 칩핑(chipping)
② 핀홀(pin hole)
③ 황변(yellowing)
④ 크레터링(cratering)

27 기출 2012.04.08
도료의 보관 장소에서 우선하여 고려되어야 할 사항은?
① 상온유지   ② 환기
③ 습도   ④ 청소

28 기출 2012.10.21
흐름 현상이 일어나는 원인이 아닌 것은?
① 신너 증발이 빠른 타입을 사용한 경우
② 한 번에 두껍게 칠하였을 경우
③ 신너를 과다 희석 하였을 경우
④ 스프레이건 거리가 가깝고 속도가 느린 경우

29 기출 2012.10.21
도료를 도장하여 건조할 때 도막에 바늘구멍과 같이 생기는 현상을 핀 홀이라고 한다. 다음 중 핀홀의 원인이 아닌 것은?
① 두껍게 도장한 경우
② 세팅타입을 너무 많이 주었을 때
③ 점도가 높은 경우
④ 속건 신너 사용 시

정답 25. ④ 26. ② 27. ② 28. ① 29. ②

30 기출 2012.10.21
도료 저장 중(도장 전) 침전 결함의 발생 원인을 모두 고른 것은?

> **보기**
> ㉠ 수지와 안료의 비율 중 안료의 양이 많은 경우
> ㉡ 저장 시 주변온도가 높은 경우
> ㉢ 도료의 저장 기간이 오래되었을 경우
> ㉣ 도료의 토출량이 많은 경우

① ㉠, ㉡
② ㉠, ㉡, ㉢
③ ㉠, ㉡, ㉢, ㉣
④ ㉢, ㉣

31 기출 2012.10.21
보수도장 후 출고된 자동차가 클리어 층에 균열이 생기고 갈라져 있었다면 어떤 결함인가?
① 도막박리
② 크랙현상
③ 녹
④ 부풀음

+● ① **도막박리** : 도막 층간에 부착력이 저하되어 떨어지는 현상
② **녹** : 도막 내부에서 발청에 의한 도막 손상
③ **부풀음** : 피도면에 습기나 불순물의 영향으로 도막사이에 틈이 생겨 부풀어 오른 상태

32 기출 2012.10.21
도료보관 방법으로 가장 적합한 것은?
① 직사광선이 드는 내화구조의 창고에 보관
② 햇빛이 적당히 비치는 밀폐된 창고에 보관
③ 통풍, 차광이 알맞은 내화구조의 창고에 보관
④ 인화방지를 위해 밀폐 창고를 이용

33 기출 2013.04.14
도막의 벗겨짐(peeling) 현상의 발생 요인은?
① 용제의 용해력이 충분할 때

② 마스킹 테이프를 즉시 떼어냈을 때
③ 도료와 강판의 친화력이 좋을 때
④ 구 도막 표면의 연마가 미흡할 때

+● **벗겨짐(peeling) 현상의 원인**
① 소재의 전처리 상태가 불량한 경우
② 상도와 하도 및 구도막 간의 밀착이 불량한 경우
③ 실리콘, 오일, 기타 불순물이 있는 표면에 연마나 탈지를 충분히 하지 않고 후속도장을 하였을 경우
④ 희석재의 용해력이 약하거나 증발속도가 빠른 경우

34 기출 2013.04.14
도료 저장 중(도장 전) 발생하는 겔(gel)화 결함의 방지대책 및 조치사항을 설명하였다. 바르지 못한 것은?
① 도료 저장시 도료 뚜껑을 완전히 닫은 후 20℃이하 실내에 보관한다.
② 장기간 저장한 것은 사용하지 않아야 한다.
③ 피도면의 충분한 세정 및 탈지 작업을 한다.
④ 결함 상태가 약한 것은 굳은 부분을 제거 후 희석제로 잘 희석하여 사용한다.

+● 겔화는 도료가 유동성이 없어지는 것이다. 피도면의 충분한 세정 및 탈지작업을 시행하는 이유는 도장할 표면에 있는 기름이나 오염물질을 제거하기 위함으로 도장 결함 중 크레타링이 발생하지 않도록 하는 작업이다.

35 기출 2013.04.14
도장 중 주름(lifting wrinkling) 현상이 발생되었다. 그 원인으로 틀린 것은?
① 연마 주변의 도막이 약한 곳에서 용제가 침해하였다.
② 작업할 바탕 도막에 미세한 균열이 있다.
③ 건조가 불충분하고 도장계통이 다른 도막에 작업을 하였다.
④ 2 액형의 프라이머 서페이서를 사용하였다.

+● 2액형 프라이머 서페이서를 사용하면 주름이 방지된다.

---

36 기출 2013.04.14

오염 물질의 영향으로 발생된 분화구형 결함을 무엇이라 하는가?

① 크레터링   ② 주름

③ 쵸킹   ④ 크레이징

+👤 ① **주름** : 도장하는 도료가 구도막을 용해하여 도막내부를 들뜨게 하는 현상
　② **쵸킹** : 도막이 열화되어 분필가루와 같이 되는 현상
　③ **크레이징** : 도막이 열화되어 그물모양의 미세한 금이 생기는 현상

37 기출 2013.10.12

상도 도장 후에 도장면에 반점이 발생하는 결함은?

① 워터 스폿(물자국)

② 지문 자국

③ 메탈릭 얼룩

④ 흐름(Sagging)

+👤 **도장면의 결함 원인**
　① **워터스폿** : 도막 표면에 물방울 크기의 자국이나 반점 등의 도막 패임이 있는 상태로 발생 원인은 불완전 건조 상태에서 습기가 많은 장소에 노출하였을 경우, 베이스 코트에 수분이 있는 상태에서 클리어 도장을 하였을 경우, 오염된 시너를 사용하였을 경우
　② **메탈릭 얼룩** : 상도 도장 중에 발생하는 결함으로 메탈릭이나 펄 입자가 불균일 혹은 줄무늬 등을 형성한 상태로 발생 원인은 과다한 시너량, 스프레이건의 취급 부적당, 도막 두께의 불균일, 지건 시너의 사용, 도장 간 플래시 오프 타임의 불충분, 클리어 코트 1회 도장 시 과다한 분무
　③ **흐름** : 한 번에 두껍게 도장하여 도료가 흘러 도장면이 편평하지 못한 상태로 발생 원인은 도료의 점도가 낮을 경우, 증발속도가 늦은 지건 시너를 많이 사용하였을 경우, 저온 도장 후 즉시 고온에서 건조할 경우, 스프레이건의 이동속도나 패턴의 겹침 폭이 잘 못 되었을 경우

38 기출 2013.10.12

보수도장에서 열처리 후 시너를 묻힌 걸레를 문질러서 페인트가 묻어나오는 원인은?

① 경화제 부족 및 경화불량 때문에

② 지정 시간보다 오래 열처리를 해서

③ 도막이 너무 얇아서

④ 래커 시너를 사용하여 도장을 해서

39 기출 2013.10.12

도료 저장 중(도장 전) 도료분리 현상의 발생 원인을 모두 고른 것은?

보기

　㉠ 도장면의 온도가 낮은 경우
　㉡ 서로 다른 타입의 도료가 들어갈 경우
　㉢ 저장기간이 오래되어 도료의 저장성이 나빠졌을 경우
　㉣ 주변온도가 높은 상태에서 저장을 할 경우

① ㉠, ㉡, ㉢   ② ㉠, ㉡, ㉣

③ ㉠, ㉢, ㉣   ④ ㉡, ㉢, ㉣

40 기출 2013.10.12

탈지제를 이용한 탈지작업에 대한 설명으로 틀린 것은?

① 도장면을 종이로 된 걸레나 면 걸레를 이용하여 탈지제로 깨끗하게 닦아 이물질을 제거 한다.

② 탈지제를 묻힌 면 걸레로 도장면을 닦은 다음 도장면에 탈지제가 남아 있지 않도록 해야 한다.

③ 도장할 부위를 물을 이용하여 깨끗하게 미세먼지까지 제거 한다.

④ 한쪽 손에는 탈지제를 묻힌 것을 깨끗하게 닦은 다음 다른 쪽 손에 깨끗한 면 걸레를 이용하여 탈지제가 증하기 전에 도장면에 묻은 이물질과 탈지제를 깨끗하게 제거한다.

정답   36. ①   37. ①   38. ①   39. ④   40. ③

41 기출 2013.10.12

도장표면에 오일, 왁스, 물 등이 있는 상태에서 도장작업 시 나타나는 현상은?

① 오렌지필
② 점도상승
③ 크레터링
④ 흐름

+👤 **도장면의 결함 원인**

① **오렌지 필** : 스프레이 도장 후 표면이 오렌지 껍질 모양으로 도장된 결함으로 발생 원인은 도료의 점도가 높을 경우, 시너의 증발이 빠를 경우, 도장실의 온도가 너무 높을 경우, 도료의 온도가 너무 높을 경우, 스프레이건의 이동속도가 빠르거나 사용 공기압력이 높을 경우, 피도체와의 거리가 멀 때

② **흐름** : 한 번에 두껍게 도장하여 도료가 흘러 도장면이 편평하지 못한 상태로 발생 원인은 도료의 점도가 낮을 경우, 증발속도가 늦은 지건 시너를 많이 사용하였을 경우, 저온 도장 후 즉시 고온에서 건조할 경우, 스프레이건의 이동속도나 패턴의 겹침 폭이 잘 못 되었을 경우

42 기출 2013.10.12

녹(rusting)이 발생하였다. 원인으로 틀린 것은?

① 리무버 사용 후 세척을 제대로 못했을 경우
② 피도면의 표면처리(방청) 작업을 제대로 못했을 경우
③ 도막의 손상부위로 습기가 침투하였을 경우
④ 구도막 면의 연마가 미흡한 경우

43 기출 2014.04.06

탈지를 철저히 하지 않았을 때 발생할 수 있는 결함은?

① 흐름
② 연마 자국
③ 벗겨짐
④ 흡수에 의한 광택저하

+👤 벗겨짐의 경우는 연마를 충분히 하지 않아 도장면의 표면 에너지가 적을 경우에 발생하는 결함이다.

44 기출 2014.04.06

다음 중 도료 저장 중(도장 전) 발생하는 결함으로 바른 것은?

① 겔(gel)화
② 오렌지 필
③ 흐름
④ 메탈릭 얼룩

+👤 **도장의 결함**

① **도료 저장 중 결함** : 겔화, 침전, 피막 등
② **도장작업 중 결함** : 연마자국, 퍼티자국, 퍼티기공, 메탈릭 얼룩, 먼지고착, 크레터링, 오렌지필, 흐름, 백화, 번짐 등
③ **도장 작업 후 결함** : 부풀음, 리프팅, 핀홀, 박리현상, 광택저하, 균열, 물자국 현상, 크래킹, 변색, 녹, 화학적 오염 등

45 기출 2014.04.06

보수도장 시 탈지가 불량하여 발생하는 도막의 결함은?

① 오렌지 필
② 크레터링
③ 메탈릭 얼룩
④ 흐름

+👤 **도장의 결함**

① **오렌지 필** : 스프레이 도장 후 표면이 오렌지 껍질 모양으로 도장된 결함으로 발생 원인은 도료의 점도가 높을 경우, 시너의 증발이 빠를 경우, 도장실의 온도 및 도료의 온도가 너무 높을 경우, 스프레이건의 이동속도가 빠르거나 사용 공기압력이 높을 경우, 피도체와의 거리가 멀 때

② **메탈릭 얼룩** : 상도 도장 중에 발생하는 결함으로 메탈릭이나 펄 입자의 불균일 혹은 줄무늬 등을 형성한 상태로 발생 원인은 과다한 시너량, 스프레이건의 취급 부적당, 도막 두께의 불균일, 지건 시너의 사용, 도장 간 플래시 오프 타임 불충분, 클리어 코트 1회 도장 시 과다한 분무,

③ **흐름** : 한 번에 두껍게 도장하여 도료가 흘러 도장면이 편평하지 못한 상태로 발생 원인은 도료의 점도가 낮을 경우, 증발속도가 늦은 지건 시너를 많이 사용하였을 경우, 저온 도장 후 즉시 고온에서 건조할 경우, 스프레이건의 이동속도나 패턴의 겹침 폭이 잘 못 되었을 경우

정답 41. ③ 42. ④ 43. ③ 44. ① 45. ②

46 기출 2014.04.06

박리(벗겨짐) 현상의 발생 원인이 아닌 것은?

① 구도막이나 도막면의 연마 부족시

② 이물질 제거 부족 시

③ 경화제 혼합량 부족시

④ 구도막의 거친 샌드페이퍼로 연마 시

+🧍 **박리 현상** : 도장 후 층간 부착력 부족으로 도장의 피막이 벗겨지는 것을 말하며, 발생 원인은 다음과 같다.

① 도장 면에 오염물이 묻어 있는 것을 제거하지 않고 도장할 경우 발생한다.

② 연마를 하지 않고 도장할 경우 발생한다.

③ 경화제의 혼합량이 부족한 상태로 도장한 경우에 발생한다.

47 기출 2014.10.11

도막에 작은 바늘 구멍과 같이 생기는 현상은?

① 오렌지 필(orange peel)

② 메탈릭 얼룩(blemish)

③ 핀홀(pin hole)

④ 벗겨짐(peeling)

+🧍 **오렌지필(orange peel)**

(1) 현상 : 스프레이 도장 후 표면에 오렌지 껍질 모양으로 요철이 생기는 현상

(2) 발생원인

① 도료의 점도가 높을 경우

② 시너의 증발이 빠를 경우

③ 도장실의 온도나 도료의 온도가 너무 높을 때

④ 스프레이 건의 이동속도가 빠르거나, 공기압이 높거나, 피도체와의 거리가 멀거나, 패턴의 조절이 불량 할 때

(3) 예방대책

① 도료의 점도를 적절하게 맞춘다.

② 온도에 맞는 적정 시너를 사용한다.

③ 표준작업의 온도에 맞추어 작업한다.
(온도 : 20~25℃, 습도 : 75%이하)

④ 스프레이건의 이동속도, 공기압, 거리, 패턴을 조절하여 사용한다.

(4) 조치사항

① 건조 후 결함부위는 광택용 내수 페이퍼로 정교하게 연마한 후 광택작업

② 심할 경우 연마 후 재도장

◆ **메탈릭 얼룩(blemish)**

(1) 현상 : 메탈릭이나 펄 입자가 불 균일 혹은 줄무늬

등을 형성한 상태

(2) 발생원인

① 과다한 시너량

② 스프레이건의 취급 부적당

③ 도막의 두께가 불 균일

④ 지건 시너 사용

⑤ 도장 간 플래시 오프 타임 불충분

⑥ 클리어 코트 1회 도장 시 과다한 분무

(3) 예방대책

① 적당한 점도조절

② 스프레이건의 사용 시 표준작업시행

③ 적정 시너를 사용한다.

④ 도장 간 플래시 오프 타임 준수

⑤ 클리어 1회 도장시 얇게 도장

(4) 조치사항

① 베이스 코트 도장 시 발생한 얼룩은 충분한 플래시 오프 타임을 준 후 얼룩을 제거한다.

② 건조 후에 발생 한 얼룩은 완전 건조 후 재 도장

◆ **핀홀(pin hole)**

(1) 현상 : 도장 건조 후에 도막에 바늘로 찌른 듯한 작은 구멍이 생긴 상태

(2) 발생원인

① 도장 후 세팅타임을 주지 않고 급격히 온도를 올린 경우

② 증발 속도가 빠른 시너를 사용 하였을 경우

③ 하도나 중도에 기공이 잔재해 있을 경우

④ 점도가 높은 도료를 두껍게 도장 하였을 경우

(3) 예방대책

① 도장 후 세팅타임을 충분히 준다.

② 적절한 시너 사용을 한다.

③ 도장 전 하도, 중도 기공의 유무를 확인하고, 발견 시 수정하고 후속 도장을 한다.

④ 도료에 적합한 점도를 유지하여 스프레이 한다.

(4) 조치사항

① 심하지 않을 경우 완전 건조 후 2K 프라이머 서페이서로 도장 후 후속도장 한다.

② 심할 경우 퍼티공정부터 다시 한 후 재 도장한다.

◆ **벗겨짐(peeling)**

(1) 현상 : 층간 부착력의 부족으로 도장 피막이 벗겨지는 것

(2) 발생원인

① 소지 전 전처리 상태가 양호하지 않았을 경우

② 부적합한 폴리퍼티를 사용 하였을 경우

③ 건조시 건조 작업을 정확히 하지 않았을 경우

(3) 예방대책

① 소지면 탈지를 완벽하게 한다.

② 아연도금 강판의 경우 적절한 퍼티를 사용한다.

③ 건조사항 준수를 해야 함
(4) 조치사항
① 결함 발생 부위 연마 후 재도장

48 기출 2014.10.11
상도 도장 작업 후 용제의 증발로 인해 도장 표면에 미세한 굴곡이 생기는 현상은?
① 부풀음   ② 오렌지 필
③ 물자국   ④ 황변

+👤 ◆ **부풀음** : 피도면에 습기나 불순물의 영향으로 도막 사이의 틈이 생겨 부풀어 오른 상태
(1) 발생원인
① 피도체에 수분이 흡수되어 있을 경우
② 습식연마 작업 후 습기를 완전히 제거하지 않고 도장 하였을 경우
③ 도장 전 상대 습도가 지나치게 높을 경우
④ 도장실과 외부와의 온도차에 의한 수분응축현상
⑤ 도막 표면의 핀홀이나 기공을 완전히 제거 하지 않았을 경우
(2) 예방대책
① 폴리에스테르 퍼티 적용시 도막 면에 남아있는 수분을 완전히 제거하고 실러 코트적용
② 핀홀이나 기공 발생 부위에 눈 메꿈작업 시행
③ 도장 작업시 수시로 도장실의 상대습도를 확인
(3) 조치사항
① 결함 부위를 제거하고 재도장
◆ **오렌지 필** : 스프레이 도장 후 표면에 오렌지 껍질 모양으로 요철이 생기는 현상
◆ **물 자국** : 도막 표면에 물방울 크기의 자국 혹은 반점이나 도막의 패임이 있는 상태
(1) 발생원인
① 불완전 건조 상태에서 습기가 많은 장소에 노출 하였을 경우
② 베이스 코트에 수분이 있는 상태에서 클리어 도장 을 하였을 경우
③ 오염된 시너를 사용 하였을 경우
(2) 예방대책
① 도막을 충분히 건조 시키고 외부 노출시킨다.
② 베이스 코트에 수분을 제거하고 후속 도장을 한다.
(3) 조치사항
① 가열 건조하여 잔존해 있는 수분을 제거하고 광택 작업을 한다.
② 심할 경우 재도장
◆ **황변** : 도막의 색깔이 시간이 경과함에 따라 황색 으로 변하는 현상

49 기출 2014.10.11
피막결함이 도료 저장 중(도장 전) 발생하는 경우로 틀린 것은?
① 도료 용기의 뚜껑이 밀폐되지 않아 공기의 유동이 있는 경우
② 저장중의 온도가 높은 상태로 장시간 저장 한 경우
③ 도료 안에 건성유 성분이 많은 때나 건조제 가 과다 한 경우
④ 공기와의 접촉면이 없는 경우

+👤 ◆ **피막현상**
(1) 현상 : 도료의 표면이 말라붙은 피막이 형성
(2) 발생원인
① 도료의 첨가제중 피막방지제의 부족이나 건조제 가 너무 많았을 경우
② 도료 통의 뚜껑을 완전히 밀봉하지 않고 보관하였 을 경우
③ 증발이 빠르고 용해력이 약한 용제를 사용하였을 경우
(3) 예방대책
① 건조제의 사용을 줄이고, 피막방지제를 사용
② 도료 통의 뚜껑을 완전히 밀봉하여 보관한다.
③ 증발이 느리고, 용해력이 강한 용제를 사용한다.

50 기출 2014.10.11
핀 홀(pin hole)이 발생하는 경우로 틀린 것은?
① 열처리를 급격하게 했을 때
② 플래시 오프 타임(Flash off Time) 시간이 적을 때
③ 도막이 얇을 때
④ 용제의 증발이 너무 빠를 때

+👤 ◆ **핀홀** : 도장 건조 후에 도막에 바늘로 찌른 듯한 조그 마한 구멍이 생긴 상태
(1) 발생원인
① 도장 후 세팅타임을 주지 않고 급격히 온도를 올린 경우
② 증발 속도가 빠른 시너를 사용 하였을 경우
③ 하도나 중도에 기공이 잔재해 있을 경우
④ 점도가 높은 도료를 두껍게 도장 하였을 경우
(2) 예방대책
① 도장 후 세팅타임을 충분히 준다.
② 적절한 시너 사용을 한다.

③ 도장전 하도, 중도 기공의 유무를 확인하고, 발견 시 수정하고 후속 도장을 한다.
④ 도료에 적합한 점도를 유지하여 스프레이 한다.
(3) 조치사항
① 심하지 않을 경우 완전 건조 후 2K 프라이머 서페이서로 도장 후 후속도장 한다.
② 심할 경우 퍼티공정부터 다시 한 후 재 도장한다.

51 기출 2015.04.04
상도 도장 작업 중에 발생하는 도막의 결함이 아닌 것은?
① 오렌지 필(Orange Peel)
② 핀 홀(Pin Hole)
③ 크레터링(Cratering)
④ 메탈릭(Metallic) 얼룩

+● 도장의 결함은 크게 3가지로 도장작업 전 결함, 도장 작업 중 결함, 도장작업 후 결함으로 작업 전 결함으로는 침전, 겔화, 피막 등이 있으며, 작업 중 결함은 연마자국, 퍼티자국, 퍼티기공, 메탈릭 얼룩, 먼지고착, 크레터링, 오렌지 필, 흘림, 백악화, 번짐 등이 있다. 마지막으로 작업 후 결함으로 부풀음, 리프팅, 핀홀, 박리현상, 광택저하, 균열, 물자국 현상, 크래킹, 변색, 녹, 화학적 오염 등이 있다.

52 기출 2015.04.04
흐름 현상이 일어나는 원인이 아닌 것은?
① 시너 증발이 빠른 타입을 사용한 경우
② 한 번에 두껍게 칠하였을 경우
③ 시너를 과다 희석 하였을 경우
④ 스프레이건 거리가 가깝고 속도가 느린 경우

+● **흐름** : 한 번에 너무 두껍게 도장하여 도료가 흘러내려 도장면이 편평하지 못한 상태
1. 발생 원인
① 한 번에 너무 두껍게 도장하였을 경우
② 도료의 점도가 너무 낮을 경우
③ 증발속도가 늦은 지건 시너를 많이 사용하였을 경우
④ 저온 도장 후 즉시 고온에서 건조시킬 경우
⑤ 스프레이건의 운행 속도의 불량이나 패턴 겹치기를 잘 못하였을 경우

53 기출 2015.04.04
도료의 보관 장소로 가장 적절한 것은?
① 통풍과 차광이 알맞은 내화구조
② 햇빛이 잘 드는 밀폐된 구조
③ 경화 방지를 위한 밀폐된 구조
④ 직사광선이 잘 드는 내화 구조

54 기출 2015.04.04
물 자국(Water Spot) 현상의 발생원인이 아닌 것은?
① 새의 배설물이 묻었을 경우 장시간 제거하지 않았을 때 발생할 수 있다.
② 도막이 두꺼워서 건조가 부족한 경우 발생할 수 있다.
③ 급하게 열처리를 했을 경우 생길 수 있다.
④ 건조가 되지 않은 상태에서 물방울이 묻었을 때 나타날 수 있다.

+● **물 자국 현상** : 도막 표면에 물방울 크기의 자국 혹은 반점이나 도막의 패임이 있는 상태
◈ **발생 원인**
① 불완전 건조 상태에서 습기가 많은 장소에 노출하였을 경우
② 베이스코트에 수분이 있는 상태에서 클리어 도장을 하였을 경우
③ 오염된 시너를 사용한 경우

55 기출 2015.10.10
도장 작업 후에 발생하는 불량이라고 볼 수 없는 것은?
① 박리현상 　　　② 황변현상
③ 광택소실 　　　④ 메탈릭 얼룩

+● ① **도장 작업 중 결함**
연마자국, 퍼티자국, 퍼티기공, 메탈릭 얼룩, 먼지고착, 크레터링, 오렌지 필, 흘림, 백화, 번짐 등
② **도장 작업 후 결함**
부풀음, 리프팅, 핀홀, 박리현상, 광택저하, 균열, 물자국 현상, 크래킹, 변색, 녹, 화학적 오염 등

56 기출 2015.04.04

도료 저장 중(도장 전) 발생하는 결함의 방지 대책 및 조치사항을 설명하였다. 어떤 결함인가?

보기

가. 도료 저장할 때 20℃이하에서 보관한다.
나. 장기간 사용하지 않고 보관할 때에는 정기적으로 도료 용기를 뒤집어 보관한다.
다. 충분히 흔들어 사용한다.
라. 딱딱한 상태인 경우에는 도료를 폐기하여야 한다.
마. 유연한 상태인 경우에는 잘 저은 후 여과하여 사용한다.

① 도료 분리현상　　② 침전
③ 피막　　　　　　④ 점도상승

＋● 결함의 원인
① 도료 분리 현상 : 저장기간이 오래될 경우 무거운 안료는 바닥에 가라앉게 되고 가벼운 안료는 무거운 안료 보다 위쪽에 뜨게 된다.
② 피막 현상 : 도료의 표면이 말라붙은 피막이 형성되는 것
③ 점도 상승 : 오랜 기간 사용하지 않은 도료에서 용제가 증발하여 도료전체의 점도가 상승되는 현상

57 기출 2015.10.10

도료의 저장 과정 중에 발생하는 결함에 대해 바르게 설명한 것은?

① 침전 : 안료가 바닥에 가라앉아 딱딱하게 굳어 버리는 현상
② 크레터링 : 도막이 분화구 모양과 같이 구멍이 패인 현상
③ 주름 : 도막의 표면층과 내부 층의 뒤틀림으로 인하여 도막표면에 주름이 생기는 현상
④ 색 번짐 : 상도 도막면으로 하도의 색이나 구도막의 색이 섞여서 번져 나오는 현상

＋● 도료 저장 과정 중에 발생하는 결함은 침전, 겔화, 피막 등이 있다.

58 기출 2015.10.10

백화현상(blushing)의 원인이 아닌 것은?

① 고온 다습한 장마철에 작업
② 시너의 증발로 인한 공기 중의 수분이 도막 표면에 응축
③ 지건성 시너의 사용
④ 스프레이건의 공기압이 높음

＋● 백화 현상
1. 원인
도장시 도장 주변의 열을 흡수하여 피도면에 공기 중의 습기가 응축 안개가 낀 것처럼 하얗게 되고 광택이 없는 상태
2. 발생 원인
① 도장실의 높은 습도
② 건조가 빠른 시너 사용
③ 스프레이건의 사용압력이 지나치게 높을 경우

59 기출 2016.04.02

도료 저장 중 발생하는 결합의 방지 대책 및 조치사항을 설명하였다. 어떤 결합인가?

보기

ㄱ. 사용하지 않을시 밀폐 보관한다.
ㄴ. 규정 시너를 사용한다.
ㄷ. 보관상태 및 기간에 유의한다.
ㄹ. 규정된 시간 내에 사용할 만큼의 양만 배합한다.

① 피막　　　　　② 점도 상승
③ 젤(gel)　　　　④ 도료 분리 현상

60 기출 2016.04.02

용제 퍼핑의 상태를 설명한 것은?

① 상도나 프라서페에 합유된 용제에 의해 거품이 생긴 형태
② 상도 도장 또는 건조 시 표면이 일그러지거나 오그라드는 상태
③ 도막 표면에 용제가 흘러 심하게 주름이 생긴 형태
④ 구도막이나 하도를 연마한 자국이 표면에 확대되어 나타난 상태

정답　56. ②　57. ①　58. ③　59. ②　60. ①

61 기출 2016.04.02

도료를 도장하여 건조할 때 도막에 바늘구멍과 같이 생기는 현상을 핀 홀이라고 한다. 다음 중 핀 홀의 원인이 아닌 것은?

① 두껍게 도장한 경우
② 세팅타임을 너무 많이 주었을 때
③ 점도가 높은 경우
④ 속건 시너 사용 시

+👤 **핀 홀의 발생 원인**
　① 도장 후 세팅타임을 적절하게 주지 않고 급격히 온도를 올린 경우 발생한다.
　② 증발속도가 빠른 속건 시너를 사용할 경우 발생한다.
　③ 하도나 중도에 기공이 잔재해 있을 경우 발생한다.
　④ 점도가 높은 도료를 플래시 타임 없이 두껍게 도장할 경우 발생한다.

62 기출 2016 기출복원문제

도막의 벗겨짐(peeling) 현상의 발생 요인은?

① 용제의 용해력이 충분할 때
② 마스킹 테이프를 즉시 떼어냈을 때
③ 도료와 강판의 친화력이 좋을 때
④ 구 도막 표면의 연마가 미흡할 때

+👤 **벗겨짐(peeling) 현상의 원인**
　① 소재의 전처리 상태가 불량한 경우
　② 상도와 하도 및 구도막 간의 밀착이 불량한 경우
　③ 실리콘, 오일, 기타 불순물이 있는 표면에 연마나 탈지를 충분히 하지 않고 후속 도장을 하였을 경우
　④ 희석재의 용해력이 약하거나 증발 속도가 빠른 경우

63 기출 2017 기출복원문제

흐름 현상이 일어나는 원인이 아닌 것은?

① 시너 증발이 빠른 타입을 사용한 경우
② 한 번에 두껍게 칠하였을 경우
③ 시너를 과다 희석 하였을 경우
④ 스프레이건 거리가 가깝고 속도가 느린 경우

+👤 **흐름의 현상과 발생 원인**
　■ 현상 : 한 번에 두껍게 도장하여 도료가 흘러 내려 도장 면이 편평하지 못한 상태
　■ 발생 원인
　① 한 번에 두껍게 도장 하였을 경우
　② 도료의 점도가 너무 낮을 경우
　③ 증발속도가 늦은 지건 시너를 많이 사용 하였을 경우
　④ 저온 도장 후 즉시 고온에서 건조시킬 경우
　⑤ 스프레이건 운행 속도의 불량이나 패턴 겹치기를 잘 못 하였을 경우

64 기출 2017 기출복원문제

도막의 벗겨짐(peeling) 현상의 발생 요인은?

① 용제의 용해력이 충분할 때
② 마스킹 테이프를 즉시 떼어냈을 때
③ 도료와 강판의 친화력이 좋을 때
④ 구 도막 표면의 연마가 미흡할 때

+👤 **벗겨짐(peeling) 현상의 원인**
　① 소재의 전처리 상태가 불량한 경우
　② 상도와 하도 및 구도막 간의 밀착이 불량한 경우
　③ 실리콘, 오일, 기타 불순물이 있는 표면에 연마나 탈지를 충분히 하지 않고 후속 도장을 하였을 경우
　④ 희석재의 용해력이 약하거나 증발속도가 빠른 경우

정답 　61. ②　62. ④　63. ①　64. ④

CHAPTER 13 도장 후 마무리작업

1 도장 상태 확인

1 광택 필요성 판단

1) 광택 정의

– 난반사를 정반사로 만드는 작업으로 도장면의 요철이나 흠, 오염물 등을 제거, 도장면을 고르게 함

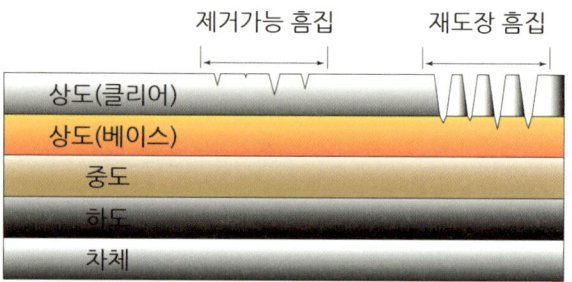

2) 광택 작업 목적

(1) 도장작업 관련

가. 도장결함 수정

– 오렌지필, 흐름, 먼지, 이물질, 백화 현상, 물방울자국 등 도장 작업 중 생긴 결함 수정

나. 숨김도장 작업

– 숨김도장과 관련한 작업 중 도료가 날린 부분의 단차 수정이나 광택 향상

다. 컬러 비교 작업

– 자동차 외판 컬러 도장 시 기존 색상의 정확한 판별과 비교

(2) 도장면 외관 향상

가. 광택 향상

– 자동차 출고 후 운행과 태양열 등 외적요인으로 광택이 감소한 도막 광택도 향상

나. 흠집 제거

– 자동차 도장면의 흠집, 스크래치, 시멘트 물, 새 분비물 등 제거, 흠집부분 등의 이물질 고착 제거

다. 도막 보호

– 대기 중의 수분, 산성비, 오염지대의 오염물, 자외선으로부터 도장면 보호

– 도장면의 요철이 제거되어 도장면에 물이나 이물질이 붙어 있지 않도록 하고, 도장 보호제 도포로 이물질이나 먼지 등을 제거하기가 용이

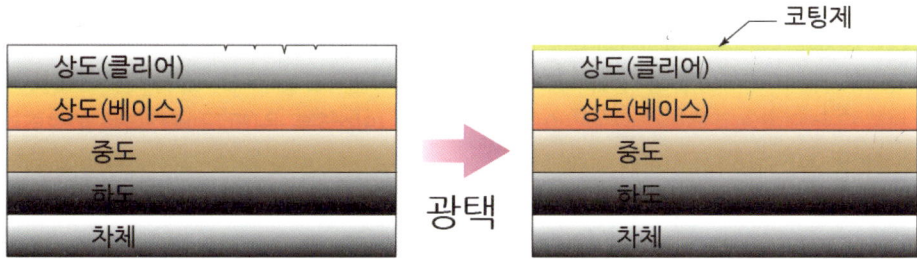

2 부품 탈착 및 마스킹

1) 부품 탈착

– 광택 작업용 샌더나 폴리셔를 구동할 때 돌출되어 있거나 간섭 받는 부품은 분해
– 분해하기가 어려울 경우 마스킹

2) 마스킹 시 주의사항

– 안쪽에서 바깥쪽으로 마스킹한다.
– 작업 후 제거하기 쉽도록 부착한다.
– 작업 중 테이프가 떨어지지 않도록 단단하게 부착한다.
– 물에 약한 재질의 테이프보다 내수기능이 있는 마스킹테이프를 사용한다.

2 광택작업

1 광택 재료 및 작업공구

1) 광택 재료

(1) 연마지

- 컬러샌딩에 사용
- 작업시 대부분 습식연마
- 일반 연마용 연마석보다 균일한 크기의 연마석이 도포되어 있음

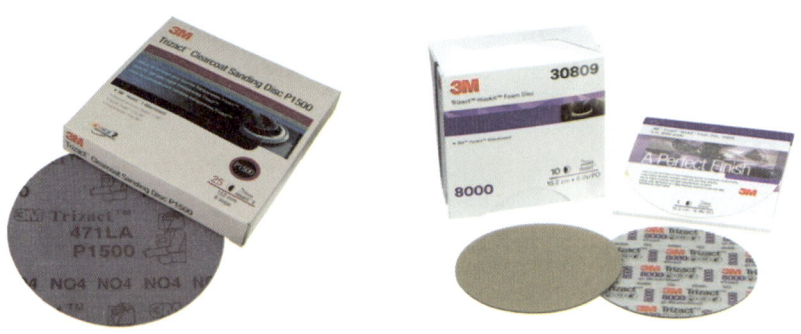

(2) 컴파운드, 버프

가. 버프 적용 약재

- 1단계 : 컬러샌딩 연마자국 제거
- 2단계 : 작은 스크래치나 홀로그램 제거
- 3단계 : 홀로그램 제거

나. 버프 종류

① **타월 버프**

  ㉮ 표면 고르기용으로 사용

  ㉯ 연삭력이 강하고 작업은 빠르지만 도막면의 버프상처가 깊어지기 쉽다.

② **양모 버프**

  ㉮ 중간 연마용으로 사용

  ㉯ 연삭력은 중간정도이고 도막면의 버프상처가 얕다.

③ 스펀지 버프

    ㉮ 마무리 면 고르기용으로 사용

    ㉯ 연삭력이 약하고 버프상처의 제거용으로 사용

다. **스폿연마**

    스폿연마 블록, 연마지

라. **컬러샌딩 샌더, 연마지**

마. **광택 작업용 스펀지패드, 연마지**

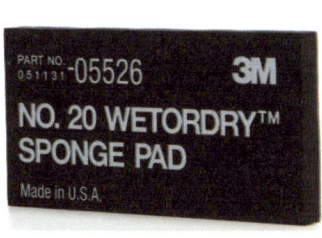
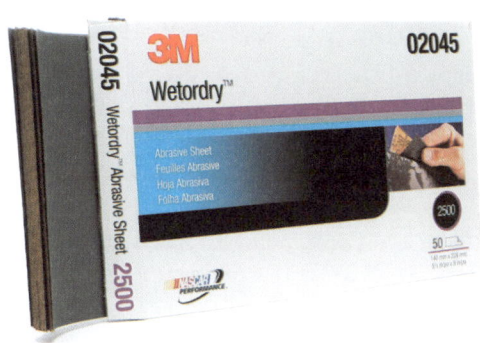

2 광택 공정

1) 마스킹공정

– 작업부위 외에는 마스킹한다.

2) 컬러 샌딩 공정

– 광택용 연마기나 핸드블럭으로 도장면을 평활하게 만듦

– 컴파운딩 공정에서 표면을 평활하게 만드는 것보다 빠른 시간 내에 가능

– 자동차 표면의 거친 스크래치, 흠집 등을 제거

– 오렌지 필 제거

- 작업시간 단축
- 도장면의 요철만 제거

3) 컴파운딩 공정
- 컬러샌딩 공정 후 발생한 연마자국 제거 공정
- 광택 약제를 거친 것에서부터 시작하여 고운 것으로 마무리
- 광택 버프는 연삭력이 좋은 양모 패드에서 시작하여 스펀지 패드로 마감
- 사용하는 약제, 버프 등 이전 공정 연마자국을 완전히 제거하고 다음 약제나 버프를 사용해야 이전 공정으로 다시 넘어가지 않도록 주의
- 고속 회전운동하는 기계로 순간적인 연삭이 발생하지 않도록 주의
- 약제가 비산되므로 개인보호구 착용 후 작업

4) 폴리싱 공정
- 컴파운딩 공정에서 발생한 스월마크, 홀로그램 제거

5) 코팅 공정
- 장시간 광택이 유지되도록 하는 공정
- 눈에 보이지 않는 작은 요철에 얇은 코팅막 형성
- 약제가 비산되므로 개인보호구 착용 후 작업

3 품질검사

1 광택 품질 검사

1) 결함별 발생원인

(1) 먼지 부착(Dust swell)
도장면에 먼지나 이물질이 부착하여 도장면이 평활하지 못한 상태로 도장중이나 도료가 건조되기 전 발생
- 대기 중의 먼지
- 도장실 청소 불량으로 바닥, 벽면 먼지 존재
- 도장실 필터 교체 시기 경과
- 도장실 입고 전 자동차 내·외부 먼지 제거 불량
- 작업자 방진복 착용 불량

- 스프레이건 고압력 사용
- 먼지 발생하는 마스킹지 사용
- 도료 여과 필터 불량

(2) 분화구 현상(Cratering)
도장 면이 분화구 모양으로 패임이 있는 상태
- 탈지 불충분
- 도료 성분 불일치
- 플라스틱 이형제 제거 불량
- 한 번에 두껍게 도장
- 피도체 표면 온도가 지나치게 낮은 경우
- 대기 중 왁스, 기름 성분 존재
- 에어트랜스포머 오염
- 압축 공기 중 유분, 수분 존재

(3) 오렌지 필(Orange peel)
도장한 도면이 오렌지 껍질처럼 보이는 현상
- 고점도 도료 사용
- 피도체와 스프레이건과의 거리가 멈
- 도장실 온도가 높음
- 도료 자체 온도가 높음
- 큰 구경의 스프레이건 사용
- 증발속도가 빠른 신너 사용

(4) 흐름(Sagging, Running)
한 번에 너무 두껍게 도장하여 도료가 수직방향으로 흘러내려 밑 부부분이 두껍게 된 상태
- 스프레이건 운행속도 늦음
- 스프레이건 토출량 과다
- 스프레이건 패턴 겹침 과다
- 낮은 온도에서 도장 후 즉시 고온 방치
- 저점도 도료 사용
- 플래시 오프 타임 없이 도료를 두껍게 도장
- 지건신너 과다 사용

(5) 시딩(Seeding)

페인트 도막에 서로 다른 형태나 크기의 알갱이가 들어가 있는 상태
- 도료 여과 불량
- 잘못된 경화제 사용
- 도료 교반 불량
- 가사시간 지난 도료 사용
- 스프레이건 청소 불량

(6) 주름(Lifting wrinkling)

용제가 하도도료를 용해하여 도막 내부를 들뜨게 하여 주름지게 하는 상태
- 완전 건조되지 않는 우레탄 도료 위 재도장
- 완전이 건조도지 않은 하도 도막 위 후속도장

(7) 핀홀(Pin hole)

도장 건조 후 도막이 바늘로 찌른듯한 형태의 작은 구멍이 생긴 상태
- 세팅 타임 미준수
- 고점도 도료 후막도장
- 속건 신너 사용

(8) 물자국 현상(Water spotting)

도막 표면에 물방울 크기의 자국 혹은 반점이 도막의 패인 상태
- 도막 완전 건조 전 물방울, 땀 등 낙하
- 장시간 새분비물, 시멘트물 등 미제거
- 도막에 화학약품 묻음

(9) 솔벤트 팝(Solvent pop)

도장 후 얼마되지 않아 도장 표면에 구멍이나 기포가 발생한 상태
- 한번에 도료를 지나치게 두껍게 도장
- 도장 간 플래시 오프 타임 적음
- 도료 너무 빠른 건조
- 저급 시너 사용

(10) 백화(Blushing)

도장면이 하얗게 변화면서 원하는 색이나 광택이 나질 않는 상태
- 고온다습한 상태에 증발신너가 빠른 시너를 사용
- 미건조된 도막에 수분 응착
- 저급 시너 사용

2) 결함별 제거방법

- 이물질이 있는 부분 컬러샌딩 후 광택작업
- 제거 되지 않는 경우 재도장

2 광택 결함 보정

(1) 먼지 부착(Dust swell)

- 작업장 먼지 제거
- 도장실 필터 교체
- 도장실 입고 전 자동차 내·외부 먼지 제거
- 작업자 방진복 착용
- 스프레이건 정상 압력 사용
- 먼지 발생없는 마스킹페이퍼 사용
- 공정에 맞는 적절한 여과지 사용

(2) 분화구 현상(Cratering)

- 탈지 철저
- 성분이 다른 도료 사용금지
- 플라스틱 이형제 제거 철저
- 플래시 오프 타임을 준수하고 2~3회에 나누어 도장
- 적정 도장 조건에 맞춰 도장
- 도장 내·외부 광택 작업 금지
- 에어트랜스포머 점검
- 압축 공기 공기필터, 드라이기, 쿨러 점검

(3) 오렌지 필(Orange peel)

- 도료에 맞는 점도 사용
- 규정된 거리에 맞춰 도장
- 도장실 온도를 20℃ 정도로 맞춤
- 도료를 상온 보관
- 도료별 추천 스프레이건 사용
- 증발속도가 늦은 신너 사용

(4) 흐름(Sagging, Running)

- 스프레이건 운행속도 준수
- 스프레이건 토출량 줄임

- 스프레이건 패턴 겹침 준수
- 20℃ 정도의 도장실 온도하에서 작업
- 고점도 도료 사용
- 도막 두께에 맞는 플래시 오프 타임 준수
- 속건 시너 사용

(5) 시딩(Seeding)
- 도료별 추천 여과지 사용
- 도료사에서 추천하는 경화제 사용
- 도료 교반 철저
- 가사시간 내에 사용
- 스프레이건 청소 철저

(6) 주름(Lifting wrinkling)
- 도료가 완전히 건조 된 후 후속도장

(7) 핀 홀(Pin hole)
- 세팅 타임 준수
- 도료별 추천 도장두께, 작업법 준수
- 지건 시너 사용

(8) 물자국 현상(Water spotting)
- 미건조된 도막 위 수분 낙하 주의
- 도막에 새분비물, 시멘트물, 화학약품 등이 묻으면 즉시 제거

(9) 솔벤트 팝(Solvent pop)
- 도료별 추천 도장두께, 작업법 준수
- 도료별 추천 시너 사용

(10) 백화(Blushing)
- 표준 도장 조건(20±2℃, 습도 75%이하)에서 도장
- 완전 건조되기 전 습기 접촉 방지

01 기출 2006.10.01
다음 중 광택장비 및 기구가 아닌 것은?

① 핸드블록　　　　② 샌더기

③ 폴리셔　　　　　④ 버프 및 패드

02 기출 2007.09.16
광택 작업 중 주의사항으로 틀리게 기술 한 것은?

① 폴리셔 작동은 도막 면에 버프를 밀착시키고 작업한다.

② 마스크와 보안경은 항상, 반드시 착용한다.

③ 도막표면에 컴파운드를 장시간 방치하지 않는다.

④ 버프는 세척력이 강한 세제로 세척해서 깨끗하게 보관한다.

+👤 버프의 세척은 미지근한 물에 세척한다.

03 기출 2008.03.30
칼라 샌딩 공정의 주된 목적이 아닌 것은?

① 오렌지 필 제거　　② 흐름 제거

③ 먼지 결함 제거　　④ 스월 마크 제거

+👤 **컬러 샌딩의 목적**
① 도막의 광택과 윤기를 내기 위함
② 균일한 도막을 내기 위함
③ 먼지, 이물질, 흘림 등의 제거
④ 블렌딩 부분의 연마
⑤ 수분 및 대기의 오염으로부터 도막을 보호하기 위함

04 기출 2008.07.13
광택용 동력공구 중 전동식에 대한 설명으로 틀린 것은?

① 공기 공급식에 비해 무겁다.

② 공기 공급식에 비해 비싸다.

③ 회전수 조정을 위해 전압 조정기가 필요하다.

④ 부하시 회전이 불안정하다.

+👤 에어식의 경우 부하 시에는 회전이 급격히 저하되지만 전기식의 경우는 안정적이다.

05 기출 2008.07.13
광택 작업 공정 중 콤파운딩 공정을 잘못 설명한 것은?

① 칼라 샌딩 자국이 없어질 때까지 수시로 확인하면서 작업한다.

② 한 곳에 집중적으로 힘을 가해 작업한다.

③ 베이스 층이 드러나지 않게 작업한다.

④ 콤파운드 작업이 완료되면 전용 타월을 사용해서 닦아낸다.

+👤 한곳을 집중적으로 작업할 경우 도장 면에 열과 홀로그램이 발생한다.

06 기출 2009.03.29
광택 작업 공정 시 콤파운딩 작업 후 이루어지는 공정은 ?

① 폴리싱 공정　　　② 칼라 샌딩 공정

③ 하지 공정　　　　④ 베이스 칼라 공정

+👤 **자동차 보수 도장 공정** : 하도 공정 → 중도 공정 → 상도 공정 → 광택공정으로 이루어진다.
① 하도 공정 : 단 낮추기 → 퍼티도포 → 퍼티연마 → 중도 도장면 연마

정답 01. ①　02. ④　03. ④　04. ④　05. ②　06. ①

② 중도 공정 : 중도 도장 → 중도 연마
③ 상도 공정 : 1coat → 2coat → 3coat
④ 광택 공정 : 칼라 샌딩 → 컴파운딩 → 폴리싱 공정

07 기출 2010.03.28
코팅(왁스)작업시 유의해야 될 사항을 잘못 설명한 것은?
① 보수도장 후 즉시 실리콘 성분이 포함된 코팅제를 사용한다.
② 광택 전용 타월을 사용한다.
③ 일반적인 경우 페인트의 완전 건조는 90일 정도 걸린다.
④ 표면을 골고루 닦아 주면서 광택제가 없어질 때까지 문지른다.

➕ 도막이 완전히 건조된 다음 왁스, 코팅 작업을 해야 한다.

08 기출 2010.10.03
컴파운딩 작업의 주된 목적으로 맞는 것은?
① 스월 마크 제거   ② 샌딩 마크 제거
③ 표면 보호   ④ 오렌지 필 제거

➕ 광택 공정은 크게 작업준비공정, 컴파운딩 공정, 폴리싱 공정으로 나뉜다. 작업준비공정은 오염물을 제거하거나 세차, 마스킹을 하는 공정이며, 컴파운딩 공정은 도장면의 오렌지 필을 제거하는 공정이다. 마지막으로 폴리싱 공정은 컴파운딩 작업 중에 발생한 스월 마크를 제거하고 광택 작업한 도장면을 유지 보호하기 위해서 왁스나 코팅작업을 한다.

09 기출 2011.04.17
일반적인 광택제의 보관 온도로 적당한 것은?
① -5℃   ② 5℃
③ 20℃   ④ 40℃

10 기출 2011.10.09
보수도장 작업 후에 폴리싱을 하는 이유가 아닌 것은?
① 도장 도막의 미관을 향상시키기 위해
② 도장과 건조 중에 생긴 결함을 제거하기 위해
③ 먼지나 이물질 등을 제거하기 위해
④ 도막 속에 있는 연마자국을 제거하기 위해

➕ 도막 속에 있는 연마자국을 제거하기 위해서는 재도장으로만 제거할 수 있다.

11 기출 2012.04.08
폴리싱 전 오렌지필 현상이 있는 도막을 평활하게 하기 위하여 어떤 연마지로 마무리하는 것이 가장 적합한가?
① P200~P300
② P400~P500
③ P600~P700
④ P1000~P1500

➕ 광택 공정

16	6	80	120	180	320	600	800	1000	1200	1500
녹 제거 구도막 제거			퍼티연마		중도연마		상도연마 및 수정			광택

12 기출 2012.04.08
폴리싱 작업 중 마스크를 착용해야 할 이유는?
① 먼지가 많이 나기 때문에
② 광택이 잘 나기 때문에
③ 손작업보다 쉽기 때문에
④ 소음 때문에

---

13 기출 2012.10.21
컴파운팅 공정의 주된 목적은?

① 도막 보호

② 칼라 샌딩 연마 자국 제거

③ 도막의 은폐

④ 스월 마크 제거

+● 컴파운딩 공정의 목적은 오렌지 필을 제거한 도장 면을 컴파운드를 사용하여 광택이 나도록 하는 공정이다.

14 기출 2013.04.14
다음 중 광택 장비 및 기구가 아닌 것은?

① 실링건

② 샌더기

③ 폴리셔

④ 버프 및 패드

15 기출 2013.10.12
광택 작업 공정 중에서 칼라 샌딩 공정 시 사용될 수 있는 적절한 연마지는?

① P80

② P400

③ P600

④ P1200

+● 작업 공정별 연마지의 추천

16	6	80	120	18C	320	600	800	1000	1200	1500
녹 제거 구도막 제거			퍼티연마		중도연마		상도연마 및 수정			광택

16 기출 2014.04.06
광택용 동력공구 중 공기 공급식에 대한 설명으로 바르지 못한 것은?

① 전동식에 비해 가볍다.

② 전동식에 비해 싸다.

③ 전압조정기로 회전수를 조정한다.

④ 부하 시 회전이 불안정하다.

+● 전압 조정기로 회전수를 조정하는 광택용 공구는 전기식이다.

17 기출 2014.10.11
도막 표면에 생긴 결함을 광택 작업 공정으로 제거 할 수 있는 범위는?

① 서페이서

② 베이스

③ 클리어

④ 펄도막

+●
상도	클리어
	베이스
중도	프라이머 서페이서
	서페이서
하도	퍼티
	프라이머
소지면	

18 기출 2015.04.04
컴파운딩 공정으로 제거하기 힘든 작업은?

① 퍼티의 굴곡

② 클리어층에 발생한 거친 스크래치

③ 산화 상태

④ 산성비 자국

+● 퍼티의 굴곡은 하도공정에서 거친 연마지로 평활성을 확보해야 함

19 기출 2015.10.10
광택 작업용으로 사용하는 버프(Buff)가 아닌 것은?

① 타월 버프

② 샌딩 버프

③ 양모 버프

④ 스펀지 버프

20 기출 2016.04.02
보수도장 작업 후에 폴리싱을 하는 이유가 아닌 것은?

① 도장도막의 미관을 향상시키기 위해

② 도장과 건조 중에 생긴 결함을 제거하기 위해

③ 먼지나 이물질 등을 제거하기 위해

④ 도막 속에 있는 연마자국을 제거하기 위해

+● 도막 속에 있는 연마자국의 제거는 재도장에 의해서만 제거할 수 있다.

정답 13. ② 14. ① 15. ④ 16. ③ 17. ③ 18. ① 19. ② 20. ④

21 기출 2016.04.02

전기 광택기 관리 요령으로 틀린 것은?

① 각부에 장치되어 있는 나사가 느슨해져 있는 곳은 없는지 정기적으로 점검한다.

② 카본 브러시는 브러시 홀더 내에서 자유롭게 활주할 수 있도록 깨끗하게 한다.

③ 전선부분에 상처를 내지 않고 기름이나 물이 묻지 않도록 각별히 주의한다.

④ 작업 후 보관은 특별히 신경 쓸 필요 없이 찾기 쉬운 곳에 둔다.

22 기출 2016 기출복원문제

다음 중 광택 작업의 4단계가 아닌 것은?

① 컬러 샌딩(Color Sanding) 공정

② 컴파운딩(Compounding) 공정

③ 페더 에지(Feather Edge) 공정

④ 폴리싱(Polishing) 공정

✚👤 에지 공정은 하도공정에서 퍼티 도장하기 전 구도막의 단을 낮추는 공정과 퍼티 도포 후 구도막과의 단차를 제거하는 공정이다.

PART 02

CBT모의고사
(자동차보수도장기능사)

제 **1** 회   # 모의고사

01 도장 할 때 건조 시간과 관계가 없는 것은?
① 도료의 점도
② 스프레이건의 이동속도
③ 스프레이건의 거리
④ 스프레이건의 종류

+👤 동일한 에어압력과 도료점도일 경우 흡상식 타입과 비교하면 중력식 타입의 도료 토출량이 많아 건조시간이 오래 걸린다.

02 손상부의 구도막 제거를 하고 단낮추기 작업할 때 사용하는 연마지로 가장 적합한 것은?
① #80
② #180
③ #320
④ #400

+👤 구도막 제거시에는 #60 ~ #80 연마지를 이용하여 연마한다.

03 광택 작업 공정 중 콤파운딩 공정을 잘못 설명한 것은?
① 칼라 샌딩 자국이 없어질 때까지 수시로 확인하면서 작업한다.
② 한 곳에 집중적으로 힘을 가해 작업한다.
③ 베이스 층이 드러나지 않게 작업한다.
④ 콤파운드 작업이 완료되면 전용 타올을 사용해서 닦아낸다.

+👤 한곳을 집중적으로 작업할 경우 도장 면에 열과 홀로그램이 발생한다.

04 3코트 펄 보수도장시 컬러베이스의 건조도막 두께로 적합한 것은?
① 3~5 μ m
② 8~10 μ m
③ 30~40 μ m
④ 50~60 μ m

05 상도 도장 전 준비 작업으로 틀린 것은?
① 폴리셔 준비
② 작업자 준비
② 도료준비
④ 차량준비

+👤 폴리셔 준비는 광택작업 시 준비 사항이다.

06 광택 작업 공정 시 콤파운딩 작업 후 이루어지는 공정은 ?
① 폴리싱 공정
② 칼라 샌딩 공정
③ 하지 공정
④ 베이스 칼라 공정

+👤 **자동차 보수 도장 공정** : 하도 공정 → 중도 공정 → 상도 공정 → 광택공정으로 이루어진다.
① 하도 공정 : 단 낮추기 → 퍼티도포 → 퍼티연마 → 중도 도장면 연마
② 중도 공정 : 중도 도장 → 중도 연마
③ 상도 공정 : 1coat → 2coat → 3coat
④ 광택 공정 : 칼라 샌딩 → 컴파운딩 → 폴리싱 공정

07 펄 베이스의 도장 방법으로 틀린 것은?
① 플래시 타임을 충분히 준 다음 도장한다.
② 에어블로잉 하지 않고 자연 건조시킨다.
③ 에어블로잉 후 자연건조 시킨다.
④ 실차의 도장 상태에 맞도록 도장한다.

08 광택용 동력공구 중 전동식에 대한 설명으로 틀린 것은?
① 공기 공급식에 비해 무겁다.
② 공기 공급식에 비해 비싸다.
③ 회전수 조정을 위해 전압 조정기가 필요하다.
④ 부하시 회전이 불안정하다.

+👤 에어식의 경우 부하 시에는 회전이 급격히 저하되지만 전기식의 경우는 안정적이다.

09 고온에서 유동성을 갖게 되는 수지로 열을 가해 녹여서 가공하고 식히면 굳는 수지는?

① 우레탄 수지 ② 열가소성 수지
③ 열경화성 수지 ④ 에폭시 수지

+● ① 우레탄 수지 : 우레탄 결합을 갖는 수지
② 열가소성 수지 : 열을 가하면 용융유동하여 가소성을 갖게 되고 냉각하면 고화되어 성형이 가능한 수지
③ 열경화성 수지 : 경화된 수지는 재차 가열하여도 유동상태로 되지 않고 고온으로 가열하면 분해되어 탄화되는 비가역수지이다.
④ 에폭시 수지 : 에폭시기를 가진 수지로서 가공성이 우수하며 비닐과 플라스틱의 중간정도의 수지이다.

10 도막의 벗겨짐(peeling) 현상의 발생 요인은?

① 용제의 용해력이 충분할 때
② 마스킹 테이프를 즉시 떼어냈을 때
③ 도료와 강판의 친화력이 좋을 때
④ 구 도막 표면의 연마가 미흡할 때

+● **벗겨짐(peeling) 현상의 원인**
① 소재의 전처리 상태가 불량한 경우
② 상도와 하도 및 구도막 간의 밀착이 불량한 경우
③ 실리콘, 오일, 기타 불순물이 있는 표면에 연마나 탈지를 충분히 하지 않고 후속 도장을 하였을 경우
④ 희석재의 용해력이 약하거나 증발속도가 빠른 경우

11 플라스틱 재료 중에서 열경화성 수지의 특성이 아닌 것은?

① 가열에 의해 화학변화를 일으켜 경화 성형한다.
② 다시 가열해도 연화 또는 용융되지 않는다.
③ 가열 및 용접에 의한 수리가 불가능하다.
④ 가열하여 연화 유동시켜 성형한다.

+● 열가소성수지는 열을 가하면 가소성을 갖게 되고 냉각하면 고화되어 성형되는 것으로서 이와 같은 가열용융, 냉각고화 공정의 반복이 가능하게 되는 수지이며 열경화성 수지는 경화된 수지를 다시 가열하여도 유동상태로 되지 않고 고온으로 가열하면 분해되어 탄화되는 비가역수지이다.

12 휘발성 용제 취급시 위험성과 관계가 가장 먼 요소는?

① 인화점 ② 발화점
③ 연소범위 ④ 비열

13 흐름 현상이 일어나는 원인이 아닌 것은?

① 시너 증발이 빠른 타입을 사용한 경우
② 한 번에 두껍게 칠하였을 경우
③ 시너를 과다 희석 하였을 경우
④ 스프레이건 거리가 가깝고 속도가 느린 경우

+● **흐름의 현상과 발생 원인**
■ **현상** : 한 번에 두껍게 도장하여 도료가 흘러 내려 도장 면이 편평하지 못한 상태
■ **발생 원인**
① 한 번에 두껍게 도장 하였을 경우
② 도료의 점도가 너무 낮을 경우
③ 증발속도가 늦은 지건 시너를 많이 사용 하였을 경우
④ 저온 도장 후 즉시 고온에서 건조시킬 경우
⑤ 스프레이건 운행 속도의 불량이나 패턴 겹치기를 잘 못 하였을 경우

14 다음 중 가능한 비투과성 조색제를 사용하여 조색해야 하는 색상은?

① 솔리드 칼라 ② 메탈릭 칼라
③ 펄 칼라 ④ 3 코트 펄 베이스

+● 정답은 솔리드 칼라라고 나왔지만 메탈릭 칼라와 2coat 펄컬라도 비투과성 조색제이다. 하지만 3coat 펄 베이스의 경우에는 바탕의 컬러베이스의 색상이 펄에 일부 투과하여 보이면서 3coat 펄 베이스 색상이 눈에 보이게 된다. 이문제의 경우 아닌 것은 고르는 문제인데 잘못내서 그런것 같다. 메탈릭 칼라 역시 빛이 투과되지 않는 알루미늄(금속)을 사용하였기 때문에 빛이 투과되지 않는다.

15 다음 중 블랜딩 도장에서 결함이 발생될 수 있는 경우가 아닌 것은?

① 마스킹 테이프를 사용한 부분에 도장 할 때
② 주변부위를 탈지제를 사용하여 닦아낼 때
③ 부착된 오염물의 제거가 불충분 할 때
④ 물로 가볍게 세척하고 작업할 때

+👤 도장 공정 중 탈지작업은 도장 전에 시행되어야 하는 작업이다. 블랜딩 도장시에 마스킹 테이프는 사용하지 않으며 부착된 오염물의 제거가 불충분 할 때 크레터링 등의 하자가 발생되고 물로 가볍게 세척하여 작업한 후 탈지제로 닦는 탈지공정이 있어야 한다.

16 도막의 벗겨짐(peeling) 현상의 발생 요인은?

① 용제의 용해력이 충분할 때
② 마스킹 테이프를 즉시 떼어냈을 때
③ 도료와 강판의 친화력이 좋을 때
④ 구 도막 표면의 연마가 미흡할 때

+👤 **벗겨짐(peeling) 현상의 원인**
① 소재의 전처리 상태가 불량한 경우
② 상도와 하도 및 구도막 간의 밀착이 불량한 경우
③ 실리콘, 오일, 기타 불순물이 있는 표면에 연마나 탈지를 충분히 하지 않고 후속 도장을 하였을 경우
④ 희석재의 용해력이 약하거나 증발 속도가 빠른 경우

17 우레탄 도장에서 경화제를 과다 혼합할 때의 문제점은?

① 경화불량
② 균열
③ 수축
④ 건조가 늦고 작업성 불량

+👤 우레탄은 2 액형 상도 도료로 이소시아네이트 경화제를 혼합하였을 때 건조되며, 아름다운 외관을 나타내지만 건조가 늦어(20℃에서 12시간 이상) 래커보다 작업성이 좋지 못하다.
- **경화불량** : 2액형 도료에서 경화제를 너무 적게 넣었을 때 발생한다.
- **균열** : 2액형 도료에서 경화제를 너무 적게 넣었거나 과다하게 첨가하여 도장하였을 경우 발생한다.

18 도료를 도장하여 건조할 때 도막에 바늘구멍과 같이 생기는 현상을 핀 홀이라고 한다. 다음 중 핀 홀의 원인이 아닌 것은?

① 두껍게 도장한 경우
② 세팅타임을 너무 많이 주었을 때
③ 점도가 높은 경우
④ 속건 시너 사용 시

+👤 **핀 홀의 발생 원인**
① 도장 후 세팅타임을 적절하게 주지 않고 급격히 온도를 올린 경우 발생한다.
② 증발속도가 빠른 속건 시너를 사용할 경우 발생한다.
③ 하도나 중도에 기공이 잔재해 있을 경우 발생한다.
④ 점도가 높은 도료를 플래시 타임 없이 두껍게 도장할 경우 발생한다.

19 수용성 도료 작업시 사용하는 도장 보조 재료로 적합하지 않은 것은?

① 마스킹 종이는 물을 흡수하지 않아야 한다.
② 도료 여과지는 물에 녹지 않는 재질이어야 한다.
③ 마스킹용으로 비닐 재질을 사용할 수 있다.
④ 도료 보관 용기는 금속 재질을 사용한다.

+👤 수용성 도료는 물을 함유하고 있기 때문에 금속 재질의 용기를 사용할 경우 부식이 발생한다.

20 구도막의 판별시 용제에 녹고 면 타월에 색상이 묻어 나오는 도료는?

① 아크릴 래커
② 아크릴 우레탄
③ 속건성 우레탄
④ 고온 건조형 아미노알키드

+👤 구도막을 판별할 때 용제 검사 방법인 경우 래커 시너를 걸레에 묻혀 천천히 문질러 보았을 때 용해(녹아서)되어 색이 묻어나는 도료는 래커계 도료이다. 주의사항으로 우레탄 도막에서도 경화제 부족, 경화 불량인 경우와 소부 도막이라도 건조가 덜 된 경우에도 색이 묻어나올 때가 있다.

21 용제 퍼핑의 상태를 설명한 것은?

① 상도나 프라서페에 함유 된 용제에 의해 거품이 생긴 형태
② 상도 도장 또는 건조 시 표면이 일그러지거나 오그라드는 상태
③ 도막 표면에 용제가 흘러 심하게 주름이 생긴 형태
④ 구도막이나 하도를 연마한 자국이 표면에 확대되어 나타난 상태

22 플라스틱 범퍼의 도장시 주의사항 중 틀린 것은?

① 우레탄 타입 범퍼의 퍼티 도포시 80℃ 이상 열을 가하지 않는다.

② 우레탄 타입 범퍼의 과도한 건조온도는 핀 홀 또는 크레터링의 원인이 된다.

③ 플라스틱 전용 탈지제를 사용한다.

④ 이형제가 묻어 있으면 박리현상과 크레터링의 원인이 된다.

23 다음 벗겨짐(Peeling) 현상의 원인으로 올바르지 않는 것은?

① 스프레이 후 플래시 타임을 오래 주었을 경우

② 상도와 하도 및 구도막끼리의 밀착불량

③ 피도물의 오염물질 제거불량

④ 희석제의 용해력이 약하거나 증발속도가 빠른 경우

+ 벗겨짐(peeling)

① 현상 : 도막이 벗겨지는 현상

② 발생원인

㉠ 소재의 전처리 상태가 양호하지 않을 때

㉡ 도장 공정 간의 밀착이 불량하여 발생한다.

㉢ 실리콘, 오일, 기타 불순물이 있는 표면에 연마나 탈지를 충분히 하지 않고 후속도장을 하였을 경우

㉣ 신품 폴리프로필렌(P.P), 알루미늄 합금소재의 표면에 프라이머를 도장하지 않았을 경우 밀착성이 나오질 않는다.

③ 예방대책

㉠ 연마를 충분히 한다.

㉡ 탈지를 충분히 한다.

㉢ 전용 프라이머를 도장한 후 후속도장을 한다.

④ 조치사항 : 벗겨진 층을 완전히 연마하여 재 도장한다.

24 도막의 평활성을 좋게 해주는 첨가제는?

① 소포제

② 레벨링제

③ 흐름방지제

④ 소광제

+ 도료의 첨가제의 기능

① 방부제 : 도료 저장 중에 곰팡이 균에 의한 도료의 부식을 방지

② 색 분리 방지제 : 도료의 색 분리를 목적으로 사용

③ 흐름 방지제 : 도료의 흐름 방지

④ 침전 방지제 : 도료 저장시 안료가 바닥에 가라앉는 것을 방지

⑤ 분산제 : 도료의 성질을 조정하는 성분

⑥ 가소제 : 도막의 유연성을 부여

⑦ 레벨링제(표면 평활제) : 도막의 평활성을 원활하게 해준다.

⑧ 소포제 : 도료의 기포 발생을 억제

⑨ 증점제 : 점도를 높이고 흐름성을 방지하며, 안료의 침강을 방지

⑩ 습윤제 : 도료의 습기를 제거

⑪ 소광제 : 도막의 광택을 제거

⑫ 건조지연제 : 건조를 지연시킴

⑬ 안티스케닝제 : 도료 저장 중에 생기는 윗부분의 피막을 제거

25 다음 중 하도 작업 불량 시 발생 되는 도막의 결함은?

① 오렌지 필(Orange Peel)

② 핀 홀(Pin Hole)

③ 크레터링(Cratering)

④ 메탈릭(Metallic)얼룩

+ 오렌지필(orange peel) : 스프레이 도장 후 표면에 오렌지 껍질 모양으로 요철이 생기는 현상

크레터링(Cratering) : 도장 중 유분이나 이물질 등으로 도막 표면이 분화구처럼 움푹 패이는 현상(도장 중 발생)

메탈릭(Metallic)얼룩 : 상도도장시 스프레이건의 취급이 부적당하거나 도료의 점도가 지나치게 묽은 경우, 도장두께의 불균일, 클리어 코트 도장시 발생하는 부의 얼룩 등이 있으며 메탈릭이나 펄 입자가 불균일 혹은 줄무늬 등을 형성한 상태로 발생

26 방독 마스크의 사용 후의 주의 사항은?

① 규정 정화통 여부

② 흡수제의 악취 여부

③ 분진 같은 이물질 제거

④ 정화통 몸체의 부식 여부

27 플라스틱 소재인 합성수지의 특징이 아닌 것은?

① 내식성, 방습성이 우수하다.

② 고분자 유기물이다.

③ 금속보다 비중이 크다.

④ 투명하고 착색이 자유롭다.

28 다음은 워시프라이머의 특징을 설명한 것이다. 틀린 것은?

① 수분이나 오염물 등에서 철판을 보호하기 위한 부식방지 기능을 가지고 있는 하도용 도료이다.

② 습도에 민감하므로 습도가 높은 날에는 도장을 하지 않는 것이 좋다.

③ 경화제 및 시너는 전용제품을 사용해야 한다.

④ 물과 희석하여 사용할 때에는 PP(폴리프로필렌)컵을 사용하여야 한다.

29 다음 중 색료의 3원색이 아닌 것은?

① 마젠타(Magenta) ② 노랑(Yellow)

③ 시안(Cyan) ④ 녹색(Green)

30 마스킹 테이프의 구조에 해당하지 않는 것은?

① 배면처리제 ② 펄재료

③ 접착제 ④ 기초재료

31 조색시 옳지 않는 것은?

① 계통이 다른 도료의 혼합을 가급적 피한다.

② 색상비교는 가능한 여러 각도로 비교한다.

③ 채도−명도−색상 순으로 조색한다.

④ 스프레이로 도장하여 색상을 비교한다.

32 다음 중 색을 밝게 만드는 조건은 어느 것인가?

① 도료의 점도가 높다.

② 분무되는 에어 압력이 낮다.

③ 기온이 낮다.

④ 도료의 토출량이 적다.

+👤 **조건에 따른 색상변화**

	밝 게	어 둡 게
시너 증발속도	빠른 시너 사용	늦은 시너 사용
시너 희석률	많이 사용	적게 사용
피도체와 건과의 거리	멀게 한다	가깝게 한다
건의 이동속도	빠르게 한다	늦게 한다
도장 간격	플래시 타임을 늘린다	플래시 타임을 줄인다
사용 공기압	높인다	줄인다
패턴폭	넓게 한다.	좁게 한다.
도료량	적게 한다.	많게 한다.
건의 노즐	적은 구경 사용	넓은 구경 사용
도장실 조건	유속이나 온도를 올린다.	유속이나 온도를 줄인다.

33 안전 보호구나 안전시설의 이용 방법 중 분진 흡입을 줄이기 위한 방법이 아닌 것은?

① 방진용 마스크를 착용한다.

② 흡진 기능 있는 샌더를 이용한다.

③ 바닥면 및 벽면으로부터 분진을 흡입할 수 있는 시설에서 작업한다.

④ 작업 공정마다 에어블로 작업을 실시한다.

+👤 에어블로 작업을 시행하면 먼지가 비산되므로 가능하면 분진의 발생을 줄이기 위해서는 집진기를 이용하여 먼지를 제거하고 먼지를 털어낸다.

34 자동차 바디 부품에 샌드 브라스트 연마를 하고자 한다. 이에 관한 설명으로 적절하지 않는 것은?

① 샌드 브라스트는 소재인 철판의 형태에 구해를 받지 않는다.

② 샌드 브라스트는 이동 설치가 용이하다.

③ 샌드 브라스트는 제청 정도를 임의로 할 수 있다.

④ 샌드 브라스트는 퍼티 적청의 연마에 적합하다.

+👤 퍼티 연마는 평활성을 확보해야 하기 때문에 핸드블록을 이용하여 손바닥으로 감지하고 구도막과의 평활성을 확보해야한다.

35 신 제작 자동차의 플라스틱 소재 위에 도장하는 첫 번째 도료는?

① 퍼티

② 프라이머

③ 프라이머-서페이서

④ 상도 베이스

+👤 신품의 폴리프로필렌 소재의 도장공정은 프라이머 → 상도도장을 한다.

36 하도도장의 워시프라이머 도장 후 점검사항으로 옳지 않는 것은?

① 구도막에 도장되어 있지 않는가?

② 균일하게 분무하였는가?

③ 두껍게 도장하지 않았는가?

④ 거친 연마자국이 있는가?

37 칼라 샌딩 공정의 주된 목적이 아닌 것은?

① 오렌지 필 제거

② 흐름 제거

③ 먼지 결함 제거

④ 스월 마크 제거

+👤 **컬러 샌딩의 목적**
① 도막의 광택과 윤기를 내기 위함
② 균일한 도막을 내기 위함
③ 먼지, 이물질, 흘림 등의 제거
④ 불랜딩 부분의 연마
⑤ 수분 및 대기의 오염으로부터 도막을 보호하기 위함

38 안전보호구를 사용할 때의 유의사항으로 적절하지 않는 것은?

① 작업에 적절한 보호구를 사용한다.

② 사용하는 방법이 간편하고 손질하기 쉬워야 한다.

③ 작업장에는 필요한 수량의 보호구를 배치한다.

④ 무게가 무겁고 사용하는 사람에게 알맞아야 한다.

39 광택 작업 중 주의사항으로 틀리게 기술 한 것은?

① 폴리셔 작동은 도막 면에 버프를 밀착시키고 작업한다.

② 마스크와 보안경은 항상, 반드시 착용한다.

③ 도막표면에 컴파운드를 장시간 방치하지 않는다.

④ 버프는 세척력이 강한 세제로 세척해서 깨끗하게 보관한다.

+ 버프의 세척은 미지근한 물에 세척한다.

40 마스킹 페이퍼와 마스킹 테이프를 한 곳에 모아둔 장치로 마스킹 작업시에 효율적으로 사용하기 위한 장치는?

① 틈새용 마스킹재

② 마스킹용 플라스틱 스푼

③ 마스킹 커터 나이프

④ 마스킹 페이퍼 편리기

41 다음 중 광택장비 및 기구가 아닌 것은?

① 핸드블록   ② 샌더기

③ 폴리셔   ④ 버프 및 패드

42 부분보수도장 작업을 할 때 솔리드 도료를 블렌딩하기 전 구도막 표면조성을 위한 바탕면(작업부위 주변 표면) 연마에 적합한 연마지는?

① p80 ~ 120   ② p220 ~ 320

③ p400 ~ 800   ④ p1200 ~ 1500

+ **연마지 번호**

① 손상 부위 구도막 제거하고 단 낮추기 : # 60~80

② 불포화폴리에스테르 퍼티 연마시 평활성 작업 : #80~#320

③ 블렌딩 도장에서 메탈릭 상도 도막의 손상부위 연마 : # 600~800

④ 솔리드 도료를 블렌딩하기 전 구도막 표면조성을 위한 작업부위 주변 표면 연마 : p1200~1500

43 박리제(리무버)에 의한 구 도막 제거작업에 대한 설명으로 틀린 것은?

① 박리제가 묻지 않아야 할 부위는 마스킹 작업으로 스며들지 않도록 한다.

② 박리제를 스프레이건에 담아 조심스럽게 도포한다.

③ 박리제를 도포하기 전에 P80 연마지로 구도막을 샌딩하여 박리제가 도막 내부로 잘 스며들도록 돕는다.

④ 박리제 도포 후 약 10~15분 정도 공기 중에 방치하여 구 도막이 부풀어 오를 때 스크레이퍼로 제거한다.

+ 구도막 박리제인 리무버는 붓을 사용하여 작업하며 피부나 눈에 묻지 않도록 주의해서 작업해야한다.

44 P.P(폴리프로필렌) 재질이 소재인 범퍼의 경우 플라스틱 프라이머로 도장 해야만 하는데 그 이유로 맞는 것은?

① 녹슬지 않게 하기 위해서

② 부착력을 좋게 하여 도막이 박리 되는 걸 방지하기 위해서

③ 범퍼에 유연성을 주기 위해서

④ 플라스틱 변형을 막기 위해서

+ 폴리프로필렌(P.P)프라이머는 도장이 안 된 폴리프로필렌 재질의 소재에 직접 도포하며 부착력을 좋게 하여 도막이 박리 되는 것을 방지한다.

45 에어 트랜스포머의 설치 목적으로 가장 옳은 것은?

① 압축 공기를 건조시키기 위해

② 압축 공기 중의 오일 성분을 제거하기 위해

③ 압축 공기의 정화와 압력을 조정하기 위해

④ 에어 공구의 작업 능률을 높이기 위해

+ 에어 트랜스포머는 압축공기 중의 수분과 유분을 여과하는 동시에 공기압력을 조절하는 장치로서 에어 배관의 말단에 설치한다.

46 다음 중 메탈릭 색상의 정면 색상을 밝게 만드는 조건은 어느 것인가?

① 도료의 점도가 높다.

② 분무되는 에어 압력이 낮다.

③ 기온이 낮다.

④ 도료의 토출량이 적다.

도장 조건	밝은 방향으로 수정	어두운 방향으로 수정
도료 토출량	조절나사를 조인다.	조절나사를 푼다.
희석제 사용량	많이 사용 한다.	적게 사용 한다.
건 사용 압력	압력을 높게 한다.	압력을 낮게 한다.
도장 간격	시간을 길게 한다.	시간을 줄인다.
건의 노즐 크기	작은 노즐을 사용	큰 노즐을 사용
패턴의 폭	넓게 한다.	좁게 한다.
피도체와 거리	멀게 한다.	좁게 한다.
시너의 증발속도	속건 시너를 사용	지건 시너를 사용
도장실 조건	유속, 온도를 높인다.	유속, 온도를 낮춘다.
참고사항	날림(dry)도장	젖은(wet)도장

47 다음 중 워시 프라이머에 대한 설명이 틀린 것은?

① 경화제 및 시너는 워시 프라이머 전용제품을 사용한다.

② 주제 , 경화제 혼합시 경화제는 규정량만 혼합한다.

③ 건조 도막은 내후성 및 내수성이 약하므로 가능한 빨리 후속도장을 한다.

④ 주제 경화제 혼합 후 일정 가사시간이 경과한 경우에는 희석제를 혼합한 후 작업한다.

➕👤 2액형 우레탄 도료의 경우 가사시간이 지난 경과한 경우에는 도료가 경화를 일으켜 희석제를 혼합하여도 점도가 떨어지지 않는다.

48 프라이머–서페이서 도장 작업시 유의사항으로 틀린 것은?

① 작업 중 반드시 방독 마스크, 내화학성 고무장갑과 보안경을 착용한다.

② 차체에 불필요한 부위에는 사전에 마스킹을 한 후 작업 한다.

③ 도장작업에 적합한 스프레이건을 선택하고 노즐구경은 1.0mm 이하로 한다.

④ 점도계로 적정 점도를 측정하여 도장한다.

49 자동차 보수 도장에 일반적으로 가장 많이 사용하는 퍼티는?

① 오일 퍼티   ② 폴리에스테르 퍼티

③ 에나멜 퍼티   ④ 래커 퍼티

50 블렌딩 도장 방법에 대한 설명으로 옳은 것은?

① 패널 전체를 일정한 도막상태로 한다.

② 최소 범위를 색상차이가 나지 않도록 한다.

③ 면적의 크기는 무관하다.

④ 도료의 종류에 무관하게 분무 횟수는 동일하다.

51 워시 프라이머에 대한 설명으로 틀린 것은?

① 아연 도금한 패널이나 알루미늄 그리고 철판면에 적용 하는 하도용 도료이다.

② 일반적으로 폴리비닐 합성수지와 방청안료가 함유된 하도용 도료이다

③ 추천 건조도막 두께(dft : 8~10 μ m)를 준수하도록 해야 한다. 너무 두껍게 도장되면 부착력이 저하 된다.

④ 습도에는 전혀 반응을 받지 않기 때문에 장마철과 같이 다습한 날씨에도 도장이 쉽다.

➕👤 **워시 프라이머 사용법**

① 맨 철판에 도장되어 녹의 발생을 방지하고 부착력을 향상시키기 위한 하도용 도료이다.

② 금속 용기의 사용을 금하며, 경화제 및 시너는 전용제품을 사용한다.

③ 일반적으로 폴리비닐 합성수지와 방청안료가 함유된 하도용 도료이다.

④ 혼합된 도료는 가사시간이 지나면 점도가 높아지고 부착력이 저하되어 사용할 수 없다.

⑤ 건조 도막은 내후성 및 내수성이 약하므로 도장 후 8 시간 이내에 상도를 도장한다.

⑥ 추천 건조도막의 두께는 약 8~10μm를 유지하여야 한다.

⑦ 습도에 약하므로 습도가 높은 날에는 도장을 금한다.

52 블렌딩 도장에서 메탈릭 상도도막의 손상부위를 연마할 때 가장 적절한 연마지는?

① #320~400 ② #400~500
③ #600~800 ④ #1000~2000

53 퍼티 및 프라이머 서페이서의 연마작업 등에서 반드시 사용하는 안전보호구는?

① 내용-제성 장갑
② 방진 마스크
③ 도장 부스복
④ 핸드 클리너 보호 크림

54 완전한 도막 형성을 위해 여러 단계로 나누어서 도장을 하게 되고, 그 때마다 용제가 증발할 수 있는 시간을 주는데 이를 무엇이라 하는가?

① 플래시 타임(Flash Time)
② 세팅 타임(Setting Time)
③ 사이클 타임(Cycle Time)
④ 드라이 타임(Dry Time)

55 갈색이며 연마제가 단단하며 날카롭고 연마력이 강해서 금속면의 수정 녹제거, 구도막 제거용에 주로 적합한 연마입자는?

① 실리콘 카바이드 ② 산화알루미늄
③ 산화티탄 ④ 규조토

56 다음 중 맨 철판에 대한 방청기능을 위해 도장하는 도료는?

① 워시 프라이머 ② 실러 및 서페이서
③ 베이스 코트 ④ 클리어 코트

57 프라이머 서페이서를 스프레이 할 때 주의 할 사항에 해당하지 않은 것은?

① 퍼티면의 상태에 따라서 도장하는 횟수를 결정한다.
② 도막은 균일하게 도장한다.
③ 프라이머-서페이서는 두껍고 거친 도장을 할수록 좋다.
④ 도료가 비산되지 않도록 한다.

58 습식연마 작업용 공구로서 적절하지 않는 것은?

① 받침목 ② 구멍 뚫린 패드
③ 스펀지 패드 ④ 디스크 샌더

59 샌딩작업 중 먼지를 줄이려면 어떻게 해야 되겠는가?

① 속도를 빠르게 한다.

② 속도를 느리게 한다.

③ 집진기를 장치한다.

④ 에어블로잉 한다.

+ 연마 후 에어 블로잉 작업은 가급적 하지 않는다. 집진기를 이용하여 분진의 발생을 저감시키고 방진용 마스크를 착용하고 작업한다.

60 프라이머-서페이서를 분무하기 전에 피 도장면을 점검해야 하는 부분이 아닌 것은?

① 퍼티 면의 요철, 면 만들기 상태는 양호한가?

② 기공이나 깊은 연마자국은 남아있지 않는가?

③ 퍼티의 두께가 적절한가?

④ 퍼티의 단차나 에지(edge)면이 정확하게 연마되어 있는가?

제1회 정답									
01. ④	02. ①	03. ②	04. ③	05. ①	06. ①	07. ③	08. ④	09. ②	10. ④
11. ④	12. ④	13. ①	14. ①	15. ②	16. ④	14. ④	18. ②	19. ④	20. ①
21. ①	22. ①	23. ①	24. ②	25. ②	26. ③	27. ③	28. ④	29. ④	30. ②
31. ③	32. ④	33. ④	34. ④	35. ②	36. ④	37. ④	38. ④	39. ④	40. ④
41. ①	42. ④	43. ②	44. ②	45. ③	46. ④	47. ④	48. ③	49. ②	50. ②
51. ④	52. ③	53. ②	54. ①	55. ②	56. ①	57. ③	58. ④	59. ③	60. ③

모의고사

제**2**회

01 렛 다운(Let – Down) 시편의 설명 중 올바른 것은?

① 정확한 메탈릭 베이스의 도장횟수를 결정하기 위한 것이다.

② 펄 베이스의 도장 횟수에 따라 컬러 변화를 알아보기 위한 것이다.

③ 컬러 베이스의 은폐력 확인을 위한 것이다.

④ 솔리드 칼라의 은폐력 확인을 위한 것이다.

+🧑 컬러 베이스 도장 후 펄 베이스의 도장횟수에 따른 색상차이를 확인하기 위한 작업 방법

02 보수 도장 중 구도막 제거시 안전상 가장 주의해야 할 것은?

① 보안경과 방진 마스크를 꼭 사용한다.

② 안전은 위해서 습식 연마를 시행한다.

③ 분진이 손에 묻는 것을 방지하기 위해 내용제성 장갑을 착용한다.

④ 보안경 착용은 필수적이지 않다.

03 상도 도장 작업에서 일반적으로 스프레이건의 이동 속도로 적당한 것은?

① 1~5cm/sec

② 10~20cm/sec

③ 30~60cm/sec

④ 100~150cm/sec

04 솔리드 조색시 주의할 사항으로 틀린 것은?

① 지정 색과의 색상 비교시 수정할 조색제를 한꺼번에 모두 넣고 수정하는 것이 시간절약 및 정확한 조색으로 효과를 볼 수 있다.

② 조색제 투입시에는 한 가지씩 넣어 조색제 특징을 살려 비교하는 것이 바람직하다.

③ 수정할 조색제는 한꺼번에 투입해서 조색하지 않는 것이 좋다.

④ 조색 작업시 너무 적은 양으로 조색하면 오차가 심하게 발생할 수 있다.

+🧑 자동차 보수 도장 조색 시 항상 조색제는 미량 첨가해야한다. 솔리드 조색뿐 아니라 메탈릭, 펄 조색시에도 미량 첨가해야한다.

05 자동차용 플라스틱 부품 보수시 주의사항 중 틀린 것은?

① 플라스틱 접착은 강력 순간 접착제를 사용한다.

② ABS, PC, PPO 등은 내용제성이 약하기 때문에 알코올로 탈지한다.

③ PVC, PUR, PP 등은 탈지제를 사용할 수 있다.

④ PVC, PUR, PP 등은 유연성이 높아 취급에 주의한다.

+🧑 FRP(유리섬유강화 플라스틱)의 경우 손상 부위를 청소하고 형상을 갖춘 후 필요한 크기로 컷팅한 유리섬유의 매트에 적합한 경화제를 첨가한 폴리에스텔의 용액을 위에서부터 칠하고 롤러로 눌러 접착시킨다.

06 퍼티 자국의 원인이 아닌 것은?

① 퍼티작업 후 불충분한 건조

② 단 낮추기 및 평활성이 불충분할 때

③ 도료의 점도가 높을 때

④ 지건성 시너 혼합량의 과다로 용제증발이 늦을 때

+🧑 도료의 점도가 낮을 때 발생한다.

07 다음 중 자동차 범퍼 재료로 많이 사용되는 플라스틱용 수지의 종류가 아닌 것은?

① ABS
② PUR
③ PP
④ TPUR

08 솔리드 2액형 도료의 상도 스프레이시 적당한 도막 두께는?

① $3 \sim 5 \mu m$
② $8 \sim 10 \mu m$
③ $15 \sim 20 \mu m$
④ $40 \sim 50 \mu m$

09 플라스틱 부품 도장의 공정으로 맞는 것은?

① 표면탈지 → 연마 → 표면탈지 → 공기불기 → 택크로스 작업 → 프라이머 → 상도
② 연마 → 표면탈지 → 택크로스작업 → 공기불기 → 상도 → 프라이머 → 표면탈지
③ 공기불기 → 연마 → 표면탈지 → 택크로스 작업 → 표면탈지 → 프라이머 → 상도
④ 택크로스작업 → 표면탈지 → 공기불기 → 표면탈지 → 연마 → 프라이머 → 상도

10 자동차 보수도장에서 색상과 광택을 부여하여 외관을 향상시켜 원래의 모습으로 복원하는 도장 방법은?(

① 하도 작업
② 중도 작업
③ 상도 작업
④ 광택 작업

11 폴리에스테르 수지를 유리섬유에 침투시켜 적층한 형태로 사용하는 소재의 명칭은?

① 불포화폴리에스테르(UP)
② 섬유강화플라스틱(FRP)
③ 폴리카보네이트(PC)
④ 나일론(PA)

12 퍼티 샌딩작업 시 분진의 위험을 차단하는 인체의 방어기전으로 틀린 것은?

① 섬모
② 콧털
③ 호흡
④ 점액층

13 다음 중 도료의 첨가제가 아닌 것은?

① 침전 방지제
② 표면 평활제
③ 색 분리 방지제
④ 피막 처리제

14 저비점 용제의 비점은 몇 ℃ 정도인가?

① 100℃ 이하 　　② 150℃

③ 180℃ 　　④ 200℃ 이상

+ 비점에 따른 용제의 종류

① 저비점 용제 : 끓는점이 100℃ 이하의 것으로 아세톤, 초산에칠, 이스프로필알코올, 메틸에칠케톤 등이 있다.

② 중비점 용제 : 끓는점이 100℃ ~ 150℃ 정도의 것으로 톨루엔, 크실렌, 부틸알코올 등이 있다.

③ 고비점 용제 : 끓는점이 150℃ 이상의 것으로 부틸셀로솔브, 부틸셀로솔브아세테이트 등이 있다.

15 플라스틱 부품류 도장시 불량을 방지하고자 표면 탈지를 실시하여야 하는데 그 이유는 표면에 어떤 물질이 존재하기 때문인가?

① 수지 　　② 용제

③ 이형제 　　④ 광택제

+ 이형제가 묻어 있으면 박리 현상과 크레터링 현상이 발생되므로 플라스틱 전용의 탈지제를 사용하여 표면을 탈지하여야 한다.

16 불소수지의 상도도료에 대한 특징이 아닌 것은?

① 내후성 　　② 내식성

③ 발수성 　　④ 내오염성

17 유기용제 중 제2석유류의 인화점으로 맞는 것은?

① 21℃ 미만 　　② 21 ~ 70℃

③ 70 ~ 200℃ 　　④ 200℃ 이상

+ 유기용제의 인화점

① 제1석유류 : 아세톤, 휘발유, 벤졸, 톨루엔 등으로 인화점이 21℃미만

② 제2석유류 : 등유, 경유, 크실렌, 미네랄스피릿, 셀루솔브 등으로 인화점이 21~70℃

③ 제3석유류 : 중유, 클레오소트유 등으로 인화점이 70~200℃

④ 제4석유류 : 기어류, 실린더유 등으로 인화점이 200~250℃

⑤ 동식물유 : 동물의 지육이나 식물의 종자, 과육으로부터 추출한 것으로 인화점이 250℃미만

18 작업성이 뛰어나고 휘발건조에 의해 도막을 형성하는 수지타입의 도료는?

① 우레탄 도료 　　② 1 액형 도료

③ 가교형 도료 　　④ 2 액형 도료

19 최근 자동차 보수용에 사용되는 퍼티로 거리가 가장 먼 것은?

① 오일 퍼티

② 폴리에스테르 퍼티

③ 스무스(판금) 퍼티

④ 래커(레드) 퍼티

+ 자동차 보수도장에서 사용하는 퍼티는 판금퍼티, 폴리퍼티, 래커퍼티, 스프레이퍼티가 있다. 이중 사용 빈도로 보면 폴리퍼티〉래커퍼티〉판금퍼티〉스프레이퍼티 순이다.

20 다음 중 중도용 도료로 사용되는 수지로서 요구되는 성징이 아닌 것은?

① 광택성 　　② 방청성

③ 부착성 　　④ 내치핑성

+ 중도용 도료는 연마한 후 후속도장이 이루어지기 때문에 광택성은 필요 없다.

21 도료 저장 중(도장 전) 발생하는 결함의 방지대책 및 조치사항을 설명하였다. 어떤 결함인가?

> **보 기**
>
> 가. 도료 저장할 때 20℃이하에서 보관한다.
> 나. 장기간 사용하지 않고 보관할 때에는 정기적으로 도료 용기를 뒤집어 보관한다.
> 다. 충분히 흔들어 사용한다.
> 라. 딱딱한 상태인 경우에는 도료를 폐기하여야 한다.
> 마. 유연한 상태인 경우에는 잘 저은 후 여과하여 사용한다.

① 도료 분리현상 　　② 침전

③ 피막 　　④ 점도상승

22 도막이 가장 단단한 구조를 갖는 건조 방식은?

① 용제 증발형 건조 방식
② 산화 중합건조 방식
③ 2 액 중합건조 방식
④ 열 중합건조 방식

23 공기 중에 포함된 유해요소 중 스프레이 작업 시 발생하는 미세한 액체 방울은?

① 흄　　　　　　　② 분진
③ 도장분진　　　　④ 유해증기

24 싱글액션 샌더의 용도에 적합하게 사용되는 연마지는?

① #40, #60　　　② #180, #240
③ #320, #400　　④ #600, #800

25 물 자국(Water Spot) 현상의 발생원인이 아닌 것은?

① 새의 배설물이 묻었을 경우 장시간 제거하지 않았을 때 발생할 수 있다.
② 도막이 두꺼워서 건조가 부족한 경우 발생할 수 있다.
③ 급하게 열처리를 했을 경우 생길 수 있다.
④ 건조가 되지 않은 상태에서 물방울이 묻었을 때 나타날 수 있다.

26 유기용제의 영향으로 인체에 나타나는 현상 중 기관지 장해를 일으키는 용제는?

① 톨루엔　　　　　② 메틸알코올
③ 부틸아세테이트　④ 메틸이소부틸케톤

27 압축 공기 중의 수분을 제거하는 공기여과기의 방식이 아닌 것은?

① 충돌판 이용방법
② 전기 히터 이용법
③ 원심력 이용법
④ 필터 또는 약제 사용법

28 프라이머 서페이서의 작업과 건조 불량으로 발생하는 결함이 아닌 것은?

① 연마 자국이 있다.
② 퍼티 자국이 있다.
③ 상도의 광택이 부족하다.
④ 물자국 현상(water spot) 현상이 발생한다.

29 코팅(왁스)작업시 유의해야 될 사항을 잘못 설명한 것은?

① 보수도장 후 즉시 실리콘 성분이 포함된 코팅제를 사용한다.
② 광택 전용 타월을 사용한다.
③ 일반적인 경우 페인트의 완전 건조는 90 일 정도 걸린다.
④ 표면을 골고루 닦아 주면서 광택제가 없어질 때까지 문지른다.

+👤 도막이 완전히 건조된 다음 왁스, 코팅 작업을 해야 한다.

30 프라이머 서페이서의 성능으로 잘못 설명한 것은?

① 퍼티 면이나 부품 패널의 프라이머 면에 분무하여 일정한 도막의 두께를 유지한다.
② 도막 내에 침투하는 수분을 차단한다.
③ 상도와의 부착성을 향상 시킨다.
④ 상도 도장에는 큰 영향을 미치지 않는다.

+👤 중도 도장은 상도 도장에 가장 큰 영향을 준다.

31 도료의 보관 장소로 가장 적절한 것은?

① 통풍과 차광이 알맞은 내화구조
② 햇빛이 잘 드는 밀폐된 구조
③ 경화 방지를 위한 밀폐된 구조
④ 직사광선이 잘 드는 내화 구조

32 컴파운딩 작업의 주된 목적으로 맞는 것은?

① 스월 마크 제거   ② 샌딩 마크 제거
③ 표면 보호   ④ 오렌지 필 제거

+👤 광택 공정은 크게 작업준비공정, 컴파운딩 공정, 폴리싱 공정으로 나뉜다. 작업준비공정은 오염물을 제거하거나 세차, 마스킹을 하는 공정이며, 컴파운딩 공정은 도장면의 오렌지 필을 제거하는 공정이다. 마지막으로 폴리싱 공정은 컴파운딩 작업 중에 발생한 스월 마크를 제거하고 광택 작업한 도장면을 유지 보호하기 위해서 왁스나 코팅작업을 한다.

33 자동차 보수용 하도용 도료의 사용방법에 대한 내용이다 가장 적합한 것은?

① 하도 도료는 베이스코트보다 용제(시너)를 많이 사용하는 편이다.
② 포오드컵 NO#4 (20℃) 기준으로 20 초 이상의 점도로 사용 된다.
③ 포오드컵 NO#4 (20℃) 기준으로 10 초 이하의 점도로 사용 된다.
④ 점도와 무관하게 사용해도 살오름성이 좋다.

34 작업장에 샌딩 룸이 없으면 생기는 현상이 아닌 것은?

① 샌딩 작업 때 먼지가 공장 내부에 쌓인다.
② 주위 작업자에게 피해를 준다.
③ 소음이 발생한다.
④ 페인트가 퍼진다.

35 흐름 현상이 일어나는 원인이 아닌 것은?

① 시너 증발이 빠른 타입을 사용한 경우
② 한 번에 두껍게 칠하였을 경우
③ 시너를 과다 희석 하였을 경우
④ 스프레이건 거리가 가깝고 속도가 느린 경우

+👤 **흐름** : 한 번에 너무 두껍게 도장하여 도료가 흘러내려 도장면이 편평하지 못한 상태

1. 발생 원인
① 한 번에 너무 두껍게 도장하였을 경우
② 도료의 점도가 너무 낮을 경우
③ 증발속도가 늦은 지건 시너를 많이 사용하였을 경우
④ 저온 도장 후 즉시 고온에서 건조시킬 경우
⑤ 스프레이건의 운행 속도의 불량이나 패턴 겹치기를 잘 못하였을 경우

36 에어식 샌더기의 설명으로 적합하지 않은 것은?

① 가볍고 사용이 간편하다.
② 로터를 회전시킨다.
③ 회전력과 파워가 일정하고 힘이 좋다
④ 종류가 다양하여 작업 내용에 따라 선별해서 사용할 수 있다.

+👤 에어식 샌더의 경우 연마면 쪽으로 힘을 주면 회전력이 저하되는 단점이 있다. 이러한 단점을 보완한 제품이 전기식의 기어액션 샌더가 있다.

37 스프레이 부스에서 도장 작업할 때 반드시 착용하지 않아도 되는 것은?

① 마스크   ② 앞치마
③ 내용제성 장갑   ④ 보안경

38 프라이머 서페이셔의 면을 습식 연마할 때 연마에 적절한 연마지는?

① P80~P120　　② P120P~P220
③ P220~P320　　④ P320~P800

	작업 공정	사용연마지
하도	1차퍼티	P80
	2차퍼티	P180
	중도도장면 연마	P320
중도	솔리드(블랙제외)	P400
	메탈릭컬러	P600
	펄컬러(블랙컬러)	P800

39 도료의 저장 과정 중에 발생하는 결함에 대해 바르게 설명한 것은?

① 침전 : 안료가 바닥에 가라앉아 딱딱하게 굳어 버리는 현상
② 크레터링 : 도막이 분화구 모양과 같이 구멍이 패인 현상
③ 주름 : 도막의 표면층과 내부 층의 뒤틀림으로 인하여 도막표면에 주름이 생기는 현상
④ 색 번짐 : 상도 도막면으로 하도의 색이나 구도막의 색이 섞여서 번져 나오는 현상

+👤 도료 저장 과정 중에 발생하는 결함은 침전, 겔화, 피막 등이 있다.

40 상도 도장 작업 중에 발생하는 도막의 결함이 아닌 것은?

① 오렌지 필(Orange Peel)
② 핀 홀(Pin Hole)
③ 크레터링(Cratering)
④ 메탈릭(Metallic) 얼룩

+👤 **도장의 결함**은 크게 3가지로 도장작업 전 결함, 도장작업 중 결함, 도장작업 후 결함으로 작업 전 결함으로는 침전, 겔화, 피막 등이 있으며, 작업 중 결함은 연마자국, 퍼티자국, 퍼티기공, 메탈릭 얼룩, 먼지고착, 크레터링, 오렌지 필, 흘림, 백악화, 번짐 등이 있다. 마지막으로 작업 후 결함으로 부풀음, 리프팅, 핀홀, 박리현상, 광택저하, 균열, 물자국 현상, 크래킹, 변색, 녹, 화학적 오염 등이 있다.

41 세정작업에 대한 설명으로 틀린 것은?

① 몰딩 및 도어 손잡이 부분의 틈새, 구멍 등에 낀 왁스성분을 깨끗이 제거한다.
② 탈지제를 이용할 때는 마르기 전에 깨끗한 마른 타월로 닦아내야 유분 및 왁스 성분 등을 깨끗하게 제거 할 수 있다.
③ 세정작업은 연마 전·후에 하는 것이 바람직하다.
④ 타르 및 광택용 왁스는 좀처럼 제거하기 어려우므로 강용제를 사용하여 제거한다.

+👤 세정작업을 할 때에는 세정액이 묻어 있는 타월로 오염물을 제거하고 즉시 깨끗한 타월을 이용하여 세정액이 마르기 전 남아있는 오염물을 제거한다. 또한 세정작업은 공정 시작 전과 후에 해야 하며 전용 세정제를 사용한다.

42 도막의 벗겨짐(peeling) 현상의 발생 요인은?

① 용제의 용해력이 충분할 때
② 마스킹 테이프를 즉시 떼어냈을 때
③ 도료와 강판의 친화력이 좋을 때
④ 구 도막 표면의 연마가 미흡할 때

+👤 **벗겨짐(peeling) 현상의 원인**
① 소재의 전처리 상태가 불량한 경우
② 상도와 하도 및 구도막 간의 밀착이 불량한 경우
③ 실리콘, 오일, 기타 불순물이 있는 표면에 연마나 탈지를 충분히 하지 않고 후속 도장을 하였을 경우
④ 희석재의 용해력이 약하거나 증발 속도가 빠른 경우

43 도료의 부착성과 차체패널의 내식성 향상을 위해 도장면의 표면처리에 사용하는 화학약품은?

① 인산아연　　② 황산
③ 산화티타늄　　④ 질산

+👤 **인산아연계 피막처리** : 내식성이 우수한 인산 아연계 피막 입자인 Phosphophyllite 피막[$Zn_2Fe(PO_2)_4$]을 얻고저 아연 이외 조 금속으로 MG, Ni등을 첨가함으로서 Phosphophyllite 계 피막입자의 형성을 극대화함으로서 내식성과 내수성, 도막과의 부착성을 향상시킨다. 하지만 화성피막이 과도한 피막중량이 형

성되는 경우 기계적인 물성의 약화를 일으킨다. 일반적으로 냉연압연 강판의 경우 1.5g/㎡ ~ 2.5g/㎡를 추천하고 있다. 도금 강판의 경우 차적으로 아연성분이 소재에 도포 되어 있어 피막입자의 형성이 다소 어렵다. 아연도금 강판의 사용 목적은 관통부식 방지 및 적녹(red rust) 발생방지를 위하여 자동차용 강판으로 많이 적용되고 있다.

44 거친 연마지를 블렌딩 도장 시 사용하면 어떤 문제가 발생되는가?

① 도막의 표면이 미려하게 된다.
② 도료가 매우 절약된다.
③ 건조작업이 빠르게 진행된다.
④ 도료 용제에 의한 주름현상이 발생된다.

45 차량의 앞, 뒷면 유리의 고무 몰딩에 적합한 마스킹 테이프는?

① 라인 마스킹 테이프
② 트림 마스킹 테이프
③ 평면 마스킹 테이프
④ 플라스틱 마스킹 테이프

+👤 차량의 앞, 뒷면 유리의 고무 몰딩을 트림 피니싱 몰딩(trim finishing molding)이라 한다. 따라서 도장을 하기 위해 마스킹을 하는 경우 트림 마스킹 테이프를 이용하여야 한다.
① 라인 마스킹 테이프 : 플라스틱 마스킹 테이프와 같은 용도로 사용되며 종이타입에 비하여 플라스틱 타입의 경우 유연성이 좋기 때문에 심한 굴곡이나 요철 작업부분 마스킹하기가 용이하다.
② 평면 마스킹 테이프 : 정확한 직선을 얻기가 용이하며 테이프의 두께가 얇아 페인트의 선이 깨끗하다.

46 응급 치료센터 안전표시 등에 사용되는 색으로 가장 알맞은 것은?

① 흑색과 백색　　② 적색
③ 황색과 흑색　　④ 녹색

+👤 안전 색채
① 적색(Red) : 위험, 방화, 방향을 나타낼 때 사용한다.
② 황색(Yellow) : 주의표시(충돌, 추락, 전도 등)
③ 녹색(Green) : 안전, 구급, 응급
④ 청색(Blue) : 조심, 금지, 수리, 조절 등

⑤ 자색(Purple) : 방사능
⑥ 오렌지(Orange) : 기계의 위험 경고
⑦ 흑색 및 백색(Black & White) : 건물 내부 관리, 통로표시, 방향지시 및 안내표시

47 도장 작업장에서 도장 작업자의 준수사항이 아닌 것은?

① 점화물질 휴대금지
② 소화기 비치장소 확인
③ 일일 작업량 외의 여유분 도료를 넉넉히 작업장에 비치
④ 징이 박힌 신발 착용 금지

48 플라스틱 도장시 프라이머 도장 공정의 목적은?

① 기름 및 먼지 등의 부착물을 제거한다.
② 변형 및 주름 등의 표면 결함을 제거한다.
③ 소재와 후속 도장의 부착성을 강화한다.
④ 적외선 및 자외선을 차단하고 내광성을 향상시킨다.

+👤 ①는 탈지 공정, ②는 중도 공정, ④는 상도 공정이다.

49 다음 배색 중 색상 차가 가장 큰 것은?

① 녹색과 청록　　② 파랑과 남색
③ 빨강과 주황　　④ 주황과 파랑

+👤 색상차이가 가장 큰 배색은 색상환에서 보색인 관계의 색이 가장 크다.
10 색상환에서 살펴보면 : 빨강 – 청록, 주황 – 파랑, 노랑 – 남색, 연두 – 보라, 녹색 - 자주

50 도료를 도장하여 건조할 때 도막에 바늘구멍과 같이 생기는 현상을 핀 홀이라고 한다. 다음 중 핀 홀의 원인이 아닌 것은?

① 두껍게 도장한 경우
② 세팅타임을 너무 많이 주었을 때
③ 점도가 높은 경우
④ 속건 시너 사용 시

+ 핀 홀의 발생 원인
① 도장 후 세팅타임을 적절하게 주지 않고 급격히 온도를 올린 경우 발생한다.
② 증발속도가 빠른 속건 시너를 사용할 경우 발생한다.
③ 하도나 중도에 기공이 잔재해 있을 경우 발생한다.
④ 점도가 높은 도료를 플래시 타임 없이 두껍게 도장할 경우 발생한다.

51 마스킹 작업의 주 목적이 아닌 것은?

① 스프레이 작업으로 인한 도료나 분말의 날림부착 방지
② 프라이머–서페이서 도막두께 조정
③ 도장부위의 오염이나 이물질 부착 방지
④ 작업하는 피도체의 오염방지

52 3코트 펄 조색시 컬러베이스의 건조가 불충분할 때 나타나는 현상은?

① 정면 톤과 측면 톤의 변화가 심해진다.
② 광택성이 저하되며 도료가 흘러내린다.
③ 연마자국이 나타난다.
④ 펄 입자의 배열이 균일하다.

+ 컬러베이스의 건조가 불충분 할 경우에는 광택성이 저하되며 펄 베이스의 도장시 펄 베이스가 컬러 베이스에 침투하여 펄 입자의 배열이 불규칙적으로 되어 정면 톤과 측면 톤의 변화가 심해진다.

53 용제 퍼핑의 상태를 설명한 것은?

① 상도나 프라서페에 합유된 용제에 의해 거품이 생긴 형태
② 상도 도장 또는 건조 시 표면이 일그러지거나 오그라드는 상태
③ 도막 표면에 용제가 흘러 심하게 주름이 생긴 형태
④ 구도막이나 하도를 연마한 자국이 표면에 확대되어 나타난 상태

54 자동차 보수도장 시 메탈릭이나 펄 등 도장할 때 주위 패널과 약간 겹치도록 도장을 하여 빛에 의한 컬러의 차이를 최대한 줄이도록 하는 도장방법은?

① 전체도장　　　② 패널도장
③ 보수도장　　　④ 숨김도장

55 도장 작업시 안전에 필요한 사항 중 관련이 적은 것은?

① 그라인더　　　② 고무장갑
③ 방독 마스크　　④ 보안경

56 도료 저장 중 발생하는 결합의 방지 대책 및 조치사항을 설명하였다. 어떤 결합인가?

> **보기**
> ㄱ. 사용하지 않을시 밀폐 보관한다.
> ㄴ. 규정 시너를 사용한다.
> ㄷ. 보관상태 및 기간에 유의한다.
> ㄹ. 규정된 시간 내에 사용할 만큼의 양만 배합한다.

① 피막　　　　② 점도 상승
③ 젤(gel)　　　④ 도료 분리 현상

57 다음 보기는 자동차도장 색상 차이의 원인 중 어떤 경우를 설명한 것인가?

> **보기**
> ㉠ 교반이 충분하지 않을 때
> ㉡ 색상 혼합을 잘못 했을 때
> ㉢ 바르지 못한 조색제를 사용한 경우

① 도료 업체의 원인
② 자동차도장 기술자에 의한 원인
③ 자동차 생산업체의 원인
④ 현장 조색시스템관리 도료대리점의 원인

+ 색상의 이색원인
① 자동차 차체의 원인

⊙ 자동차 메이커의 공장별 도료타입 및 공장설비에 의한 색상차이
　ⓒ 자동차 생산 LOT별 색상차이
　ⓒ 자동차관리 상태에 의한 색상차이
② 작업의 원인
　⊙ 도료 생산시 도료 조색 작업자의 능력 차이
　ⓒ 도료 통의 교반 불량(안료가 수지에 비해 무거우므로 가라앉아 있다.)
　ⓒ 계량시 조색 배합비 정량 첨가불량(전자저울 불안정 등)
　ⓔ 작업자의 도장 방법 차이(웻 코트, 드라이 코트, 에어량, 도료량 등)
③ 제품의 원인
　⊙ 오래된 도료 사용(안료가 엉겨져 있다.)
　ⓒ 클리어 코트 차이(보통 투명하지만 황색 기미가 있는 도료도 있다)
④ 광원에 따른 원인
　⊙ 빛의 파장에 따라 색상이 틀려 보인다.
　ⓒ 형광등에서 비교시 색상이 푸른빛이 강해진다.
　ⓒ 흐린 날 조색시에는 태양 빛과 유사한 데일라이트(daylight)를 사용

58 일반적인 블렌딩 도장의 조건 설명으로 옳은 것은?
① 분무되는 패턴의 모양은 원형을 피한다.
② 사용되는 도료의 점도는 무관하다.
③ 공기 압력은 $5kg_f/cm^2$ 이상이 되어야 한다.
④ 분무거리는 30cm 이상이 좋다

59 워시 프라이머의 특징을 설명한 것으로 틀린 것은?
① 수분이나 오염물 등에서 철판을 보호하기 위한 부식방지 기능을 가지고 있는 하도용 도료이다.
② 습도에 민감하므로 습도가 높은 날에는 도장을 하지 않는 것이 좋다.
③ 경화제 및 시너는 전용제품을 사용해야 한다.
④ 물과 희석하여 사용할 때는 PP(폴리프로필렌)컵을 사용하여야 한다.

60 응급 치료센터 안전표시 등에 사용되는 색으로 가장 알맞은 것은?
① 흑색과 백색　　　② 적색
③ 황색과 흑색　　　④ 녹색

+ 안전 색채
① 적색(Red) : 위험, 방화, 방향을 나타낼 때 사용한다.
② 황색(Yellow) : 주의표시(충돌, 추락, 전도 등)
③ 녹색(Green) : 안전, 구급, 응급
④ 청색(Blue) : 조심, 금지, 수리, 조절 등
⑤ 자색(Purple) : 방사능
⑥ 오렌지(Orange) : 기계의 위험 경고
⑦ 흑색 및 백색(Black & White) : 건물 내부 관리, 통로표시, 방향지시 및 안내표시

제2회 정답									
01. ②	02. ①	03. ③	04. ①	05. ①	06. ③	07. ①	08. ④	09. ①	10. ③
11. ②	12. ③	13. ④	14. ①	15. ③	16. ②	17. ②	18. ②	19. ①	20. ①
21. ②	22. ④	23. ③	24. ①	25. ③	26. ②	27. ②	28. ④	29. ①	30. ④
31. ①	32. ④	33. ②	34. ④	35. ①	36. ③	37. ②	38. ④	39. ①	40. ②
41. ④	42. ④	43. ①	44. ④	45. ②	46. ④	47. ③	48. ③	49. ④	50. ②
51. ②	52. ①	53. ①	54. ④	55. ①	56. ②	57. ②	58. ①	59. ④	60. ④

제3회 모의고사

01 다음 중 리무버에 대한 설명으로 맞는 것은?

① 건조를 촉진시키는 것이다.

② 도면을 평활하게 하는데 사용하는 것.

③ 광택을 내는데 사용하는 것.

④ 오래된 구도막 박리에 사용한다.

➕👤 구도막의 박리제인 리무버는 붓을 사용하여 작업하며 피부나 눈에 묻지 않도록 주의해서 작업해야한다.

02 방독 마스크의 보관방법으로 적합하지 않은 것은?

① 사용 마스크는 손질 후 직사광선을 피해 건조된 장소의 상자 속에 보관한다.

② 고무제품의 세척 및 취급에 주의한다.

③ 정화통의 상하 마개를 밀폐한다.

④ 방독마스크는 부피를 줄일 수 있게 잘 겹쳐 쌓아 정리 정돈하여 보관한다.

03 블렌딩 도장의 스프레이 방법에 대한 설명으로 틀린 것은?

① 작업부분에 대해 한 번의 도장으로 도막을 올린다.

② 분무 작업은 3~5 회로 나누어 실시한다.

③ 도료의 점도는 추천규정을 지킨다.

④ 도장횟수에 따라 범위를 넓혀가며 분무한다.

04 블랜딩 작업을 하기 전 손상부위에 프라이머 서페이서를 도장할 때 적합한 마스킹 방법은?

① 일반 마스킹   ② 터널 마스킹

③ 리버스 마스킹   ④ 이중 마스킹

➕👤 터널 마스킹은 블렌딩 도장 상도작업을 할 때에 하는 마스킹방법이다.

05 연질의 범퍼를 교환 도장 후 충격에 의해 도막이 깨어지거나 균열이 생기는 결함이 발생하였다. 그 해당원인으로 가장 적합한 것은?

① 건조를 오래 하였다.

② 크리어에 경화제를 과다하게 넣었다.

③ 유연성을 부여하는 첨가제를 넣지 않았다.

④ 플라스틱 프라이머 공정을 빼고 도장하였다.

➕👤 연질의 플라스틱 도장의 경우 플라스틱 유연제를 첨가하여 도장하면 약한 충격에 도장면이 깨지는 것을 방지할 수 있다.

06 다음 중 펄 안료와 관계있는 재료는

① 현무암   ② 운모

③ 광명단   ④ 유색 안료

➕👤 **운모** : 화강암으로 층상구조를 가지고 있으며 일반적으로 육가 판상 결정형이다. 쪼개질 때 밑면에 대하여 수평으로 쪼개지며 아주 얇게 벗겨지며 탄력이 강하다.

07 플라스틱 부품류 도장시 주의해야 할 사항으로 옳은 것은?

① 유연성을 주기 위해 점도를 낮게 한다.

② 유연성을 주기 위해 점도를 높게 한다.

③ 건조 온도는 90℃ 이상으로 한다.

④ 건조 온도는 80℃ 이하에서 실시한다.

➕👤 플라스틱 재질을 도장 할 경우에는 플라스틱 유연제를 사용하여 도료의 유연성을 부여하며 너무 고온으로 가열 건조할 경우 플라스틱의 변형이 일어나기 때문에 너무 고온에서 건조시키거나 적정한 온도에서 건조시킬 때에도 바닥에 붙어 있지 않을 경우 휘어심이나 처짐이 발생할 수 있다.

08 워시 프라이머 도장 후 점검사항으로 옳지 않은 것은?

① 구도막에 도장되어 있지 않은가?

② 균일하게 분무하였는가?

③ 두껍게 도장하지 않았는가?

④ 거친 연마 자국이 있는가?

➕👤 워시프라이머는 철판위에 최초로 작업되는 도료로 녹을 방지하는 역할을 한다. 후속 작업으로 퍼티나 프라이머 서페이서 도장을 하기 때문에 도장 부분의 스크레치는 무시하여도 된다.

09 폴리싱 전 오렌지필 현상이 있는 도막을 평활하게 하기 위하여 어떤 연마지로 마무리하는 것이 가장 적합한가?

① P200~P300   ② P400~P500

③ P600~P700   ④ P1000~P1500

➕👤 **광택공정**

16	6	80	120	180	320	600	800	1000	1200	1500
녹 제거 구도막 제거			퍼티연마		중도연마		상도연마 및 수정			광택

10 베이스 코트 숨김(블랜딩)도장 전 최종 연마지로 가장 적합한 것은?

① P320   ② P400

③ P1200   ④ P3000 이상

➕👤 **연마지 번호**

① 손상 부위 구도막 제거하고 단 낮추기 : # 60~80

② 불포화폴리에스테르 퍼티 연마시 평활성 작업 : # 80~#320

③ 블렌딩 도장에서 메탈릭 상도 도막의 손상부위 연마 : # 600~800

④ 솔리드 도료를 블렌딩하기 전 구도막 표면조성을 위한 작업부위 주변 표면 연마 : p1200~1500

11 조착연마에 대한 설명으로 맞는 것은?

① 조착연마는 후속도장의 도료와 피도면의 부착력을 증대시키기 위해 연마하는 작업을 말한다.

② 부착이 쉽게 되는 것을 막기 위해 약간의 여유시간을 마련하기 위한 연마작업을 말한다.

③ 도료의 표면장력을 낮춰 피도물과의 부착이 어렵도록 하기 위해 하는 연마작업을 말한다.

④ 퍼티의 조착 연마는 #240 부터 한다.

12 보수도장에서 부분도장하여 분무된 색상과 원 색상의 차이가 육안으로 나타나지 않도록 하거나 색상이색을 최소화하는 작업을 무엇이라 하는가?

① 클리어 코트(clear coat)

② 웨트 코드(wet coat)

③ 숨김 도장(blending coat)

④ 드라이 코트(dry coat)

13 다음 중 플라스틱의 특징이 아닌 것은?

① 복잡한 형상으로 제작하기가 쉽다.

② 유기용제에 침식되거나 변형되지 않는다.

③ 저온에서 경화하고 고온에서 열변형이 발생한다.

④ 약품이나 용제에 내성을 갖는다.

14 프라이머 서페이서에 관한 설명으로 맞는 것은?

① 프라이머 서페이서는 세팅 타임을 주지 않아도 된다.

② 도막이 두꺼워지면 핀 홀이 생길 수 있다.

③ 프라이머 서페이서는 플래시 타임을 주지 않아 도 된다.

④ 프라이머 서페이서는 구도막 상태가 나쁘면 두껍게 도장해도 된다.

15 보수도장 작업 후에 폴리싱을 하는 이유가 아닌 것은?

① 도장 도막의 미관을 향상시키기 위해
② 도장과 건조 중에 생긴 결함을 제거하기 위해
③ 먼지나 이물질 등을 제거하기 위해
④ 도막 속에 있는 연마자국을 제거하기 위해

+👤 도막 속에 있는 연마자국을 제거하기 위해서는 재도장으로만 제거할 수 있다.

16 다음은 어떤 도장의 특징을 설명한 것인가?

> **보기**
>
> 도료는 은폐가 안된다는 점을 착안하여 백색계통의 솔리드를 먼저 도장한 후 건조 시키고 그 위에 은폐력이 떨어지는 펄을 도장하여 바탕색이 백색의 솔리드 색상이 비추어 보이게 하는 효과를 이용한 도료이다.

① 3코트 펄도장
② 메탈릭 도장
③ 터치업 부분 도장
④ 우레탄 도장

17 자동차 소지철판에 도장하기 전 행하는 전처리로 적당한 것은?

① 쇼트 블라스팅
② 크로메이트 처리
③ 인산아연 피막처리
④ 프라즈마 화염 처리

18 자동차 보수 도장에서 동력공구를 사용한 폴리에스테르 퍼티 연마에 적합한 연마지는?

① p24~p60
② p80~p320
③ p400~p500
④ p600~p1200

+👤

16	6	80	120	180	320	600	800	1000	1200	1500
녹 제거 구도막 제거		퍼티연마		중도연마		상도연마 및 수정		광택		

19 프라이머 서페이서 건조가 불충분 했을 때 발생하는 현상이 아닌 것은?

① 샌딩을 하면 연마지에 묻어나서 상처가 생긴다.
② 상도의 광택부족
③ 우수한 부착성
④ 퍼티자국이나 연마자국

20 도장용어 중 세팅 타임이란?

① 건조가 되기를 기다리는 시간
② 열을 주지 않고 용제가 자연 휘발하는 시간
③ 열처리 하는 시간
④ 열처리 하고 난후 식히는 시간

+👤 **플래시 오프 타임과 세팅 타임**
① 플래시 오프 타임(flash-off time) : 도장과 도장사이에 용제가 증발할 수 있는 시간을 말한다.
② 세팅타임(setting time) : 도장 완료 후 가열 건조를 하기 전에 주는 시간을 말한다.

21 다음 중 도막표면에 연마자국이나 퍼티자국이 생기는 원인은?

① 플래쉬 타임을 적게 주었을 때
② 페더 에지(Feather edge) 작업 불량일 때
③ 용제의 양이 너무 많을 때
④ 서페이서를 과다하게 분사했을 때

+👤 플래쉬 타임을 적게 주면 도막의 용제가 많아지게 되어 흐름이 발생하게 된다.

22 보수도장 시 탈지가 불량하여 발생하는 도막의 결함은?

① 오렌지 필
② 크레터링
③ 메탈릭 얼룩
④ 흐름

+👤 **도장의 결함**
① **오렌지 필** : 스프레이 도장 후 표면이 오렌지 껍질 모양으로 도장된 결함으로 발생 원인은 도료의 점도가 높을 경우, 시너의 증발이 빠를 경우, 도장실의 온도 및 도료의 온도가 너무 높을 경우, 스프레이건의 이동속도가 빠르거나 사용 공기압력이 높을 경우, 피도체와의 거리가 멀 때

② **메탈릭 얼룩** : 상도 도장 중에 발생하는 결함으로 메탈릭이나 펄 입자의 불균일 혹은 줄무늬 등을 형성한 상태로 발생 원인은 과다한 시너량, 스프레이건의 취급 부적당, 도막 두께의 불균일, 지건 시너의 사용, 도장 간 플래시 오프 타임 불충분, 클리어 코트 1회 도장 시 과다한 분무,

③ **흐름** : 한 번에 두껍게 도장하여 도료가 흘러 도장면이 편평하지 못한 상태로 발생 원인은 도료의 점도가 낮을 경우, 증발속도가 늦은 지건 시너를 많이 사용하였을 경우, 저온 도장 후 즉시 고온에서 건조할 경우, 스프레이건의 이동속도나 패턴의 겹침 폭이 잘 못 되었을 경우

23 건조가 불충분한 프라이머-서페이서를 연마할 때 발생되는 문제점이 아닌 것은?

① 연삭성이 나쁘고 상처가 생길 수 있다.

② 연마 입자가 페이퍼에 끼어 페이퍼의 사용량이 증가한다.

③ 물 연마를 해도 별 문제가 발생하지 않는다.

④ 우레탄 프라이머 서페이서를 물 연마하면 경화제의 성분이 물과 반응하여 결함이 발생 할 경우가 많다.

24 유리컵에 담겨져 있는 포도주나 얼음덩어리를 보듯이 일정한 공간에 부피감이 있는 것 같이 보이는 색은?

① 공간색(Bulky color)

② 경영색(Mirrored color)

③ 투영면색(Transparent color)

④ 표면색(Surface color)

+• ① **공간색** : 공간색 유리병처럼 투명한 3차원의 공간에 덩어리가 꽉 차 보이는 색을 말한다.

② **경영색** : 거울과 같은 불투명한 광택 면에 나타나는 색(좌우가 바뀌어 보인다.)

③ **투영면색** : 투과하여 빛이 나타나는 색

25 보수도장에서 전처리 작업에 대한 목적으로 틀린 것은?

① 피도물에 대한 산화물 제거로 소지면을 안정화하여 금속의 내식성 증대에 그 목적이 있다.

② 피도면에 부착되어 있는 유분이나 이물질 등의 불순물을 제거함으로써 도료와의 밀착력을 좋게 한다.

③ 피도물의 요철을 제거하여 도장면의 평활성을 향상시킨다.

④ 도막내부에 포함된 수분으로 인해 도료와의 내수성을 향상시킨다.

26 운모에 이산화티탄을 코팅한 것으로서, 빛을 반사 투과하므로 보는 각도에 따라 진주광택이나 홍채색 등 미묘한 색상의 빛을 내는 안료를 지칭하는 것은?

① 무기안료　　　　② 유기안료

③ 메탈릭　　　　　④ 펄(마이카)

27 마스킹 작업의 목적이 아닌 것은?

① 도료의 부착을 좋게 하기 위해서 한다.

② 도장부위 이외의 도료나 도료 분말의 부착을 방지한다.

③ 작업할 부위 이외의 부분에 대한 오염을 방지한다.

④ 패널과 패널 틈새 등으로부터 나오는 먼지나 이물질을 방지한다.

+• 도료의 부착을 좋게 하기 위해서는 연마를 하고 표면의 유분을 제거하기 위해서 탈지를 한다.

28 다음 도료 중 하도도료에 해당하지 않은 것은?

① 워시 프라이머

② 에칭 프라이머

③ 래커 프라이머

④ 프라이머-서페이서

+• 프라이머-서페이서는 중도용 도료로서 건조 후 연마 공정을 할 경우에는 서페이서의 기능을 강조한 것이며 웨트 온 웨트(WET ON WET)방식으로 도장할 경우 프라이머의 기능을 강조한 것이다.

29 전동식 샌더기의 설명이 잘못된 것은?

① 회전력과 파워가 일정하고 힘이 좋다.

② 도장용으로는 사용하지 않는다.

③ 요철 굴곡 제거가 쉬우며 연삭력이 좋다.

④ 에어 샌더에 비해 다소 무거운 편이다.

+👤 도장용, 목공용으로 사용한다.

30 빨강과 노랑색이 서로의 영향으로 빨강은 연두색 기미가 많은 빨강으로, 노랑색은 연두색 기미가 많은 노랑으로 변해 보이는 현상은?

① 계시대비   ② 색상대비

③ 보색대비   ④ 채도대비

+👤 ① **계시대비** : 어떠한 색을 잠시 본 후 시간차를 두고 다른 색을 보았을 때 먼저 본 색의 잔상의 영향으로 뒤에 본 색이 다르게 보이는 현상으로 계속해서 다음 색을 보았을 때는 원래의 색으로 보이게 된다.

② **보색대비** : 색상차이가 많이 나는 보색끼리 대비하였을 경우 대비하는 서로의 색이 더욱 더 뚜렷해 보이는 현상이다.

③ **채도대비** : 채도가 서로 다른 두 색이 서로의 영향에 의해서 채도가 높은 색은 더 선명하게 낮은 색은 더 탁하게 보이는 현상이다.

31 우리 눈에 어떤 자극을 주어 색각이 생긴 뒤에 자극을 제거한 후에도 그 흥분이 남아서 원자극과 같은 성질의 감각 경험을 일으키는 현상은?

① 정의 잔상   ② 부의 잔상

③ 조건등색   ④ 색의 연상 작용

+👤 ① **부의 잔상** : 자극이 사라진 후에 색상, 명도, 채도가 정반대로 느껴지는 현상.

② **조건등색** : 서로 다른 두 가지의 색이 특정한 광원 아래에서 같은 색으로 보이는 현상으로 분광반사율이 서로 다른 두 물체의 색이 관측자나 조명에 의해 달라 보일 수 있기 때문이다.(※ 연색성 : 조명이 물체의 색감에 영향을 미치는 현상으로 동일한 물체색이라도 광원에 따라 달리 보이는 현상)

③ **색의 연상 작용** : 어떤 색을 보면 연상되어 느껴지는 현상(검정, 흰색은 상복을 떠올린다.)

④ **표면색** : 물체색 중에서도 물체의 표면에서 반사하는 빛이 나타내는 색

32 보수 도장 시 탈지가 불량하여 발생하는 도막의 결함은?

① 오렌지 필(orange feel)

② 크레터링(cratering)

③ 메탈릭(metallic) 얼룩

④ 흐름(sagging and running)

+👤 **오렌지 필(orange peel)의 발생 원인**

① 도료의 점도가 높을 경우

② 시너의 증발이 빠를 경우

③ 도장실의 온도나 도료의 온도가 너무 높을 때

④ 스프레이건의 이동속도가 빠를 때

⑤ 스프레이건의 사용압력이 높을 때

⑥ 피도체와의 거리가 멀 때

⑦ 패턴 조절이 불량일 때

◆ **메탈릭 얼룩의 발생 원인**

① 도료의 점도가 너무 묽거나 높을 때

② 작업자의 스프레이건 사용이 부적절 할 때

③ 도막의 두께가 불균일 할 때

④ 지건 시너를 사용하였을 때

⑤ 도장 간 플래시 오프 타임을 적게 주었을 때

⑥ 클리어 코트 1차 도장 시 과다하게 분무하였을 때

◆ **흐름(sagging)의 발생 원인**

① 한 번에 너무 두껍게 도장하였을 때

② 도료의 점도가 너무 낮을 때

③ 증발속도가 늦은 지건 시너를 과다하게 사용하였을 때

④ 저온도장 후 즉시 고온에서 건조시킬 때

⑤ 스프레이건의 운행 속도가 불량일 때

⑥ 스프레이건의 패턴 겹침을 잘못하였을 때

33 일반적인 광택제의 보관 온도로 적당한 것은?

① -5℃   ② 5℃

③ 20℃   ④ 40℃

34 가산혼합에서 빨강(Red)과 초록(Green)색을 혼합하면 무슨 색이 되는가?

① 파랑(Blue)   ② 청록(Cyan)

③ 자주(Magenta)   ④ 노랑(Yellow)

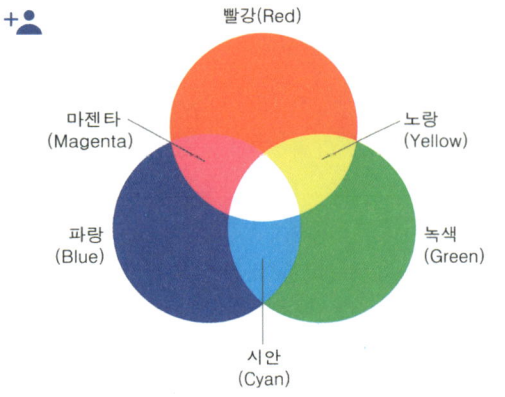

빨강(Red)

마젠타
(Magenta)

노랑
(Yellow)

파랑
(Blue)

녹색
(Green)

시안
(Cyan)

35 박리(벗겨짐) 현상의 발생 원인이 아닌 것은?

① 구도막이나 도막면의 연마 부족시

② 이물질 제거 부족 시

③ 경화제 혼합량 부족시

④ 구도막의 거친 샌드페이퍼로 연마 시

+👤 **박리 현상** : 도장 후 중간 부착력 부족으로 도장의 피막이 벗겨지는 것을 말하며, 발생 원인은 다음과 같다.

① 도장 면에 오염물이 묻어 있는 것을 제거하지 않고 도장할 경우 발생한다.

② 연마를 하지 않고 도장할 경우 발생한다.

③ 경화제의 혼합량이 부족한 상태로 도장한 경우에 발생한다.

36 다음 중 일반적으로 가장 무거운 느낌의 색은?

① 녹색　　　　② 보라

③ 검정　　　　④ 노랑

37 다음 중 도장할 장소에 의한 분류에 해당되지 않는 것은?

① 내부용 도료　　② 하도용 도료

③ 바닥용 도료　　④ 지붕용 도료

+👤 하도용 도료는 도장 공정별 분류로 하도용 도료, 중도용 도료, 상도용 도료 등으로 나뉜다.

38 색채의 중량감은 색의 3속성 중에서 주로 어느 것에 의하여 좌우되는가?

① 명도　　　　② 색상

③ 채도　　　　④ 순도

+👤 **중량감**

① 명도에 의해서 좌우

② 가장 무겁게 느껴지는 색은 검정, 가장 가볍게 느껴지는 색은 흰색이다.

③ 검정, 파랑, 빨강, 보라, 주황, 초록, 노랑, 하양 순으로 중량감이 느껴진다.

39 제3종 유기용제 취급 장소의 색 표시는?

① 빨강　　　　② 노랑

③ 파랑　　　　④ 녹색

+👤 **유기 용제의 종류**

① 1종 유기용제 : 표시 색상은 빨강이며, 벤젠, 사염화탄소, 트리클로로에틸렌 – 25ppm

② 2종 유기용제 : 표시 색상은 노랑이며, 톨루엔, 크실렌, 초산에틸, 초산부틸, 아세톤, 에틸에테르 등이다. – 200ppm

③ 3종 유기용제 : 표시 색상은 파랑이며, 가솔린, 미네랄스피릿, 석유나프타, 석유벤젠, 테레핀유 등이다. – 500ppm

40 워시프라이머 사용에 대한 설명으로 맞는 것은?

① 워시 프라이머 건조 시 수분이 침투되면 부착력이 급속히 상승하기 때문에 바닥에 물을 뿌려 양호한 상태로 만든 다음 도장한다.

② 건조도막은 내후성 및 내수성이 약하므로 도장 후 8시간 이내에 후속도장을 해야 한다.

③ 2 액형 도료의 경우 혼합된 도료는 가사 시간이 지나면 점도가 낮아져 부착력이 향상된다.

④ 경화제와 시너는 프라이머–서페이서 도료의 경화제와 혼용하여 사용해도 무방하다.

41 자동차 보수도장에서 표면 조정 작업의 안전 및 유의 사항으로 틀린 것은?

① 연마 후 세정 작업은 면장갑과 방독 마스크를 사용한다.

② 박리제를 이용하여 구도막을 제거할 경우에는 방독 마스크와 내화학성 고무장갑을 착용한다.

③ 작업범위가 아닌 경우에는 마스킹을 하여 손상을 방지한다.

④ 연마 작업은 알맞은 연마지를 선택하고 샌딩 마크가 발생하지 않도록 주의한다.

42 하나의 색상에서 무채색의 포함량이 가장 적은 색은?

① 파랑색   ② 순색

③ 탁색   ④ 중성색

+👤 **무채색** : 색상과 채도가 없고 명도만 가지고 있는 색으로 흰색과 검정색의 양만 가지고 있다.

43 2액형 우레탄 수지의 도료를 사용하기 위해 혼합하였을 때 겔화, 경화 등이 일어나지 않고 사용하기에 적합한 유동성을 유지하고 있는 시간을 나타내는 것은?

① 지촉건조   ② 경화건조

③ 가사시간   ④ 중간건조시간

44 수지의 분류 방법 중 주로 동식물에서 추출 또는 분해되는 수지를 일컫는 것은?

① 합성 수지

② 천연 수지

③ 열가소성 수지

④ 열경화성 수지

+👤 ① 합성수지는 화학적으로 합성하여 만든 수지로서 열가소성 수지와 열경화성 수지로 나뉜다.

② 열가소성 수지는 열을 가하여 성형한 후 다시 열을 가하면 형태를 변형시킬 수 있는 수지로서 염화비닐수지, 아크릴수지, 질화면(NC), 셀룰로즈, 아세테이트, 부칠레이트(CAB) 등이 있다.

③ 열경화성 수지는 열을 가하여 성형한 후 다시 열을 가해도 형태가 변하지 않는 수지로서 에폭시수지, 멜라민수지, 불포화 폴리에스테르수지, 폴리우레탄수지, 아크릴 우레탄수지 등이 있다.

45 솔리드 색상의 색상변화에 대한 설명 중 틀린 것은?

① 솔리드 색상은 시간경과에 따라 건조전과 후의 색상변화가 없다.

② 색을 비교해야 할 도막 표면은 깨끗하게 닦아야 정확한 색을 비교할 수 있다.

③ 색상 도료를 도장하고, 클리어 도장을 한 후의 색상은 산뜻한 느낌의 색상이 된다.

④ 베이지나 옐로우 계통의 색상에 클리어를 도장했을 때 산뜻하면서 노란색감이 더 밝아 보이는 경향이 있다.

+👤 자동차 보수용 컬러는 건조 전·후, 클리어 도장 유무에 따라 색상이 변화된다.

46 도막에 작은 바늘 구멍과 같이 생기는 현상은?

① 오렌지 필(orange peel)

② 메탈릭 얼룩(blemish)

③ 핀홀(pin hole)

④ 벗겨짐(peeling)

+👤 **오렌지필(orange peel)**

(1) 현상 : 스프레이 도장 후 표면에 오렌지 껍질 모양으로 요철이 생기는 현상

(2) 발생원인

① 도료의 점도가 높을 경우

② 시너의 증발이 빠를 경우

③ 도장실의 온도나 도료의 온도가 너무 높을 때

④ 스프레이 건의 이동속도가 빠르거나, 공기압이 높거나, 피도체와의 거리가 멀거나, 패턴의 조절이 불량 할 때

(3) 예방대책

① 도료의 점도를 적절하게 맞춘다.

② 온도에 맞는 적정 시너를 사용한다.

③ 표준작업의 온도에 맞추어 작업한다.
(온도 : 20~25℃, 습도 : 75% 이하)

④ 스프레이건의 이동속도, 공기압, 거리, 패턴을 조절하여 사용한다.

(4) 조치사항

① 건조 후 결함부위는 광택용 내수 페이퍼로 정교하게 연마한 후 광택작업

② 심할 경우 연마 후 재도장

◆ **메탈릭 얼룩(blemish)**

(1) 현상 : 메탈릭이나 펄 입자가 불 균일 혹은 줄무늬 등을 형성한 상태

(2) 발생원인

① 과다한 시너량

② 스프레이건의 취급 부적당

③ 도막의 두께가 불 균일

④ 지건 시너 사용

⑤ 도장 간 플래시 오프 타임 불충분

⑥ 클리어 코트 1회 도장 시 과다한 분무

(3) 예방대책

① 적당한 점도조절

② 스프레이건의 사용 시 표준작업시행

③ 적정 시너를 사용한다.

④ 도장 간 플래시 오프 타임 준수

⑤ 클리어 1회 도장시 얇게 도장

(4) 조치사항

① 베이스 코트 도장 시 발생한 얼룩은 충분한 플래시 오프 타임을 준 후 얼룩을 제거한다.

② 건조 후에 발생 한 얼룩은 완전 건조 후 재 도장

◆ **핀홀(pin hole)**

(1) 현상 : 도장 건조 후에 도막에 바늘로 찌른 듯한 작은 구멍이 생긴 상태

(2) 발생원인

① 도장 후 세팅타임을 주지 않고 급격히 온도를 올린 경우

② 증발 속도가 빠른 시너를 사용 하였을 경우

③ 하도나 중도에 기공이 잔재해 있을 경우

④ 점도가 높은 도료를 두껍게 도장 하였을 경우

(3) 예방대책

① 도장 후 세팅타임을 충분히 준다.

② 적절한 시너 사용을 한다.

③ 도장 전 하도, 중도 기공의 유무를 확인하고, 발견 시 수정하고 후속 도장을 한다.

④ 도료에 적합한 점도를 유지하여 스프레이 한다.

(4) 조치사항

① 심하지 않을 경우 완전 건조 후 2K 프라이머 서페이서로 도장 후 후속도장 한다.

② 심할 경우 퍼티공정부터 다시 한 후 재 도장한다.

◆ **벗겨짐(peeling)**

(1) 현상 : 층간 부착력의 부족으로 도장 피막이 벗겨지는 것

(2) 발생원인

① 소지 전 전처리 상태가 양호하지 않았을 경우

② 부적합한 폴리퍼티를 사용 하였을 경우

③ 건조시 건조 작업을 정확히 하지 않았을 경우

(3) 예방대책

① 소지면 탈지를 완벽하게 한다.

② 아연도금 강판의 경우 적절한 퍼티를 사용한다.

③ 건조사항 준수를 해야 함

(4) 조치사항

① 결함 발생 부위 연마 후 재도장

47 다음 배색 중 가장 눈에 잘 띄는 색은?

① 녹색 – 파랑

② 주황 – 노랑

③ 보라 – 파랑

④ 빨강 – 청록

48 도료의 보관 장소에서 우선하여 고려되어야 할 사항은?

① 상온 유지　　② 환기

③ 습기　　④ 청소

49 압송식 스프레이건에 대해 설명한 것은?

① 점도가 높은 도료에는 적합하지 않다.

② 에어의 힘으로 도료를 빨아올리므로 도료의 점도가 바뀌면 토출량도 변한다.

③ 건과 탱크를 세정하고 파이프까지 세정해야 하므로 불편하다.

④ 압력차에 의해 노즐에 도료를 공급하고 노즐 위에 도료 컵이 위치한다.

50 다음 중 구도막의 제거작업 순서로 맞는 것은?

① 탈지작업 — 세차작업 — 손상부위 점검 및 표시작업 — 손상부위 구도막제거작업 — 단낮추기(표면조정작업) — 탈지작업 — 화성피막작업

② 세차작업 — 탈지작업 — 손상부위 점검 및 표시작업 — 손상부위 구도막제거작업 — 단낮추기(표면조정작업) — 탈지작업 — 화성피막작업

③ 손상부위 구도막제거작업 — 세차작업 — 탈지작업 — 손상부위 점검 및 표시작업 — 단낮추기(표면조정작업) — 탈지작업 — 화성피막작업

④ 단낮추기(표면조정작업) — 탈지작업 — 화성피막작업 — 손상부위 구도막제거작업 — 세차작업 — 탈지작업 — 손상부위 점검 및 표시작업

51 상도 도장 작업 후 용제의 증발로 인해 도장 표면에 미세한 굴곡이 생기는 현상은?

① 부풀음   ② 오렌지 필
③ 물자국   ④ 황변

➕👤 ◈ **부풀음** : 피도면에 습기나 불순물의 영향으로 도막 사이의 틈이 생겨 부풀어 오른 상태

(1) 발생원인
① 피도체에 수분이 흡수되어 있을 경우
② 습식연마 작업 후 습기를 완전히 제거하지 않고 도장 하였을 경우
③ 도장 전 상대 습도가 지나치게 높을 경우
④ 도장실과 외부와의 온도차에 의한 수분응축현상
⑤ 도막 표면의 핀홀이나 기공을 완전히 제거 하지 않았을 경우

(2) 예방대책
① 폴리에스테르 퍼티 적용시 도막 면에 남아있는 수분을 완전히 제거하고 실러 코트적용
② 핀홀이나 기공 발생 부위에 눈 메꿈작업 시행
③ 도장 작업시 수시로 도장실의 상대습도를 확인

(3) 조치사항
① 결함 부위를 제거하고 재도장

◈ **오렌지 필** : 스프레이 도장 후 표면에 오렌지 껍질 모양으로 요철이 생기는 현상

◈ **물 자국** : 도막 표면에 물방울 크기의 자국 혹은 반점이나 도막의 패임이 있는 상태

(1) 발생원인
① 불완전 건조 상태에서 습기가 많은 장소에 노출 하였을 경우
② 베이스 코트에 수분이 있는 상태에서 클리어 도장을 하였을 경우
③ 오염된 시너를 사용 하였을 경우

(2) 예방대책
① 도막을 충분히 건조 시키고 외부 노출시킨다.
② 베이스 코트에 수분을 제거하고 후속 도장을 한다.

(3) 조치사항
① 가열 건조하여 잔존해 있는 수분을 제거하고 광택 작업을 한다.
② 심할 경우 재도장

◈ **황변** : 도막의 색깔이 시간이 경과함에 따라 황색으로 변하는 현상

52 솔리드 색상을 조색하는 방법의 설명 중 틀린 것은?

① 주 원색은 짙은 색부터 혼합한다.
② 견본 색보다 채도는 맑게 맞추도록 한다.
③ 색상이 탁해지는 색은 나중에 넣는다.
④ 동일한 색상을 오래 동안 주시하면 잔상현상이 발생되기 때문에 피한다.

53 도장 부스에 대한 설명으로 맞는 것은?

① 공기는 강제 배기가 되므로 자연 급기−강제 배기, 강제 급기−강제 배기 2 가지 방식이 있다.
② 자연급기 타입은 룸 내부가 플러스 압력으로 되며, 틈새 먼지가 내부로 들어오지 못한다.
③ 강제급기 타입은 대부분 마이너스 압력으로 설정이 되어 있다.
④ 자연급기와 강제급기 타입은 공기 흐름이 항상 똑같아야 한다.

① 자연 급기 타입 : 룸 내부가 마이너스 압력으로 되어 외부의 먼지가 도장실로 쉽게 들어올 수 있다.
② 강제급기 타입 : 대부분 플러스 압력으로 설정이 되어 있다.

54 우레탄계 도료에서 사용되는 경화제를 취급할 때 유의사항으로 적합하지 않은 것은?

① 이소시아네이트 경화제는 독성이 없어 장갑이나 보호 마스크 착용이 필요 없다.
② 공기 중의 수분과 반응하므로 경화제 뚜껑을 확실히 닫는다.
③ 경화제가 젤 모양이나 하얗게 탁해진 것은 사용하지 않는다.
④ 경화제의 배합은 분무하기 바로 전에 한다.

55 피막결함이 도료 저장 중(도장 전) 발생하는 경우로 틀린 것은?

① 도료 용기의 뚜껑이 밀폐되지 않아 공기의 유동이 있는 경우
② 저장중의 온도가 높은 상태로 장시간 저장한 경우
③ 도료 안에 건성유 성분이 많은 때나 건조제가 과다 한 경우
④ 공기와의 접촉면이 없는 경우

피막현상
(1) 현상 : 도료의 표면이 말라붙은 피막이 형성
(2) 발생원인
① 도료의 첨가제중 피막방지제의 부족이나 건조제가 너무 많았을 경우
② 도료 통의 뚜껑을 완전히 밀봉하지 않고 보관하였을 경우
③ 증발이 빠르고 용해력이 약한 용제를 사용하였을 경우
(3) 예방대책
① 건조제의 사용을 줄이고, 피막방지제를 사용
② 도료 통의 뚜껑을 완전히 밀봉하여 보관한다.
③ 증발이 느리고, 용해력이 강한 용제를 사용한다.

56 조색 작업시 명암 조정에 대한 설명 중 틀린 것은?

① 솔리드 색상을 밝게 하려면 백색을 첨가한다.
② 메탈릭 색상을 밝게 하려면 알루미늄 조각(실버)을 첨가한다.
③ 솔리드, 메탈릭 색상의 명암을 어둡게 하려면 배합비 내의 흑색을 첨가한다.
④ 솔리드, 메탈릭 색상의 명암을 어둡게 하려면 보색을 사용한다.

색상 조색에서 보색은 사용하지 않으며, 빨강색의 경우 명도를 조정하기 위하여 백색을 첨가하면 분홍색이 되므로 첨가하지 않는다.

57 도장 용제에 대한 설명 중 틀린 것은?

① 수지를 용해 시켜 유동성을 부여한다.
② 점도조절 기능을 가지고 있다.
③ 도료의 특정 기능을 부여한다.
④ 희석제, 시너 등이 사용된다.

도료의 특정 기능을 부여하는 요소는 첨가제이다.

58 핀 홀(pin hole)이 발생하는 경우로 틀린 것은?

① 열처리를 급격하게 했을 때
② 플래시 오프 타임(Flash off Time) 시간이 적을 때
③ 도막이 얇을 때
④ 용제의 증발이 너무 빠를 때

핀홀 : 도장 건조 후에 도막에 바늘로 찌른 듯한 조그마한 구멍이 생긴 상태
(1) 발생원인
① 도장 후 세팅타임을 주지 않고 급격히 온도를 올린 경우
② 증발 속도가 빠른 시너를 사용 하였을 경우
③ 하도나 중도에 기공이 잔재해 있을 경우
④ 점도가 높은 도료를 두껍게 도장 하였을 경우
(2) 예방대책
① 도장 후 세팅타임을 충분히 준다.
② 적절한 시너 사용을 한다.
③ 도장전 하도, 중도 기공의 유무를 확인하고, 발견

시 수정하고 후속 도장을 한다.
④ 도료에 적합한 점도를 유지하여 스프레이 한다.
(3) 조치사항
① 심하지 않을 경우 완전 건조 후 2K 프라이머 서페이서로 도장 후 후속도장 한다.
② 심할 경우 퍼티공정부터 다시 한 후 재 도장한다.

59 자동차 보수도장에서 사용하는 도료 분류 방법이 아닌 것은?
① 아크릴 타입(1Coat-1Bake)
② 메탈릭 타입(2Coat-1Bake)
③ 솔리드 2 액형 타입(1Coat-1Bake)
④ 2 코트 펄 타입(3Coat-1Bake)

60 다음 중 도장 도막 건조 장비로 사용되지 않는 것은?
① 스팀 건조기
② 원적외선 건조기
③ 전기 오븐
④ 열풍 건조기

➕👤 도장 후 습도가 높을 경우에는 백화현상이 발생 한다.

제3회 정답	01. ④	02. ④	03. ①	04. ③	05. ③	06. ②	07. ④	08. ④	09. ④	10. ③
	11. ①	12. ③	13. ②	14. ②	15. ④	16. ①	17. ③	18. ②	19. ③	20. ②
	21. ②	22. ②	23. ③	24. ①	25. ④	26. ④	27. ①	28. ④	29. ②	30. ②
	31. ①	32. ②	33. ③	34. ④	35. ④	36. ③	37. ②	38. ①	39. ③	40. ②
	41. ①	42. ②	43. ③	44. ②	45. ①	46. ③	47. ④	48. ②	49. ③	50. ②
	51. ②	52. ①	53. ①	54. ①	55. ④	56. ④	57. ③	58. ③	59. ①	60. ①

모의고사

01 자동차 주행 중 작은 돌이나 모래알 등에 의한 도막의 벗겨짐을 방지하기 위한 도료는?
① 방청 도료
② 내스크래치 도료
③ 내칩핑 도료
④ 바디실러 도료

02 동일 색상의 배색에서 받는 느낌을 가장 옳게 설명한 것은?
① 호려하고 자극적인 느낌
② 활동적이고 발랄한 느낌
③ 부드럽고 통일성 있는 느낌
④ 강한 대칭의 느낌

+● ① **동일 색상의 배색** : 부드럽고 통일된 느낌
② **유사 색상의 배색** : 완화함, 친근감, 즐거움
③ **반대 색상의 배색** : 화려하고 강하고 생생한 느낌
④ **고채도의 배색** : 동적이고 자극적, 산만한 느낌
⑤ **저채도의 배색** : 부드럽고 온화한 느낌
⑥ **고명도의 배색** : 순수하고 맑은 느낌
⑦ **저명도의 배색** : 무겁고, 침울한 느낌

03 다음 중 도막제거의 방법이 아닌 것은?
① 샌더에 의한 제거
② 리무버에 의한 제거
③ 샌드 블라스터에 의한 제거
④ 에어 블로잉에 의한 제거

04 마스킹 페이퍼 디스펜서의 설명이 아닌 것은?
① 마스킹 테이프에 롤 페이퍼가 부착될 수 있게 세트화 되었다.
② 고정식과 이동식이 있다.
③ 너비가 다른 롤 페이퍼를 여러 종류 세트시킬 수 있다.

④ 10cm 이하 및 100cm 이상은 사용이 불가능하다.

05 프라이머 서페이서 연마의 목적과 이유가 아닌 것은?
① 도막의 두께를 조절하기 위해서다.
② 상도 도료의 밀착성을 향상시키기 위해서다.
③ 프라이머 서페이서 면을 연마함으로써 면의 평활성을 얻을 수 있다.
④ 상도 도장의 표면을 균일하게 하여 미관상 마무리를 좋게 한다.

+● **프라이머 서페이서의 연마 목적**
① 상도 도료와 하도도료와의 밀착성
② 상도의 미려한 외관을 위한 평활성
◆ **프라이머 서페이서의 도장 목적**
① 거친 연마자국이나 작은 요철을 제거하는 충진성
② 상도도료가 하도로 흡습되는 것을 방지하는 차단성
③ 녹 발생을 억제하는 방청성

06 색광의 3원색에 해당되는 것은?
① 빨강(R) – 파랑(B) – 노랑(Y)
② 빨강(R) – 초록(G) – 자주(M)
③ 빨강(R) – 파랑(B) – 초록(G)
③ 빨강(R) – 파랑(B) – 자주(M)

+● ① **색광의 3원색(가산혼합)** : 빨강(Red), 녹색(Green), 파랑(Blue)
② **색료의 3원색(감산혼합)** : 마젠타(Magenta), 노랑(Yellow), 시안(Cyan)

07 도장용 주걱(스푼)으로 부적합 한 것은?
① 나무주걱
② 고무주걱
③ 플라스틱 주걱
④ 함석주걱

08 마스킹 페이퍼와 마스킹 테이프를 한곳에 모아둔 장치로 마스킹 작업 시에 효율적으로 사용하기 위한 장치는?

① 틈새용 마스킹재
② 마스킹용 플라스틱 스푼
③ 마스킹 커터 나이프
④ 마스킹 페이퍼 편리기

+👤 **틈새용 마스킹** : 스펀지 마스킹이라고도 하며 도장시 도어, 후드나 트렁크 내부에 페인트가 들어가는 것을 방지하며 도막 경계면이 완만하여 작업의 품질이 상승되는 효과가 있다.

09 도료가 완전 건조된 후에도 용제의 영향을 받는 것은?

① NC 래커
② 아미노 알키드
③ 아크릭
④ 표준형 우레탄

10 상도 도장 전 수연마(water sanding)의 단점으로 가장 적합한 것은?

① 먼지 제거   ② 부식 효과
③ 연마지 절약   ④ 평활성

+👤

구 분	습식 연마	건식 연마
작업성	보통	양호.
연마 상태	마무리가 거칠다	마무리가 곱다
연마 속도	늦다	빠르다
연마지 사용량	적다	많다
먼지 발생	없다	있다
결점	수분 완전제거 해야 한다.	집진장치 필요
현재 작업 추세	건식 연마에 밀리고 있다	많이 사용하고 있다.

11 흰색에 대하여 추상적으로 연상되는 감정이 아닌 것은?

① 청결   ② 순수
③ 침묵   ④ 소박

+👤
① **회색** : 겸손, 우울, 무기력, 점잖음 등
② **검정** : 밤, 부정, 절망, 정지, 침묵 등
③ **흰색** : 청결, 소박, 순수, 순결 등
④ **빨강** : 자극적, 열정, 능동적, 화려함 등
⑤ **노랑** : 명랑, 환희, 희망, 광명 등
⑥ **녹색** : 평화, 고요함, 나뭇잎 등
⑦ **파랑** : 차가움, 바다, 추위, 무서움 등
⑧ **보라** : 창조, 우아, 고독, 외로움 등

12 불포화폴리에스테르 퍼티 연마시 평활성 작업에 가장 적합한 연마지는?

① #80~#320
② #400~#600
③ #800~#1000
④ #1200~#1500

+👤

	작업 공정	사용연마지
하도	1차 퍼티	P80
	2차 퍼티	P180
	중도 도장면 연마	P320
중도	솔리드(블랙제외)	P400
	메탈릭 컬러	P600
	펄 컬러(블랙컬러)	P800
상도	크리어도장	P1000~1200
	광택연마	1200~

13 다음 색중 명도가 가장 낮은 것은?

① 주황   ② 보라
③ 노랑   ④ 연두

+👤 ① 주황 : 5YR6/12   ② 보라 : 5P4/12
③ 노랑 : 5Y9/14   ④ 연두 : 5GY7/10

14 폴리싱 작업 중 마스크를 착용해야 할 이유는?

① 먼지가 많이 나기 때문에
② 광택이 잘 나기 때문에
③ 손작업보다 쉽기 때문에
④ 소음 때문에

15 연마에 사용하는 샌더기 중 중심축을 회전하면서 중심축의 안쪽과 바깥쪽을 넘나드는 형태로 한 번 더 스트로크(stroke) 하여 연마하는 샌더기는?

① 더블 액션 샌더(Double Action Sander)
② 싱글 액션 샌더(Single Action Sander)
③ 오비탈 샌터(Obital Sander)
④ 스트레이트 샌더(Straight Sander)

16 다음 도료 중 하도 도료에 해당하지 않는 것은?

① 워시 프라이머
② 에칭 프라이머
③ 래커 프라이머
④ 프라이머-서페이서

+● 프라이머 서페이서는 중도 도료이며, 기능으로는 차단성, 평활성 등이 있다.

17 메탈릭 입자에 대한 설명으로 옳은 것은?

① 입자가 둥근 메탈릭 입자는 은폐력이 약하다.
② 입자의 종류는 크게 3 가지로 구분 된다.
③ 입자 크기에 따라 정면과 측면의 밝기를 조절할 수 있다.
④ 관찰하는 각도에 따라 색상의 밝기가 달라진다.

18 컴파운팅 공정의 주된 목적은?

① 도막 보호
② 칼라 샌딩 연마 자국 제거
③ 도막의 은폐
④ 스월 마크 제거

+● 컴파운딩 공정의 목적은 오렌지 필을 제거한 도장면을 컴파운드를 사용하여 광택이 나도록 하는 공정이다.

19 프라이머-서페이서 연마시 샌더 연마용으로 적절한 것은?

① P40~80
② P80~120
③ P80~320
④ P400~600

+● **후속도장에 따라 프라이머-서페이서의 연마지 선택**

	작업 공정	사용연마지
중도	솔리드(블랙 제외)	P400
	메탈릭컬러	P600
	펄컬러(블랙컬러)	P800

20 상도 작업에서 컴파운드, 왁스 등이 묻거나 손의 화장품, 소금기 등으로 인하여 발생하기 쉬운 결함을 제거하기 위한 목적으로 실시하는 작업은?

① 에어 블로잉
② 탈지 작업
③ 송진포 작업
④ 수세 작업

+● **작업의 용도**
① **에어 블로잉** : 압축공기로 먼지나 수분 등을 제거
② **탈지 작업** : 도장 표면에 있는 유분이나 이형제 등을 제거
③ **송진포 작업** : 도장 표면에 있는 먼지를 제거

21 스프레이 건 세척 작업시 필히 착용해야 할 보호구는?

① 보안경
② 귀마개
③ 안전헬멧
④ 내용-제성 장갑

22 우레탄 프라이머 서페이서를 혼합할 때 경화제를 필요 이상으로 첨가했을 때 발생하는 원인이 아닌 것은?

① 건조가 늦어진다.
② 작업성이 나빠진다.
③ 공기 중의 수분과 반응하여 도막에 결로가 되므로 블리스터의 원인이 된다.
④ 경화불량 균열 및 수축의 원인이 된다.

23 클리어(투명)가 인체에 유해하여도 사용되는 이유 중 틀린 것은?

① 도막이 아름답기 때문에
② 도장용 성능이 우수하기 때문에
③ 도막이 오래가기 때문에
④ 습관상 오래 사용했기 때문에

24 그라인더 작업 시 안전 및 주의사항으로 틀린 것은?

① 숫돌의 교체 및 시험운전은 담당자만 하여야 한다.
② 그라인더 작업에는 반드시 보호안경을 착용하여야 한다.
③ 숫돌의 받침대가 3mm 이상 열렸을 때에는 사용하지 않는다.
④ 숫돌 작업은 정면에서 작업하여야 한다.

+🙎 숫돌작업은 안전을 위하여 정면을 피한 위치에서 한다.

25 다음 중 가산 혼합에 대한 설명으로 바른 것은?

① 색료를 혼합할 때 색 수가 많을수록 혼합결과의 명도는 낮아진다.
② 컬러영화필름, 색채사진 등이 가산혼합의 예이다.
③ 가산혼합의 3 원색은 마젠타 노랑 시안이다.
④ 2 가지 이상의 색광을 혼합할 때 혼합결과의 명도가 높아진다.

+🙎 ① **감산혼합** : 자주(magenta), 노랑(yellow), 시안(cyan)을 모두 혼합하면 혼합할수록 혼합 전의 상태보다 색의 명도가 낮아진다.
② **가산혼합** : 빨강(red), 녹색(green), 파랑(blue)을 모두 혼합하면 백색광을 얻을 수 있는데 이는 혼합 전의 상태보다 색의 명도가 높아진다.

26 내약품성, 부착성, 연마성, 내스크래치성, 선명성 들이 우수하여 자동차보수도장 상도용으로 사용되는 수지는?

① 아크릴 멜라민 수지
② 아크릴 우레탄 수지
③ 에폭시 수지
④ 알키드 수지

27 신차용 자동차 도료에 사용되며 에폭시 수지를 원료로 하여 방청 및 부착성 향상을 위해 사용하는 도료는?

① 전착 도료
② 중도 도료
③ 상도 베이스
④ 상도 투명

+🙎 **도료의 역할**
① **중도 도료** : 하도로 상도 도료가 흡습되는 것을 방지한다.
② **상도 베이스** : 미려한 색상을 만드는 도료
③ **상도 투명** : 외부의 오염물이나 자외선 등을 차단하고 광택이 나도록 한다.

28 수연작업에서 작업 방법이 부적합한 것은?

① 손에 힘을 너무 많이 주면 균일한 속도와 힘을 유지할 수 없다.
② 힘을 균일하게 주지 않을 경우 도막 연마 상태에 영향을 주게 된다.
③ 힘과 속도는 일정해야 할 필요가 없다.
④ 연마지를 잡은 손의 힘은 균일하여야 한다.

+🙎 힘과 속도는 일정해야 한다.

29 다음 배색 중 가장 따뜻한 느낌의 배색은?

① 파랑과 녹색
② 노랑과 녹색
③ 주황과 노랑
④ 빨강과 파랑

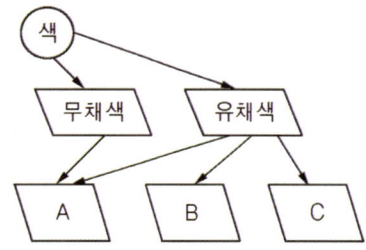

+ ① **난색** : 빨강, 노랑 등이 있으며 빨강 계통의 고명도, 고채도의 색일수록 더욱 더 따듯하게 느껴진다.
　② **한색** : 청록, 파랑, 남색 등이 있으며 파랑 계통의 저명도 저채도의 색이 차갑게 느껴진다.
　③ **중성색** : 연두, 녹색, 보라, 자주 등이 있으며 중성색 주위에 난색이 있으면 따뜻하게 느껴지고 한색 옆에 있으면 차갑게 느껴진다.

30 다음 그림은 색의 3속성을 나타낸 것이다 여기서 A에 해당되는 요소는?

① 색상　　　　② 명도
③ 채도　　　　④ 명시도

31 다음 중 워시 프라이머의 도장작업에 대한 설명으로 적합하지 않는 것은?

① 추천 건조 도막 두께로 도장하기 위해 4~6회 도장
② 2액형 도료인 경우, 주제와 경화제의 혼합비율을 정확하게 지켜 혼합
③ 혼합된 도료인 경우, 가사시간이 지나면 점도가 상승하고 부착력이 떨어지기 때문에 재사용은 불가능
④ 도막을 너무 두껍게도 얇게도 도장하지 않도록 한다.

+ **워시 프라이머**
① 녹 방지와 부착성을 위해서 작업한다.
② 도료에 따라 도막 두께는 다르지만 1액형의 경우 30um, 2액형은 10um정도 도장한다.

32 블렌딩 도장작업에서 도막의 결함인 메탈릭 얼룩 현상이 발생될 수 있는 공정은?

① 표면조정 공정
② 광택 공정
③ 상도 공정
④ 중도 공정

+ 메탈릭 얼룩은 2coat 메탈릭 색상 베이스코트 도장시에 발생하는 결함이다.

33 다음 중 동시 대비와 가장 거리가 먼 것은 ?

① 색상 대비
② 명도 대비
③ 보색 대비
④ 면적 대비

+ 동시 대비는 가까이 있는 두 가지 이상의 색을 동시에 볼 때 일어나는 현상으로 색상대비, 명도대비, 채도대비, 보색대비가 있다.

34 탈지제를 이용한 탈지작업에 대한 설명으로 틀린 것은?

① 도장면을 종이로 된 걸레나 면걸레를 이용하여 탈지제로 깨끗하게 닦아 이물질을 제거 한다.
② 탈지제를 묻힌 면 걸레로 도장면을 닦은 다음 도장면에 탈지제가 남아 있지 않도록 해야 한다.
③ 도장할 부위를 물을 이용하여 깨끗하게 미세먼지까지 제거 한다.
④ 한쪽 손에는 탈지제를 묻힌 것을 깨끗하게 닦은 다음 다른 쪽 손에 깨끗한 면걸레를 이용하여 탈지제가 증하기 전에 도장면에 묻은 이물질과 탈지제를 깨끗하게 제거한다.

35 자기 반응형(2액 중합건조)에 대한 설명 중 틀린 것은?

① 주제와 경화제를 혼합함으로써 수지가 반응한다.
② 아미노알키드수지도료와 같이 신차 도장에서 주로 사용된다.
③ 5℃이하에서는 거의 반응이 없다가 40~80℃에서는 건조시간이 단축된다.
④ 도막은 그물(망상)구조를 형성한다.

36 플라스틱 범퍼에 자동차 도장 색상 차이가 발생되었다면, 자동차 생산업체의 원인으로 가장 적합한 것은?

① 도료제조용 안료의 변경
② 자동차의 부품이 서로 다른 도장 라인에서 도장되는 경우
③ 제조공정에서 교반이 불충분
④ 표준색과 상이한 도료 출고

37 구도막 제거 시 샌더와 도막 표면의 일반적인 유지 각도는?

① 15°~20°　　② 25°~30°
③ 30°~35°　　④ 35°~45°

38 플라스틱 부품의 도장에 필요한 도료의 요구조건 중 틀린 것은?

① 고온 경화형 도료 사용
② 밀착형 프라이머 사용
③ 유연성 도막의 도료 사용
④ 전처리 함유 용제 사용

+👤 도료는 크게 저온 건조형, 중온 건조형, 고온 건조형으로 나뉜다. 플라스틱 재질의 특성 상 100℃가 넘어가면 유동성이 생기기 때문에 저온 건조형 도료를 사용하여 도장한다.

39 보수 도장에서 올바른 스프레이건의 사용법이 아닌 것은?

① 건의 거리를 일정하게 한다.
② 도장할 면과 수직으로 한다.
③ 표면과 항상 평행하게 움직인다.
④ 건의 이동속도는 가급적 빠르게 한다.

+👤 건의 이동속도는 초당 50 ~ 60cm정도이며 일정한 속도로 도장한다.

40 도장표면에 오일, 왁스, 물 등이 있는 상태에서 도장작업 시 나타나는 현상은?

① 오렌지필　　② 점도상승
③ 크레터링　　④ 흐름

+👤 **도장면의 결함 원인**
① **오렌지 필** : 스프레이 도장 후 표면이 오렌지 껍질 모양으로 도장된 결함으로 발생 원인은 도료의 점도가 높을 경우, 시너의 증발이 빠를 경우, 도장실의 온도가 너무 높을 경우, 도료의 온도가 너무 높을 경우, 스프레이건의 이동속도가 빠르거나 사용 공기압력이 높을 경우, 피도체와의 거리가 멀 때
② **흐름** : 한 번에 두껍게 도장하여 도료가 흘러 도장면이 편평하지 못한 상태로 발생 원인은 도료의 점도가 낮을 경우, 증발속도가 늦은 지건 시너를 많이 사용하였을 경우, 저온 도장 후 즉시 고온에서 건조할 경우, 스프레이건의 이동속도나 패턴의 겹침 폭이 잘 못 되었을 경우

41 회색을 흰색 바탕 위에 놓으면 회색인 더욱 어둡게 보이는 현상은?

① 색상대비　　② 명도대비
③ 채도대비　　④ 보색대비

42 블렌딩 도장에서 메탈릭 상도 도막의 작은 손상부위를 연마할 때 가장 적당한 연마지는?

① p240 ~ 320
② p400 ~ 500
③ p600 ~ 800
④ p1200 ~ 1500

43 저명도와 저채도의 설명 중 옳은 것은 ?

① 저명도는 어둡고 저채도는 맑다.

② 저명도는 어둡고 저채도는 탁하다.

③ 저명도는 밝고 저채도는 맑다.

④ 저명도는 밝고 저채도는 탁하다.

44 다음 중 플라스틱의 특징이 아닌 것은?

① 비중이 0.9~1.3 정도로 가볍다.

② 내식성, 방습성이 우수하다.

③ 방진, 방음, 절연, 단열성이 있다.

④ 복잡한 형상의 성형이 불리하다.

45 자동차 상도 도장시 솔리드 컬러베이스 위에 펄베이스를 한 번 더 도장한 후 투명작업을 하는 도장 시스템은?

① 1coat-1bake   ② 2coat-1bake

③ 2coat-2bake   ④ 3coat-1bake

46 스프레이 부스에서 바닥필터가 나쁘면 생기는 현상은?

① 유독가스의 배기가 안 된다.

② 흡기필터에서 공기 유입량이 많아진다.

③ 배기가 원활하여 공기의 흐름이 빨라진다.

④ 부스 출입문이 잘 열리지 않는다.

47 상도 도장 전 준비 작업으로 틀린 것은?

① 폴리셔 준비

② 작업자 준비

③ 도료 준비

④ 피도물 준비

48 다음 중 광택 장비 및 기구가 아닌 것은?

① 실링건   ② 샌더기

③ 폴리셔   ④ 버프 및 패드

49 유기 용제가 인체에 미치는 영향으로 맞는 것은?

① 피부로는 흡수되지 않는다.

② 급성중독은 없고 만성중독이 위험하다.

③ 중추신경 등 중요기관을 침범하기 쉽다.

④ 유지류를 녹이고 스며드는 성질은 없다.

50 녹(rusting)이 발생하였다. 원인으로 틀린 것은?

① 리무버 사용 후 세척을 제대로 못했을 경우

② 피도면의 표면처리(방청) 작업을 제대로 못했을 경우

③ 도막의 손상부위로 습기가 침투하였을 경우

④ 구도막 면의 연마가 미흡한 경우

51 스프레이건에서 노즐의 구경 크기로 적합하지 않는 것은?(단위 : mm)

① 중도전용 : 1.2 ~ 1.3

② 상도용(베이스) : 1.3 ~ 1.4

③ 상도용(크리어) : 1.4 ~ 1.5

④ 부분도장(국소) : 0.8 ~ 1.0

52 각종 플라스틱 부품 중에서 내용제성이 약하기 때문에 청소할 때 알코올 또는 가솔린을 사용해야 하는 수지의 명칭은?

① ABS(스틸렌계)
② PVC(염화비닐)
③ PUR(폴리우레탄)
④ PP(폴리 프로필렌)

53 박리제(romover) 사용 중 유의사항으로 틀린 것은?

① 표면이 넓은 면적의 구도막 제거시 사용한다.
② 가능한 밀폐된 공간에서 작업한다.
③ 보호 장갑과 보호안경을 착용한다.
④ 구도막 제거 시 제거하지 않는 부분은 마스킹 용지로 보호한다.

54 탈지를 철저히 하지 않았을 때 발생할 수 있는 결함은?

① 흐름
② 연마 자국
③ 벗겨짐
④ 흡수에 의한 광택저하

+● 벗겨짐의 경우는 연마를 충분히 하지 않아 도장면의 표면 에너지가 적을 경우에 발생하는 결함이다.

55 플라스틱 부품의 상도 도장 목적 중 틀린 것은?

① 색상 부여
② 내광성 부여
③ 부착성 부여
④ 소재의 보호

+● 플라스틱 재질의 도장에 사용하는 하도로서 플라스틱프라이머가 있다. 소재위에 도장함으로써 상도도막이 박리되는 것을 방지하여 부착성을 증대시키는 공정이다.

56 3코트 펄 도장 시 3C1B의 도장 순서가 올바른 것은?

① 칼라베이스 – 펄 베이스 – 크리어
② 펄 페이스 – 칼라베이스 – 크리어
③ 펄 베이스 – 펄 페이스 – 크리어
④ 칼라베이스 – 칼라베이스 – 크리어

57 도장표면에 오일, 왁스, 물 등이 있는 상태에서 도장작업시 나타나는 현상은?

① 오렌지 필
② 점도상승
③ 크레터링
④ 흐름

+● ① **오렌지필** : 도장시 점도가 높거나, 시너의 증발이 빠를 경우, 도장실이나 도료의 온도가 높을 경우, 건의 이동속도가 빠르거나, 공기압이 높거나, 피도체와의 거리가 멀거나 패턴조절이 불량할 때 발생한다.
② **점도 상승** : 도료의 뚜껑을 열어두어 용제가 증발하여 발생한다.
③ **흐름** : 점도가 낮은 도료를 한번에 두껍게 도장하거나 증발속도가 늦은 지건 시너를 많이 사용하였을 경우, 스프레이건의 운행속도 불량이나 패턴 겹치기를 잘 못하였을 경우 발생한다.

58 다음 중 도료 저장 중(도장 전) 발생하는 결함으로 바른 것은?

① 겔(gel)화
② 오렌지 필
③ 흐름
④ 메탈릭 얼룩

+● **도장의 결함**
① **도료 저장 중 결함** : 겔화, 침전, 피막 등
② **도장작업 중 결함** : 연마자국, 퍼티자국, 퍼티기공, 메탈릭 얼룩, 먼지고착, 크레터링, 오렌지필, 흐름, 백화, 번짐 등
③ **도장 작업 후 결함** : 부풀음, 리프팅, 핀홀, 박리현상, 광택저하, 균열, 물자국 현상, 크래킹, 변색, 녹, 화학적 오염 등

59 공기압축기 설치장소로 적합하지 않은 것은?

① 건조하고 깨끗하며 환기가 잘되는 장소에 수평으로 설치한다.

② 실내온도가 여름에도 40℃ 이하가 되고 직사광선이 들지 않는 장소가 좋다.

③ 인화 및 폭발의 위험성을 피할 수 있는 방폭 벽으로 격리된 장소에 설치한다.

④ 실내공간을 최대한 사용하여 벽면에 붙여서 설치한다.

+👤 공기압축기 설치장소
① 직사광선을 피하고 환풍시설을 갖추어야 한다.
② 습기나 수분이 없는 장소
③ 실내온도는 40℃이하인 곳
④ 수평이고 단단한 바닥구조
⑤ 방음이고 보수점검이 가능한 공간
⑥ 먼지, 오존, 유해가스가 없는 장소

60 다음 중 색상을 적용하는 동안 스프레이건을 좌우로 이동시켜 작업하는 블렌딩 도장의 결과가 아닌 것은?

① 도막두께의 불규칙
② 불균일한 건의 조정
③ 불균일한 색상
④ 도막 질감의 불균일

제4회 정답									
01. ③	02. ③	03. ④	04. ④	05. ①	06. ③	07. ④	08. ④	09. ①	10. ②
11. ③	12. ①	13. ②	14. ①	15. ①	16. ④	17. ①	18. ②	19. ④	20. ②
21. ④	22. ④	23. ④	24. ④	25. ④	26. ②	27. ④	28. ③	29. ③	30. ②
31. ①	32. ①	33. ④	34. ③	35. ②	36. ②	37. ①	38. ④	39. ④	40. ③
41. ②	42. ③	43. ②	44. ④	45. ④	46. ①	47. ①	48. ①	49. ③	50. ④
51. ①	52. ①	53. ②	54. ③	55. ③	56. ①	57. ③	58. ①	59. ④	60. ②

제**5**회

모의고사

01 도장작업 중 프라이머-서페이서의 건조방법은?

① 모든 프라이머 서페이서는 강제건조를 해야 한다.

② 2액형 프라이머 서페이서는 강제건조를 해야만 샌딩이 가능하다.

③ 프라이머 서페이서는 자연건조와 강제건조 두 가지를 할 수 있다.

④ 자연건조형은 열처리를 하면 경도가 매우 강해진다.

+👤 1액형 프라이머-서페이서의 경우에는 자연건조를 하며, 주제와 경화제가 혼합되어야만 건조되는 2액형의 경우에는 오랜 시간동안 방치해도 건조되는 자연건조도 가능하지만 작업의 속도를 향상시키기 위해 강제건조를 한다.

02 도장 작업장에서 작업자가 지켜야할 사항이 아닌 것은?

① 유해물은 지정장소의 지정용기에 보관

② 유해물을 취급하는 도장 작업장에는 관계자외 출입금지

③ 유해물은 특정용기에 담을 것

④ 담배는 작업장 내 보이지 않는 곳에서 피울 것

03 래커계 프라이머서페이서의 특성을 설명하였다. 틀린 것은?

① 건조가 빠르고 연마 작업성이 좋다.

② 우레탄 프라이머-서페이서에 비하면 내수성과 실(Seal) 효과가 떨어진다.

③ 우레탄 프라이머-서페이서보다 가격이 비싸다.

④ 작업성이 좋으므로 작은 면적의 보수 등에 적합하다.

+👤 래커계 1액형 프라이머-서페이서는 2액형과 비교하여 가격이 저렴하다.

04 표면 조정의 목적과 가장 거리가 먼 것은?

① 도막에 부풀음을 방지하기 위해서이다.

② 피도면의 오염물질 제거 및 조도를 형성시켜 줌으로써 후속도장 도막의 부착성을 향상시키기 위해서이다.

③ 용제를 절약할 수 있기 때문이다.

05 조색 작업시 메탈릭 입자를 첨가하면 도막에 어떠한 영향을 주는가?

① 혼합시 채도가 낮아진다.

② 혼합시 빛을 반사시키는 역할을 한다.

③ 혼합시 명도나 채도에 영향을 주지 않는다.

④ 혼합시 색상의 명도를 어둡게 한다.

06 일반적으로 블렌딩 도장 시 도막은 얇게 형성되어 층이 없고 육안으로 구분이 되지 않도록 하기 위한 방법 중 가장 거리가 먼 것은?

① 블렌딩 전용 시너를 사용한다.

② 도료의 분출량을 많게 한다.

③ 패턴의 모양을 넓게 한다.

④ 도장 거리를 멀게 한다.

07 조색 작업시 보색관계에 있는 색을 혼합하면 어떤 색으로 변화하는가?

① 중성색 　　　　② 유채색

③ 순색 　　　　　④ 무채색

08 워시 프라이머에 대한 설명으로 틀린 것은?

① 아연 도금한 패널이나 알루미늄 및 철판면에 적용하는 하도용 도료이다.

② 일반적으로 폴리비닐 합성수지와 방청안료가 함유된 하도용 도료이다.

③ 추천 건조도막 보다 두껍게 도장되면 부착력이 저하된다.

④ 습도에는 전혀 영향을 받지 않기 때문에 장마철과 같이 다습한 날씨에도 도장이 쉽다.

09 폭발의 우려가 있는 장소에서 금지해야 할 사항으로 틀린 것은?

① 과열함으로써 점화의 원인이 될 우려가 있는 기계

② 화기의 사용

③ 불연성 재료의 사용

④ 사용도중 불꽃이 발생하는 공구

10 메탈릭(은분) 색상으로 도장하기 위한 서페이서(중도) 동력공구 연마 시 마무리 연마지로 가장 적합한 것은?

① p220~p300 　　② p400~p600

③ p800~p1000 　　④ p1000~p1200

11 광택용 동력공구 중 공기 공급식에 대한 설명으로 바르지 못한 것은?

① 전동식에 비해 가볍다.

② 전동식에 비해 싸다.

③ 전압조정기로 회전수를 조정한다.

④ 부하 시 회전이 불안정하다.

12 완전한 도막 형성을 위해 여러 단계로 나누어서 도장을 하게 되고 그 때마다 용제가 증발할 수 있는 시간을 주는데 이를 무엇이라 하는가?

① 플래시 타임(Flash Time)

② 세팅 타임(Setting Time)

③ 사이클 타임(Cycle Time)

④ 드라이 타임(Dry Time)

13 보수도장 부위의 색상과 차체의 원래 색상과의 차이가 육안으로 구별되지 않도록 도장하는 방법은?

① 전체 도장
② 패널 도장
③ 보수 도장
④ 숨김 도장

14 스프레이 부스의 설치 목적과 거리가 먼 것은?

① 작업자 위생을 위한 환기
② 먼지 차단
③ 대기 오염 방지
④ 색상 식별

+• 스프레이 부스의 설치 목적
① 비산되는 도료의 분진을 집진하여 환경의 오염을 방지한다.
② 도장할 때 유기 용제로부터 작업자를 보호한다.
③ 전천후 작업을 가능케 한다.
④ 피도장물에 먼지, 오염물 등의 유입을 방지한다.
⑤ 도장의 품질을 향상시키고 도막의 결함을 방지한다.
⑥ 도장 후 도막의 건조를 가속화시킨다.

15 도장 용제에 대한 설명 중 틀린 것은?

① 수지를 용해시켜 유동성을 부여한다.
② 점도 조절 기능을 가지고 있다.
③ 도료의 특정 기능을 부여한다.
④ 희석제, 시너 등이 사용된다.

+• 도료의 특정 기능을 부여하는 요소는 첨가제이다.

16 플라스틱 소재인 합성수지의 특징이 아닌 것은?

① 내식성, 방습성이 나쁘다.
② 열가소성과 열경화성 수지가 있다.
③ 방진, 방음, 절연, 단열성이 있다.
④ 각종 화학물질의 화학반응에 의해 합성된다.

+• 합성수지의 특징
① 가소성, 가공성이 좋다.
② 금속에 비하여 비중이 적다.
③ 전성, 연성이 크다.
④ 색채가 미려하여 착색이 자유롭다.

⑤ 고온에서 연화되어 다시 가공하여 사용할 수 있다.
⑥ 강도, 경도, 내식성 내구성, 내후성, 방습성이 좋다.
⑦ 내산, 내알칼리 등의 내화학성 및 전기 전열성이 우수하다.
⑧ 연소시 유독가스를 발생시킨다.
⑨ 열가소성과 열경화성 수지가 있다.

17 래커퍼티(레드퍼티)의 용도로 가장 적합한 것은?

① 중도 연마 후 적은 수의 핀 홀 등이 있을 때 도포한다.
② 하도 도장 후 깊은 굴곡현상이 있을 때 도포한다.
③ 가이드 코트 도장하기 전에 먼지 및 티끌 등이 심할 때 도포한다.
④ 클리어(투명) 도장 후 핀 홀이 발생 했을 때 도포한다.

+• 래커 퍼티는 퍼티 면이나 프라이머 서페이서 면의 작은 구멍, 작은 상처를 수정하기 위해 도포한다. 0.1~0.5mm 이하 정도로 패인 부분에 사용하며, 보정 부위만 사용이 되기 때문에 스폿 퍼티 또는 마찰시켜 메우므로 그레이징 퍼티라고도 한다.

18 피도체에 도장 작업시 필요 없는 곳에 도료가 부착하지 않도록 하는 작업은?

① 마스킹 작업
② 조색 작업
③ 블렌딩 작업
④ 클리어 도장

+• 마스킹 작업의 주목적
① 스프레이 작업으로 인한 도료나 분말의 날림부착 방지
② 도장부위의 오염이나 이물질 부착 방지
③ 작업하는 피도체의 오염방지

19 주걱(헤라)과 피도면의 각도로 가장 적합한 것은?

① 15°
② 30°
③ 45°
④ 60°

+• 시작은 약 60°에서 시작하여 45° 정도에서 면을 만들고 60° 정도에서 도포면의 끝을 만든다.

20 다음 중 중도작업 공정에 해당되지 않는 것은?

① 프라이머 서페이서 연마

② 탈지작업

③ 투명(클리어)도료 도장

④ 프라이머 서페이서 건조

+👤 투명(클리어)도료의 도장은 상도 도장의 공정이다.

21 샌더기 패드의 설명이 옳지 않는 것은?

① 딱딱한 패드는 페이퍼의 자국이 깊어진다.

② 딱딱한 패드는 섬세한 요철을 제거할 수 없다.

③ 부드러운 패드는 고운 표면 만들기에 적합하다.

④ 부드러운 패드는 페이퍼 자국이 얕게 나타난다.

22 다음 중 도막제거의 방법이 아닌 것은?

① 샌더에 의한 제거

② 리무버에 의한 제거

③ 샌드 블라스터에 의한 제거

④ 에어 블로잉에 의한 제거

23 거친 연마지를 블랜딩 도장 시 사용하면 어떤 문제가 발생되는가?

① 도막의 표면이 미려하게 된다.

② 도료가 매우 절약된다.

③ 건조작업이 빠르게 진행된다.

④ 도료용제에 의한 주름현상이 발생된다.

24 마스킹 종이(Masking paper)가 갖추어야 할 조건으로 틀린 것은?

① 마스킹 작업이 쉬워야 한다.

② 도료나 용제의 침투가 쉬워야 한다.

③ 열에 강해야 한다.

④ 먼지나 보푸라기가 나지 않아야 한다.

+👤 **마스킹 종이가 갖추어야 할 조건**

① 도료나 용제 침투가 되지 않아야 한다.

② 도구를 이용하여 재단 할 경우 자르기가 용이해야 하고 작업 중 잘 찢어지지 않아야 한다.

③ 높은 온도에 견디는 재질이여야 한다.

④ 먼지가 발생하지 않는 재질이여야 한다.

⑤ 마스킹 작업이 편리해야한다.

25 스프레이 패턴이 장구 모양으로 상하부로 치우치는 원인은?

① 도료의 점도가 높다.

② 도료의 점도가 낮다.

③ 공기 캡을 꼭 조이지 않았다.

④ 공기 캡의 공기구멍 일부가 막혔다.

+👤 **위나 아래쪽으로 치우치는 패턴**

① 공기 캡과 도료 노즐과의 간격에 부분적으로 이물질이 묻어 있다.

② 공기 캡이 느슨하다.

③ 노즐이 느슨하다.

④ 공기 캡과 노즐의 변형이 일어났다.

◆ **좌측이나 우측으로 치우치는 패턴**

① 혼 구멍이 막혀있다.

② 도료의 노즐 맨 위와 아래에 페인트가 고착되어 있다.

③ 왼쪽이나 오른쪽 측면 혼 구멍이 막혀있다.

④ 도료 노즐 왼쪽이나 오른쪽 측면에 먼지나 페인트가 고착되어 있다.

◆ **가운데가 진한 패턴**

① 분사압력이 너무 낮다.

② 도료의 점도가 높다.

◆ **숨 끊김 패턴**

① 도료 통로에 공기가 혼입되었다.

② 도료 조인트의 풀림이나 파손이 발생하였다.

③ 도료의 점도가 높다.

④ 도료 통로가 막혔다.

⑤ 니들 조정 패킹이 풀리거나 파손이 발생하였다.

⑥ 흡상식의 경우 도료 컵에 도료가 조금 있다.

26 다음 중 파장이 가장 짧은 것은?

① 마이크로파   ② 적외선

③ 가시광선   ④ 자외선

27 다음 중 워시 프라이머의 도장 작업에 대한 설명으로 적합하지 않은 것은?

① 추천 건조 도막 두께로 도장하기 위해 4~6회 도장
② 2 액형 도료인 경우 주제와 경화제의 혼합 비율을 정확하게 지켜 혼합
③ 혼합된 도료인 경우 가사시간이 지나면 점도가 상승하고 부착력이 떨어지기 때문에 재사용은 불가능
④ 도막을 너무 두껍게도 얇게도 도장하지 않도록 한다.

28 자동차 부품 중 플라스틱 재료로 사용할 수 없는 것은?

① 사이드 미러 커버
② 라디에이터 그릴
③ 실린더 헤드
④ 범퍼

29 어린이의 생활용품들은 대개 어느 색의 조화를 많이 이용하는가?

① 찬 색끼리 배합된 것
② 따뜻한 색끼리 배합된 것
③ 반대 색끼리 배합된 것
④ 한 색상의 농담으로 배합된 것

30 퍼티를 한번에 두껍게 도포를 하면 발생 할 수 있는 문제점으로 틀린 것은?

① 부풀음이 발생할 수 있다.
② 핀홀, 균열 등이 생기기 쉽다.
③ 연마 및 작업성이 좋아진다.
④ 부착력이 떨어진다.

31 자동차 범퍼를 교환 도장하였으나 도막이 부분적으로 벗겨지는 현상이 일어났다. 그 원인은?

① 유연제를 첨가하지 않고 도장하였다.
② 플라스틱 프라이머를 도장하지 않고 작업하였다.
③ 건조를 충분히 하지 않았다.
④ 고운 연마지로 범퍼 연마 후 도장하였다.

32 도막 표면에 생긴 결함을 광택 작업 공정으로 제거 할 수 있는 범위는?

① 서페이서   ② 베이스
③ 클리어   ④ 펄도막

상도	클리어
	베이스
중도	프라이머 서페이서
	서페이서
하도	퍼티
	프라이머
소지면	

33 상도 작업에서 컴파운드, 왁스 등이 묻거나 손의 화장품, 소금기 등으로 인하여 발생하기 쉬운 결함을 제거하기 위한 목적으로 실시하는 작업은?

① 에어 블로잉　　② 탈지 작업
③ 송진포 작업　　④ 수세 작업

+👤 **작업의 용도**
① **에어 블로잉** : 압축공기로 먼지나 수분 등을 제거
② **탈지 작업** : 도장 표면에 있는 유분이나 이형제 등을 제거
③ **송진포 작업** : 도장 표면에 있는 먼지를 제거

34 메탈릭 색상의 도료에서 도막의 색채가 금속 입체감을 띄게 하는 입자는?

① 나트륨　　② 알루미늄
③ 칼슘　　④ 망간

35 자동차 보수 도장에 가장 일반적으로 많이 사용하는 퍼티는?

① 오일 퍼티
② 폴리에스테르 퍼티
③ 에나멜 퍼티
④ 래커퍼티(레드 퍼티)

36 자동차 소지철판에 도장하기 전 행하는 전처리로 적당한 것은?

① 쇼트 블라스팅
② 크로메이트 처리
③ 인산아연 피막처리
④ 프라즈마 화염 처리

37 내용제성이 강하지만 도료와의 밀착성이 나쁘기 때문에 접착제나 퍼티도포 전 프라이머 등을 도장해야 하는 플라스틱 소재는?

① ABS(스티렌계)
② PC(폴리카보네이트)
③ PP(폴리프로필렌)
④ PMMA(아크릴)

38 컴파운딩 공정으로 제거하기 힘든 작업은?

① 퍼티의 굴곡
② 클리어층에 발생한 거친 스크래치
③ 산화 상태
④ 산성비 자국

+👤 퍼티의 굴곡은 하도공정에서 거친 연마지로 평활성을 확보해야 함

39 색상을 맞추기 위한 조색조건과 관계없는 것은?

① 명도, 채도, 색상을 견본 색과 대비한다.
② 직사광선 하에서 젖은 색과 건조 색과의 차를 비색한다.
③ 비색은 동일면적을 동일 평면에서 행한다.
④ 일출 후 3 시간에서 일몰 전 3 시간 사이에 비색한다.

+👤 **색상 비교(비색) 시간 및 조건**
① 일출 후 3시간에서 밀몰 전 3시간 사이에 비색한다.
② 빛에 따라 달라지므로 벽에서 50cm 떨어진 북쪽 창가에서 주변의 다른 색의 반사광이 없는 곳에서 한다.
③ 견본과 동일 면적을 동일 평면에서 비색한다.
④ 직사광선은 피하고 최소 500Lx 이상에서 비색한다.
⑤ 관찰자는 색맹이나 색약이 아니어야 하며, 시신경이나 망막 질환이 없어야 한다.
⑥ 40세 이하의 젊은 사람이어야 한다.

40 플라스틱의 부품의 판단법에서 가솔린의 내용제성이 가장 약한 것은?

① 폴리우레탄 부품
② 폴리프로필렌 부품
③ 폴리에스테르 부품
④ 폴리에틸렌 부품

41 펄 색상에 관한 설명으로 올바른 것은?

① 펄 색상을 내는 알루미늄 입자가 포함된 도료이다.
② 메탈릭 색상과 크게 차이가 없다.
③ 진주 빛을 내는 인조 진주 안료가 혼합되어 있는 도료이다.
④ 빛에 대한 반사 굴절 흡수 등이 메탈릭 색상과 동일하다.

+👤 펄 컬러는 운모에 이산화티탄이나 산화철로 코팅되며 반투명하여 일부는 반사하고 일부는 흡수한다. 반투명으로 은폐력이 약한 화이트마이카, 코팅두께가 증가할수록 노랑에서 적색, 파랑, 초록으로 바뀌는 간섭마이카, 산화철을 착색하여 은폐력이 있는 착색마이카, 이산화티탄에 은을 도금한 은색마이카가 있다.

42 메탈릭 색상의 조색시 주의사항이 아닌 것은?

① 조색시 먼저 많이 소요되는 색과 밝은 색부터 혼합하도록 한다.
② 원색의 첨가량을 최소화하여 선명한 색상을 만든다.
③ 서로 다른 타입의 도료를 혼합 사용하도록 된다.
④ 도료제조시 도장할 양의 80% 정도만 만들고 색을 비교하여 추가적으로 미조색 하면서 도료의 양을 맞춘다.

+👤 조색의 규칙

① 색상환에서 조색할 색상의 인접한 색들을 혼합하여 색조를 변화시킨다.(선명한 색을 유출시킬 수 있다.
② 대비색의 사용하지 않는다.(아주 탁한 색을 얻게 되며, 광원에 따라 색상이 다르게 보이는 이색 현상이 발생한다)

③ 색의 색상, 명도, 채도를 한꺼번에 맞추려고 하지 않는다.(색상, 명도, 채도 순으로 조색한다)
④ 순수 원색만을 사용한다(혼용색은 금한다)
⑤ 조색시 조색된 배합 비를 정확히 기록해 둘 것
⑥ 건조된 도막과 건조되지 않은 도막은 색상이 다르므로 건조 후 색상을 비교한다.
⑦ 성분이 다른 도료를 사용하지 않는다.
⑧ 한꺼번에 많은 양의 도료를 조색하지 말고 조금씩 혼합하면서 맞추어 나간다.
⑨ 조색 시편에 도장을 할 때 표준도장 방법과 동일한 조건으로 도장한다.
⑩ 혼합되는 색의 종류가 많을수록 명도, 채도가 낮아진다.
⑪ 솔리드 컬러는 건조 후 어두워지며, 메탈릭 컬러는 밝아진다.

43 용제 중 비점에 따른 분류 속에 포함되지 않는 것은?

① 고비점 용제
② 저비점 용제
③ 상비점 용제
④ 중비점 용제

+👤 비점에 따른 용제의 분류

① 저비점 용제 : 100℃이하에서 사용
② 중비점 용제 : 100℃~150℃에서 사용
③ 고비점 용제 : 150℃이상에서 사용

44 도장 중 주름(lifting wrinkling) 현상이 발생되었다. 그 원인으로 틀린 것은?

① 연마 주변의 도막이 약한 곳에서 용제가 침해하였다.
② 작업할 바탕 도막에 미세한 균열이 있다.
③ 건조가 불충분하고 도장계통이 다른 도막에 작업을 하였다.
④ 2 액형의 프라이머 서페이서를 사용하였다.

+👤 2액형 프라이머 서페이셔를 사용하면 주름이 방지된다.

45 색상 비교용 시편 상태에 관한 설명으로 옳은 것은?

① 동일한 광택을 가져야 한다.

② 오염되고 표면상태가 좋아야 한다.

③ 표면에 스크래치가 많아야 한다.

④ 표면상태에 따른 영향을 받지 않는다.

➕🧑 정확성을 위해 색상 비교용 시편은 동일한 광택을 가져야 하고 오염물이 없어야 하는 것이 중요하다.

46 연필 경도 체크에서 우레탄 도막에 적합한 것은?

① 5H
② F~H
③ H~2H
④ 2H~3H

➕🧑 연필 경도 체크에서 연필의 경도는 소부 도막의 경우 2H, 우레탄 도막의 경우 H~2H, 불소계 도막의 경우 2H~3H, 래커계 도막의 경우 F~H 이다.

47 오염 물질의 영향으로 발생된 분화구형 결함을 무엇이라 하는가?

① 크레터링
② 주름
③ 쵸킹
④ 크레이징

➕🧑 ① **주름** : 도장하는 도료가 구도막을 용해하여 도막내부를 들뜨게 하는 현상
② **쵸킹** : 도막이 열화되어 분필가루와 같이 되는 현상
③ **크레이징** : 도막이 열화되어 그물모양의 미세한 금이 생기는 현상

48 색료 혼합의 결과로 옳은 것은?

① 파랑(B) + 빨강(R) = 자주(M)

② 노랑(Y) + 청록(C) = 파랑(B)

③ 자주(M) + 노랑(Y) = 빨강(R)

④ 자주(M) + 청록(C) = 검정(BL)

49 스프레이건의 토출량을 증가하여 스프레이 작업을 할 때 설명으로 옳은 것은?

① 도료 분사량이 적어진다.

② 도막이 두껍게 올라간다.

③ 스프레이 속도를 천천히 해야 한다.

④ 패턴 폭이 넓어진다.

➕🧑

도장 조건	얇게 도장할 경우	두껍게 도장할 경우
도료 토출량	조절나사를 조인다	조절나사를 푼다.
희석제 사용량	많이 사용 한다	적게 사용 한다
건 사용 압력	압력을 높게 한다.	압력을 낮게 한다.
도장 간격	시간을 길게 한다.	시간을 줄인다.
건의 노즐 크기	작은 노즐을 사용	큰 노즐을 사용
패턴의 폭	넓게 한다.	좁게 한다.
피도체와 거리	멀게 한다.	좁게 한다.
시너의 증발속도	속건 시너를 사용	지건 시너를 사용
도장실 조건	유속, 온도를 높인다.	유속, 온도를 낮춘다.
참고사항	날림(dry)도장	젖은(wet)도장

50 신차용 도료의 상도 베이스에 사용되며, 내후성, 외관, 색상 등이 우수한 수지는?

① 아크릴 멜라민 수지

② 아크릴 우레탄 수지

③ 에폭시 수지

④ 알키드 수지

➕🧑 **수지의 용도**
① **아크릴 멜라민 수지** : 멜라민과 폼알데하이드를 반응시켜 만드는 열경화성 수지로서 열·산·용제에 대하여 강하고, 전기적 성질도 뛰어나다. 식기·잡화·전기 기기 등의 성형재료로 쓰인다. 내후성, 외관, 색상 등이 우수하다.
② **아크릴 우레탄 수지** : 투명성, 접착성, 탄성 등을 이용하여 안전유리의 중간막이나 전기절연재로 등에 쓰이고 그 외 접착제, 도료, 섬유 가공용에도 널리 쓰인다.
③ **에폭시 수지** : 분자 내에 에폭시기 2개 이상을 갖는 수지상 물질 및 에폭시기의 중합에 의해서 생긴 열경화성 수지이다. 굽힘 강도·굳기 등 기계적 성질이 우수하고 경화 시에 휘발성 물질의 발생 및 부피의 수축이 없고, 경화할 때는 재료 면에서 큰 접착력을 가진다.
④ **알키드 수지** : 다가(多價)알코올과 다가산의 축합에 의해 생기는 고분자 물질로 폴리에스터수지에 속한다. 그대로 도료로 쓰거나 요소수지·멜라민 등과 혼합하여 만든 금속도료로 건축물·선박·철교 등에 널리 쓰인다.

51 자동차 보수용 도료의 제품 사양서에서 고형분의 용적비(%)는 무엇을 의미하는가?

① 도료의 총 무게 비율
② 건조 후 도막 형성을 하는 성분의 비율
③ 도장작업 시 시너의 희석 비율
④ 도료 중 휘발 성분의 비율

52 3코트 펄의 컬러베이스 도장에서 올바른 도장 방법은?

① 날림도장 – 날림도장 – 젖은 도장
② 젖은 도장 – 젖은 도장 – 젖은 도장
③ 젖은 도장 – 날림도장 – 젖은 도장
④ 날림도장 – 젖은 도장 – 젖은 도장

➕👤 3코트 도장에는 베이스컬러 도장과 클리어 도장이 있다. 작업 공정은 1차 컬러베이스 도장을 하고 2차 펄베이스 도장 완료 후 3차 클리어까지 3개의 다른 도료를 도장하기 때문에 3코트라고 한다.
　◈ **컬러 베이스 도장**
　① 1차 : 날림(dry)도장
　② 2차 : 젖음(wet)도장
　③ 3차 : 젖음(wet), 중간(medium)도장
　※ 3차의 경우 컬러 색상에 따라 젖음이나 중간정도의 도장을 한다.
　◈ **펄 베이스 도장**
　① 1차 : 젖음(wet)도장
　② 2차 : 젖음(wet)도장
　③ 3차 : 젖음(wet)도장
　◈ **클리어 도장**
　① 1차 : 날림(dry)도장
　② 2차 : 젖음(wet)도장
　③ 3차 : 풀(full)도장

53 조색시편의 정밀한 비교를 위한 크기로 가장 적당한 것은?

① 5×5cm　　② 10×20cm
③ 30×40cm　④ 50×60cm

54 상도 도장 후에 도장면에 반점이 발생하는 결함은?

① 워터 스폿(물자국)
② 지문 자국
③ 메탈릭 얼룩
④ 흐름(Sagging)

➕👤 **도장면의 결함 원인**
　① **워터스폿** : 도막 표면에 물방울 크기의 자국이나 반점 등의 도막 패임이 있는 상태로 발생 원인은 불완전 건조 상태에서 습기가 많은 장소에 노출하였을 경우, 베이스 코트에 수분이 있는 상태에서 클리어 도장을 하였을 경우, 오염된 시너를 사용하였을 경우
　② **메탈릭 얼룩** : 상도 도장 중에 발생하는 결함으로 메탈릭이나 펄 입자가 불균일 혹은 줄무늬 등을 형성한 상태로 발생 원인은 과다한 시너량, 스프레이건의 취급 부적당, 도막 두께의 불균일, 지건 시너의 사용, 도장 간 플래시 오프 타임의 불충분, 클리어 코트 1회 도장 시 과다한 분무
　③ **흐름** : 한 번에 두껍게 도장하여 도료가 흘러 도장면이 편평하지 못한 상태로 발생 원인은 도료의 점도가 낮을 경우, 증발속도가 늦은 지건 시너를 많이 사용하였을 경우, 저온 도장 후 즉시 고온에서 건조할 경우, 스프레이건의 이동속도나 패턴의 겹침 폭이 잘 못 되었을 경우

55 불소 수지에 관한 설명으로 틀린 것은?

① 내열성이 우수하다.
② 내약품성이 우수하다.
③ 내구성이 우수하다.
④ 내후성이 나쁘다.

➕👤 불소 수지는 내열성, 내약품성, 내구성, 내후성, 내자외선, 내산성, 내알칼리성 등이 우수하다.

56 보수도장에서 열처리 후 시너를 묻힌 걸레를 문질러서 페인트가 묻어나오는 원인은?

① 경화제 부족 및 경화불량 때문에
② 지정 시간보다 오래 열처리를 해서
③ 도막이 너무 얇아서
④ 래커 시너를 사용하여 도장을 해서

57 자동차 도장 기술자에 의한 색상 차이의 원인을 잘 못 설명한 것은 무엇인가?

① 도막이 너무 얇거나 두껍게 도장 되었을 경우 – 도막 두께에 따라 색상차이 발생

② 현장 조색기의 충분한 교반을 하지 않고 도장 하는 경우 – 사용 전 충분한 도료의 교반

③ 도장 표준색과 상이한 도료의 출고 – 기술의 부족과 설비가 미비한 경우

④ 색상코트/색상명 오인으로 인한 제품 사용 시 – 주문 잘못으로 틀린 제품으로 작업한 경우

58 메탈릭 조색에서 미세한 크기의 메탈릭 입자에 대한 설명으로 올바른 것은?

① 반짝임이 적고 은폐력이 약하다.

② 반짝임이 우수하고 은폐력이 약하다.

③ 반짝임이 약하고 은폐력이 우수하다.

④ 반짝임이 우수하고 은폐력도 우수하다.

➕👤 메탈릭 종류

① **일반형** : 입자 크기가 작을 경우 정면은 어둡고 측면은 밝지만 은폐력은 좋다. 입자크기가 클 경우 정면은 밝지만 측면은 어둡고 은폐력은 떨어지는 특징이 있다.

② **달러형** : 일반형과 비교하여 정면, 측면의 반짝임이 많은 것이 특징이다.

59 다음 중 용제 증발형 도료에 해당되지 않는 것은?

① 우레탄 도료

② 래커 도료

③ 니트로셀룰로오스 도료

④ 아크릴 도료

➕👤 우레탄 도료는 가교형 도료이다.

60 도료 저장 중(도장 전) 도료분리 현상의 발생 원인을 모두 고른 것은?

> **보기**
> ㉠ 도장면의 온도가 낮은 경우
> ㉡ 서로 다른 타입의 도료가 들어갈 경우
> ㉢ 저장기간이 오래되어 도료의 저장성이 나빠졌을 경우
> ㉣ 주변온도가 높은 상태에서 저장을 할 경우

① ㉠, ㉡, ㉢　　　② ㉠, ㉡, ㉣
③ ㉠, ㉢, ㉣　　　④ ㉡, ㉢, ㉣

제5회 정답									
01. ③	02. ④	03. ③	04. ③	05. ②	06. ②	07. ④	08. ④	09. ③	10. ②
11. ③	12. ①	13. ④	14. ④	15. ③	16. ①	17. ①	18. ①	19. ③	20. ③
21. ②	22. ④	23. ④	24. ②	25. ②	26. ④	27. ①	28. ③	29. ②	30. ③
31. ②	32. ③	33. ②	34. ②	35. ②	36. ③	37. ③	38. ①	39. ②	40. ①
41. ③	42. ③	43. ③	44. ④	45. ①	46. ③	47. ①	48. ③	49. ②	50. ①
51. ②	52. ④	53. ②	54. ①	55. ④	56. ①	57. ①	58. ③	59. ①	60. ④

제6회 모의고사

01 수용성 도료 작업 시 사용하는 도장 보조 재료와 관련된 설명이다. 옳지 않은 것은?

① 마스킹 종이는 물을 흡수하지 않아야 한다.

② 도료 여과지는 물에 녹지 않는 재질이어야 한다.

③ 마스킹용으로 비닐 재질을 사용할 수 있다.

④ 도료 보관 용기는 금속 재질을 사용한다.

➕👤 수용성 도료는 물을 용제로 사용한다. 그러므로 금속 재질의 용기를 사용하면 쉽게 녹이 발생하기 때문에 물과 접촉을 하여도 녹이 발생하지 않는 플라스틱 재질을 사용한다.

02 용제에 관한 설명 중 틀린 것은?

① 진용제 — 단독으로 수지를 용해시키고, 용해력이 크다.

② 희석재 — 수지에 대한 용해력은 없고, 점도만을 떨어뜨리는 작용을 한다.

③ 조용제 — 단독으로 수지류를 용해시키고, 다른 성분과 병용하면 용해력이 극대화된다.

④ 저비점 용제 — 비점이 100℃이하로 아세톤, 메탄올, 에탄올 등이 포함된다.

➕👤 조용제는 단독으로 수지를 용해하지 못하고 다른 성분과 같이 사용하면 용해력을 나타내는 용제이다.

03 신차용 도료의 상도 베이스에 사용되며, 내후성, 외관, 색상 등이 우수한 수지는?

① 아크릴 멜라민 수지

② 아크릴 우레탄 수지

③ 에폭시 수지

④ 알키드 수지

➕👤 **수지의 용도**

① **아크릴 멜라민 수지** : 멜라민과 폼알데히드를 반응시켜 만드는 열경화성 수지로서 열·산·용제에 대하여 강하고, 전기적 성질도 뛰어나다. 식기·집화·전기 기기 등의 성형재료로 쓰인다. 내후성, 외관, 색상 등이 우수하다.

② **아크릴 우레탄 수지** : 투명성, 접착성, 탄성 등을 이용하여 안전유리의 중간막이나 전기절연재로 등에 쓰이고 그 외 접착제, 도료, 섬유 가공용에도 널리 쓰인다.

③ **에폭시 수지** : 분자 내에 에폭시기 2개 이상을 갖는 수지상 물질 및 에폭시기의 중합에 의해서 생긴 열경화성 수지이다. 굽힘 강도·굳기 등 기계적 성질이 우수하고 경화 시에 휘발성 물질의 발생 및 부피의 수축이 없고, 경화할 때는 재료 면에서 큰 접착력을 가진다.

④ **알키드 수지** : 다가(多價)알코올과 다가산의 축합에 의해 생기는 고분자 물질로 폴리에스터수지에 속한다. 그대로 도료로 쓰거나 요소수지·멜라민 등과 혼합하여 만든 금속도료로 건축물·선박·철교 등에 널리 쓰인다.

04 상도 도장 시 주의해야 할 사항 중 틀린 것은?

① 도료 컵의 숨구멍은 위쪽으로 향한다.

② 초벌 도장은 가급적 두껍게 하는 것이 좋다.

③ 경계부위 도장은 너무 두껍게 되지 않도록 한다.

④ 도장 후 용제가 증발할 수 있는 시간을 주어야 한다.

05 상도 도장 시 주의해야 할 사항 중 틀린 것은?

① 도료 컵의 숨구멍은 위쪽으로 향한다.

② 초벌 도장은 가급적 두껍게 하는 것이 좋다.

③ 경계부위 도장은 너무 두껍게 되지 않도록 한다.

④ 도장 후 용제가 증발할 수 있는 시간을 주어야 한다.

+👤 1차 도장은 크레터링과 같은 결함 발생률을 줄여주고 2차 젖음(wet)도장을 할 때 페인트가 잘 부착될 수 있도록 날림(dry) 도장을 한다.

06 도장 작업시 안전에 필요한 사항 중 관련이 적은 것은?
① 그라인더   ② 고무장갑
③ 방독 마스크   ④ 보안경

07 보수도장에서 전처리 작업에 대한 목적으로 틀린 것은?
① 피도물에 대한 산화물 제거로 소지면을 안정화하여 금속의 내식성 증대에 그 목적이 있다.
② 피도면에 부착되어 있는 유분이나 이물질 등의 불순물을 제거함으로써 도료와의 밀착력을 좋게 한다.
③ 피도물의 요철을 제거하여 도장면의 평활성을 향상시킨다.
④ 도막내부에 포함된 수분으로 인해 도료와의 내수성을 향상시킨다.

08 구도막 제거 시 샌더와 도막 표면의 일반적인 유지 각도는?
① $15° \sim 20°$ ② $25° \sim 30°$
③ $30° \sim 35°$ ④ $35° \sim 45°$

09 보수 도장 중 구도막 제거시 안전상 가장 주의해야 할 것은?
① 보안경과 방진 마스크를 꼭 사용한다.
② 안전은 위해서 습식 연마를 시행한다.
③ 분진이 손에 묻는 것을 방지하기 위해 내용제성 장갑을 착용한다.
④ 보안경 착용은 필수적이지 않다.

10 상도 작업에서 컴파운드, 왁스 등이 묻거나 손의 화장품, 소금기 등으로 인하여 발생하기 쉬운 결함을 제거하기 위한 목적으로 실시하는 작업은?
① 에어 블로잉   ② 탈지 작업
③ 송진포 작업   ④ 수세 작업

+👤 **작업의 용도**
① **에어 블로잉** : 압축공기로 먼지나 수분 등을 제거
② **탈지 작업** : 도장 표면에 있는 유분이나 이형제 등을 제거
③ **송진포 작업** : 도장 표면에 있는 먼지를 제거

11 다음 중 워시 프라이머의 도장작업에 대한 설명으로 적합하지 않은 것은?
① 추천 건조 도막 두께로 도장하기 위해 4~6회 도장
② 2 액형 도료인 경우, 주제와 경화제의 혼합 비율을 정확하게 지켜 혼합
③ 혼합된 도료인 경우, 가사시간이 지나면 점도가 상승하고 부착력이 떨어지기 때문에 재사용은 불가능
④ 도막을 너무 두껍게도 얇게도 도장하지 않도록 한다.

+👤 **워시 프라이머**
① 녹 방지와 부착성을 위해서 작업한다.
② 도료에 따라 도막 두께는 다르지만 1액형의 경우 30um, 2액형은 10um 정도 도장한다.

12 다음 중 도장할 장소에 의한 분류에 해당되지 않는 것은?
① 내부용 도료   ② 하도용 도료
③ 바닥용 도료   ④ 지붕용 도료

+👤 하도용 도료는 도장 공정별 분류로 하도용 도료, 중도용 도료, 상도용 도료 등으로 나뉜다.

13 다음 도료 중 하도도료에 해당하지 않은 것은?

① 워시 프라이머

② 에칭 프라이머

③ 래커 프라이머

④ 프라이머–서페이서

➕👤 프라이머–서페이서는 중도용 도료로서 건조 후 연마공정을 할 경우에는 서페이서의 기능을 강조한 것이며 웨트 온 웨트(WET ON WET)방식으로 도장할 경우 프라이머의 기능을 강조한 것이다.

14 플라스틱 도장시 프라이머 도장 공정의 목적은?

① 기름 및 먼지 등의 부착물을 제거한다.

② 변형 및 주름 등의 표면 결함을 제거한다.

③ 소재와 후속 도장의 부착성을 강화한다.

④ 적외선 및 자외선을 차단하고 내광성을 향상시킨다.

➕👤 ①는 탈지 공정, ②는 중도 공정, ④는 상도 공정이다.

15 연마에 사용하는 샌더기 중 중심축을 회전하면서 중심축의 안쪽과 바깥쪽을 넘나드는 형태로 한 번 더 스트로크(stroke) 하여 연마하는 샌더기는?

① 더블 액션 샌더 (Double Action Sander)

② 싱글 액션 샌더 (Single Action Sander)

③ 오비탈 샌터(Obital Sander)

④ 스트레이트 샌더 (Straight Sander)

16 래커퍼티(레드퍼티)의 용도로 가장 적합한 것은?

① 중도 연마 후 적은 수의 핀 홀 등이 있을 때 도포한다.

② 하도 도장 후 깊은 굴곡현상이 있을 때 도포한다.

③ 가이드 코트 도장하기 전에 먼지 및 티끌 등이 심할 때 도포한다.

④ 클리어(투명) 도장 후 핀 홀이 발생 했을 때 도포한다.

➕👤 래커 퍼티는 퍼티 면이나 프라이머 서페이서 면의 작은 구멍, 작은 상처를 수정하기 위해 도포한다. 0.1~0.5mm 이하 정도로 패인 부분에 사용하며, 보정 부위만 사용이 되기 때문에 스폿 퍼티 또는 마찰시켜 메우므로 그레이징 퍼티라고도 한다.

17 전동식 샌더기의 설명이 잘못된 것은?

① 회전력과 파워가 일정하고 힘이 좋다.

② 도장용으로는 사용하지 않는다.

③ 요철 굴곡 제거가 쉬우며 연삭력이 좋다.

④ 에어 샌더에 비해 다소 무거운 편이다.

➕👤 도장용, 목공용으로 사용한다.

18 퍼티 자국의 원인이 아닌 것은?

① 퍼티작업 후 불충분한 건조

② 단 낮추기 및 평활성이 불충분할 때

③ 도료의 점도가 높을 때

④ 지건성 시너 혼합량의 과다로 용제증발이 늦을 때

➕👤 도료의 점도가 낮을 때 발생한다.

19 마스킹 작업의 목적이 아닌 것은?

① 도료의 부착을 좋게 하기 위해서 한다.

② 도장부위 이외의 도료나 도료 분말의 부착을 방지한다.

③ 작업할 부위 이외의 부분에 대한 오염을 방지한다.

④ 패널과 패널 틈새 등으로부터 나오는 먼지나 이물질을 방지한다.

➕👤 도료의 부착을 좋게 하기 위해서는 연마를 하고 표면의 유분을 제거하기 위해서 탈지를 한다.

20 스킹 종이(Masking paper)가 갖추어야 할 조건으로 틀린 것은?

① 마스킹 작업이 쉬워야 한다.

② 도료나 용제의 침투가 쉬워야 한다.

③ 열에 강해야 한다.

④ 먼지나 보푸라기가 나지 않아야 한다.

+👤 마스킹 종이가 갖추어야 할 조건
① 도료나 용제 침투가 되지 않아야 한다.
② 도구를 이용하여 재단 할 경우 자르기가 용이해야하고 작업 중 잘 찢어지지 않아야 한다.
③ 높은 온도에 견디는 재질이여야 한다.
④ 먼지가 발생하지 않는 재질이여야 한다.
⑤ 마스킹 작업이 편리해야한다.

21 다음 중 색료의 3원색이 아닌 것은?

① 마젠타(Magenta) ② 노랑(Yellow)

③ 시안(Cyan) ④ 녹색(Green)

+👤 ① **색광의 3원색(가산혼합)** : 빨강(red), 녹색(green), 파랑(blue)
② **색료의 3원색(감산혼합)** : 마젠타(magenta), 노랑(yellow), 파랑(blue)

22 메탈릭 색상의 조색작업에서 색상의 비교시기로 가장 적합한 때는?

① 투명 건조 전 ② 투명 건조 후

③ 투명 도장 전 ④ 투명 도장 직후

+👤 메탈릭 색상의 색상 비교 시기는 건조 후에 확인한다(건조 후 색상이 밝아진다.). 하지만 솔리드 컬러의 경우에는 반대로 어둡게 변하므로 유의한다.

23 다음은 솔리드(Solid)색상의 조색에 관한 설명이다. 잘 못 된 것은?

① 도료를 도장하고, 클리어를 도장하면 일반적으로 색상이 선명하고 진해진다.

② 자동차 도막의 색상은 시간이 갈수록 변색되며 자동차의 관리 상태에 따라 정도의 차이가 있다.

③ 2 액형 우레탄의 경우 주제로 색상 조색을 완료한 후 경화제를 혼합하여 도장하면 색상이 진해진다.

④ 건조 전, 건조 후의 색상이 다르기 때문에 색상비교는 반드시 건조 후에 해야 한다.

+👤 솔리드(solid)색상 조색
① 원색을 파악하고 조건등색을 피하면서 클리어가 도장되어 있는지를 판별한다.(색상을 도장한 후 클리어를 도장하면 선명해지고 건조 후에는 진해진다.)
② 색상을 희게 만들려고 하면 백색을 소량첨가하고 어둡게 만들고자 하면 검정색을 첨가한다. 하지만 적색계통은 분홍색으로 바뀌므로 첨가하지 않고 조색원색의 인접한 밝은 계통의 적색을 첨가하여 조색한다.)
③ 많은 종류의 조색제를 첨가하면 채도가 떨어지므로 많은 종류의 조색제를 첨가하지 않도록 주의한다.

24 응급 치료센터 안전표시 등에 사용되는 색으로 가장 알맞은 것은?

① 흑색과 백색 ② 적색

③ 황색과 흑색 ④ 녹색

+👤 안전 색채
① **적색(Red)** : 위험, 방화, 방향을 나타낼 때 사용한다.
② **황색(Yellow)** : 주의표시(충돌, 추락, 전도 등)
③ **녹색(Green)** : 안전, 구급, 응급
④ **청색(Blue)** : 조심, 금지, 수리, 조절 등
⑤ **자색(Purple)** : 방사능
⑥ **오렌지(Orange)** : 기계의 위험 경고
⑦ **흑색 및 백색(Black & White)** : 건물 내부 관리, 통로표시, 방향지시 및 안내표시

25 같은 성질의 감각 경험을 일으키는 현상은?

① 정의 잔상 ② 부의 잔상

③ 조건등색 ④ 색의 연상 작용

+👤 ① **부의 잔상** : 자극이 사라진 후에 색상, 명도, 채도가 정반대로 느껴지는 현상.
② **조건등색** : 서로 다른 두 가지의 색이 특정한 광원 아래에서 같은 색으로 보이는 현상으로 분광반사율이 서로 다른 두 물체의 색이 관측자나 조명에 의해 달라 보일 수 있기 때문이다.(※ 연색성 : 조명이 물체의 색감에 영향을 미치는 현상으로 동일한 물체색이라도 광원에 따라 달리 보이는 현상)
③ **색의 연상 작용** : 어떤 색을 보면 연상되어 느껴지는 현상(검정, 흰색은 상복을 떠올린다.)

④ **표면색** : 물체색 중에서도 물체의 표면에서 반사하는 빛이 나타내는 색

26 다음 중 일반적으로 가장 무거운 느낌의 색은?

① 녹색　　　　　② 보라
③ 검정　　　　　④ 노랑

27 하나의 색상에서 무채색의 포함량이 가장 적은 색은?

① 파랑색　　　　② 순색
③ 탁색　　　　　④ 중성색

+👤 **무채색** : 색상과 채도가 없고 명도만 가지고 있는 색으로 흰색과 검정색의 양만 가지고 있다.

28 유채색에 흰색을 혼합하면 어떻게 되는가?

① 명도가 낮아진다.
② 채도가 낮아진다.
③ 색상이 낮아진다.
④ 명도, 채도가 다 낮아진다.

29 솔리드 색상의 색상변화에 대한 설명 중 틀린 것은?

① 솔리드 색상은 시간경과에 따라 건조전과 후의 색상변화가 없다.
② 색을 비교해야 할 도막 표면은 깨끗하게 닦아야 정확한 색을 비교할 수 있다.
③ 색상 도료를 도장하고, 클리어 도장을 한 후의 색상은 산뜻한 느낌의 색상이 된다.
④ 베이지나 엘로우 계통의 색상에 클리어를 도장했을 때 산뜻하면서 노란색감이 더 밝아 보이는 경향이 있다.

+👤 자동차 보수용 컬러는 건조 전·후, 클리어 도장 유무에 따라 색상이 변화된다.

30 메탈릭 도료의 조색에 관련된 사항 중 틀린 것은?

① 조색과정을 통해 이색 현상으로 인한 재작업을 사전에 방지하는 목적이 있다.
② 여러 가지 원색을 혼합하여 필요로 하는 색상을 만드는 작업이다.
③ 원래 색상과 일치한 색상으로 도장하여 상품가치를 향상시킨다.
④ 흰색에 대한 특징을 알아둘 필요는 없다.

31 고온에서 유동성을 갖게 되는 수지로 열을 가해 녹여서 가공하고 식히면 굳는 수지는?

① 우레탄 수지　　② 열가소성 수지
③ 열경화성 수지　④ 에폭시 수지

+👤 ① **우레탄 수지** : 우레탄 결합을 갖는 수지
② **열가소성 수지** : 열을 가하면 용융유동하여 가소성을 갖게 되고 냉각하면 고화되어 성형이 가능한 수지
③ **열경화성 수지** : 경화된 수지는 재차 가열하여도 유동상태로 되지 않고 고온으로 가열하면 분해되어 탄화되는 비가역수지이다.
④ **에폭시 수지** : 에폭시기를 가진 수지로서 가공성이 우수하며 비닐과 플라스틱의 중간정도의 수지이다.

32 솔리드 2액형 도료의 상도 스프레이시 적당한 도막 두께는?

① 3 ～ 5 ㎛　　　② 8 ～ 10 ㎛
③ 15 ～ 20 ㎛　　④ 40 ～ 50 ㎛

+👤 **도막의 두께**
① **2～5㎛** : 워시 프라이머, 플라스틱프 라이머의 건조도막 두께
② **15～20㎛** : 컬러 베이스 코트의 건조도막 두께
③ **40～50㎛** : 솔리드 2액형 도료, 크리어의 건조도막 두께

33 저비점 용제의 비점은 몇 ℃ 정도인가?

① 100℃ 이하　　② 150℃
③ 180℃　　　　④ 200℃ 이상

34 2액형 우레탄 수지의 도료를 사용하기 위해 혼합하였을 때 겔화, 경화 등이 일어나지 않고 사용하기에 적합한 유동성을 유지하고 있는 시간을 나타내는 것은?
① 지촉건조
② 경화건조
③ 가사시간
④ 중간건조시간

35 다음 중 용제 증발형 도료에 해당되지 않는 것은?
① 우레탄 도료
② 래커 도료
③ 니트로셀룰로오스 도료
④ 아크릴 도료

36 다음 중 샌딩 작업 설명으로 틀린 것은?
① 샌딩 부스의 배기 송풍기를 작동시킨다.
② 에어샌더 배출구에 집진기를 부착한다.
③ 방진마스크와 보안경을 착용한다.
④ 바람이 통하기 쉬운 넓은 장소에서 작업한다.

37 다음 중 공구의 안전한 취급 방법 중 틀린 것은?
① 스프레이건의 도료 분무시 방향이 다른 작업자의 인체를 향하지 않도록 한다.
② 사용한 공구는 현장의 작업장 바닥에 둔다.
③ 작업 종료시에는 반드시 공구의 개수나 파

손의 유무를 점검하여 다음날 작업에 지장이 없도록 한다.
④ 전기 공구를 사용시에는 항상 손에 물기를 제거하고 사용한다.

38 더블 액션 샌더의 기능이 아닌 것은?
① 거친 퍼티 연마에 적합하고 효율이 좋다.
② 종류가 많고 용도가 넓어 사용 빈도가 높다.
③ 패드가 2중 회전하므로 페이퍼 자국이 작다.
④ 연삭력이 좋아 구도막을 제거하는데 효과적이다.

39 공기압축기 설치장소로 적합하지 않은 것은?
① 건조하고 깨끗하며 환기가 잘되는 장소에 수평으로 설치한다.
② 실내온도가 여름에도 40℃ 이하가 되고 직사광선이 들지 않는 장소가 좋다.
③ 인화 및 폭발의 위험성을 피할 수 있는 방폭벽으로 격리된 장소에 설치한다.
④ 실내공간을 최대한 사용하여 벽면에 붙여서 설치한다.

40 방진마스크의 필터 원리를 설명한 것 중 올바른 것은?
① 충돌 – 입자가 물질 자체의 중량으로 인해 여과 된다.

② 확산 – 필터내의 정전기로써 물질을 포집하여 여과 된다.

③ 침강 – 흡입기류와 같이 들어와 부딪침으로써 여과 된다.

④ 간섭 – 긴 모양의 분진 입자가 필터에 걸림으로써 여과 된다.

③ 면적의 크기는 무관하다.

④ 도료의 종류에 무관하게 분무 횟수는 동일하다.

41 도장 부스에서 작업시 안전 사항으로 틀린 것은?

① 출입문을 열고 스프레이 작업을 한다.

② 부스 안에 음식물이나 음료수를 저장 혹은 먹어서는 안된다.

③ 부스 안에서 금연을 한다.

④ 불꽃이 튀는 연장은 부스 안에서 사용을 금지한다.

+👤 도장 부스는 피도장물에 먼지, 오염물 등의 유입을 방지하고 비산되는 도료의 분진을 집진하여 환경의 오염을 방지하는 역할을 하기 때문에 출입문을 닫고 작업하여야 한다.

42 공기압축기 설치 장소 내용으로 맞는 것은?

① 건조하고 깨끗하며 환기가 잘 되는 장소에 수평으로 설치한다.

② 방폭 벽으로 사용하지 않아도 된다.

③ 벽면에 거리를 두지 않고 설치한다.

④ 직사광선이 잘 드는 곳에 설치한다.

+👤 **공기압축기 설치 장소**
① 실내온도는 5~60℃를 유지한다.
② 직사광선을 피하고 환풍시설을 구비해야한다.
③ 습기나 수분이 없는 장소
④ 수평이고 단단한 바닥
⑤ 먼지, 오존, 유해가스가 없는 장소
⑥ 방음이고, 보수점검을 위한 공간 확보

43 블렌딩 도장 방법에 대한 설명으로 옳은 것은?

① 패널 전체를 일정한 도막상태로 한다.

② 최소 범위를 색상차이가 나지 않도록 한다.

44 보수도장에서 부분도장하여 분무된 색상과 원 색상의 차이가 육안으로 나타나지 않도록 하거나 색상이색을 최소화하는 작업을 무엇이라 하는가?

① 클리어 코트(clear coat)

② 웨트 코드(wet coat)

③ 숨김 도장(blending coat)

④ 드라이 코트(dry coat)

45 블렌딩 도장에서 메탈릭 상도 도막의 작은 손상부위를 연마할 때 가장 적당한 연마지는?

① p240 ~ 320

② p400 ~ 500

③ p600 ~ 800

④ p1200 ~ 1500

+👤 **도료별 추천 연마지**
① **솔리드 도장** : p400~600
② **메탈릭 도장** : p600~800
③ **3coat 펄 도장** : p800~1,000

46 자동차 범퍼를 교환 도장하였으나 도막이 부분적으로 벗겨지는 현상이 일어났다. 그 원인은?

① 유연제를 첨가하지 않고 도장하였다.

② 플라스틱 프라이머를 도장하지 않고 작업하였다.

③ 건조를 충분히 하지 않았다.

④ 고운 연마지로 범퍼 연마 후 도장하였다.

+👤 폴리프로필렌 재질의 플라스틱 범퍼의 도장공정은 플라스틱 프라이머(PP)를 도장하고 중도공정이 생략되고 바로 상도도장으로 이루어 진다.

47 플라스틱 도장의 목적이 아닌 것은?

① 장식효과

② 외관 보호효과

③ 대전 방지로 인한 먼지부착 방지효과

④ 표면경도나 충격능력 완화효과

+• **플라스틱 도장 목적**
① 표면착색
② 다색 생산에 경제적
③ 수지도금과 진공 증착에 의해 금속질감 가능
④ 색과 광택의 조정이 용이
⑤ 성형할 때 생긴 불량을 감춤
⑥ 내후성 향상
⑦ 내약품성 내용제성, 내오염성 향상
⑧ 대전에 의한 먼지 부착을 방지
⑨ 경도를 향상

48 플라스틱 부품의 보수 도장에 대한 문제점 중 틀린 것은?

① 열경화성 플라스틱(PUR)은 부착성이 우수하나 이형제 제거를 위해 표면조정 작업이 필요하다.

② 폴리카보네이트(PC) 부품은 내용제성이 취약하여 도료 선정 시 주의가 필요하다.

③ 폴리프로필렌(PP) 부품은 부착성이 양호하다.

④ 폴리프로필렌(PP) 부품은 전용 프라이머를 사용한다.

49 유연성을 가지고 있는 범퍼에 유연제를 부족하게 넣었을 때 나타날 수 있는 결함은?

① 유연성이 감소하고 작은 충격에 크랙이 발생할 수 있다.

② 고속 주행 중 바람의 영향에 의해 도막이 박리 될 수 있다.

③ 시너(thinner)에 잘 희석되며, 열에 의해 쉽게 녹는다.

④ 범퍼는 유연제가 부족하면 광택이 소멸된다.

+• 플라스틱 재질 도장에 첨가되는 유연제는 작은 충격에 크랙이 발생할 수 있는 것을 방지한다. 고속 주행 중 바람

의 영향에 의해 도막이 박리 될 수 있다.(플라스틱 프라이머 미적용시)

50 자동차용 플라스틱 부품의 도장에 필요한 도료의 요구조건 중 틀린 것은?

① 고온 경화형 도료 사용

② 밀착형 프라이머 사용

③ 유연성 도막을 형성하는 도료 사용

④ 전처리 함유 용제 사용

+• **경화형 도료**
① **고온 경화형 도료** : 150℃이상에서 건조
② **중온 경화형 도료** : 100~150℃에서 건조
③ **저온 경화형 도료** : 100℃이하에서 건조

51 다음 벗겨짐(Peeling) 현상의 원인으로 올바르지 않는 것은?

① 스프레이 후 플래시 타임을 오래 주었을 경우

② 상도와 하도 및 구도막끼리의 밀착불량

③ 피도물의 오염물질 제거불량

④ 희석제의 용해력이 약하거나 증발속도가 빠른 경우

+• **벗겨짐(peeling)**
① **현상** : 도막이 벗겨지는 현상
② **발생원인**
ㄱ 소재의 전처리 상태가 양호하지 않을 때
ㄴ 도장 공정 간의 밀착이 불량하여 발생한다.
ㄷ 실리콘, 오일, 기타 불순물이 있는 표면에 연마나 탈지를 충분히 하지 않고 후속도장을 하였을 경우
ㄹ 신품 폴리프로필렌(P.P), 알루미늄 합금소재의 표면에 프라이머를 도장하지 않았을 경우 밀착성이 나오질 않는다.
③ **예방대책**
ㄱ 연마를 충분히 한다.
ㄴ 탈지를 충분히 한다.
ㄷ 전용 프라이머를 도장한 후 후속도장을 한다.
④ **조치사항** : 벗겨진 층을 완전히 연마하여 재 도장한다.

52 다음 작업 중 겔(gel)화 원인이 아닌 것은?

① 성분이 다른 도료를 혼합

② 불량 시너를 첨가한 도료

③ 소량의 경화제 사용

④ 뚜껑이 밀폐된 상태로 저온보관

+👤 **겔화(도료의 점도가 높아져 젤리처럼 되는 현상)의 원인**

① 도료 용기의 뚜껑을 닫지 않아 용제가 증발한 경우

② 저장 기간이 오래되어 도료가 굳은 경우

③ 불량 시너를 첨가한 경우

④ 온도가 높은 곳에서 보관한 경우

⑤ 경화제가 들어 있는 도료를 혼합하였을 경우

⑥ 성분이 다른 도료를 혼합한 경우

53 상도 작업 중 발생되는 도막 결함이 아닌 것은?

① 오렌지 필　　② 흐름

③ 색 번짐　　④ 백악화

+👤 결함은 크게 3가지로 도장작업 전 결함, 도장작업 중 결함, 도장작업 후 결함으로 작업 전 결함으로는 침전, 겔화, 피막 등이 있으며, 작업 중 결함은 연마자국, 퍼티자국, 퍼티기공, 메탈릭 얼룩, 먼지고착, 크레터링, 오렌지 필, 흘림, 백악화, 번짐 등이 있다. 마지막으로 작업 후 결함으로 부풀음, 리프팅, 핀홀, 박리현상, 광택저하, 균열, 물자국 현상, 크래킹, 변색, 녹, 화학적 오염 등이 있다.

54 오렌지 필이 발생하는 원인이 아닌 것은?

① 도료의 점도가 높을 때

② 스프레이 건의 공기압이 높을 때

③ 페더에지 작업이 불량일 때

④ 스프레이 건 이동속도가 빠를 때

+👤 **오렌지 필의 발생 원인**

① 도료의 점도가 높을 때

② 시너의 증발이 빠를 때

③ 도장실의 온도나 도료의 온도가 너무 높을 때

④ 스프레이건의 이동속도가 빠르거나 공기압이 높거나 피도체와의 거리가 멀거나 패턴의 조절이 불량일 때 발생한다.

하지만 페더에지가 불량일 경우에는 퍼티자국이 발생한다.

55 흐름 현상이 일어나는 원인이 아닌 것은?

① 신너 증발이 빠른 타입을 사용한 경우

② 한 번에 두껍게 칠하였을 경우

③ 신너를 과다 희석 하였을 경우

④ 스프레이건 거리가 가깝고 속도가 느린 경우

+👤 **흐름**

■ **현상** : 한 번에 두껍게 도장하여 도료가 흘러 내려 도장 면이 편평하지 못한 상태

■ **발생 원인**

① 한 번에 두껍게 도장 하였을 경우

② 도료의 점도가 너무 낮을 경우

③ 증발속도가 늦은 지건 신너를 많이 사용 하였을 경우

④ 저온도장 후 즉시 고온에서 건조시킬 경우

⑤ 스프레이 건의 운행 속도의 불량이나 패턴 겹치기를 잘 못 하였을 경우

56 오염 물질의 영향으로 발생된 분화구형 결함을 무엇이라 하는가?

① 크레터링　　② 주름

③ 쵸킹　　④ 크레이징

+👤 ① **주름** : 도장하는 도료가 구도막을 용해하여 도막내부를 들뜨게 하는 현상

② **쵸킹** : 도막이 열화되어 분필가루와 같이 되는 현상

③ **크레이징** : 도막이 열화되어 그물모양의 미세한 금이 생기는 현상

57 탈지제를 이용한 탈지작업에 대한 설명으로 틀린 것은?

① 도장면을 종이로 된 걸레나 면걸레를 이용하여 탈지제로 깨끗하게 닦아 이물질을 제거 한다.

② 탈지제를 묻힌 면 걸레로 도장면을 닦은 다음 도장면에 탈지제가 남아 있지 않도록 해야 한다.

③ 도장할 부위를 물을 이용하여 깨끗하게 미세먼지까지 제거 한다.

④ 한쪽 손에는 탈지제를 묻힌 것을 깨끗하게 닦은 다음 다른 쪽 손에 깨끗한 면걸레를 이용하여 탈지제가 증하기 전에 도장면에 묻은 이물질과 탈지제를 깨끗하게 제거한다.

58 광택 작업 중 주의사항으로 틀리게 기술 한 것은?

① 폴리셔 작동은 도막 면에 버프를 밀착시키고 작업한다.

② 마스크와 보안경은 항상, 반드시 착용한다.

③ 도막표면에 컴파운드를 장시간 방치하지 않는다.

④ 버프는 세척력이 강한 세제로 세척해서 깨끗하게 보관한다.

+♟ 버프의 세척은 미지근한 물에 세척한다.

59 폴리싱 전 오렌지필 현상이 있는 도막을 평활하게 하기 위하여 어떤 연마지로 마무리하는 것이 가장 적합한가?

① P200~P300

② P400~P500

③ P600~P700

④ P1000~P1500

+♟ **광택공정**

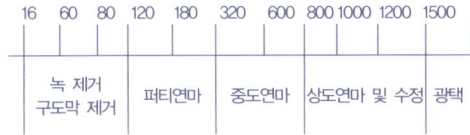

60 다음 중 광택 장비 및 기구가 아닌 것은?

① 실링건　　　② 샌더기

③ 폴리셔　　　④ 버프 및 패드

제6회 정답									
01. ④	02. ③	03. ①	04. ②	05. ②	06. ①	07. ④	08. ①	09. ①	10. ②
11. ①	12. ②	13. ④	14. ③	15. ①	16. ①	17. ②	18. ③	19. ①	20. ②
21. ④	22. ②	23. ③	24. ④	25. ①	26. ③	27. ②	28. ②	29. ①	30. ④
31. ②	32. ④	33. ①	34. ③	35. ①	36. ④	37. ②	38. ④	39. ④	40. ④
41. ①	42. ①	43. ②	44. ③	45. ③	46. ②	47. ④	48. ③	49. ①	50. ①
51. ①	52. ④	53. ④	54. ③	55. ①	56. ①	57. ③	58. ④	59. ④	60. ①

제7회 모의고사

01 메탈릭 입자에 대한 설명으로 옳은 것은?
① 입자가 둥근 메탈릭 입자는 은폐력이 약하다.
② 입자의 종류는 크게 3가지로 구분 된다.
③ 입자 크기에 따라 정면과 측면의 밝기를 조절할 수 있다.
④ 관찰하는 각도에 따라 색상의 밝기가 달라진다.

02 유기 용제가 인체에 미치는 영향으로 맞는 것은?
① 피부로는 흡수되지 않는다.
② 급성중독은 없고 만성중독이 위험하다.
③ 중추신경 등 중요기관을 침범하기 쉽다.
④ 유지류를 녹이고 스며드는 성질은 없다.

03 펄색상 도장에 대한 설명으로 틀린 것은?
① 안료의 특징에 따라 도장성에 큰 차이가 보인다.
② 3coat 방식보다 2coat 방식이 더 많이 사용된다.
③ 빛에 대한 반사, 굴절, 흡수 등에 대한 특성이 다르다
④ 펄 안료는 반투명하여 빛의 일부 통과 및 흡수를 한다.

+👤 펄 색상은 3coat 방식에서 주로 사용되고 2coat 방식에서는 메탈릭 안료를 보조해주는 정도의 소량이 첨가된다.

04 베이스 코트 건조에 대한 설명 중 맞는 것은?
① 기온이 높을수록 건조가 빠르다.
② 스프레이건 압력이 낮을수록 건조가 빠르다.
③ 드라이 형태로 스프레이가 되면 건조가 느리다.
④ 토출량이 많을수록 건조가 빠르다.

05 방독마스크의 보관 시 주의사항으로 적합하지 않는 것은?
① 정화통의 상하 마개를 밀폐한다.
② 방독마스크는 겹쳐 쌓지 않는다.
③ 고무제품의 세척 및 취급에 주의한다.
④ 햇볕이 잘 드는 곳에서 보관한다.

06 박리제(리무버)에 의한 구 도막 제거작업에 대한 설명으로 틀린 것은?
① 박리제가 묻지 않아야 할 부위는 마스킹 작업으로 스며들지 않도록 한다.
② 박리제를 스프레이건에 담아 조심스럽게 도포한다.
③ 박리제를 도포하기 전에 P80 연마지로 구 도막을 샌딩하여 박리제가 도막 내부로 잘 스며들도록 돕는다.
④ 박리제 도포 후 약 10~15분 정도 공기 중에 방치하여 구 도막이 부풀어 오를 때 스크레이퍼로 제거한다.

+👤 구도막 박리제인 리무버는 붓을 사용하여 작업하며 피부나 눈에 묻지 않도록 주의해서 작업해야 한다.

07 싱글액션샌더 연마작업 중 가장 주의해야 할 신체 부위는?

① 머리　　　　② 발

③ 손　　　　　④ 팔목

08 다음 중 도막제거의 방법이 아닌 것은?

① 샌더에 의한 제거

② 리무버에 의한 제거

③ 샌드 블라스터에 의한 제거

④ 에어 블로잉에 의한 제거

09 보수도장에서 전처리 작업에 대한 목적으로 틀린 것은?

① 피도물에 대한 산화물 제거로 소지면을 안정화하여 금속의 내식성 증대에 그 목적이 있다.

② 피도면에 부착되어 있는 유분이나 이물질 등의 불순물을 제거함으로써 도료와의 밀착력을 좋게 한다.

③ 피도물의 요철을 제거하여 도장면의 평활성을 향상시킨다.

④ 도막내부에 포함된 수분으로 인해 도료와의 내수성을 향상시킨다.

10 워시 프라이머에 대한 설명으로 틀린 것은?

① 아연 도금한 패널이나 알루미늄 그리고 철판 면에 적용 하는 하도용 도료이다.

② 일반적으로 폴리비닐 합성수지와 방청안료가 함유된 하도용 도료이다

③ 추천 건조도막 두께(dft : $8 \sim 10 \mu$ m)를 준수하도록 해야 한다. 너무 두껍게 도장되면 부착력이 저하 된다.

④ 습도에는 전혀 반응을 받지 않기 때문에 장마철과 같이 다습한 날씨에도 도장이 쉽다.

+👤 워시 프라이머 사용법

① 맨 철판에 도장되어 녹의 발생을 방지하고 부착력을 향상시키기 위한 하도용 도료이다.

② 금속 용기의 사용을 금하며, 경화제 및 시너는 전용제품을 사용한다.

③ 일반적으로 폴리비닐 합성수지와 방청안료가 함유된 하도용 도료이다.

④ 혼합된 도료는 가사시간이 지나면 점도가 높아지고 부착력이 저하되어 사용할 수 없다.

⑤ 건조 도막은 내후성 및 내수성이 약하므로 도장 후 8시간 이내에 상도를 도장한다.

⑥ 추천 건조도막의 두께는 약 $8 \sim 10 \mu$ m를 유지하여야 한다.

⑦ 습도에 약하므로 습도가 높은 날에는 도장을 금한다.

11 도료의 부착성과 차체패널의 내식성 향상을 위해 도장면의 표면처리에 사용하는 화학약품은?

① 인산아연　　　② 황산

③ 산화티타늄　　④ 질산

+👤 인산아연계 피막처리 : 내식성이 우수한 인산 아연계 피막 입자인 Phosphophyllite 피막[Zn_2 $Fe(PO_2)_4$]을 얻고저 아연 이외 조 금속으로 MG, Ni등을 첨가함으로서 Phosphophyllite 계 피막입자의 형성을 극대화함으로서 내식성과 내수성, 도막과의 부착성을 향상시킨다. 하지만 화성피막이 과도한 피막중량이 형성되는 경우 기계적인 물성의 약화를 일으킨다. 일반적으로 냉연압연 강판의 경우 $1.5g/m^2 \sim 2.5g/m^2$ 를 추천하고 있다. 도금 강판의 경우 차적으로 아연성분이 소재에 도포 되어 있어 피막입자의 형성이 다소 어렵다. 아연도금 강판의 사용 목적은 관통부식 방지 및 적녹(red rust) 발생방지를 위하여 자동차용 강판으로 많이 적용되고 있다.

12 작업성이 뛰어나고 휘발건조에 의해 도막을 형성하는 수지타입의 도료는?

① 우레탄 도료　　② 1 액형 도료

③ 가교형 도료　　④ 2 액형 도료

13 워시 프라이머 도장 후 점검사항으로 옳지 않은 것은?

① 구도막에 도장되어 있지 않은가?

② 균일하게 분무하였는가?

③ 두껍게 도장하지 않았는가?

④ 거친 연마 자국이 있는가?

+👤 워시프라이머는 철판위에 최초로 작업되는 도료로 녹을 방지하는 역할을 한다. 후속 작업으로 퍼티나 프라이머 서페이서 도장을 하기 때문에 도장 부분의 스크래치는 무시하여도 된다.

14 자동차 도료와 관련된 설명 중 틀린 것은?

① 전착도료에 사용되는 수지는 에폭시 수지이다.

② 최근에 신차용 투명에 사용되는 수지는 아크릴 멜라민 수지이다.

③ 최근에 자동차 보수용 투명에 사용되는 수지는 아크릴 우레탄 수지이다.

④ 자동차 보수용 수지는 모두 천연수지를 사용한다.

+👤 자동차 보수용 수지는 대부분 합성수지를 사용한다.

15 에어식 샌더기의 설명으로 적합하지 않은 것은?

① 가볍고 사용이 간편하다.

② 로터를 회전시킨다.

③ 회전력과 파워가 일정하고 힘이 좋다

④ 종류가 다양하여 작업 내용에 따라 선별해서 사용할 수 있다.

+👤 에어식 샌더의 경우 연마면 쪽으로 힘을 주면 회전력이 저하되는 단점이 있다. 이러한 단점을 보완한 제품이 전기식의 기어액션 샌더가 있다.

16 퍼티 및 프라이머 서페이서의 연마작업등에서 반드시 사용하는 안전보호구는?

① 내용제성 장갑

② 방진 마스크

③ 도장 부스복

④ 핸드 클리너 보호 크림

17 갈색이며 연마제가 단단하며 날카롭고 연마력이 강해서 금속면의 수정 녹제거, 구도막 제거용에 주로 적합한 연마입자는?

① 실리콘 카바이드　　② 산화알루미늄

③ 산화티탄　　　　　④ 규조토

18 다음 설명 중 옳은 것은?

① P400 연마지로 금속 면과의 경계부를 경사지게 샌딩한다.

② 연마지 방수는 고운 것에서 거친 것 순서로 작업한다.

③ 단 낮추기의 폭은 1(cm) 정도가 적당하다.

④ 샌딩 작업에 의해 노출된 철판면은 인산아연 피막 처리제로 방청처리 한다.

+👤 ① 단낮추기의 경우 P80~P120 정도의 연마지로 샌딩한다.
② 샌딩 작업 중 연마지는 거친 것에서 고운 순서로 한다.
③ 신차도막의 경우 2~3cm정도, 보수도막의 경우에는 3~5cm 정도로 넓게 한다.

19 피도체에 도장 작업시 필요 없는 곳에 도료가 부착하지 않도록 하는 작업은?

① 마스킹 작업　　　② 조색 작업

③ 블렌딩 작업　　　④ 클리어 도장

+👤 **마스킹 작업의 주목적**
① 스프레이 작업으로 인한 도료나 분말의 날림부착 방지
② 도장부위의 오염이나 이물질 부착 방지
③ 작업하는 피도체의 오염방지

20 마스킹 작업의 주 목적이 아닌 것은?

① 스프레이 작업으로 인한 도료나 분말의 날림부착 방지

② 프라이머-서페이서 도막두께 조정

③ 도장부위의 오염이나 이물질 부착 방지

④ 작업하는 피도체의 오염방지

21 노랑 글씨를 명시도가 높게 하려면 다음 중 어느 바탕색을 하는 것이 효과적인가?

① 빨강　　　　　② 보라

③ 검정　　　　　④ 녹색

+👤 명시도
① **흰색 바탕일 경우** : 검정, 보라, 파랑, 청록, 빨강, 노랑 순
② **검정색 바탕일 경우** : 노랑, 주황, 빨강, 녹색, 파랑 순

22 다음 중 무채색으로 묶어진 것은?

① 흰색, 회색, 검정

② 흰색, 노랑, 검정

③ 검정, 파랑, 회색

④ 빨강, 검정, 회색

+👤 무채색 : 색상과 채도가 없고 명도만 가지고 있는 색으로 흰색과 검정색의 양만 가지고 있다.

23 색팽이를 회전하는 혼합방법을 무엇이라고 하는가?

① 감법혼합　　　② 가법혼합

③ 중간혼합　　　④ 보색혼합

+👤 가법 혼합과 감법 혼합
① **가법 혼합** : 빛의 3원색 빨강(Red), 녹색(Green), 파랑(Blue)을 모두 혼합하면 백색광을 얻을 수 있는데 이는 혼합 이전의 상태보다 색의 명도가 높아지므로 가법혼합이라고 한다.
② **감법 혼합** : 자주(Magenta), 노랑(Yellow), 시안(Cyan)을 모두 혼합하면 혼합할수록 혼합전의 상태보다 색의 명도가 낮아지므로 감법혼합이라고 한다.
③ **병치 혼합** : 각기 다른 색을 서로 인접하게 배치하여 서로 혼색되어 보이도록 하는 혼합방법으로 인쇄물, 직물, 컬러 TV의 영상 화면 등에서 볼 수 있다.

24 펄 도료에 관한 설명으로 올바른 것은?

① 알루미늄 입자가 포함된 도료이다.

② 메탈릭 도료의 구성 성분과 차이가 없다.

③ 인조 진주 안료가 혼합되어 있는 도료이다.

④ 빛에 대한 반사, 굴절, 흡수 등이 메탈릭

도료와 동일하다.

25 다음 중 명시도가 가장 높은 배색은?

① 검정과 보라　　② 검정과 노랑

③ 녹색과 보라　　④ 파랑과 노랑

26 다음중 시원한 느낌의 배색은?

① 노랑과 자주　　② 파랑과 연두

③ 보라와 분홍　　④ 주황과 연두

27 색의 밝기를 나타내는 명도의 설명 중 옳은 것은?

① 명도는 밝은 쪽을 높다고 부르며 어두운 쪽은 낮다고 부른다.

② 어떤 색이든지 흰색을 혼합하면 명도가 낮아지고, 검정색을 혼합하면 명도가 높아진다.

③ 밝은 색은 물리적으로 빛을 많이 반사하며 모든 색 중에서 명도가 가장 높은 색은 검정이다.

④ 모든 명도는 회색과 검정사이에 있으며 회색과 검정은 모든 색의 척도에 있어서 기준이 되고 있다.

+👤 명도는 밝고 어두운 정도를 말하고 채도는 선명하고 탁한 정도를 나타내는 것으로 도료를 혼합하면 명도와 채도는 모두 낮아진다.

28 회전 혼합에 대한 설명으로 옳은 것은?

① 명도는 낮아지고 채도가 높아진다.

② 명도는 높아지고 채도가 낮아진다.

③ 명도가 낮아지고 채도는 평균이 된다.

④ 명도가 낮아지거나 높아지지 않고 평균이 된다.

29 채도가 다른 두 가지 색을 배치시켰을 때 일어나는 주된 현상은?

① 원색 그대로 보인다.

② 두색 모두 탁하게 보인다.

③ 두색 모두 선명하게 보인다.

④ 선명한 색은 더욱 선명하게 탁한 색은 더욱 탁하게 보인다.

➕👤 채도 대비는 채도가 서로 다른 두 색이 서로의 영향에 의해서 채도가 높은 색은 더 선명하게 낮은 색은 더 탁하게 보이는 현상이다.

30 두 색이 맞붙어 있을 때 그 경계 언저리에 색의 대비가 강하게 일어나는 현상은?

① 면적대비 ② 동시대비

③ 연속대비 ④ 연변대비

➕👤 **색의 대비**

① **면적 대비** : 색이 차지하고 있는 면적의 크고 작음에 의해서 색이 다르게 보이는 대비 현상

② **동시 대비** : 가까이에 있는 두 가지 이상의 색을 동시에 볼 때 일어나는 현상

③ **연속 대비** : 계시대비라고도 하며 어떤 색을 보고 난 후에 시간차를 두고 다른 색을 보았을 대 먼저 본 색의 영향으로 뒤에 본 색이 다르게 보이는 현상

④ **연변 대비** : 어떤 두 색이 맞붙어 있을 경우 그 경계의 주변이 경계로부터 멀리 떨어져 있는 부분보다 색의 3속성별로 색상대비, 명도대비, 채도대비의 현상이 더욱 강하게 일어나는 현상

31 자동차 보수도장의 상도도료 도장 후 강제건조 온도 범위로 옳은 것은?

① 30~50℃ ② 40~60℃

③ 60~80℃ ④ 80~100℃

32 불소 수지에 관한 설명으로 틀린 것은?

① 내열성이 우수하다.

② 내약품성이 우수하다.

③ 내구성이 우수하다.

④ 내후성이 나쁘다.

➕👤 불소 수지는 내열성, 내약품성, 내구성, 내후성, 내자외선, 내산성, 내알칼리성 등이 우수하다.

33 아크릴 우레탄 도료를 강제 건조 시 도막 건조 온도로 적당한 것은?

① 20℃~30℃/20 분~30 분

② 30℃~40℃/20 분~30 분

③ 40℃~50℃/20 분~30 분

④ 60℃~70℃/20 분~30 분

34 자동차 보수도장에서 사용하는 도료 분류 방법이 아닌 것은?

① 아크릴 타입(1Coat-1Bake)

② 메탈릭 타입(2Coat-1Bake)

③ 솔리드 2 액형 타입(1Coat-1Bake)

④ 2 코트 펄 타입(3Coat-1Bake)

35 수지의 분류 방법 중 주로 동식물에서 추출 또는 분해되는 수지를 일컫는 것은?

① 합성 수지 ② 천연 수지

③ 열가소성 수지 ④ 열경화성 수지

➕👤 ① 합성수지는 화학적으로 합성하여 만든 수지로서 열가소성 수지와 열경화성 수지로 나뉜다.

② 열가소성 수지는 열을 가하여 성형한 후 다시 열을 가하면 형태를 변형시킬 수 있는 수지로서 염화비닐수지, 아크릴수지, 질화면(NC), 셀룰로즈, 아세테이트, 부칠레이트(CAB)등이 있다..

③ 열경화성 수지는 열을 가하여 성형한 후 다시 열을 가해도 형태가 변하지 않는 수지로서 에폭시수지, 멜라민수지, 불포화 폴리에스테르수지, 폴리우레탄수지, 아크릴 우레탄수지 등이 있다.

36 도장 공해 예방에 따른 대책으로 환경 친화적인 도장의 차원에서 감소되어야 하는 것은?

① 전착 도장 ② 유성 도장

③ 수용성 도장 ④ 분체 도장

40 방독면 사용 전 주의사항으로 바른 것은?

① 규정된 정화통의 여부

② 분진 같은 이물질 제거

③ 흡기와 배기의 조절구에 묻은 수분제거

④ 고무제품의 세척

37 계량조색 시스템과 관계가 없는 것은?

① 용제회수기   ② 전자 저울

③ 도료 교반기   ④ 조색 배합 데이터

41 도장설비에서 화재의 발화 원인으로 틀린 것은?

① 도료 가스등이 산화열에 의한 자연발화

② 용제 등 취급중의 정전기 발화

③ 도료 가스 등과 회전부분과의 마찰열에 의한 발생

④ 도료 사용방법 미숙

38 유류화재시 소화방법으로 적합하지 않은 것은?

① 분말소화기를 사용한다.

② 물을 부어 끈다.

③ 모래를 뿌린다.

④ ABS 소화기를 사용한다.

42 용제가 담긴 용기를 취급하는 방법 중 옳지 않는 것은?

① 화기 및 점화원으로부터 멀리 떨어진 곳에 둔다.

② 인화물질 취급 중이라는 표지를 붙인다.

③ 액체가 누설되거나 신체에 접촉하지 않게 한다.

④ 햇빛이 잘 드는 밝은 곳에 둔다.

39 압축공기 점검사항으로 맞는 것은?

① 공기탱크 수분을 1개월 마다 배출시킨다.

② 매일 윤활유량을 점검하고 2년에 1회 교환한다.

③ 년 1회 공기여과기를 점검하고 세정한다.

④ 월 1회 구동벨트의 상태를 점검하고 필요하면 교환한다.

43 블렌딩 도장작업에서 도막의 결함인 메탈릭 얼룩 현상이 발생될 수 있는 공정은?

① 표면조정 공정   ② 광택 공정

③ 상도 공정   ④ 중도 공정

+👤 메탈릭 얼룩은 2coat 메탈릭 색상 베이스코트 도장시에 발생하는 결함이다.

44 블렌딩 도장의 스프레이 방법에 대한 설명으로 틀린 것은?

① 작업부분에 대해 한 번의 도장으로 도막을 올린다.

② 분무 작업은 3~5 회로 나누어 실시한다.

③ 도료의 점도는 추천규정을 지킨다.

④ 도장횟수에 따라 범위를 넓혀가며 분무한다.

45 블렌딩 도장작업에서 도막의 결함인 메탈릭 얼룩 현상이 발생될 수 있는 공정은?

① 표면조정 공정   ② 광택 공정

③ 상도 공정   ④ 중도 공정

+👤 메탈릭 얼룩은 2coat 메탈릭 색상 베이스코트 도장시에 발생하는 결함이다.

46 플라스틱의 부품의 판단법에서 가솔린의 내용제성이 가장 약한 것은?

① 폴리우레탄 부품

② 폴리프로필렌 부품

③ 폴리에스테르 부품

④ 폴리에틸렌 부품

47 자동차에 사용되는 플라스틱 소재의 특성에 대한 설명이 아닌 것은?

① 금속보다 무게가 가볍다.

② 내식성이 우수하다.

③ 저온에서도 열변형이 발생한다.

④ 유기용제에 나쁜 영향을 받는다.

+👤 **플라스틱 소재의 특성**

① 제품의 가공이 쉬워 복잡한 형상의 성형이 가능하다.

② 아름다운 색으로 착색이 된다.

③ 절연, 단열성이 있어 전기나 열을 전달하기 어렵다.

④ 비중이 0.9~1.3 정도로 가볍고 튼튼하다

⑤ 방진, 방음, 내식성, 내습성이 우수하다.

⑥ 저온에서 열변형이 발생하지 않고 고온에서 열변형이 발생한다.

48 다음 중 플라스틱의 특징이 아닌 것은?

① 복잡한 형상으로 제작하기가 쉽다.

② 유기용제에 침식되거나 변형되지 않는다.

③ 저온에서 경화하고 고온에서 열 변형이 발생한다.

④ 약품이나 용제에 내성을 갖는다.

+👤 **플라스틱의 특징**

① 제품의 가공이 쉬워 복잡한 형상의 성형이 가능하다.

② 아름다운 색으로 착색이 된다.

③ 절연, 단열성이 있어 전기나 열을 전달하기 어렵다.

④ 비중이 0.9~1.3 정도로 가볍고 튼튼하다

⑤ 방진, 방음, 내식성, 내습성이 우수하다.

⑥ 저온에서 경화하고 고온에서 열 변형이 발생한다.

⑦ 약품이나 용제에 내성을 갖는다.

49 플라스틱 부품의 프라이머 도장에 대한 설명 중 틀린 것은?

① 후속 도장의 부착성을 강화 한다.

② 소재의 내후성을 향상시킨다.

③ 상도의 정전도장을 할 수 있도록 도전성을 부여한다.

④ 도막의 물성은 향상되나 충격 등에 대한 흡수성은 약해진다.

50 플라스틱 부품류 도장 시 주의해야 할 사항으로 옳은 것은?

① 유연성을 주기 위해 점도를 낮게 한다.

② 유연성을 주기 위해 점도를 높게 한다.

③ 건조 온도는 약 100℃이상으로 한다.

④ 건조 온도는 약 80 °C 이하에서 실시한다.

+🔧 플라스틱 재질을 도장 할 경우에는 플라스틱 유연제를 사용하여 도료의 유연성을 부여하며 너무 고온으로 가열 건조할 경우 플라스틱의 변형이 일어나기 때문에 너무 고온에서 건조시키거나 적정한 온도에서 건조시킬 때에도 바닥에 붙어 있지 않을 경우 휘어짐이나 처짐이 발생할 수 있다.

51 겔(gel)화 현상 설명으로 옳은 것은?

① 도료의 점도가 높아져 젤리처럼 되는 현상

② 도료에 희석제가 과다하게 혼합되어 굳지 않는 현상

③ 도료를 재활용 할 수 있는 상태로 보관된 현상

④ 도료를 상온에서 장시간 노출시켜 재활용 하는 현상

+🔧 **겔화(도료의 점도가 높아져 젤리처럼 되는 현상)의 원인**
① 도료 용기의 뚜껑을 닫지 않아 용제가 증발한 경우
② 저장 기간이 오래되어 도료가 굳은 경우
③ 불량 시너를 첨가한 경우
④ 온도가 높은 곳에서 보관한 경우
⑤ 경화제가 들어 있는 도료를 혼합하였을 경우
⑥ 성분이 다른 도료를 혼합한 경우

52 보수 도장한 자동차가 비를 맞은 후 며칠이 지나 세차를 하였는데 원형에 가까운 반점 같은 것이 도장 면에 많이 생겨났다. 어떤 결함인가?

① 핀홀　　　　② 물자국
③ 백화　　　　④ 크레터링

+🔧 **도장의 결함**
① **핀홀** : 도장 건조 후에 도막에 바늘로 찌른 듯이 작은 구멍이 생긴 상태
② **백화** : 도장 후 도막 표면에 안개가 낀 것과 같이 광택이 저하된 상태
③ **크레터링** : 유분으로 인하여 도장 중 도장표면에 분화구처럼 움푹 패이는 현상

53 보수도장 시 탈지가 불량하여 발생하는 도막의 결함은?

① 오렌지 필　　② 크레터링
③ 메탈릭 얼룩　　④ 흐름

+🔧 **도장의 결함**
① **오렌지 필** : 스프레이 도장 후 표면이 오렌지 껍질 모양으로 도장된 결함으로 발생 원인은 도료의 점도가 높을 경우, 시너의 증발이 빠를 경우, 도장실의 온도 및 도료의 온도가 너무 높을 경우, 스프레이건의 이동속도가 빠르거나 사용 공기압력이 높을 경우, 피도체와의 거리가 멀 때
② **메탈릭 얼룩** : 상도 도장 중에 발생하는 결함으로 메탈릭이나 펄 입자의 불균일 혹은 줄무늬 등을 형성한 상태로 발생 원인은 과다한 시너량, 스프레이건의 취급 부적당, 도막 두께의 불균일, 지건 시너의 사용, 도장 간 플래시 오프 타임 불충분, 클리어 코트 1회 도장 시 과다한 분무,
③ **흐름** : 한 번에 두껍게 도장하여 도료가 흘러 도장 면이 편평하지 못한 상태로 발생 원인은 도료의 점도가 낮을 경우, 증발속도가 늦은 지건 시너를 많이 사용하였을 경우, 저온 도장 후 즉시 고온에서 건조할 경우, 스프레이건의 이동속도나 패턴의 겹침 폭이 잘 못 되었을 경우

54 상도 도장 작업 후 용제의 증발로 인해 도장 표면에 미세한 굴곡이 생기는 현상은?

① 부풀음　　　　② 오렌지 필
③ 물자국　　　　④ 황변

+🔧 ◈ **부풀음** : 피도면에 습기나 불순물의 영향으로 도막사이의 틈이 생겨 부풀어 오른 상태

(1) **발생원인**
① 피도체에 수분이 흡수되어 있을 경우
② 습식연마 작업 후 습기를 완전히 제거하지 않고 도장 하였을 경우
③ 도장 전 상대 습도가 지나치게 높을 경우
④ 도장실과 외부와의 온도차에 의한 수분응축현상
⑤ 도막 표면의 핀홀이나 기공을 완전히 제거 하지 않았을 경우

(2) **예방대책**
① 폴리에스테르 퍼티 적용시 도막 면에 남아있는 수분을 완전히 제거하고 실러 코트적용
② 핀홀이나 기공 발생 부위에 눈 메꿈작업 시행
③ 도장 작업시 수시로 도장실의 상대습도를 확인

(3) **조치사항**
① 결함 부위를 제거하고 재도장

◈ **오렌지 필** : 스프레이 도장 후 표면에 오렌지 껍질 모양으로 요철이 생기는 현상

◆ **물 자국** : 도막 표면에 물방울 크기의 자국 혹은 반점이나 도막의 패임이 있는 상태

(1) **발생원인**

① 불완전 건조 상태에서 습기가 많은 장소에 노출하였을 경우

② 베이스 코트에 수분이 있는 상태에서 클리어 도장을 하였을 경우

③ 오염된 시너를 사용 하였을 경우

(2) **예방대책**

① 도막을 충분히 건조 시키고 외부 노출시킨다.

② 베이스 코트에 수분을 제거하고 후속 도장을 한다.

(3) **조치사항**

① 가열 건조하여 잔존해 있는 수분을 제거하고 광택 작업을 한다.

② 심할 경우 재도장

◆ **황변** : 도막의 색깔이 시간이 경과함에 따라 황색으로 변하는 현상

55 흐름 현상이 일어나는 원인이 아닌 것은?

① 시너 증발이 빠른 타입을 사용한 경우

② 한 번에 두껍게 칠하였을 경우

③ 시너를 과다 희석 하였을 경우

④ 스프레이건 거리가 가깝고 속도가 느린 경우

+🧑 **흐름** : 한 번에 너무 두껍게 도장하여 도료가 흘러내려 도장면이 편평하지 못한 상태

1. **발생 원인**

① 한 번에 너무 두껍게 도장하였을 경우

② 도료의 점도가 너무 낮을 경우

③ 증발속도가 늦은 지건 시너를 많이 사용하였을 경우

④ 저온 도장 후 즉시 고온에서 건조시킬 경우

⑤ 스프레이건의 운행 속도의 불량이나 패턴 겹치기를 잘 못하였을 경우

56 도료의 저장 과정 중에 발생하는 결함에 대해 바르게 설명한 것은?

① 침전 : 안료가 바닥에 가라앉아 딱딱하게 굳어 버리는 현상

② 크레터링 : 도막이 분화구 모양과 같이 구멍이 패인 현상

③ 주름 : 도막의 표면층과 내부 층의 뒤틀림으로 인하여 도막표면에 주름이 생기는 현상

④ 색 번짐 : 상도 도막면으로 하도의 색이나 구도막의 색이 섞여서 번져 나오는 현상

+🧑 도료 저장 과정 중에 발생하는 결함은 침전, 겔화, 피막 등이 있다.

57 도막 표면에 생긴 결함을 광택 작업 공정으로 제거 할 수 있는 범위는?

① 서페이서　　② 베이스

③ 클리어　　④ 펄도막

+🧑

상도	클리어
	베이스
중도	프라이머 서페이서
	서페이서
하도	퍼티
	프라이머
	소지면

58 보수도장 작업 후에 폴리싱을 하는 이유가 아닌 것은?

① 도장도막의 미관을 향상시키기 위해

② 도장과 건조 중에 생긴 결함을 제거하기 위해

③ 먼지나 이물질 등을 제거하기 위해

④ 도막 속에 있는 연마자국을 제거하기 위해

+🧑 도막 속에 있는 연마자국의 제거는 재도장에 의해서만 제거할 수 있다.

59 컴파운딩 작업의 주된 목적으로 틀린 것은?

① 스월 마크 제거　　② 샌딩 마크 제거

③ 표면 보호　　④ 오렌지 필 제거

+🧑 광택 공정은 크게 작업준비공정, 컴파운딩 공정, 폴리싱 공정으로 나뉜다. 작업준비공정은 오염물을 제거하거나 세차, 마스킹을 하는 공정이며, 컴파운딩 공정은 도장면의 오렌지 필을 제거하는 공정이다. 마지막으로 폴리싱 공정은 컴파운딩 작업 중에 발생한 스월 마크를 제거하고 광택 작업한 도장면을 유지 보호하기 위해서 왁스나 코팅작업을 한다.

60 광택 작업 공정 중 콤파운딩 공정을 잘못 설명한 것은?

① 칼라 샌딩 자국이 없어질 때까지 수시로 확인하면서 작업한다.

② 한 곳에 집중적으로 힘을 가해 작업한다.

③ 베이스 층이 드러나지 않게 작업한다.

④ 콤파운드 작업이 완료되면 전용 타올을 사용해서 닦아낸다.

+👤 한곳을 집중적으로 작업할 경우 도장 면에 열과 홀로그램이 발생한다.

제7회 정답	01. ①	02. ③	03. ③	04. ①	05. ④	06. ②	07. ③	08. ④	09. ④	10. ④
	11. ①	12. ②	13. ④	14. ④	15. ③	16. ②	17. ②	18. ④	19. ①	20. ②
	21. ③	22. ①	23. ③	24. ③	25. ②	26. ②	27. ①	28. ④	29. ④	30. ④
	31. ③	32. ④	33. ④	34. ①	35. ②	36. ②	37. ①	38. ②	39. ④	40. ①
	41. ④	42. ④	43. ③	44. ①	45. ③	46. ①	47. ③	48. ②	49. ④	50. ④
	51. ①	52. ②	53. ②	54. ②	55. ①	56. ①	57. ③	58. ④	59. ②	60. ②

확 바뀐 패스
자동차보수도장기능사 필기

초판 인쇄 ▎2026년 1월 2일
초판 발행 ▎2026년 1월 10일

지 은 이 ▎GB기획센터
발 행 인 ▎김 길 현
발 행 처 ▎㈜ 골든벨
등 록 ▎제 1987-000018호 ⓒ 2026 GoldenBell
I S B N ▎979-11-24114-11-7
가 격 ▎**24,000원**

⑨ 04316 서울특별시 용산구 원효로 245〔원효로1가 53-1〕 골든벨빌딩 6F
● TEL : 도서 주문 및 발송 02-713-4135 / 회계 경리 02-713-4137
　　　　기획 디자인본부 02-713-7452 / 해외 오퍼 및 광고 02-713-7453
● FAX : 02-718-5510　● http : // www.gbbook.co.kr　● E-mail : 7134135@ naver.com